알기 쉬운
건축물의 용도

문성훈 저

시공문화사

프롤로그

건축물의 용도를 통해 우리의 삶을 들여다볼 수 있습니다.

여러분은 우리의 인생에서 몇 가지 종류의 건축물을 이용하는지 생각해 보신 적이 있나요?

한 사람의 일생을 놓고 보면 산부인과 병원에서 태어나 자라면서 초등학교부터 대학까지 학교에서 공부를 합니다. 졸업 후에는 회사나 공장에 취직해 일을 하고, 카페에서 소개로 이성을 처음 만나 음식점과 영화관·미술관 등을 다니며 연애도 합니다. 이후 예식장에서 결혼을 하고, 단독·연립주택이나 아파트로 집을 장만하고 가족과 여행을 위해 기차역이나 공항을 이용합니다. 슬픈 이야기지만 노후에는 양로시설에서 시간을 보낼 수도 있고, 마지막엔 다시 병원에서 일생을 마치게 되면 장례식장을 거쳐 봉안당에 모셔집니다.

이렇듯 우리 삶의 처음부터 끝은 그 행위들이 충족될 수 있는 건축물 안에서 이루어집니다. 엄밀히 말하면 우리의 생활에 맞추어 각각의 건축물이 기능과 역할에 맞는 용도로 세분화되어 있고 우리는 그것들을 이용하는 것입니다.

그만큼 건축물의 용도는 우리의 생활과는 떼려야 뗄 수 없는 관계에 있으며, 건축에 있어 가장 기본이 되는 것입니다. 그렇다고 토지주가 마음대로 건축물의 용도를 정해서 건물을 건축할 수 있는 것은 아닙니다. 모든 토지는 각각의 용도지역에 맞게 규모(건폐율, 용적률)와 건축물의 용도가 정해져 있으며, 해당 규제에 맞추어 건축을 해야 하기 때문에 '건축물의 용도'를 이해하는 것이 정말 중요하며, 이것이 이 책의 목표이기도 합니다.

건축물의 용도는 사업을 판가름 짓고 더 나아가 그 땅과 건물의 가치를 결정하는 중요한 요소입니다.

토지가 어떤 용도지역에 속해 있느냐에 따라 땅값이 다르다는 말을 많이 들어보셨을 겁니다. 이 말은 용도지역에 따라 적용되는 건폐율, 용적률과 함께 그 땅에 어떤 건축물의 용도가 가능하냐에 따라 땅값이 달라진다는 의미입니다. 단지 도로 하나를 사이에 둔 두 개의 토지도 단독주택만 지을 수 있는 토지와 아파트를 지을 수 있는 토지의 가치는 당연히 다르겠죠.

그래서 건축설계 의뢰가 들어오면 제일 먼저 토지이용계획을 확인합니다. 그리고 해당 토지에 건축이 가능한 규모(건폐율, 용적률)와 함께 어떤 종류의 건축물의 용도가 건축이 가능한지, 불가능한지를 제일 먼저 살핍니다. 한번 결정된 건축물의 용도는 준공이 되고 나면 다른 용도로의 변경이 쉽지 않기 때문에 부동산의 가치를 최대한 높이기 위해 처음 기획 단계에서부터 신중을 기하는 것입니다.

소유하고 있는 토지를 개발을 하는 경우라면 건축이 가능한 다양한 건축물의 용도 중에서 여러 가지 여건을 고려해 사업 수지를 맞출 수 있는 하나를 찾아 건축을 합니다. 그렇지 않고 아파트나 오피스텔, 판매시설 등 특정 건축물의 용도를 개발하고자 하는 경우에는 반대로 그 용도의 건축이 가능한 토지를 물색하는 것이 일반적인 과정입니다.

이렇듯 건축물의 용도에 대한 고민은 건축설계를 포함한 부동산 개발의 가장 기본이 되는 출발점입니다.

건축물의 용도 결정은 건물을 신축할 때뿐만 아니라 용도변경 등을 통한 창업에도 밀접한 관련이 있습니다.

이렇게 건축물의 용도가 결정이 되면 설계 진행 시 건축, 소방, 구조 등의 관련 법령과 규제를 적용하여 건물을 설계하게 됩니다. 하지만 모든 건축물이 동일하게 관련 규제가 적용되는 것이 아니라 용도에 따라 적용되는 내용과 범위가 다릅니다.

예를 들어 불특정 다수가 모이는 '문화 및 집회시설'인 경우 대형 화재나 인명 사고가 발생할 가능성이 높기 때문에 다른 용도에 비해 상대적으로 더 많은 규제와 강력한 조항이 적용되어 설계·시공됩니다.

또한 건축물의 용도 검토는 신축 등 건축 분야 이외에 기존 건축물의 용도변경 등을 통한 리모델링이나 창업 분야에도 적용됩니다. 'A' 라는 업종이 영업하던 기존 건물에 'B'라는 업종을 창업하고 싶어 무턱대고 임대차 계약을 한 경우가 많습니다. 그런데 관련 법령에서는 'B'라는 업종은 이 건물에 입점을 할 수 없거나, 입점을 하더라도 관련 규제에 따라 추가 시설물 및 설비를 설치해야만 하는 경우가 생깁니다. 이런 내용을 모르고 덜컥 임대차 계약부터 했다가 원하는 업종을 유치하지 못하거나 추가로 시설물과 설비를 설치로 발생하는 비용 때문에 배보다 배꼽이 더 큰 경우가 발생할 수 있다는 것입니다.

따라서 사전에 창업하고자 하는 용도가 입점하고자 하는 건물에 가능한지 꼭 확인이 필요하며, 건축물의 용도에 대한 이해가 창업단계에서도 얼마나 중요한지 보여주는 좋은 사례입니다.

건축물의 용도 분류는 계속해서 개정되고 있습니다.

그럼 건축물의 용도는 어디서 찾을 수 있을까요?

건축물의 용도 분류는 건축법 시행령 별표1에서 〈용도별 건축물의 종류〉로 정하고 있으며, 처음 법제화 된 것은 1978년입니다. 이후 약 40여년의 시간이 흐르면서 그 분류에 대한 내용에도 많은 변화가 있었는데 그 이유는 다음과 같습니다.(시대에 맞지 않게 그대로 남아 있는 것도 많이 있지만)

첫째, 건축물의 용도는 사회 변화를 반영합니다. 인구구조의 변화, 국민 소득의 증대, 경제 발전 등으로 사회의 요구는 계속해서 변화합니다. 그리고 이렇게 변화하는 사회구조와 생활방식 등에 맞춰 새로운 건축물의 용도가 만들어지고, 때로는 기존의 것들이 사라지기도 합니다.

이렇다 보니 신규 용도(업종)를 규제하는 관련 법령이 부랴부랴 뒤따라 생기고, 건축법에도 반영이 됩니다. 한 예로 반려동물을 키우는 인구가 늘어나면서 많은 관련 산업들이 생겨났습니다. 특히 사후처리에 대한 시설로 반려동물 장례시설이 생겨난 후에야 관계 법령이 신설·개정되고 건축법의 용도 분류에서도 반영된 것입니다.

둘째, 융복합 시대에 걸맞게 건축물의 용도 역시 둘 이상의 업종이 결합된 또 다른 신종 업종이 만들어지고 있습니다. 관련 기술이 발전되고, 이용자의 편의 및 요구 조건을 충족하기 위해 전혀 다른 새로운 것들도 생겨나지만 기존의 업종들이 서로 결합되어 또 다른 분야를 만들어 내기도 합니다. 비디오방, 노래방, 게임을 결합한 '멀티방'이 그 대표적 예이며, 가끔 어떤 용도가 주 업종이고 부속 업종인지 헷갈리는 경우도 많습니다.

셋째, 사회문제에 대한 대응입니다. 사회적인 이슈 특히 범죄, 환경문제, 화재 등과 같은 중대 재해 등이 발생하면 재발 방지를 위해 관계 법령이 줄줄이 개정되거나 신설됩니다. 이런 과정에서 건축법도 예외일 수는 없으며 특히 건축물의 용도 분류에서도 이런 내용이 반영됩니다.

이런 내용을 잘 보여주는 대표적인 사례로 '다중생활시설(舊 고시원)'을 들 수 있습니다. 고시원은 2009년 건축법 시행령 별표1 〈용도별 건축물의 종류〉에 처음 신설되었고 규모에 따라 2가지 용도로 분류되어 있습니다. 물론 그 이전에도 수많은 고시원이 이미 존재하고 있었지만 화재 및 사건 사고 등으로 사회적 문제가 자주 발생하자 「다중이용업소의 안전관리에 관한 특별법」이 신설이 되고 건축법에도 그 용도가 신설된 것입니다.

이렇듯 사회적 이슈를 해결하고 향후 재발 방지를 위한 관계 법령은 계속해서 개정되고 있고 이에 맞게 건축법 시행령 별표1도 지속적인 개정이 필요한 것입니다.

건축물의 용도(업종)의 근거는 각각의 개별법에 있으며, 건축법 시행령 별표1은 이것들을 선별·분류한 것입니다.

건축법 시행령 별표1 〈용도별 건축물의 종류〉에서는 일부를 제외하고는 각각의 관계 법령에서 해당 시설의 영업 등록과 그 시설 기준 등을 정하고 있습니다. 결국 각각의 용도(업종)의 뿌리는 해당 관계 법령에 있으며, 그 업종의 시설을 건축법에서 29가지 건축물의 용도와 세부 시설로 구분해 놓은 것입니다.

이렇다 보니 건축, 부동산 관련 분야 종사자와 저를 포함한 대부분의 건축설계자 조차도 이런 세부 내용을 어렴풋이 알고 있거나 아예 그 용도에 관련된 법령이 어떤 것인지조차 알지 못하는 경우가 대부분입니다. 예를 들어 건축법 시행령 별표1에서는 '의원'은 제1종 근린생활시설로, 병원은 의료시설로 분류하고 있습니다. 하지만 〈건축법〉에서는 어떤 근거로 이 시설이 의원과 병원으로 나뉘는지와 관련 시설에 대한 요건이 어떤 것인지 명시하고 있지 않습니다. 이들 시설은 해당 법령인 〈의료법〉에서 업종의 정의와 시설기준을 정하고 있기 때문입니다.

그래서 건축물과 관련된 부동산 및 건축설계 등 다양한 분야에서 기본이 되는 건축물의 용도에 대한 이해가 필요하다고 생각해 왔습니다. 그리고 수많은 관계 법령을 들여다 봐야 한다는 것은 저에게 있어 커다란 장벽처럼 여겨지면서도 한편으로 누군가는 먼저 시작해야 한다는 생각 때문에 이 책을 만드는 도전을 하게 된 것입니다.

건축물 용도 각각의 발생 배경과 사회적 맥락도 같이 생각해 보았습니다.

이런 이유로 '건축물의 용도 분류'를 좀 더 쉽게 이해하기 위해 먼저 관련 법령의 내용을 최대한 이해하려고 했습니다. 또한 뿔뿔이 흩어져 있는 용도(업종)의 내용을 하나의 줄거리로 정리해 보려고 노력했습니다.

그 방법은 건축법 시행령 별표1에 나와 있는 세부 용도들을 관련 법령에 따른 정의와 시설 기준 등으로 순서대로 하나하나 정리하고 엮었습니다. 그리고 가급적 해당 용도가 어떤 배경으로 발생 또는 변경되었는지와 사회적 현상과 어떤 맥락을 같이 하는지도 곁들임으로써 자칫 딱딱해질 수 있는 내용을 최대한 쉽게 이해될 수 있도록 하였습니다.

이 책은 다양한 분야에 종사하시는 분들을 위해 썼습니다.

앞서 언급했듯이 건축물의 용도는 도시, 건축, 부동산 분야에서 가장 기본이 되는 내용이며, 특히 건축에서는 가장 중요한 핵심 요소입니다. 따라서 관련 분야에 종사하는 분들이 이 책을 통해 건축물 용도를 보다 쉽고 정확하게 인지하고, 그 세부 내용을 최대한 놓치지 않고 파악하는데 보탬이 되고자 했습니다.

부동산 디벨로퍼에게는 개발하고자 하는 토지에 가능한 건축물의 용도에 대한 이해와 리스크를 찾는데 도움이 되고자 합니다.

건축설계사에게는 신축 및 용도변경 관련 설계업무를 수행함에 있어 건축물 용도의 정확한 구분과 세부 시설 기준의 이해를 돕고자 했습니다. 특히 설계 및 인테리어 시공 단계에서 자칫 놓칠 수 있는 관계 법령 상의 주요 시설 기준도 용도별로 언급해 두었습니다.

부동산 공인중개사에게는 고객이 창업하고자 하는 용도의 건물을 찾고, 용도변경 등에 따르는 중계 사고를 예방하는데 도움이 될 것입니다. 또한 건축허가, 용도변경 등의 행위를 관장하는 인허가 담당 공무원에게는 건축물 용도와 관련된 사항을 정확히 판단을 하는데 미약하나마 도움이 되고자 이 책을 마련하게 되었습니다.

한계와 반성

관련 연구 논문 및 보고서를 제외하고는 '건축물의 용도'에 대한 전반적인 내용을 다루는 것은 이 책이 처음이라 자부합니다. 하지만 이 책에서 다룬 내용은 관련 주제에 대해 충분한 이해와 해석을 했다고 하기에는 모자란 부분이 너무도 많습니다.

그것은 건축물의 용도를 설명하기 위해 건축법에 근거한 내용만이 아닌 용도 전반에 걸친 다양한 관계 법령을 근거로 설명해야 하는 특수성 때문입니다. 그리고 필자는 법률 전공자가 아니며, 모든 건축물의 용도에 대한 건축설계 경험을 가진 것도 아니기 때문입니다.

또한 각 용도에 대한 설명 방법에 있어서도 부족한 점이 많습니다. 해당 용도의 생성 배경과 시대적 맥락에서 용도 하나하나 놓치지 않고 정확한 정보 제공을 우선으로 관련 자료를 모의고 내용을 분석하려 했습니다. 하지만 각각의 용도에 대한 자료 조사에 한계가 있거나 앞서 해당 용도의 법령에 근거한 명확한 이해가 우선이라고 생각했기 때문에 관련 법령의 내용으로만 채워진 경우도 많습니다. 이렇다 보니 책의 내용이 법령 내용을 짜깁기한 듯한 부분도 있고, 독자적인 해석이나 분석의 내용이 모자란 것도 사실입니다.

그래도 필자는 이 책을 쓰기 위해 관련 자료 조사에 최선을 다했고, 내용의 정확성을 기하기 위해 주관적인 해석은 되도록 배제하였습니다. 오랜 기간 이 책을 준비하다 보니 집필 과정에서 관련 법령이 개정되거나 폐지·신설되어 다시 정리해야 하는 어려움도 있었습니다. 하지만 최대한 개정 법령을 반영하고 개정되는 이유에 대한 저만의 고민과 결론도 최대한 담아두었습니다.

앞서 말씀드린 많은 변명과 더불어 직장 생활을 하면서 휴일 등 개인시간을 활용해 오랜 기간 틈틈이 준비해 오다 보니 완성도가 떨어지는 부분도 있고 일부 오류도 있을 것입니다. 하지만 이 책의 내용을 통해 관련 분야 종사자들의 업무에 조금이나마 보탬이 되고자 하며 이후 이 책을 바탕으로 더 정확하고 완성도 있는 연구자료나 관련 서적들이 나올 수 있기를 기대합니다.

목 차

서론. '건축물 용도'의 이해

본론. 용도별 건축물의 종류

부록. 기타

서론.
건축물 용도의 이해

1. 건축물이란

'건축물의 용도'를 설명하기에 앞서 먼저 이해해야 할 몇 가지를 서론에서 간단히 언급하려고 한다.

첫째는 용도구분 대상인 건축물은 무엇인지와 왜 세부 용도로 나누어야 하는지에 대한 이유이다. 이 책은 건축법에 근거한 '건축물의 용도'를 설명하는 것으로 건축물로 분류되지 않는 시설 및 설비나 무형의 업종 등과는 구분된다는 것을 이해해야 하기 때문이다.

둘째는 부속용도와 복합용도 그리고 복수용도에 대한 내용이다. 하나의 건축물에는 해당 용도의 기능을 수행하는 한 가지 시설만 있는 것이 아니라 여기에 속한 부속 기능을 하는 시설들이 함께 있다. 또는 아예 관계가 없는 둘 이상의 다른 용도가 한 건물에 있거나 한 공간에서 다른 기능을 하는 건물들도 있다. 따라서 세부 용도들을 알아보기에 앞서 이들 용도들끼리는 어떤 관계를 가지고 있는지에 대한 이해가 필요하다.

마지막은 용도 변경에 대한 내용이다. 신축 당시 정해진 건축물의 용도는 '용도 변경'이라는 절차를 통해 다른 용도(기능)로 전환이 가능하다. 그리고 변경 전과 변경 후의 용도가 어떤 시설군에 속하는지에 따라 허가나 신고 등의 절차가 결정된다. 따라서 29가지로 분류된 건축물의 용도들이 어떤 시설군으로 묶여지고 위계를 갖는지 큰 줄거리를 먼저 이해할 필요가 있겠다.

1) 건축물의 정의

캠핑이 보편화 되면서 우리나라에서도 차량에 카라반을 매달고 다니는 광경을 쉽게 볼 수 있다. 카라반은 주택과 동일한 기능을 할 정도로 편의 시설 및 실내 공간이 구성되어 있어 한 곳에 머무르며 장기 숙박을 하는 경우도 있다. 그렇다면 이 카라반은 주택(건축물)에 속할까?

카라반 이야기부터 꺼내는 이유는 건축물의 용도에 대해 설명하기에 앞서 먼저 건축물에 대한 이해가 필요하기 때문이다. 카라반처럼 건축물의 역할을 하는 인공으로 만들어진 구조물이라고 해서 모두 건축물이 될 수 없다. 건축법에서는 다음의 3가지 요건에 맞아야 건축물로 인정하기 때문이다.

1) 공작물로서 2)토지에 정착하며 3)지붕과 기둥 또는 벽이 있는 것
을 건축물이라고 한다.

공간을 만들기 위해 벽 또는 기둥이 있고, 반드시 지붕이 있는 형태로 구성이 되어 있는 인공구조물이어야 건축물이라 할 수 있다.

또한 토지에 정착하여야 한다. 토지에 정착한다는 그 의미가 애매할 수 있는데 카라반처럼 이동이 가능한 인공 구조물의 경우 건축물로 인정하지 않는다는 것이다. 또한 수상 주택의 경우도 동력을 이용해 이동이 가능하다면 건축물로 인정하지 않고 구조체 등이 수중의 지표에 고정 되어야 건축물로 인정받을 수 있다.

이렇게 건축물로 인정되어야 건축법의 적용을 받아 건축물의 용도로 나뉘어 진다. 이 이외의 공작물은 건축물의 용도 분류에서 제외되며, 적용되는 관련 법규도 달라지는 것이다.

2) 부속 건축물

하나의 목적과 기능을 수행하기 위해 만들어진 건축물이라 하더라도 그 건축물의 유지 관리 및 이용자의 편의를 위해서는 별도의 시설이 필요하다. 이런 시설을 건축법에서는 '부속 건축물'이라고 하며, 대지에서 주된 건축물과 분리된 부속용도의 건축물로서 주된 건축물을 이용 또는 관리하는 데에 필요한 건축물이라고 정의하고 있다. (건축법시행령 제2조 12항)

다시 말해 부속 건축물은 첫째, 주된 건물과 분리된 별도의 동으로 구성되어야 하며, 둘째 주 용도의 기능이 원활히 수행될 수 있도록 돕는 부속 용도로 이루어져야 한다. 하나의 대지에 주 용도의 건물 일부가 아닌 별도의 동으로 건축된 경비실이나 식당, 강당 등이 부속 건축물의 예이다. 여기서 부속 용도는 또 무엇일까? 이에 대해서는 다음의 '부속용도'에서 설명하도록 하겠다.

그럼 '부속 건축물'을 '주된 건축물'과 구분하는 이유는 무엇일까?

건축물을 건축한다는 것은 신축, 증축, 개축, 재축, 이전으로 구분되는데, 이 중 신축과 증축의 구분이 '부속 건축물' 여부에 따라 달라진다.

구 분	내 용
신 축	'부속 건축물'만 있는 대지에 새로 '주 건축물'을 축조하는 행위
증 축	'주된 건물'이 있는 대지에 새로이 '부속건축물'을 축조하는 행위

다음 그림처럼 한 대지 안에 부속건축물만 있는 경우 추가로 주 건축물을 짓는다면 이 건축은 신축에 속한다. 반면 주 건축물이 있는 상태에서 부속건축물이 추가로 건축되는 경우에는 증축에 해당한다. 이렇게 한 대지 안에 기존 건축물이 주 건축물과 부속 건축물 중 어느 쪽에 속하는지에 따라 신축 또는 증축으로 판단이 가능하기 때문에 부속 건축물에 대한 구분이 꼭 필요한 것이다.

■ 신축

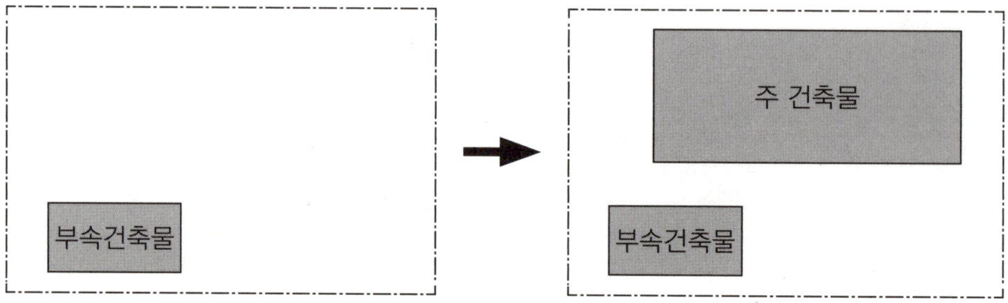

■ 증축

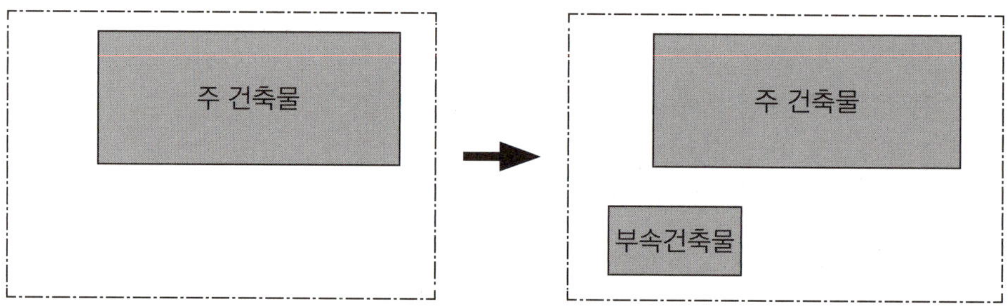

2. 왜 건축물의 용도를 구분할까?

건축법에서는 '건축물의 용도'를 유사한 구조, 이용 목적 및 형태별로 묶어 건축물의 종류를 분류한 것이라고 정의하고 있으며, 건축법 시행령 별표1 〈용도별 건축물의 종류〉에서 29가지로 분류하고 있다.

이렇게 수많은 종류의 건축물을 각각의 용도별로 구분하는 이유는 무엇일까? 그 이유를 크게 두 가지인 관리적 측면과 사용성 측면에서 볼 수 있다.

1) 토지의 경제적 효율적 이용

「국토의 계획 및 이용에 관한 법률」에서는 토지의 경제적. 효율적 이용을 위해 도시. 군 관리계획에 따라 용도 지역/ 지구/ 구역 등을 지정하고 있다. 특히 전. 답. 임야 등을 제외한 국토(토지)의 활용은 건축물에 의해 좌우되며, 그 용도에 의해 토지의 성격이 결정된다고 해도 과언이 아니다.

따라서 해당 용도지역은 지정 목적에 맞게 '건축물의 용도'를 제한하고 있다. 예를 들어 '전용 주거지역'은 양호한 주거환경을 보호하기 위해 만들어진 것으로 그 취지에 맞게 주거 시설 및 관련 편의 시설 정도만 허용하고 있고 주거환경을 저해할 수 있는 판매, 숙박, 위락 시설 등은 금지하는 것이다.

이처럼 용도지역을 구분하는 것은 각각의 토지에 다양한 용도의 건축물을 얼마나 합리적으로 배치하느냐와 다름이 없다. 따라서 국토 관리자인 국가 입장에서 용도별로 건축물을 분류하는 것은 '도시. 군 관리계획'을 세우는 목적인 토지의 경제적. 효율적으로 이용을 위하는 것과도 일치하는 것이다.

이 책에서도 각 용도별 서두에 용도 지역에 따라 해당 건축물이 어떻게 제한되는가를 표로 만들어 실어두었다. 이 표를 살펴보면 얼마나 해당 건축물의 용도와 용도지역이 밀접한 관계를 맺고 있는지 이해할 수 있을 것이다.

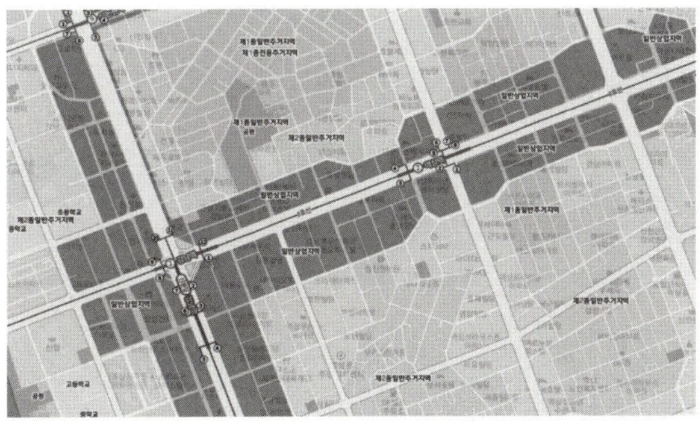

〈출처: 씨리얼 〉

2) 공공 복리의 증진

29가지 건축물의 용도로 분류된 시설은 그에 적합한 건축법 및 해당 법령에 따라 건축되어야 한다. 예를 들어 같은 규모의 업무시설과 판매시설의 건물이라도 각각의 용도는 면적당 공간 이용자 수, 시설을 이용하기 위한 관련 설비, 주차, 엘리베이터 등의 편의 시설 등에 대한 요구 조건 등이 다르다. 이런 요구 조건을 감안해 해당 법령에는 용도에 적합한 법적 기준을 충족하도록 하고 있다.

뉴스매체를 통해 건축물의 화재나 붕괴 등으로 인명 피해가 발생했다는 안타까운 소식들을 접하게 되는데 여러 원인이 있겠지만 일부는 건축물의 용도와도 관련 깊은 사례가 많다. 당초 허가받은 용도가 아닌 불법 용도 변경으로 소방, 피난, 구조안전 등의 기준을 충족하지 못한 것이 화근이 된 것이다.

그래서 이런 사건. 사고를 막기 위해 소방, 구조방식, 건물의 이격 등의 내용도 개별용도에 맞게 관련 법령과 기준이 만들어진 것이다. 이렇게 건축물의 용도를 구분하고 이에 적합한 기준이 충족된 건축물이 만들어질 때 사용자의 편리와 안전이 보장되고 결국에는 국민의 공공복지 증진을 할 수 있는 것이다.

삼풍백화점 붕괴 〈출처: 중앙일보〉

제천 사우나 화재 〈출처: YTN〉

3. 부속용도

"부속용도"란 건축물의 주된 용도의 기능에 필수적인 용도로서 다음 각 목의 어느 하나에 해당하는 용도라고 정의한다.〈건축법시행령 제2조 13항〉

가. 건축물의 설비, 대피, 위생, 그 밖에 이와 비슷한 시설의 용도

나. 사무, 작업, 집회, 물품저장, 주차, 그 밖에 이와 비슷한 시설의 용도

다. 구내식당·직장어린이집·구내운동시설 등 종업원 후생복리시설, 구내소각시설, 그 밖에 이와 비슷한 시설의 용도. 이 경우 다음의 요건을 모두 갖춘 휴게음식점(별표 1 제3호의 제1종 근린생활시설 중 같은 호 나목에 따른 휴게음식점을 말한다)은 구내식당에 포함되는 것으로 본다.

1) 구내식당 내부에 설치할 것

2) 설치면적이 구내식당 전체 면적의 3분의 1 이하로서 50제곱미터 이하일 것

3) 다류(茶類)를 조리·판매하는 휴게음식점일 것

라. 관계 법령에서 주된 용도의 부수시설로 설치할 수 있게 규정하고 있는 시설, 그 밖에 국토교통부장관이 이와 유사하다고 인정하여 고시하는 시설의 용도

학교를 예를 들어보면 주된 용도의 건축물인 교사동 이외에 학교 운영을 위해서는 체육관, 식당, 기계. 전기실 등의 다양한 시설이 필요하다. 이러한 시설들이 바로 학교의 '부속용도'에 해당한다. 그리고 이들 시설을 각각의 용도(운동시설, 근생 등)로 보지 않고, 이들을 포함한 전체를 '교육연구시설'로 보고 관리. 운영하는 것이다.

따라서 교육연구시설로만 건축될 수 있는 용도지역에서도 운동시설(체육관)의 용도가 학교 내부에 설치가 가능한 이유가 여기에 있다. 또한 주된 용도가 다른 용도로 변경된 경우에는 용도변경 절차를 통해야 하지만 부속용도가 변경되는 것은 별도의 용도변경 절차를 거칠 필요가 없다.

하지만 부속건축물이 주된 건축물과 한 대지가 아닌 각각 독립된 대지에 위치하는 경우에는 부속 건축물로 볼 수 없고 별도의 건출물로 보고 있다. 따라서 이런 경우 부속건축물을 변경할 때에는 용도변경이 수반되어야 한다.

대신 부속용도에 대한 명확한 정의와 구분이 없어 허가권자나 상위 기관의 해석이 필요한 경우가 많다. 특히 학교 내 기숙사의 경우 그 용도와 활용면에서 주용도(공동주택)냐 부속용도냐의 해석이 엇갈리는 것도 이런 이유 때문이다. 주용도는 명확하기 때문에 해당 법령과 기준을 충족하면 되지만, 부속용도는 적용 법령과 기준을 피해가는 구실이 되기도 하기 때문에 문제가 종종 발생하는 것이다.

4. 부속건축물과 부속용도

위에서 각각 설명한 부속건축물과 부속용도는 얼핏 비슷한 것 같지만 엄밀히 따지면 다르다. 용어에서도 보듯이 하나는 건축물이고 하나는 용도를 말한다.

그럼 '부속 건축물'과 '부속용도'는 어떤 관계가 있을까?

두 용어는 건축법에서 아래와 같이 정의하고 있다. 먼저 '부속 건축물'이 되기 위한 전제 조건은 두 가지이다. 첫째는 '부속용도'이어야 한다는 것이고, 둘째는 주된 용도의 건축물과 별동으로 분리되어야 한다.

이 두 가지를 모두 만족해야 부속건축물이 되는 것인데, 쉽게 이야기하면 '부속용도인 별 동의 건축물'이 바로 '부속 건축물'이다. 하지만 주 용도인 하나의 건축물 안에 부속용도의 시설이 있는 경우, 이 시설은 부속용도에 해당하지만 부속 건축물에는 해당하지 않는 것이 차이점이다.

구 분	내 용	조 항
부속 건축물	대지에서 주된 건축물과 분리된 부속용도의 건축물로서 주된 건축물을 이용 또는 관리하는 데에 필요한 건축물	건축법시행령 제2조 12항
부속 용도	건축물의 주된 용도의 기능에 필수적인 용도	건축법시행령 제2조 13항

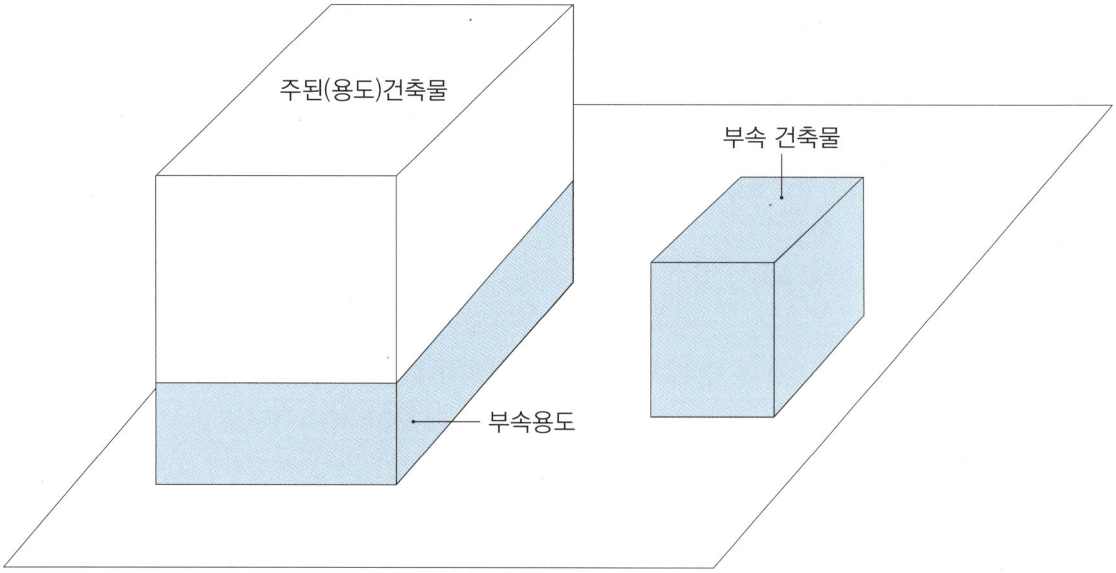

5. 복합용도와 복수용도

보통 건축물은 부속용도를 제외하고 하나의 주된 용도로 구성되는게 대부분이다. 하지만 부동산 개발 방법이 다양해지고, 건물 규모가 대형화되면서 하나의 건물에 다양한 건축물의 용도가 복합적으로 구성되는 경우가 많아졌다. 이렇게 한 건물에 둘 이상의 용도로 이루어진 건물을 '복합용도'의 건축물이라고 한다.

가장 흔한 사례가 상업지역에 건축되는 '주상복합 아파트'이다. 직주근접을 위해 상업지역에 주거와 비주거의 용도 비율을 정하고 아파트(주거 용도)와 함께 판매시설 등(비주거 용도)으로 혼합 구성된다. 이처럼 한 개의 건물에 2개 이상의 용도로 이루어진 건축물을 복합용도의 건축물이라고 한다.

그럼 '복합용도'와 '복수용도'는 어떤 차이가 있을까?

기존에는 한 건물(공간.실)에 하나의 용도가 원칙이어서 계절별, 요일별, 수요별로 다른 용도로 변환 사용이 어려웠다. 하지만 제도 개선을 통해 지금은 하나의 공간, 실이 여러 개의 용도를 갖는 것이 가능해졌는데 이를 '복수용도'라고 한다. 앞의 '복합용도'가 건축물이 두 개 이상의 용도(공간, 실)로 분리되어 구성된 구조라면, '복수용도'는 하나의 공간, 실에 2개 이상의 용도를 갖는 것이 차이점이다.

예를 들면 평일에는 근린생활시설인 사무소이나 Cafe로 사용하고 일요일에는 교회로 사용한다던가, 낮에는 카센타로 사용하다가 밤에는 일반음식점으로 사용하는 등 건축물의 활용도를 높힐 수 있는 큰 장점이 있다. 이처럼 '복수용도의 인정'은 다변화하는 사회구조와 요구로 건축법도 그 흐름에 맞추어 이런 변화의 가능성을 열어 둔 대표적인 사례이다.

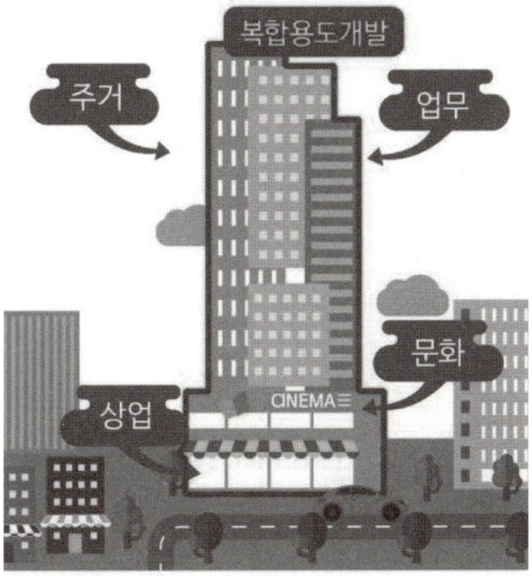

〈출처: 서울도시계획포털〉

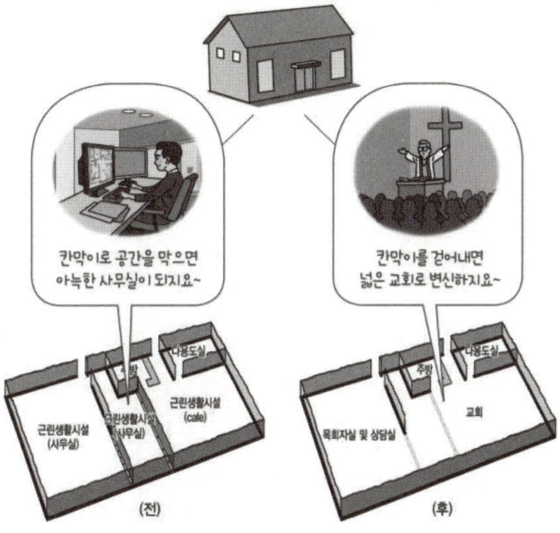

복수용도 〈출처: 국토교통부〉

6. 건축물의 용도변경

사람은 모두 다른 체질. 기질을 갖고 태어나며 이것들이 체형과 성격 형성에 많은 영향을 준다. 이런 체질. 기질이 건축물에 있어서는 용도와도 같다. 용도에 따라 그 건물의 형태 및 구조 그리고 시설 등이 달라지기 때문이다. 사람도 체질 개선을 통해 신체의 근본 일부분을 바꿔 나가듯이 건축물의 용도도 신축 당시 한번 정해졌지만, 사회변화 및 건축주의 요구에 맞추어 바꾸데 이것을 '용도변경'이라고 한다.

하지만 우리 신체도 쉽게 체질 개선이 되지 않듯이 용도변경도 마찬가지이다. 용도 변경은 신축 당시 용도에 맞게 지어진 건축물을 다른 용도로 변경 할 때에는 아래와 같이 현행 법령 기준을 충족해야 하기 때문이다. 그래서 아예 변경이 불가능하거나, 시설 비용을 많이 투자해야 하는 경우도 생겨 건축주 입장에서는 제약이 클 수 밖에 없다.

〈용도변경 시 고려해야 할 주요 사항〉

- 주차장법에 따른 주차대수 - 하수도법에 따른 정화조 용량
- 국토의 계획 및 이용에 관한 법률에 따른 용도지역. 지구단위계획의 건축물용도 제한
- 건축법에 따른 구조안전, 피난 등 관련 규정
- 소방법에 따른 소방설비 관련 규정

용도변경의 행정 행위는 ①허가, ②신고, ③건축물대장 기재사항 변경 신청대상, ④건축물대장 기재사항 신청없이 용도변경가능 대상으로 구분된다. 그리고 이런 용도변경를 위한 행위의 판단은 기존 용도 및 변경하고자 하는 용도가 어떤 시설군으로 분류되느냐에 의해 결정된다.

건축물의 용도는 단독주택부터 야영장시설까지 총 29가지로 분류되고 있고 이들을 다시 아래 표와 같이 9가지의 시설군으로 분류하고 있다.

시설군	용 도 군
자동차관련 시설군	(20)자동차관련시설
산업 등 시설군	(8)운수시설, (17)공장, (18)창고, (19)위험물저장처리시설, (22)자원순환관련시설, (26)묘지관련시설, (28)장례시설
전기 통신 시설군	(24)방송통신시설, (25)발전시설
문화집회시설군	(5)문화 및집회시설, (6)종교시설, (16)위락시설, (27)관광휴게시설
영업 시설군	(7)판매시설, (13)운동시설, (15)숙박시설, (4)2종근린생활시설 중 다중생활시설
교육복지시설군	(9)의료시설, (10)교육연구시설, (11)노유자시설, (12)수련시설, (29)야영장시설
근린생활시설군	(3)1종근린생활시설, (4)2종근린생활시설(다중생활시설은 제외)
주거업무시설군	(1)단독주택, (2)공동주택, (14)업무시설, (23)교정/군사시설
그 밖의 시설군	(21)동,식물관련시설

자동차 관련 시설군부터를 상위군이라고 하고 아래로 갈수록 하위군이라고 칭하며, 상위군과 하위군 또는 같은 시설군으로의 용도변경에 따라 아래의 표와 같은 행정 행위 절차가 요구된다. 상위군으로 갈수록 그 정도가 특수한 시설로 구성되어 있기 때문에 하위군에서 상위군으로 용도변경 시 그 절차가 까다롭다. 반면 하위군 또는 같은 시설군 또는 같은 호 안에서의 변경은 보다 수월하다.

구 분	행 정 절 차
기존 용도를 상위군으로 용도변경	허가 대상
기존 용도를 하위군으로 용도변경	신고 대상
같은 시설군 내 용도변경	건축물대장 기재사항 변경 신청 대상
같은 호(건축법 시행령 별표1)안의 건축물 상호간의 용도변경	건축물대장 기재사항 변경 신청 없이 용도변경 가능 대상

본론.

용도별 건축물의 종류

1. 단독주택

단독주택[단독주택의 형태를 갖춘 가정어린이집·공동생활가정·지역아동센터·공동육아나눔터(「아이돌봄 지원법」 제19조에 따른 공동육아나눔터를 말한다. 이하 같다)·작은도서관(「도서관법」 제2조제4호가목에 따른 작은도서관을 말하며, 해당 주택의 1층에 설치한 경우만 해당한다. 이하 같다) 및 노인복지시설(노인복지주택은 제외한다)을 포함한다]

가. 단독주택

나. 다중주택: 다음의 요건을 모두 갖춘 주택을 말한다.

1) 학생 또는 직장인 등 여러 사람이 장기간 거주할 수 있는 구조로 되어 있는 것
2) 독립된 주거의 형태를 갖추지 않은 것(각 실별로 욕실은 설치할 수 있으나, 취사시설은 설치하지 않은 것을 말한다)
3) 1개 동의 주택으로 쓰이는 바닥면적(부설 주차장 면적은 제외한다. 이하 같다)의 합계가 660제곱미터 이하이고 주택으로 쓰는 층수(지하층은 제외한다)가 3개 층 이하일 것. 다만, 1층의 전부 또는 일부를 필로티 구조로 하여 주차장으로 사용하고 나머지 부분을 주택(주거 목적으로 한정한다) 외의 용도로 쓰는 경우에는 해당 층을 주택의 층수에서 제외한다.
4) 적정한 주거환경을 조성하기 위하여 건축조례로 정하는 실별 최소 면적, 창문의 설치 및 크기 등의 기준에 적합할 것

다. 다가구주택: 다음의 요건을 모두 갖춘 주택으로서 공동주택에 해당하지 아니하는 것을 말한다.

1) 주택으로 쓰는 층수(지하층은 제외한다)가 3개 층 이하일 것. 다만, 1층의 전부 또는 일부를 필로티 구조로 하여 주차장으로 사용하고 나머지 부분을 주택(주거 목적으로 한정한다) 외의 용도로 쓰는 경우에는 해당 층을 주택의 층수에서 제외한다.
2) 1개 동의 주택으로 쓰이는 바닥면적의 합계가 660제곱미터 이하일 것
3) 19세대(대지 내 동별 세대수를 합한 세대를 말한다) 이하가 거주할 수 있을 것

라. 공관(公館)

■ 용도지역 내 건축물의 용도 제한

건축물의 용도	도시지역																관리지역(4층 이하)			농림지역	자연환경보전지역
	주거지역						상업지역				공업지역			녹지지역(4층 이하)							
	1종 전용	2종 전용	1종 일반	2종 일반	3종 일반	준주거	중심	일반	근린	유통	전용	일반	준	자연	생산	보전	계획	생산	보전		
가. 단독주택	●	●	●	●	●	●	△	○	●	×	×	○	○	●	●	○	●	●	●	▲	▲
나. 다중주택	●	●	●	●	●	●	△	○	●	×	×	○	○	●	●	○	●	●	●	▲	▲
다. 다가구주택	○	●	●	●	●	●	△	○	●	×	×	○	○	●	●	×	●	●	●	▲	▲
라. 공관	●	●	●	●	●	●	△	○	●	×	×	○	○	●	●	○	●	●	●	×	×

(× : 금지, ● : 법령 허용, ○ : 조례 허용, ▲ : 법령 제한적 허용, △ : 조례 제한적 허용) ※제1종 일반주거지역: 4층 이하

가. 단독주택

❶ 주거문화 및 부동산 시장의 기초

단독주택은 용도의 명칭대로 하나의 건축물에 1세대만 단독으로 거주하는 주택을 말한다. 인간이 살아가는 데 기본적으로 필요한 3가지 요소(의식주) 중 하나로서 인류의 역사를 같이한 오래된 건축물이기도 하다. 6.25 전쟁 이후 국토 재건과 산업화가 진행되면서 도시화를 이루는 주요 건축물이 단독주택이었고, 현재도 여전히 국토에 건축된 건축물 중 아파트보다 분포 면적 비율이 가장 큰 건축물이기도 하다.

이렇다 보니 단독주택은 우리나라 주거문화 및 부동산 시장의 기초가 되고 변화의 출발점이 되어왔다. 도시의 급격한 성장으로 단독주택이 있던 자리는 다세대 등 빌라나 아파트로 대체되고, 개발되지 못한 고밀도의 노후 단독주택지는 아파트로 재개발 되기를 기다리고 있다.

반면 여전히 수십억에서 수백억의 비싼 주택은 성북동, 한남동의 고급 단독주택들이다. 이런 고급주택까지는 아니더라도 아파트의 층간소음, 개성 없는 평면 구조에 환멸을 느껴 젊은 층을 중심으로 도심에 '협소주택'을 직접 짓거나, 택지지구 내에 단독주택 용지를 공급받는 등 단독주택에 대한 로망은 여전히 존재한다.

이런 트랜드를 반영하듯 주택 건설업계에서도 블록형 단독주택단지나 일부이기는 하지만 아파트 단지 안에 테라스하우스, 팬트하우스, 복층형 타입 등 단독주택 유형과 유사한 상품을 내놓기도 한다.

땅콩주택 〈출처: 이집소〉

단독주택

❷ 단독주택은 몇 층까지 지을 수 있을까?

한 건물 안에 여러 가구 또는 세대가 사는 다중주택, 다가구나 다세대, 연립주택 등은 모두 층수 제한이 있다. 그럼 단독주택은 층수 제한이 있을까?

자연녹지 등 용도지역과 지구단위계획에 따라 층수를 제한하는 경우를 제외하고는 층수에 관계없이 지을 수 있다. 대신 건폐율과 용적률 그리고 주거지역의 경우 일조사선 제한을 감안해서 그 규모가 결정된다.

하지만 설령 높은 층을 지을 수 있다 하더라도 단독주택은 순수하게 1세대만 거주하는 만큼 사용성도 고려해야 한다. 그래서 보통 2~3층이 일반적이며 협소주택의 경우 다락방까지 4개 층을 사용하는 경우도 있지만, 이마저도 층계를 오르내리는 것에 대한 불편을 호소하는 거주자도 많으니 이런 협소주택을 고를 때 이 점을 고려해야 한다.

❸ 단독주택의 면적 제한이 있을까?

단독주택 중 다중주택 및 다가구는 각각 면적의 제한이 있고, 공동주택의 다세대와 연립주택은 면적의 기준에 따라 용도가 나뉘게 된다. 그렇다면 단독주택은 면적에도 제한이 없을까?

역시 면적도 제한이 없다. 하지만 면적 제한이 없다고 무작정 큰 규모의 주택을 지었다가 세금폭탄을 맞을 수 있다. 일정 규모 이상의 주택은 「지방세법」에 의한 고급주택으로 규정되기 때문이다. 단독주택은 고급주택이 되면 취득세나 양도세 등 관련 세금이 중과세 되기 때문에 특수한 경우가 아니면 아래의 기준을 참조하여 주택을 신축하는 것이 좋다.

■ 고급주택 기준

1. 연면적(주차장 제외) 331㎡를 초과 주거용 건축물과 그 부속토지
2. 대지면적이 662㎡ 초과 주거용 건축물과 그 부속토지

2의2. 엘리베이터(적재하중 200kg 이하 소형엘리베이터 제외) 설치 주거용 건축물과 그 부속토지(공동주택과 그 부속토지 제외)

3. 에스컬레이터 또는 67㎡ 이상의 수영장 중 1개 이상 설치된 주거용 건축물과 그 부속토지(공동주택과 그 부속토지 제외)
4. 1구의 공동주택(다가구용 주택 포함, 이 경우 각각 1구의 건축물로 본다)의 건축물 연면적(공용면적 제외)이 245㎡(복층형은 274㎡, 한 층 면적 245㎡를 초과 제외)를 초과하는 공동주택과 그 부속토지

제1호·제2호·제2호의2 및 제4호에서 정하는 주거용 건축물과 그 부속토지 또는 공동주택과 그 부속토지는 법 제4조제1항에 따른 취득 당시의 시가표준액이 9억원을 초과하는 경우만 해당.

나. 다중주택: 다음의 요건을 모두 갖춘 주택을 말한다.

1) 학생 또는 직장인 등 여러 사람이 장기간 거주할 수 있는 구조로 되어 있는 것
2) 독립된 주거의 형태를 갖추지 않은 것(각 실별로 욕실은 설치할 수 있으나, 취사시설은 설치하지 않은 것을 말한다)
3) 1개 동의 주택으로 쓰이는 바닥면적(부설 주차장 면적은 제외한다. 이하 같다)의 합계가 660제곱미터 이하이고 주택으로 쓰는 층수(지하층은 제외한다)가 3개 층 이하일 것. 다만, 1층의 전부 또는 일부를 필로티 구조로 하여 주차장으로 사용하고 나머지 부분을 주택(주거 목적으로 한정한다) 외의 용도로 쓰는 경우에는 해당 층을 주택의 층수에서 제외한다.
4) 적정한 주거환경을 조성하기 위하여 건축조례로 정하는 실별 최소 면적, 창문의 설치 및 크기 등의 기준에 적합할 것

❶ 하숙에서 다중주택으로

1979년 시행령의 별표1 건축물의 용도가 처음 신설되었을 당시 단독주택의 종류는 1.단독 주택, 2.공관, 3.학생 또는 직장인의 장기체류를 위한 하숙 이렇게 세 가지였다. 이 중 하숙은 일제 강점기부터 서울 등 대도시로 상경해 공부하는 학생들을 위해 생겨난 것으로 역사가 오래된 주거·숙박 형태이다.

하지만 지금은 일부 대학가 지역에만 그 명맥이 유지되고 있고 그 자취를 찾아보기 힘들다. 또한 하숙이 건축물의 주 용도이기보다는 주인이 단독주택에 살면서 남는 방을 활용한 숙박 형태이기 때문에 1980년 초 결국 삭제되었다.

대신에 80년대 말 하숙과 비슷한 개념의 시설이 생겨났는데 바로 나목인 다중주택이다. 주거환경에 대한 요구가 변화되면서 하숙처럼 모든 공간을 같이 쓰기보다 별도의 구획된 자기만의 공간을 갖고자 하는 요구가 많아지면서 생겨났다. 1990년 신림동 고시촌 지역에서는 이런 수요들을 감안해 서울시에서 최초로 '다중주택 건축가능구역'을 지정하기도 했으며, 아직까지도 역세권을 중심으로 매년 1인 가구 수요를 위한 다중주택이 많이 지어지고 있다.

❷ 취사시설 설치는 불법

초기 다중주택이 시행령 별표1에 도입되었을 당시 '학생·직장인이 장기간 거주할 수 있는 구조' 라는 조건만 명시되어 있었다. 하지만 원룸 구조의 다가구주택과 동일한 형태로 변형되는 것을 막기 위해 중간에 조건(독립된 주거형태 불가, 면적·층수 제한)이 추가된 것이다.

다중주택은 시설 면에서 두 가지 요건을 모두 만족해야 한다. 첫째, 장기간 거주가 가능한 구조이어야 한다. 애매 모호한 문구이기는 하지만 이 점을 감안해 현재는 층간소음이나 감리대상 등 건축 관련 적용 법규가 다목의 다가구주택과 거의 동일하게 적용되고 있다.

둘째, 취사시설 설치가 불가하다. 한 건물에 각 호실 마다의 공간이 구획된다는 점에서 다가구주택과 유사하지만 이 조건이 가장 큰 차이이기도 하다. 이를 통해 다가구주택과 차이를 두고 있으며, 독립된 주거 형태로 쓰이는 것을 방지하는 데 그 목적이 있다.

하지만 현실은 불법임을 알면서도 취사 시설을 설치하고 원룸으로 임대하는 경우가 많은데 이런 건축물은 불법 건축물에 해당한다. 그래서 서울 등 일부 지역에서는 다중주택을 신축할 경우 개별 취사시설이 아닌 공동취사장을 일정 규모 이상 설치하도록 건축 허가지침으로 정함으로써 미연에 불법행위를 막고자 하고 있다. 따라서 다중주택에 취사시설 설치로 인해 불법행위 단속에 걸려 원상 복구해야 하는 경우도 있으니 이 점을 유념하여야 한다.

❸ 원룸 임대사업으로 각광받는 다중주택

그럼 굳이 취사시설도 없는 주거 형태인데도 왜 아직까지 다중주택 신축은 계속 이어질까? 그 답은 바로 사업성에 있다. 계속 강화되어온 주차대수 설치 증가에 따라 공동주택뿐만 아니라 단독주택의 다가구도 주차대수를 많이 설치되어야 한다. 하지만 다중주택은 단독주택과 동일한 주차대수 설치 대상이다 보니 같은 규모 대비 적은 주차대수 설치만 하면 되기 때문이다. 주차를 위한 필로티를 굳이 설치하지 않고 건축하면서 많은 원룸 타입을 만들어 낼 수 있고, 여기에 1인 가구 증가로 수요가 계속해서 증가하기 때문이다. 이렇다 보니 40평 전후의 협소한 대지나 원룸 수요가 풍부한 곳에서 다중주택 건립을 선호하며 준공 후 취사시설을 불법으로 설치하는 모험을 강행해 원룸을 임대하기도 한다.

다중주택

❹ 다중주택 활성화 방안

위와 같은 불법 개조 등을 통해 임대하는 것이 사회적 문제이지만, 1인 가구 주택 수요를 다중주택이 감당하고 있다는 점은 부정하기 힘들다. 따라서 불법 사용은 막는 대신 한편으로는 다중주택의 공급에 대한 활성화 방안은 계속해서 추진되었다.

공급을 늘리기 위해서는 건축주 입장에서 사업성이 높아야 하는데, 이를 위해 단계적으로 층수와 연면적 관련 제한이 완화된 것이다.

개정 전에는 아래와 같이 다른 조건이 없이 면적과 층수가 정해져 있었다. 이렇다 보니 1층에 상가 등을 도입하려면 다가구나 다세대와 다르게 건물 전체 규모(3층, 330제곱미터) 내에서 상가와 주택을 건축해야만 했다.

이후 시행령 개정을 통해 다른 주택과 동일하게 '주택으로 쓰는'이라는 문구를 삽입함으로써 다른 용도의 면적이나 층수는 그 규모에서 제외되었다. 결국 3층, 330제곱미터 이하 규모의 다중주택 설치 이외에 상가 등 다른 용도를 추가로 건축할 수 있게 되면서 다중주택도 소위 '상가주택' 건축이 가능해진 것이다.

그리고 2021년 관련 규정이 더욱 완화되었다.

첫째, 다중주택 건축 가능 규모가 660제곱미터로 확대되었다. 기존에는 다중주택의 규모가 330제곱미터로 제한되어 있어 사업성을 감안해 대지 면적이 3~40평 정도인 곳에만 건축이 가능했다. 하지만 건축 가능 규모가 두 배로 커지면서 건축 가능 대상지도 많아지고 당연히 공급 양도 많아지게 된 것이다.

■ 다중주택관련 개정 연혁

연면적이 330제곱미터 이하이고 층수가 3층 이하인 것.
▼
1개 동의 주택으로 쓰이는 바닥면적의 합계가 330제곱미터 이하이고, 주택으로 쓰는 층수(지하층은 제외한다)가 3개 층 이하일 것
▼
1개 동의 주택으로 쓰이는 바닥면적(부설 주차장 면적은 제외한다. 이하 같다)의 합계가 660제곱미터 이하이고 주택으로 쓰는 층수(지하층은 제외한다)가 3개 층 이하일 것. 다만, 1층의 전부 또는 일부를 필로티 구조로 하여 주차장으로 사용하고 나머지 부분을 주택 외의 용도로 쓰는 경우에는 해당 층을 주택의 층수에서 제외한다.

■ 다중주택 개정 전·후 규모 비교

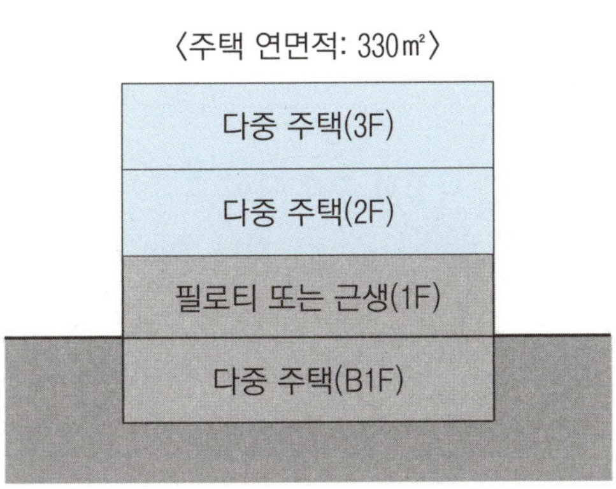

〈개정전〉

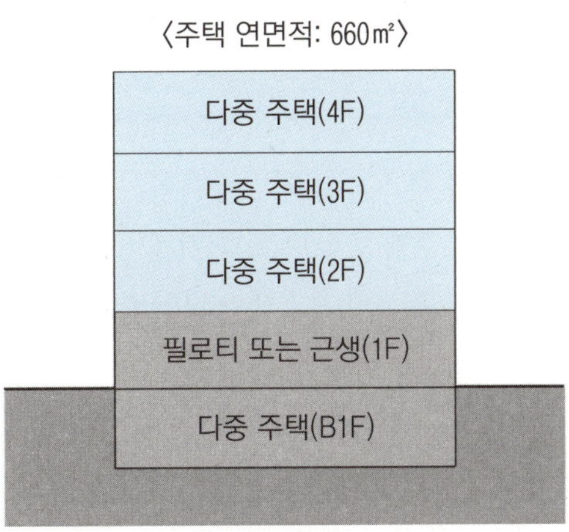

〈개정후〉

둘째, 기존에는 1층에 필로티가 설치되는 경우 이 용도를 주택의 일부분으로 보아 층수에 산입해야 했다. 결국 주차장 설치 등을 위해 필로티를 만드는 순간 주택 한 개층을 건축할 수 없었다. 하지만 다가구나 다세대처럼 필로티로 사용되는 층은 주택의 층수 산정에서 제외함으로써 사업 여건과 주차장 설치에 따른 거주성도 훨씬 좋아졌다.

❺ 최소한의 주거환경을 조성하기 위한 지자체 개별 조건 마련

이러한 관련 규제 완화로 원룸 주택의 대표적 사례인 다중주택은 1인 가구 증가에 따라 주택가에 신축이 급증하고 있다. '벌집 주택'이라는 별명이 붙을 정도로 최대한의 수익률 확보를 위해 최대한 많은 실을 설치함에 따라 주거환경은 더욱 열악해 지고 있어 사회적 문제로까지 번지고 있다.

이에 각 지자체마다 「다중주택에 대한 건축기준」을 마련해 건축허가 및 심의시 반영이 될 수 있도록 하고 있다. 특히 대학가 등의 다중주택이 몰려있는 곳의 모든 지자체가 이런 내용을 권장 또는 의무적으로 적용하도록 하고 있고 이 중 일부 지자체에서 적용하고 있는 기준의 주요 내용을 소개하자면 다음과 같다.

가구당 최소면적(14㎡, 화장실·보일러·발코니 제외)이상을 확보해야 하고, 필수 공간으로 화장실 내에 샤워공간을 설치함으로써 최소한의 주거 여건을 개선하고자 했다. 또한 개별 공동취사장을 설치해야 하며, 주거용도 변경을 사전에 막기 위해 그 규모를 10㎡ 이하로 설치토록 하고 있다.

따라서 다중주택의 신축을 생각하는 분들은 사업성 검토시 해당 지자체의 '다중주택 건축 기준'을 필히 확인해야 할 것이다.

다. 다가구주택: 다음의 요건을 모두 갖춘 주택으로서 공동주택에 해당하지 아니하는 것을 말한다.

1) 주택으로 쓰는 층수(지하층은 제외한다)가 3개 층 이하일 것. 다만, 1층의 전부 또는 일부를 필로티 구조로 하여 주차장으로 사용하고 나머지 부분을 주택(주거 목적으로 한정한다) 외의 용도로 쓰는 경우에는 해당 층을 주택의 층수에서 제외한다.
2) 1개 동의 주택으로 쓰이는 바닥면적의 합계가 660제곱미터 이하일 것
3) 19세대(대지 내 동별 세대수를 합한 세대를 말한다) 이하가 거주할 수 있을 것

❶ 주택공급 부족 대안으로 생긴 다가구주택

7·80년대 주택 공급 부족과 전세 보증금 상승 등으로 서민들은 극심한 주택 난에 힘들어 했고, 대도시를 중심으로 주택 보급률이 낮아 대통령 공약으로 '200만호 건설'이 나올 정도였다. 이에 분당, 평촌, 일산, 중동, 산본 등 1기 신도시가 건설되고 대규모의 아파트 단지가 공급되었지만 주택 수요를 감당하기 힘든 시기였다. 특히 아파트 공급이 어려운 도심 주택가에서는 추억의 드라마 '한 지붕 세가족'처럼 단독주택 내에 셋방을 내주는 형태가 많았다. 이에 서민층의 주거 문제도 해결을 하고 양호한 주택을 보급하자는 취지에서 나온 방안으로 '다가구주택'이 만들어졌다.

1990년 도입 당시에는 건축법 용도 분류에 다가구주택이라는 용도조차 없었다. 대신 다가구주택을 '건축 지침' 등으로 따로 관리해 오다가 1999년도에 와서야 건축법시행령 별표1 용도 분류에 단독주택의 한 종류로 도입된 것이다. 일부 대도시에 국한되기는 하지만 도시의 인구 과밀화, 아파트 가격 상승에 따른 대체 주거 수요 발생 그리고 집주인의 임대 수입 기대 등으로 만들어진 도시의 주거 유형 중 하나이다.

다가구주택과 함께 주택가에서 흔히 볼 수 있는 또 다른 주택이 바로 다세대주택이다. 외관상 구분하기는 힘들며, 보통 둘을 구분 없이 모두 '빌라'라고 부른다. 두 용도의 가장 큰 차이점은 용도 분류상 단독주택(다가구)과 공동주택(다세대) 중 어디에 속하냐다. 한 건물 안에 소유자가 한 명이면 다가구, 소유자가 다르면 다세대이다.

예를 들면 하나의 건물에 주인세대(소유자 한가구)와 여러 가구의 임대 세대가 사는 것이 다가구이고, 한 건물에 아파트처럼 각 호마다 주인 세대들이 사는 것이 다세대이다. 주택가에서 빌라를 분양을 한다는 광고를 많이 보게 되는데 이런 빌라들이 바로 다세대이며, 다가구주택은 단독주택이기 때문에 분양을 하지 못하는 것이 큰 차이점이다. 두 시설의 비교에 대한 부분은 이 책의 '다세대주택'을 참조하기 바란다.

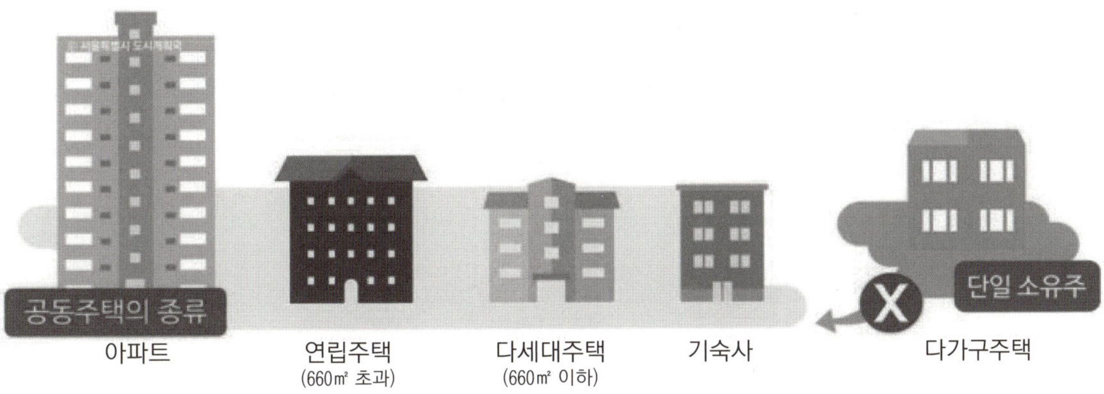

〈출처: 서울시 도시계획국〉

❷ 1층 필로티 전부 또는 일부를 층수에서 제외한다.

다가구주택의 요건 중 첫 번째 층수 제한은 나목의 다중주택과 같이 지하층을 제외하고 주택으로 쓰이는 층수를 지상 3개 층까지 지을 수 있다. 물론 주택이 아닌 근생 등 다른 용도와 건축될 경우에 다른 용도의 층은 층수 산정에서 제외된다.

또한 필로티도 층수 산정에서 제외된다. 다가구·다세대는 대지 규모상 지하주차장 건립이 어렵고 주차대수 설치 강화로 지상에 필로티 구조를 활용하여 1층은 주차장으로 쓰일 수밖에 없는데 이 경우 층수 산정(3개층)에서 제외해 주겠다는 것이다.

또한 1층에 필로티가 설치되어 주차장을 설치하고도 공간이 남는 경우에는 층수 산입 없이 근생 등 주거 이외의 용도와 주차장이 동시에 설치가 가능하다. 예전에는 1층에 필로티와 다른 용도가 같이 쓰일 경우 주차장의 면적이 1층 바닥면적의 1/2 이상 되어야 한다는 규정이 있었으나 이 마저도 삭제·완화되었다.

한 평이라도 임대공간을 더 만들고 싶은 건물주 입장에서는 1층 필로티 공간의 일부를 할애하여 근생으로 계획해 임대수익을 더 창출할 수 있는 기회가 생긴 것이다.

필로티를 층수 산정에서 제외한다는 문구가 필요한 것은 주차장이 주택에 포함되는 시설이기 때문이다. 필로티 주차장 완화에 대한 내용이 없다면 개정 전 다중주택처럼 주택의 용도에 포함되는 필로티층(주차장)을 포함하여 3개 층까지만 건축이 가능하기 때문에 당연히 건축주 입장에서 사업성은 저하될 수밖에 없다.

■ 다가구주택 건축 가능 예시

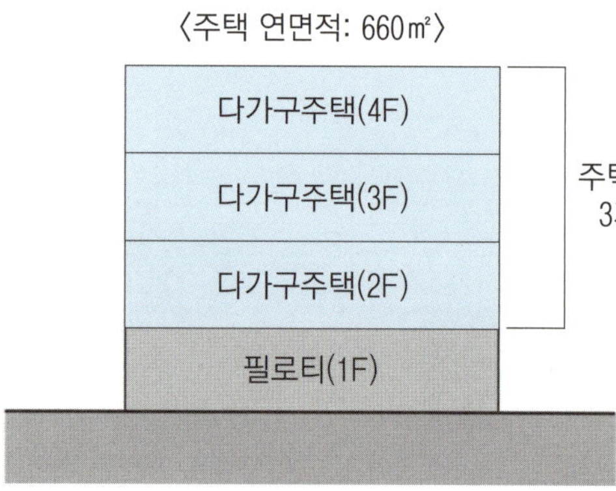

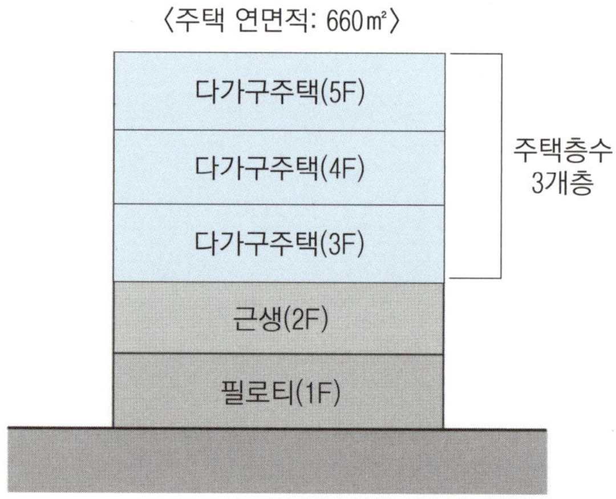

❸ 1개 동에 한하여 주택 용도만의 바닥면적이 660㎡이하이다.

면적 제한과 관련해서는 두 가지의 내용이 있는데 첫째는 주택으로 쓰이는 면적을 660㎡ 이하로 제한하고 있다. 주택으로 쓰이는 층수가 3개 층이므로 주택 하부층에 근생 시설이 설치되는 경우에는 근생을 제외한 주택이 설치되는 3개 층의 바닥면적 합계만으로 규모(660㎡)를 제한한다. 따라서 순수 주택으로 쓰이는 부분만이 아니라 다른 용도의 면적까지 포함하면 전체 바닥면적이 660㎡ 이상이 될 수도 있다.

두 번째는 '1개 동'만으로 그 범위를 정하고 있다. 주변에서 쉽게 볼 수 있는 다가구는 보통 1개의 대지 위에 1개 동으로만 세워진 건물이 대부분이지만 대지 면적이 큰 경우 2개 동 이상 건립이 가능하다. 이런 경우 모든 동의 면적의 합을 660㎡로 제한해 버릴 경우 사업성이 떨어져 2개 동 이상으로 건립하는 의미가 없어지기 때문에 '1개 동'이라는 조건을 명확히 한 것이다.

❹ 세대수는 1개 동이 아닌 대지 내 동별 세대수를 합한 세대를 말한다.

세대수는 면적이나 층수와 달리 1개 동이 아니라 대지 내 여러 동이 있는 경우에도 이 모든 동의 세대수의 합을 19세대로 제한하고 있다. 단독주택과 공동주택 중에서 세대수를 제한하는 유일한 용도이기도 하다.

기존에는 '대지 내 동별 세대수를 합한 세대를 말한다'라는 내용이 명시되어 있지 않고 '19세대로 제한한다'라고만 되어 있어 현업에서 혼란이 많았다. 하지만 2015년 법제처에서 이는 '대지 내의 모든 동을 합해야 한다'는 해석〈법령해석총괄과 - 2641(2015. 7. 7.)〉을 내렸다.

이유는 다가구를 일정 수준 (19세대)이하의 세대 수로 제한함으로써 공동주택이 아닌 단독주택의 일종으로 분류하고자 함이다. 1개 동만의 면적을 660㎡로 제한하고 있어 이런 규모로 여러 동의 다가구 건축이 가능하다. 그런데 여기에 면적뿐만 아니라 세대수까지 개별 동을 기준으로 건축할 경우 공동주택 단지와 차별성이 없어지는 것을 막기 위해서이다.

❺ 왜 다가구만 19세대로 제한되어 있을까?

그럼 왜 하필 19세대일까? 1999년 다가구라는 용도가 처음 법제화되었을 때부터 '19세대'로 제한한다는 문구가 있었다. 이는 당시 「주택법」의 사업승인 대상이 20세대 이상이었고 「건축법」에 따른 건축허가 대상과 구분하기 위해 19세대 이하로 규정되어 있어 이 기준에 근거해 상한 세대수가 결정되었다.

그런데 몇 년 전 「주택법」의 사업승인 대상이 아래 표와 같이 단독주택이나 공동주택 모두 20세대에서 30세대 이상으로 개정되었다. 하지만 「주택법」의 사업승인 대상 규정이 변경되면서 다가구주택 규모 제한도 자연스럽게 19세대에서 29세대로 그 범위가 같이 개정되어야 할 텐데 여전히 그대로이다. 다시 말해 주택법에서 단독주택의 사업계획승인 적용을 30세대 미만으로 규정하고 있지만, 건축법에서 다가구주택은 19세대까지 건축이 제한되어 있다는 것이다.

왜 다가구 규모가 여전히 19세대로 제한되는 이유에 대해서는 보도나 법령자료 어디에서도 명확한 의도를 찾기는 어려웠다. 하지만 그 이유를 추측해 보자면 한 건물 소유자가 임대형식으로 29세대를 보유하는 것에 대한 부담감으로 개정하지 않았다는 생각이 든다. 사업계획승인 적용 대상이 완화되었다고 해서 굳이 한 세대가 소유하는 다가구 주택의 가구수까지 완화할 필요는 없다고 판단할 수도 있기 때문이다.

■ 「주택법」에 따른 사업계획승인 대상

대 상	세대수
단독주택 중 단독주택, 다중주택, 다가구 주택	30호 이상
공동주택 중 아파트, 연립주택, 다세대 주택	

라. 공관(公館)

❶ 권위적 공간에서 일반인을 위한 문화공간으로

공관은 보통 국가 및 지방기관, 공기업, 해외 대사관 등 소속기관 직원의 주거용으로 이용되는 시설을 말한다. 특히 정부나 지자체 고위 관료의 사택으로 쓰이는 단독주택을 공관이라고 부르며, 우리에게는 '공관'보다는 '관사'라는 명칭이 더 익숙하다.

공관 설치에 관한 별도의 법령은 없으며, 보통 지자체나 부처에서 별도의 토지와 건축물을 매입한 국공유 시설이기 때문에 「공유재산 및 물품 관리법」에 따른 개별 조례 등으로 설치·관리하고 있다.

공관은 시행령 별표1 '건축물의 용도'가 처음 신설되었을 당시에도 단독주택의 한 종류로 분류될 정도로 오랜 기간 동안 새로 부임하는 관료에게 사택 및 편의시설을 제공하고, 필요 시에는 긴급회의나 연회 등의 기능을 해왔다. 하지만 그 규모나 시설 수준이 불필요하게 과도하다 보니 과거 관료주의 문화 속에서 권의적 과시로 사용되기도 했다.

그러나 지금은 일부 지자체 등에서 시장이나 도지사의 공관을 시·도민들에게 개방하고 있으며, 다양한 문화공간 등으로 활용하고 있기도 하다. 이렇게 공관의 필요성이 사라지고 있고, 고위 관료가 쓰는 국공유 주거시설이라는 점 이외에 가목의 단독주택과 다를 바 없어 일부에서는 별도로 이 시설 용도를 단독주택과 구분할 필요가 있는지에 대한 의문을 제기하기도 한다.

구 서울시장 공관 〈출처: 서울시〉

구 경기도지사 공관 〈출처: 경기도〉

단독주택[단독주택의 형태를 갖춘 가정어린이집·공동생활가정·지역아동센터·공동육아나눔터(「아이돌봄 지원법」 제19조에 따른 공동육아나눔터를 말한다. 이하 같다)·작은도서관(「도서관법」 제2조제4호가목에 따른 작은도서관을 말하며, 해당 주택의 1층에 설치한 경우만 해당한다. 이하 같다) 및 노인복지시설(노인복지주택은 제외한다)을 포함한다]

❶ 단독주택을 활용한 노유자시설은 단독주택의 용도로 본다.

한 건축물이 단일 목적이 아닌 다양한 기능와 역할을 하는 경우가 많지만 개인의 프라이버시를 중요하게 생각하는 주택은 예외일 수밖에 없다. 하지만 주택의 형태를 갖추면서 가족 구성원 이외의 이용자가 주택의 시설을 사용하거나 거주 등을 하는 시설들이 있다.

위에 해당하는 복지 관련 시설들은 제정적인 이유도 있겠지만, 보육 및 보호의 대상자에게 일반 가정의 주거 여건과 같은 환경을 제공하면서 그 용도의 기능을 다할 수 있다는 점(부대복리시설 포함)에서 단독주택 또는 공동주택 내에 설치 가능한 용도들이다.

그렇다면 이런 시설이 설치된 건축물의 경우 그 용도를 주택으로 봐야 할지 아니면 노유자 시설로 봐야 할지 고민이 될 것이다. 이런 혼란을 없애기 위해 단서 조항으로 이 시설들은 본래 용도인 단독주택 또는 공동주택으로 분류된다고 명확하게 정의하고 있다.

다른 용도로 쓰이고 있기는 하지만 주 용도인 주택으로서의 역할이 사라지는 것이 아니고 주택 용도의 장점(일부 취침, 휴식, 세탁, 취사 등)을 활용하고 있기 때문이다. 또한 대부분 소규모의 시설이다 보니 별도의 추가 설비 시설이 필요 없고, 인접 주거지역 영향을 주지 않는다는 것이 그 이유이다. 해당 시설에 대해서는 아래 내용을 참조하기 바란다.

구 분	내 용	관련법
가정 어린이집	보호자의 위탁을 받아 영유아를 보육하는 기관. 여러 종류의 어린이집 중 개인이 가정이나 그에 준하는 곳에 설치·운영되는 시설	영유아 보육법
아동 공동생활가정	보호아동 대상에게 가정과 같은 주거 여건과 보호, 양육, 자립지원 서비스를 제공하는 시설	아동복지법
지역아동센터	지역사회 아동의 보호·교육, 건전한 놀이와 오락의 제공, 보호자와 지역사회의 연계 등 아동의 건전육성을 위하여 종합적인 아동복지 서비스를 제공하는 시설로 다양한 방과 후 프로그램을 시행	아동복지법
공동육아나눔터	이웃 간에 품앗이로 자녀들을 돌봐주는 공간으로 자녀 돌봄을 위한 안전한 공간과 프로그램을 제공하는 공동체 운영 시설	아이돌봄 지원법
작은도서관	공중의 생활권역에서 지식정보 및 독서문화 서비스의 제공공공도서관의 시설 및 도서관자료기준에 미달하는 도서관	도서관법
노인복지시설	주거, 의료, 여가, 재가노인 복지, 일자리 지원 등에 대한 시설복지 시설 중 공동생활가정과 재가노인 복지시설이 해당	노인복지법

공동생활가정 〈출처: 성남시〉

공동육아나눔터 〈출처: 남원시〉

2. 공동주택

공동주택[공동주택의 형태를 갖춘 가정어린이집·공동생활가정·지역아동센터·공동육아나눔터·작은도서관·노인복지시설(노인복지주택은 제외한다) 및 「주택법 시행령」 제10조제1항제1호에 따른 원룸형 주택을 포함한다]. 다만, 가목이나 나목에서 층수를 산정할 때 1층 전부를 필로티 구조로 하여 주차장으로 사용하는 경우에는 필로티 부분을 층수에서 제외하고, 다목에서 층수를 산정할 때 1층의 전부 또는 일부를 필로티 구조로 하여 주차장으로 사용하고 나머지 부분을 주택(주거 목적으로 한정한다) 외의 용도로 쓰는 경우에는 해당 층을 주택의 층수에서 제외하며, 가목부터 라목까지의 규정에서 층수를 산정할 때 지하층을 주택의 층수에서 제외한다.

가. 아파트: 주택으로 쓰는 층수가 5개 층 이상인 주택

나. 연립주택: 주택으로 쓰는 1개 동의 바닥면적(2개 이상의 동을 지하주차장으로 연결하는 경우에는 각각의 동으로 본다) 합계가 660제곱미터를 초과하고, 층수가 4개 층 이하인 주택

다. 다세대주택: 주택으로 쓰는 1개 동의 바닥면적 합계가 660제곱미터 이하이고, 층수가 4개 층 이하인 주택(2개 이상의 동을 지하주차장으로 연결하는 경우에는 각각의 동으로 본다)

라. 기숙사: 학교 또는 공장 등의 학생 또는 종업원 등을 위하여 쓰는 것으로서 1개 동의 공동취사시설 이용 세대 수가 전체의 50퍼센트 이상인 것(교육기본법」 제27조제2항에 따른 학생복지주택 및 「공공주택 특별법」 제2조제1호의3에 따른 공공매입임대주택 중 독립된 주거의 형태를 갖추지 않은 것을 포함한다)

■ 용도지역 내 건축물의 용도 제한

건축물의 용도	도시지역																관리지역(4층 이하)			농림지역	자연환경보전지역
	주거지역						상업지역				공업지역			녹지지역(4층 이하)							
	1종전용	2종전용	1종일반	2종일반	3종일반	준주거	중심	일반	근린	유통	전용	일반	준	자연	생산	보전	계획	생산	보전		
가. 아파트	×	●	×	●	●	●	△	△	△	×	×	×	○	×	×	×	×	×	×	×	×
나. 연립주택	○	●	●	●	●	●	△	△	△	×	×	×	○	○	○	×	○	○	×	×	×
다. 다세대주택	○	●	●	●	●	●	△	△	△	×	×	×	○	○	○	×	○	○	×	×	×
라. 기숙사	×	●	●	●	●	●	△	△	△	×	○	○	●	○	○	×	○	○	×	×	×

(× : 금지, ● : 법령 허용, ○ : 조례 허용, ▲ : 법령 제한적 허용, △ : 조례 제한적 허용)

※제1종 일반주거지역: 4층 이하(단지형 연립·다세대 주택 5층 이하)

※ 공동주택과 단독주택의 차이점

「주택법」에서는 공동주택을 건축물의 벽·복도·계단이나 그 밖의 설비 등의 전부 또는 일부를 공동으로 사용하는 각 세대가 하나의 건축물 안에서 각각 독립된 주거생활을 할 수 있는 구조로 된 주택이라고 정의하고 있다. 각 세대란 단독주택과 달리 각각의 소유주가 있는 것을 말한다. 다시 말해 다가구주

택처럼 한 건물 내에서 집주인이 단독 소유주이고 개별 호실을 임대하는 것이 단독주택이라면, 여러 세대가 개별로 분양 및 개별 등기를 하고 독립된 주거생활을 하는 것이 공동주택인 것이다.

가. 아파트: 주택으로 쓰는 층수가 5개 층 이상인 주택

❶ 아파트 공화국

60년대 서울 등 대도시로의 급격한 인구 유입으로 주택공급에 대한 문제가 발생하게 되면서 그 대안으로 한정된 토지 위에 많은 세대가 거주할 수 있는 아파트가 국내에도 도입되게 되었다. 이후 신도시 개발을 통한 대규모 아파트 단지, 재개발·재건축 등 모든 부동산 이슈의 중심에는 아파트가 있었으며, 수 십년이 지난 지금도 '부동산 투기', '재개발 딱지', '청약 열풍'이라는 말은 신문 지상에서 여전히 반복되고 있다.

그리고 지금 "대한민국은 아파트 공화국이다."라는 말까지 나오게 될 만큼 아파트는 전 국민의 자산 증식과 재테크의 수단으로 여겨지고 이제 우리의 전부가 되어버렸다고 말해도 과언이 아니다.

그래도 50년 이상의 역사를 가진 대한민국의 아파트에는 오랜 시간 동안 변화해 온 우리의 삶이 수많은 단위세대 평면 유형과 각종 편의시설, 다양한 가구·가전, 설비 시스템 등에 고스란히 담겨 있으며, 아직도 진화는 계속되고 있다.

❷ 아파트의 층수 제한은?

아파트는 4층 층수 제한이 있는 연립주택보다 층이 높은 공동주택으로서 최소 층수는 5층이 되는 것이다. 그럼 아파트의 최고 층수는 어떻게 결정될까?

먼저 「건축법」에서 아파트에 대한 최고의 층수를 별도로 정하고 있지 않다. 다만 아파트는 토지를 경제적으로 활용하기 위해 많은 세대수가 수직으로 적층되는 구조이다보니 아파트 주동 간의 양호한 주거환경 조성을 위해 주거지역에 위치하는 아파트는 「건축법」에 따라 일조와 관련된 규제를 받는다.

침실이 바라보는 채광 방향을 기준으로 인접 대지 경계선과의 이격 거리, 단지 내 주동끼리의 높이에 따른 이격 거리로 그 층수가 결정되는 것이다. 또한 예전에는 도로사선제한이라는 규정이 있었으나

마포아파트,1963 〈출처: 국가기록원〉

아파트

지금은 그 조항이 삭제되고 대신 지자체별로 정하는 가로구역별로 그 높이를 제한할 수 있도록 하고 있어 그 지정된 높이에 따라 층수가 결정된다.

이외에도「국토의 계획 및 이용에 관한 법률」에 따라 각 용도지역은 층수를 지·자체별 조례로 규정(특히 제2종 일반주거지역의 경우 층수를 제한하고 있음)하고 있다. 또한 지구단위 계획과 각 지자체 건축·경관 심의 기준 등에서도 층수 등을 규제·완화하고 있어 그 내용에 따라 최고 층수가 결정된다.

❸ 공동주택의 면적 제한은?

그럼 아파트 각 세대 면적에 대한 관련 규제는 없을까? 앞에서 이야기 했던 고급주택에 대한 중과세는 아파트를 포함 모든 주택이 해당하며 이 부분에 대해서는 가목의 단독주택을 참조하기 바란다.

2014년 12월「주택법 시행령」개정 전까지 주택법에 의한 공동주택(50층, 높이 150m 이상 건물 내 공동주택 제외)은 전용면적 297㎡이하(단독주택 330㎡이하)로 주택의 최대 규모를 제한했다. 따라서 주택법이 적용되지 않는 300세대 미만 주상복합과 30세대 미만의 건축허가 대상 공동주택의 경우에만 별도의 면적 제한이 없어 100여평이 넘는 초대형 세대 공급이 가능했다. 하지만 2000년대 후반부터 대형 평형에 대한 선호도가 급격하게 떨어지고 분양상품이 중소형 평형 위주로 옮겨지면서 자연스럽게 면적 제한 실효성이 없다고 판단되어 삭제되었다.

그렇다면 최소 면적 제한은 있을까? 아래와 같이 2011년 고시된「최저주거기준」에서는 '가구 구성별 최소 면적 및 방 구성을 명시하고 있다. '사람답게 살 수 있는 최소한의 조건'으로 지정해 공급되는 주택의 면적 제한과 기존 주거에 대한 지원 혜택 등의 기준으로 적용되고 있다. 하지만 시간이 많이 경과하고 현실적 불합리성을 지적해 개정 중에 있다고 한다.

■ 최저주거기준

가구원 수(인)	표준 가구구성	실(방) 구성	총주거면적(㎡)
1	1인 가구	1 K	14
2	부부	1 DK	26
3	부부+자녀1	2 DK	36
4	부부+자녀2	3 DK	43
5	부부+자녀3	3 DK	46
6	노부모+부부+자녀2	4 DK	55

나. 연립주택: 주택으로 쓰는 1개 동의 바닥면적(2개 이상의 동을 지하주차장으로 연결하는 경우에는 각각의 동으로 본다) 합계가 660제곱미터를 초과하고, 층수가 4개 층 이하인 주택

❶ 가장 오랜 역사를 가진 집합주거

공동주택 중 역사적으로 가장 오래된 집합주거 유형인 연립주택은 그 기원을 고대 그리스·로마에서부터 찾아볼 수 있다. 이후 근·현대에까지 서양에서는 보편적인 집합주거의 유형 중 하나로서 단일 건

물보다는 두 개 동 이상의 건물이 중정을 중심으로 하나의 단지를 이루는 것이 특징이다.

국내에서도 이런 단지형 공동주택의 보급은 아파트보다는 연립주택이 먼저 이루어졌다. 광복 이후 보급되기 시작한 연립주택 단지는 한국전쟁 이후 본격적으로 공급하게 되었다. 당시의 낮은 기술력과 지금처럼 많은 인구와 도시의 발전이 이루어졌던 시기는 아니었기 때문에 2~4층 전후의 집합주택 유형이 대부분이었다.

이후 외국인 숙소나 대한주택공사(현 LH)가 건설을 시작하면서 본격적으로 공급이 활성화 되었는데, 특히 일반 서민층으로 대상으로 한 연립주택뿐만 아니라 강남을 중심으로 대형평형에 복층형까지 다양한 '고급연립주택' 단지가 공급되었다.

당시 단지형 연립주택의 가장 큰 장점은 단독주택과 아파트의 장점이 혼합된 것으로 둘 이상의 주거동이 한 대지에서 보안시설, 편의시설, 주차장 등의 부대 복리시설을 함께 이용할 수 있다는 것이었다. 하지만 지금은 이런 연립주택들이 노후화되어 허물어지고 아파트 단지로 재건축되고 있다.

그대도 고층의 답답한 아파트보다 좀 더 여유로운 생활을 누리려는 수요층은 여전히 두터워서 자연녹지 지역에 건설되어 아파트 단지와 차별화된 '단지형 연립주택'이 여전히 꾸준한 인기를 끌고 있는 것도 이를 보여주는 좋은 예일 것이다.

❷ 1층 필로티를 주차장과 다른 용도로 사용하는 경우 층수에 산입된다.

연립주택의 규모는 4층 이하고 1개 동의 바닥면적이 660㎡를 초과하는 것으로 다세대와 아파트 규모의 중간이라고 보면 될 것이다. 아파트와 비교해 보았을 때 층수는 5층 이상부터 아파트로 분류되나 면적에서는 차이가 없다.(아파트는 보통 면적이 660㎡이상이기 때문) 반면에 다세대와 비교해 보면 층수 제한은 4층 이하로 동일하지만 1개 동의 면적이 660㎡을 기준으로 초과되면 연립주택, 미만은 다세대주택으로 그 용도가 구분된다.

층수 산정에 있어서는 필로티를 주차장으로 사용하는 경우 다가구나 다세대와 같이 층수 산정에서는 제외가 된다. 하지만 조금 다른 점이 있다면 다가구나 다세대는 필로티 일부분을 주차장과 주택 이외의 다른 용도로 사용하더라도 층수 산정에서 제외된다. 반면 연립주택은 주차장 이외에 상가 등 다른 용도가 사용되는 경우에는 층수에 산입하여야 한다는 것이 가장 큰 차이점이다.

온수연립 〈출처: 서울기록원〉

연립주택

다. 다세대주택: 주택으로 쓰는 1개 동의 바닥면적 합계가 660제곱미터 이하이고, 층수가 4개 층 이하인 주택(2개 이상의 동을 지하주차장으로 연결하는 경우에는 각각의 동으로 본다)

❶ 다가구보다 먼저 제도화된 다세대 주택

다가구주택은 해당 용도에서도 설명했지만 90년부터 지침으로 관리되어 오다가 1999년에 정식으로 건축법 시행령 용도 분류에 포함되었다. 반면 다세대주택은 이보다 먼저인 1988년 건축법 시행령 용도 분류에 포함되었고 그 이전에는 다가구주택처럼 지침으로 관리되어 왔다.

7·80년대 주택공급난에 시달리면서 단독주택 형태에서 세입자와 거주하는 다가구 개념과 달리 세대를 완전히 분리하는 형태도 나타났는데 이런 소규모 분양용 공동주택 유형이 바로 다세대주택의 출발이다. 특히 이러한 방식은 재개발 지역의 '세대수 쪼개기'라는 방식으로까지 변형되기도 했고, 동네 집장사들의 무분별한 개발로 열악한 주거환경이 조성되기도 하였다.

40년 이상이 지난 지금도 다세대주택은 소규모 주택지를 재건축하거나 개발하는 방식으로 아파트 공급만으로 부족한 주택수요를 감당해 내고 있는 것이 현실이며, 주택 보급률의 숫자를 높이는 데에 분명 기여하고 있다.

❷ 다가구 주택과 다세대 주택 비교

작은 대지에 여러 세대가 살 수 있도록 지은 주택이라는 점과 주차장 설치 및 건축관련 적용 법령 내용도 같아 다가구와 다세대는 외형만 봐서는 쉽게 구별하기 어렵다. 다만 아래 표와 같이 개별 등기 가능 여부와 층수 및 세대수 제한 등이 다른데, 관련 내용을 다가구와 비교하여 설명하고자 한다.

구 분	다 세 대	다 가 구
건축물의 용도	공동주택	단독주택
바닥면적	660㎡ 이하	660㎡ 이하
층 수	4층 이하	3층 이하
세대수 제한	없 음	19세대 이하
개별 등기	가 능	불 가 능

다세대 주택의 규모 제한은 주택으로 쓰이는 1개 동의 바닥면적은 660㎡ 이하로서 다가구 주택과 동일하지만 층수는 4층 이하로서 다가구 주택보다 1개층 더 높게 건축할 수 있다. 층의 규모 산정에 있어는 두 시설 모두 주택으로 쓰이는 용도에 한정하여 층수를 정한다.

예를 들어 지상2층, 3층에 근생이 설치되고 나머지 층수를 다세대로 계획한다고 했을 때 층수에 2,3층을 포함하는 것이 아니라 주택 이외의 층을 제외하고 순수 주택 4개 층이 가능한 것이다. 바닥면적도 마찬가지로 주택으로만 사용되는 4개 층의 면적을 660㎡로 제한하고 있다.

세대수에 대해서 다가구는 19세대 이하로 제한이 있으나 다세대는 별도의 제한이 없다(연립주택도 동일). 물론 1988년 건축법 시행령 건축물의 용도분류에 포함되기 이전 지침으로 관리되어 오던 시기에는 19세대 이하라는 제한 조건이 있기는 했지만 이후에 삭제되었다. 또한 초기 다세대 도입 시기에 2세대 이상이라는 조건이 붙기는 했지만 역시나 의미가 없어 삭제되었다.

대신 주택을 30세대 이상 건설하는 경우에는 건축법이 아닌 주택법을 적용받아 건축허가가 아닌 사업승인대상이 되기 때문에 29세대 미만으로 건설하는 것이 일반적이다(단지형 다세대주택은 50세대 미만). 예전에는 사업승인 대상이 20세대 이상이어서 건축허가로 진행하기 위해 통상 19세대로 많이 건설·분양하였으나 2011년 소규모 주택 건설 활성화 등을 위해 주택법이 개정되면서 29세대 미만으로 건축허가 대상 범위가 넓어진 것이다.

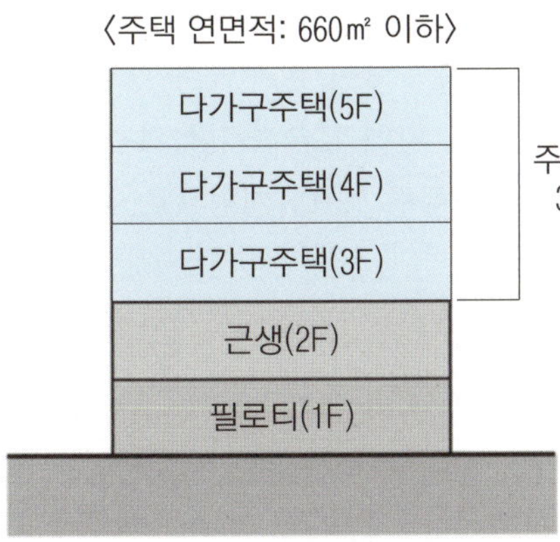

다가구주택

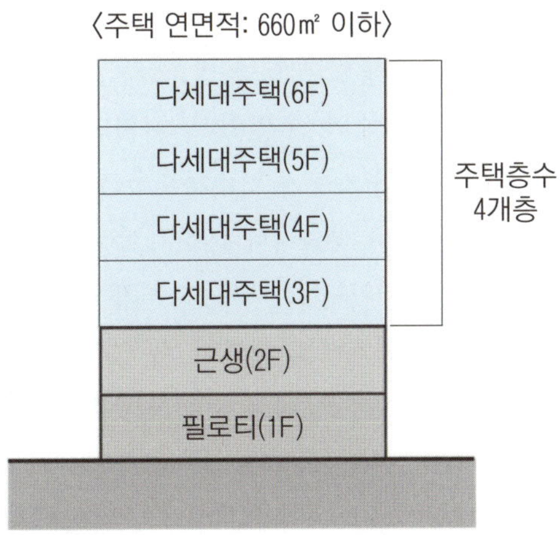

다세대주택

라. 기숙사: 학교 또는 공장 등의 학생 또는 종업원 등을 위하여 쓰는 것으로서 1개 동의 공동취사시설 이용 세대 수가 전체의 50퍼센트 이상인 것(「교육기본법」 제27조제2항에 따른 학생복지주택 및 「공공주택 특별법」 제2조제1호의3에 따른 공공매입임대주택 중 독립된 주거의 형태를 갖추지 않은 것을 포함한다)

❶ 주택만큼이나 오랜 역사를 가진 기숙사

기숙사는 보통 집으로 등하교가 어려운 학생들이나 특수목적 학교 등에서 전원 기숙사 생활을 위해 운영하는 시설을 말한다. 뿐만 아니라 공장 등 도심에서 위치가 멀리 떨어진 사업장의 근로자를 위해 회사 복지 차원에서 운영하는 곳을 말한다.

학생을 위한 기숙사는 서양의 경우 중세부터 수도원을 중심으로 생겨났고, 국내에서는 조선시대 성균관이나 지방의 서원에서도 기숙사의 역할을 하는 시설들이 있었을 만큼 상당히 긴 역사를 가지고 있다.

또한 근로자를 위한 기숙사 역시 오랜 역사를 가지고 있다. 고대 이집트시대 대규모 공사에 투입된

노동자들을 위한 집단 수용시설에서도 그 기원을 찾아볼 수 있다. 국내에서는 7·80년대 국내 산업화가 한창이던 시절 공장(회사)에서 야간학교와 기숙사까지 제공하는 곳이 많았다. 물론 직원들의 복지 차원이기도 했지만, 한편으로는 나이 어린 여성들이 하루 종일 공장에서 시간을 보내야만 했던 아픈 기억이 있는 곳이기도 하다.

지금도 일부 회사에서는 여전히 근로자(특히 외국인 근로자) 복지 차원에서 기숙사를 제공하고 있으며, '지식산업센터'의 경우에는 지원시설로서 입주 기업의 직원들이 이용할 수 있는 시설로 '기숙사' 설치가 가능하다.

❷ 기숙사가 왜 공동주택인가?

1978년 건축법 시행령 별표1의 '용도별 건축물의 종류' 신설 당시에도 기숙사는 지금처럼 공동주택의 세부 용도에 속해 있었다. 하지만 당시 별표1 내용 중 공동주택의 정의가 '하나의 건축물에 원칙적으로 2 이상의 가구가 거주하도록 된 주택'이라고 정의하고 있었고, 이에 기숙사가 독립된 세대원이 거주하는 시설이 맞느냐에 대한 논란이 불거졌다. 그러면서 80년 시행령 별표1 개정으로 공동주택이 아닌 별도의 용도(3호 기숙사)로 분류되었다.

하지만 99년 다시 법령이 개정되어 공동주택의 세부 용도로 다시 편입되게 되었고, 대신 '2 이상의 가구가 거주하도록 된 주택'이라는 항목은 삭제되어 그 논란이 없어진 것이다.

그럼 왜 기숙사가 공동주택의 용도에 다시 편입되었을까?

가장 큰 이유는 기숙사의 주거환경과 복지 및 안전 확보 차원이다. 기존에는 기숙사가 단순 집단 거주의 개념에만 머무르는 용도로만 생각되었다. 하지만 기숙사도 엄연히 많은 사람들이 하나의 공간에 공동으로 거주하는 공간으로 주거복지 차원에서 개선을 요구하는 수위가 높아졌기 때문이다. 한 예로 '소음방지를 위한 층간 바닥충격음 차단 구조기준'에서도 기숙사가 포함되어 바닥충격음 차단구조로 하거나 표준바닥구조에 적합하도록 하고 있다.

특히 한 기숙사에 적게는 수십 명에서 많게는 수백 명을 수용하는 대규모 기숙사도 건립되고 있다. 따라서 주거환경 관련 규제뿐만 아니라 화재 등 재해 예방을 위해서도 소방관련 시설의 설치가 아파트처럼 중요해진 것이다. 이렇게 기숙사의 용도가 공동주택으로 분류되면서 상대적으로 제한 조건이 까다로운 주택 관련 법령을 적용받게 되어 주거 환경과 안전을 동시에 도모할 수 있게 된 것이다.

또한 기숙사의 확대 보급에도 도움이 된다. 정부의 '주택복지'정책 중에는 청년 주거 특히 비싼 주택가의 원룸 등으로 밀려나는 대학생을 위한 주거 마련 대책이 빠질 수 없다. 이를 위해 공동주택 용도에 기숙사가 포함됨으로써 기숙사 확충과 관련한 정책의 수립도 용이해졌다. 기숙사의 공급 활성화를 위해 「주택법」에서 준주택으로 분류해 '국민주택기금' 융자를 지원받을 수 있도록 한 것이 그 사례이다.

❸ 기숙사에서도 취사가 가능하다?

기숙사는 99년 「건축법 시행령」 별표1의 개정 당시 공동주택의 용도에 편입되면서 '공동취사 등을 할 수 있는 구조이되, 독립된 주거의 형태를 갖추지 아니한 것'이라는 조건을 갖게 된다. 공동주택의 범주에 속하기는 하지만 각 실의 형태가 독립된 주거형태의 온전한 공동주택은 아니라는 것이다.

하지만 2014년 다시 한번 개정되면서 기숙사의 정의가 '1개 동의 공동취사시설 이용 세대 수가 전체의 50퍼센트 이상인 것'이라는 내용으로 변경되게 된다. '공동취사시설이 50%'라는 것은 바꾸어 말하면, 공동취사시설이 아닌 개별 실 안에 '독립취사시설을 50% 미만'에서 허용한다는 것이다. 최근 기숙사에는 대학원생, 연구원 등 기혼자가 거주할 수 있는 유형도 생겨나고 있고 산업단지 공장 기숙사의 경우 워낙 주변 식당 등 편의시설 등이 없다 보니 부득이하게 기숙사에서 취사해야 하는 경우 등을 감안해 '독립취사시설'을 허용한 것이다.

하지만 이를 악용한 부작용도 있다. 건축물의 용도 중 17)공장에 속하는 지식산업센터는 지원시설로서 기숙사 설치가 가능하다. 그런데 여기에 취사 시설까지 일부 가능하게 되면서 '오피스텔형 기숙사'라며 마치 오피스텔인 것처럼 홍보를 하는 경우도 생겨났기 때문이다.

또한 기숙사가 지식산업센터의 지원시설이기 때문에 이 건물에 근무하는 임·직원을 대상으로 기숙사를 운영해야 한다. 하지만 잘못된 정보와 관련 법령의 미비한 부분을 틈타 건물에 근무하는 입주자와 상관없는 일반인에게 임대하는 경우가 발생하는데 이는 불법행위에 해당한다. 따라서 이러한 불법행위가 적발될 경우 분양자뿐만 아니라 임차인 모두에게 불이익이 발생하기 때문에 분양 물건의 용도에 대한 충분한 이해와 확인이 필요하다.(이 내용은 첨부 이미지의 사업장과는 관련이 없음.)

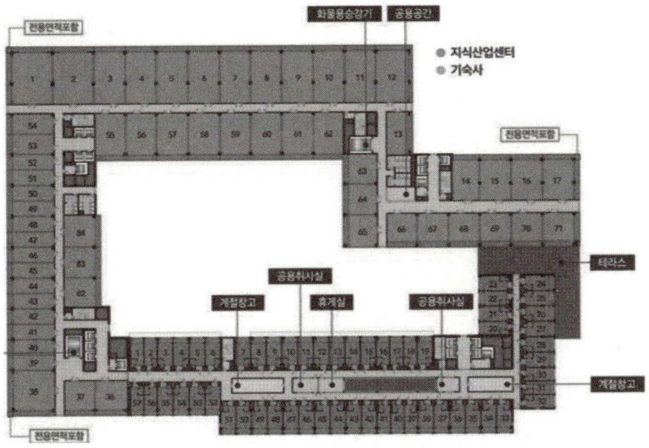

지식산업센터 내 기숙사 〈출처: factory1004〉

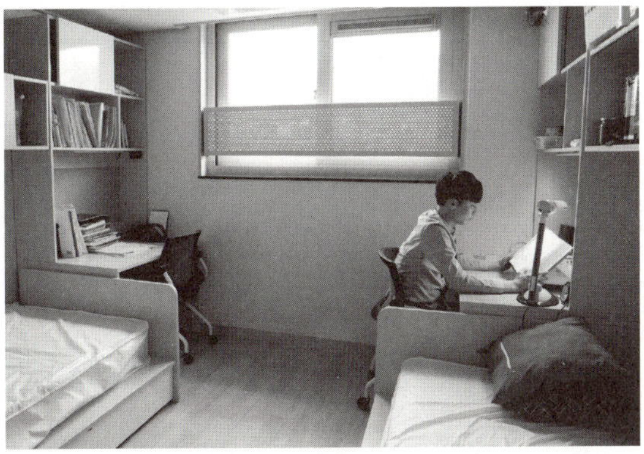
대학 기숙사 〈출처: 교육부〉

❹ 학생복지주택 이란

학생복지주택은「교육기본법」(이하 "이 법")에서 국가 및 지방자치단체는 학생의 안전한 주거환경을 위하여 건설에 필요한 시책을 수립·실시를 구체화한다는 내용에 근거한 것으로 '학교 밖에 지어지는 기숙사'라고 불리운다.

2010년 3월「건축법 시행령」별표1 개정에는 공동주택 중 기숙사에 '학생복지주택'(이하 "이 주택")이 포함되었다. 개정 이유는 이 법에서 학생의 안전한 주거환경을 위한 '학생복지주택'이 신설됨에 따라 건축물의 용도에 이 주택을 반영할 필요가 있고, 주택이라는 명칭이 아파트 등과 혼동될 수 있다는 이유에서였다.

2000년 후반 강북의 대학 캠퍼스 인근 뉴타운 지역이 개발되면서 더 부족해진 원룸·하숙 등 학생들의 주거 문제 때문에 나온 대안으로써 관련 지자체 특히 서울시에서는 이들 지역을 중심으로 주거복지의 대안으로 '학생복지주택' 추진을 장려하고 있다

하지만 부지 및 제원 마련 등과 인근 재개발 조합과의 관계 등으로 활발히 추진되지는 못했고, 그나마 2011년 흑석동 중앙대학교의 '에듀하우스'가 대표적인 사례이다.

❺ 공공매입임대주택 이란

「공공주택 특별법」("이하 이 법)은 공공주택의 원활한 건설과 효과적인 운영을 위하여 필요한 사항을 규정한 법령이다. 이 법에 따른 여러 종류의 공공주택 중 '공공매입임대주택'은 국가나 지자체 공기업 등의 공공주택사업자가 직접 건설하지 아니하고 매매 등으로 취득하여 공급하는 공공임대주택을 말한다. 다시 말해 기존에 지어진 건축물을 매입해서 저소득층과 청년 및 신혼부부에게 재 공급하는 방식을 말하며 매입 대상은 아래와 같다.

1. 단독주택, 다중주택 및 다가구주택
2. 공동주택(국민주택규모 이하)
3. 제1종 근린생활시설, 제2종 근린생활시설, 노유자시설, 수련시설, 업무시설 또는 숙박시설의 용도로 사용하는 건축물

이런 방식으로 공급되는 여러 임대주택 중 특히 청년을 대상으로 공급되는 '기숙사형 청년주택'이라목 기숙사에 포함된다. 경제적 어려움을 겪고 있는 사회진입 단계 청년 또는 학생을 대상으로 제공되며, 임대료는 소득수준에 따라 시세의 30~50% 정도로 책정된다.

'주거복지로드맵'의 일환으로 공급이 되는 이 시설은 19년 구로구와 성동구에 각각 1호와 2호 기숙사형 청년주택 공급을 시작으로 추가 공급이 계속 진행되고 있으며 총 1만 가구 공급 목표를 세워놓고 있는 추진 중에 있다.

> 공동주택[공동주택의 형태를 갖춘 가정어린이집·공동생활가정·지역아동센터·공동육아나눔터·작은도서관·노인복지시설(노인복지주택은 제외한다) 및 「주택법 시행령」 제10조제1항제1호에 따른 원룸형 주택을 포함한다].

위의 내용은 1)단독주택에서의 내용과 같이 공동주택의 형태를 갖춘 가정어린이집 등도 역시 이 용도에 포함된다는 것이다. 설명 내용은 동일하기 때문에 여기에서는 생략하기로 하고, 1)단독주택 후반부의 설명 내용을 참조하기 바란다.

중앙대 에듀하우스 〈출처: karo〉

개봉동 기숙사형 청년주택 〈출처: 국토교통부〉

❶ 원룸형 주택이란?

그럼 「주택법 시행령」(“이하 이 법”) 제10조제1항제1에 따른 원룸형 주택을 포함한다’는 내용에 대해 알아보자. 여기서 말하는 원룸형 주택은 ‘도시형 생활주택’ 유형 중 하나로서 이 주택유형의 도입과 함께 여기에 추가된 것이다.

도시형 생활주택은 주택법에 근거한 공동주택으로 원룸형, 단지형 다세대, 단지형 연립주택으로 구분된다. 이들 중 다세대 및 연립주택은 기존 건축법의 용도 분류 중 공동주택의 종류에 속하기 때문에 별도의 언급이 필요 없다. 하지만 ‘원룸형’이라는 용도는 기존에 건축법에는 없는 명칭이기 때문에 여기에서는 이 시설을 공동주택으로 한번 더 규정해 두고 있는 것이다.

참고로 이 법에서 원룸형 주택은 다음 각 목의 요건을 모두 갖춘 공동주택으로 정의하고 있다.

가. 세대별 주거전용면적은 50제곱미터 이하일 것

나. 세대별로 독립된 주거가 가능하도록 욕실 및 부엌을 설치할 것

다. 욕실 및 보일러실을 제외한 부분을 하나의 공간으로 구성할 것. 다만, 주거전용면적이 30㎡ 이상인 경우에는 두 개의 공간으로 구성할 수 있다.

라. 지하층에는 세대를 설치하지 아니할 것

다만, 가목이나 나목에서 층수를 산정할 때 1층 전부를 필로티 구조로 하여 주차장으로 사용하는 경우에는 필로티 부분을 층수에서 제외하고, 다목에서 층수를 산정할 때 1층의 전부 또는 일부를 필로티 구조로 하여 주차장으로 사용하고 나머지 부분을 주택(주거 목적으로 한정한다) 외의 용도로 쓰는 경우에는 해당 층을 주택의 층수에서 제외하며, 가목부터 라목까지의 규정에서 층수를 산정할 때 지하층을 주택의 층수에서 제외한다.

❷ 공동주택의 세부 용도는 면적과 층수로 구분된다.

공동주택의 용도에서 가장 중요한 점은 기숙사를 제외한 세부 용도를 면적과 층수로서 구분한다는 것이다.

아파트(가목)와 연립주택(나목)은 층수 산정 시 1층 전부를 필로티 구조로 하여야 층수 산정에서 제외가 가능하다. 아래의 예시 그림을 보면 1층 전부를 필로티 구조로 하여 주차장으로 사용할 경우는 필로티를 제외한 4개 층의 연립주택 건축이 가능하다. 하지만 1층에 주택 이외의 다른 용도가 도입될 경우에는 필로티를 포함한 전체 4개 층으로 건축되는 것이다.

반면 다세대주택(다목)의 경우에는 다가구 주택과 마찬가지로 1층의 전부 또는 일부를 주차장으로 사용하고 이외의 면적을 상가 등 주택 외의 용도로 사용하는 경우 1층은 층수 산정에서 제외한다.(다가구주택 설명 참조)

결국 아파트나 연립주택은 필로티만 층수에서 제외해 주고 다가구나 다세대는 1층이 필로티와 다른 용도가 있는 경우에도 층수 산입에서 제외가 된다. 아무래도 다세대 주택은 연면적에 대한 제한이 있고, 대지가 협소해 공간 활용에 대한 한계가 있다 보니 건축주의 사업성을 감안해 1층을 주차장 이외에 상가 등으로 활용이 가능하도록 완화해 준 것이다.

여기서도 단독주택에서와 마찬가지로 층수를 산정할 때 '지하층을 제외한다'는 문구를 계속 강조하고 있다. 건축법 시행령에서 층수 관련 항목에서는 지하층은 건축물의 층수에 산입하지 아니한다고 되어 있는데도 말이다. 이는 공동주택의 세부 용도들과 다가구가 층수와 면적 등의 규모에 민감하게 분류되기 때문이다. 또한 지하에 주택을 설치하고자 하는데 '주택으로 쓰이는 층수'라는 문구만 있다면 지하층까지를 포함한 층수로(e.x 4층=지하1층+지상3층) 오해할 수 있는 것을 미연에 방지하기 위해 한 번 더 구분해 준 것이다.

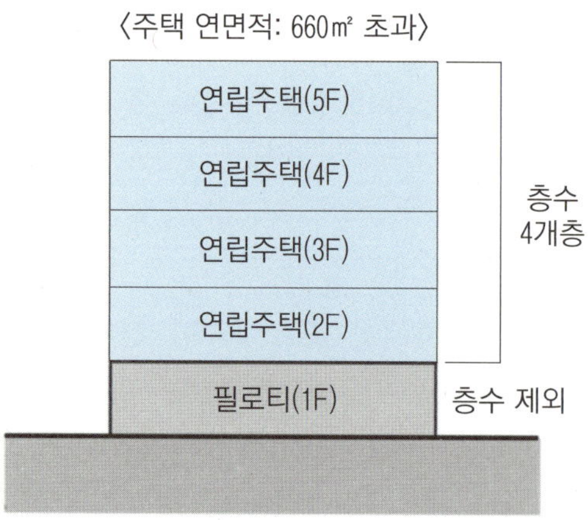

층수 제외 사례

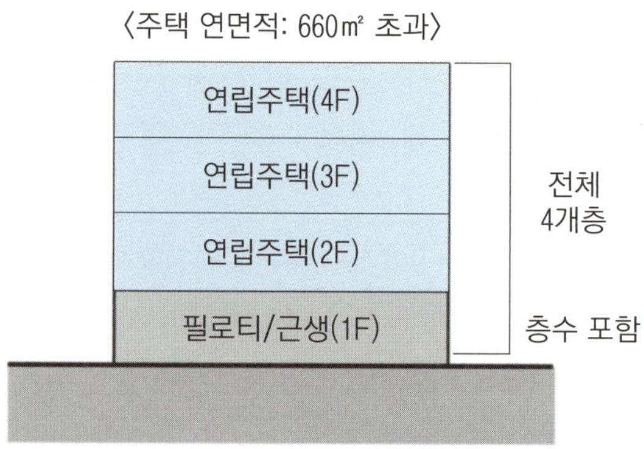

층수 포함 사례

3. 제1종 근린생활시설

※ 가까이 이웃하는 시설

근린의 한자어는 근(近, 가까울 근), 린(隣, 이웃 린)을 쓰고 있다. 직역하자면 '가까운 이웃'이라는 뜻으로 우리가 생활(거주)하는데 있어 '가까이 잇닿아 있어 서로 왕래가 잦은 시설'이라는 의미이다.

근린생활시설(이하 "근생")의 세부 시설을 보더라도 우리 주변에서 흔히 볼 수 있는 것으로 특히 주거지역과 인접하여 우리 일상생활에 편리함을 제공하는 시설들이다.

하지만 이들 시설들이 주거지역에 큰 영향을 주지 말아야 하기 때문에 시설의 성격이나 면적 관련 규모가 제한되어 있고 그 정도에 따라 제1종과 제2종으로 나뉘어진다. 그래서 이러한 특징으로 인해 용도지역 내 건축물의 용도 제한에서도 제1종 근생은 거의 대부분의 지역에 설치가 가능한 것이다.

가. 식품·잡화·의류·완구·서적·건축자재·의약품·의료기기 등 일용품을 판매하는 소매점으로서 같은 건축물(하나의 대지에 두 동 이상의 건축물이 있는 경우에는 이를 같은 건축물로 본다. 이하 같다)에 해당 용도로 쓰는 바닥면적의 합계가 1천 제곱미터 미만인 것

나. 휴게음식점, 제과점 등 음료·차(茶)·음식·빵·떡·과자 등을 조리하거나 제조하여 판매하는 시설(제4호너목 또는 제17호에 해당하는 것은 제외한다)로서 같은 건축물에 해당 용도로 쓰는 바닥면적의 합계가 300제곱미터 미만인 것

다. 이용원, 미용원, 목욕장, 세탁소 등 사람의 위생관리나 의류 등을 세탁·수선하는 시설(세탁소의 경우 공장에 부설되는 것과 「대기환경보전법」, 「물환경보전법」 또는 「소음·진동관리법」에 따른 배출시설의 설치 허가 또는 신고의 대상인 것은 제외한다)

라. 의원, 치과의원, 한의원, 침술원, 접골원(接骨院), 조산원, 안마원, 산후조리원 등 주민의 진료·치료 등을 위한 시설

마. 탁구장, 체육도장으로서 같은 건축물에 해당 용도로 쓰는 바닥면적의 합계가 500제곱미터 미만인 것

바. 지역자치센터, 파출소, 지구대, 소방서, 우체국, 방송국, 보건소, 공공도서관, 건강보험공단 사무소 등 주민의 편의를 위하여 공공업무를 수행하는 시설로서 같은 건축물에 해당 용도로 쓰는 바닥면적의 합계가 1천 제곱미터 미만인 것

사. 마을회관, 마을공동작업소, 마을공동구판장, 공중화장실, 대피소, 지역아동센터(단독주택과 공동주택에 해당하는 것은 제외한다) 등 주민이 공동으로 이용하는 시설

아. 변전소, 도시가스배관시설, 통신용 시설(해당 용도로 쓰는 바닥면적의 합계가 1천제곱미터 미만인 것에 한정한다), 정수장, 양수장 등 주민의 생활에 필요한 에너지공급·통신서비스제공이나 급수·배수와 관련된 시설

자. 금융업소, 사무소, 부동산중개사무소, 결혼상담소 등 소개업소, 출판사 등 일반업무시설로서 같은 건축물에 해당 용도로 쓰는 바닥면적의 합계가 30제곱미터 미만인 것

차. 전기자동차 충전소(해당 용도로 쓰는 바닥면적의 합계가 1천제곱미터 미만인 것으로 한정한다)

■ 용도지역 내 건축물의 용도 제한

건축물의 용도		도시지역																관리지역(4층 이하)			농림지역	자연환경보전지역
		주거지역						상업지역				공업지역			녹지지역(4층 이하)							
		1종전용	2종전용	1종일반	2종일반	3종일반	준주거	중심	일반	근린	유통	전용	일반	준	자연	생산	보전	계획	생산	보전		
가. 식품·잡화 등 소매점 1천 제곱미터 미만		●	●	●	●	●	●	●	●	●	●	●	●	●	●	●	△	●	●	○	○	○
나. 휴게음식점, 제과점 등 300제곱미터 미만		●	●	●	●	●	●	●	●	●	●	●	●	●	●	●	○	△	×	×	×	×
다. 이용원, 미용원, 목욕장, 세탁소 등		▲	▲	●	●	●	●	●	●	●	●	●	●	●	●	●	△	●	○	○	○	×
라. 의원, 한의원, 조산원, 안마원, 산후조리원 등		▲	▲	●	●	●	●	●	●	●	●	●	●	●	●	●	△	●	○	○	○	×
마. 탁구장, 체육도장 500제곱미터 미만		●	●	●	●	●	●	●	●	●	●	●	●	●	●	●	○	●	○	○	○	×
바. 지역자치센터, 지구대 등 공공업무시설 1천 제곱미터 미만인 것		●	●	●	●	●	●	●	●	●	●	●	●	●	●	●	△	●	○	○	○	○
사.	마을회관, 마을공동작업소, 마을공동구판장	▲	▲	●	●	●	●	●	●	●	●	●	●	●	●	●	△	●	○	○	○	○
	공중화장실, 대피소 지역아동센터 등	△	▲	●	●	●	●	●	●	●	●	●	●	●	●	●	△	●	△	○	△	△
아. 변전소, 도시가스배관시설, 정수장, 양수장 등		△	▲	●	●	●	●	●	●	●	●	●	●	●	●	●	△	●	●	○	●	○
자. 금융업소, 부동산중개사무소, 출판사 등 일반업무시설 30제곱미터 미만인 것		×	●	●	●	●	●	●	●	●	●	●	●	●	●	●	○	●	○	○	○	×
차. 전기자동차 충전소(1천 제곱미터 미만)		×	●	●	●	●	●	●	●	●	●	●	●	●	●	●	△	●	○	○	○	×

(× : 금지, ● : 법령 허용, ○ : 조례 허용, ▲ : 법령 제한적 허용, △ : 조례 제한적 허용) ※제1종 일반주거지역: 4층 이하

가. 식품·잡화·의류·완구·서적·건축자재·의약품·의료기기 등 일용품을 판매하는 소매점으로서 같은 건축물(하나의 대지에 두 동 이상의 건축물이 있는 경우에는 이를 같은 건축물로 본다. 이하 같다)에 해당 용도로 쓰는 바닥면적의 합계가 1천 제곱미터 미만인 것

❶ 면적에 따른 소매점 용도분류

소매점이란 최종의 재화나 서비스를 최종 소비자에게 직접 전달·판매하는 점포의 기본단위로서 개인이나 가계를 대상으로 상품이나 서비스를 판매하는 유통업의 기본단위를 말한다. 가목의 이런 소매점에서 판매하는 품목들은 식품을 제외하고 대부분 별도의 제조 및 가공을 거치지 않아도 되는 완제품들이다. 이런 일용품을 판매하는 소매점은 구멍가게부터 대형 할인점까지 다양하지만 모두가 근생 1종에 해당하는 것은 아니다.

식품, 잡화 등 우리 일상생활에서 필요한 일용품을 판매하는 소매점은 우리 생활에 편의를 제공하기도 하지만 이런 시설들이 인근 지역 특히 주거지역에 피해를 주지 않도록 품목과 바닥면적을 제한하고 있다. 바닥면적이 1,000㎡ 이상인 규모는 아무래도 많은 방문자들과 차량이 모인다는 점에서 주거지역에 영향을 줄 수 있기 때문이다. 따라서 바닥면적이 1,000㎡ 미만인 것만 근생 1종에 해당하며, 그 이상의 규모는 7)판매시설에 속하는 것이다.

❷ 그럼 도매점의 건축물 용도는?

가목의 소매업이 도매업자에게서 물건을 납품받아 판매하는 것이라면, 도매업은 소매업 이전의 단계로 생산자와 최종 판매자인 소매자를 연결하는 역할을 한다. 그럼 동일 품목을 1,000㎡ 미만의 상점에서 판매하는 도매점은 건축물의 용도 중 어디에 속할까?

결론부터 말하자면 유통의 단계에서는 도매와 소매를 구분하지만, 「건축법」에서 건축물의 용도를 구분할 때에는 소매점과 도매점의 구분이 없다. 건축물 용도라는 측면에서 보더라도 소매업과 도매업 모두 판매 방법이나 운영 시스템에 큰 차이가 없으며, 두 업종 모두 「건축법」에서 바라보는 용도 구분 기준에 크게 영향을 주지 않기 때문이다.

건축물의 용도는 그 성격과 규모에 의해 분류된다고 봐야 하는데 도·소매의 구분은 유통과정에서의 판매 대상의 차이일 뿐이다. 또한 근생 용도에 포함되는 다른 시설들과 비교해 보아도 주민들의 일상생활에 편의를 제공하는 시설이라는 측면에서 차이가 없으며, 주거환경 등에 영향을 주는 것이 아니기 때문이다. 아울러 이를 근거한 법제처 해석을 아래에 첨부해 두니 참고하기 바란다.

| 질의 |

「건축법 시행령」 제3조의4 및 별표 1에 따른 용도별 건축물의 종류 중 제3호가목에 따르면 "같은 건축물에 해당 용도로 쓰는 바닥면적의 합계가 1천 제곱미터 미만인 일용품(식품·잡화·의류·완구·서적·건축자재·의약품·의료기기 등) 등의 소매점"을 제1종 근린생활시설로 규정하고 있는데, 위와 같은 일용품을 대량으로 소매업소에 판매·공급하는 영업시설(같은 별표 제7호가목의 "도매시장", 나목의 "소매시장"에 해당되지 아니함)의 면적이 1천 제곱미터 미만인 경우, 이 시설은 같은 별표 제3호가목에 따른 제1종 근린생활시설에 해당하는지, 아니면 같은 별표 제7호다목1)의 "상점"인 판매시설에 해당하는지 여부?

| 회신 |
일용품(식품·잡화·의류·완구·서적·건축자재·의약품·의료기기 등)을 대량으로 소매업소에 판매·공급하는 영업시설의 면적이 1천 제곱미터 미만인 경우, 이 시설은 「건축법 시행령」 제3조의4 및 별표 1 제3호가목에 따른 제1종 근린생활시설에 해당한다고 할 것입니다.
출처: 법제처-12-0202

❸ 하나의 대지에 2동 이상일 경우 면적산정은 합산으로

보통의 아파트 단지를 제외하고는 하나의 대지에 한 동의 건물이 일반적이지만 경우에 따라 근생 용도도 한 대지에 여러 동이 있을 수 있다. 이런 경우 각 동의 면적을 별개로 보는 것이 아니라 모든 동의 면적을 합산하여 면적을 산정하는 것이다.

예를 들어 2개 동의 건물이 하나의 대지에 있는 소매점의 경우에는 아래의 그림처럼 두 동의 면적의 합이 1,000㎡ 미만이 되어야 제1종 근생 용도가 되는 것이다. 만약 각각의 건물은 근생시설 기준에 충족하더라도 면적의 합이 1,000㎡ 이상인 경우에는 근생이 아닌 판매시설이 되어야 한다.

이런 제약 때문에 아래 그림처럼 인접한 두 대지에 각각 1,000㎡ 미만의 근생 용도로 허가받은 건물을 지은 다음 두 건물을 연결해서 하나의 점포(판매시설)처럼 이용하는 꼼수를 부리는 경우도 생겨난다. 근생 용도에 비해 판매시설은 적용되는 건축법 및 소방 등 기타 법령에 따른 적용 항목이 많아진다. 이를 충족하기 위해서는 그만큼 많은 시설을 설치해야 하는 것이고, 결국 사업자 입장에서 초기 투입되는 공사비용의 증가가 초래하기 때문에 이런 편법도 생겨나는 것이다.

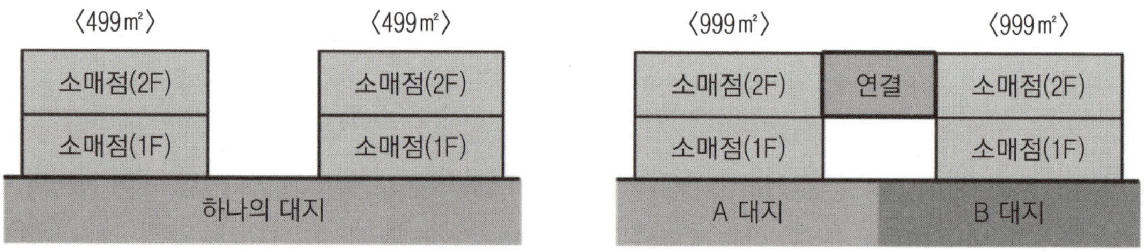

나. 휴게음식점, 제과점 등 음료·차(茶)·음식·빵·떡·과자 등을 조리하거나 제조하여 판매하는 시설(제4호너목 또는 제17호에 해당하는 것은 제외한다)로서 같은 건축물에 해당 용도로 쓰는 바닥면적의 합계가 300제곱미터 미만인 것

❶ 제1종 근생에 속하는 식당에서는 술을 팔지 못한다.

휴게음식점과 제과점처럼 식자재의 조리·제조과정을 거쳐 손님에게 판매하는 시설이 나목에 해당한다. 나목의 두 시설의 관련 법령은 「식품위생법」(이하 "이 법")으로 '식품접객업' 중 하나로 분류되어 이 법의 적용을 받는다.

식품 접객업	가. 휴게음식점영업	- 주로 다류(茶類), 아이스크림류 등을 조리·판매하거나 패스트푸드점, 분식점 형태의 영업 등 음식류를 조리·판매하는 영업 - 음주행위가 허용되지 아니하는 영업 다만, 편의점, 슈퍼마켓, 휴게소, 그 밖에 음식류를 판매하는 장소(만화가게 및 PC방 등 음식류를 부수적으로 판매 장소 포함) 에서 컵라면, 일회용 다류 또는 그 밖의 음식류에 물을 부어 주는 경우는 제외
	바. 제과점영업	- 주로 빵, 떡, 과자 등을 제조·판매하는 영업 - 음주행위가 허용되지 아니하는 영업

분식점에서는 식사와 함께 술을 팔지 않는다. 이들 업종의 공통된 특징이 음주 행위가 허용되지 않기 때문이며, 음주 행위가 허용되는 제2종 근생인 일반음식점과 가장 큰 차이점이기도 하다. 술을 파는 제2종 근생인 일반음식점과 달리 휴게음식점과 제과점은 주거지역에서 법령으로 무조건 설치가 가능한 시설이다. 앞서 근생의 개념을 설명했듯이 주거지역과의 관계를 놓고 보면 왜 근생을 제1종과 제2종으로 구분하는지를 간접적으로 보여주는 예이기도 하다.

그럼 컵라면이나 간편 조리 식품 등도 이 법에서 이야기하는 음식에 해당할까? 이 법에서는 편의점을 비롯하여 만화가게나 PC방 등에서 간편하게 조리해서 먹는 음식을 제공하는 것은 조리나 제조로 보지 않는다. 이런 부수적 판매행위는 휴게음식점 범주에서 제외되며 시설 구분에 영향을 주지 않기 때문이다.

제4호 너목은 제2종 근생시설 중 제조업소, 수리점 등 물품의 제조·가공·수리 등을 위한 시설이고, 제17호는 공장 용도를 말하며 이들 시설은 나목의 시설과 제조 품목과 규모 면에서 구분되는 시설이다. 이 시설들을 제외하는 이유는 식품 제조관련 시설이 음식점뿐만 아니라 식품제조 공장 시설도 있기 때문에 이 시설들을 구분하기 위함이다. 300㎡ 미만의 작은 규모에서 음식을 제조하는 것만 나목에 해당하며, 이 면적 이상의 시설은 제2종 근생 또는 공장 용도에 속한다.

다. 이용원, 미용원, 목욕장, 세탁소 등 사람의 위생관리나 의류 등을 세탁·수선하는 시설(세탁소의 경우 공장에 부설되는 것과 「대기환경보전법」, 「물환경보전법」 또는 「소음·진동관리법」에 따른 배출시설의 설치 허가 또는 신고의 대상인 것은 제외한다)

다목의 시설 역시 우리 일상생활에서 이용도가 높은 시설로서 모두 「공중 위생관리법」 (이하 "이 법")과 관련된 시설들이다. 이 법은 공중이 이용하는 영업의 위생관리 등에 관한 사항을 규정함으로써 위생 수준 향상을 위한 것으로, 다목의 시설뿐만 아니라 숙박업을 포함해 이 법에 의해 관리되고 있다.

❶ 이발소과 미용실의 구분

예전에는 이용원(이발소)과 미용원(미용실)은 보통 남자가 이용하는 곳과 여자가 주로 이용하는 것으로 구분하던 시절이 있었다. 하지만 지금은 미용원의 경우 남녀구분이 없이 이용하고 있고 상호명도 'ㅇㅇ헤어샵' 등으로 사용하고 있어 이발소와 미장원의 차이를 구분하기 힘들다.

그럼 관련 법에서는 어떻게 구분하고 있을까? 이 법에서 이발소의 법적 용어인 '이용원업'은 손님의 머리카락 또는 수염을 깎거나 다듬는 등의 방법으로 손님의 용모를 단정하게 하는 영업으로 정의하고 있다. 그리고 이용사의 업무 범위를 이발·아이론·면도·머리피부손질·머리카락염색 및 머리감기로 한정하고 있다. 반면 '미용원'은 손님의 파마, 피부관리, 손·발톱 손질 등 손님의 외모를 아름답게 꾸미는 영업으로 정의하고 있다.

여전히 이 법에 따른 정의로 봐서는 남성과 여성 고객을 대상으로 구분할 수 있는 몇 가지 문구가 보이기는 하다. 하지만 남성과 여성 고객을 대상으로 한다고 명확히 규정하고 있지 않고 있으며, 시대의 변화에 맞추어서 이런 시설들도 진화해 가는 것뿐이다. 따라서 이 두 시설의 구분을 남녀 기준으로 구분하는 것이 그렇게 중요한 것은 아닐 것이다.

❷ 찜질방을 포함한 목욕장

목욕장은 「공중 위생관리법」에서 물로 목욕을 할 수 있는 시설 및 설비가 갖추어진 시설이라고 정의하고 있는데, 주변에서 흔히 볼 수 있는 목욕탕 또는 사우나로 불리는 곳이 여기에 속한다. 또한 맥반석·황토·옥 등을 직접 또는 간접 가열하여 발생되는 열기 또는 원적외선 등을 이용하여 땀을 낼 수 있는 시설 및 설비 등의 서비스 모두를 포함한다. 여기서 '땀을 낼 수 있는 시설 등의 서비스'는 찜질방을 뜻하는 것으로 이를 포함해 모두 목욕장이라고 한다.

다만 이런 시설을 갖추었다고 모두 목욕장이 되는 것은 아니고 숙박업 영업소·민박·수련시설·자연휴양림 안 시설 내의 욕실, 종합 체육시설업의 체온관리실 등 부속 용도로 설치되는 것들은 제외된다.

❸ 동네 세탁소와 세탁 공장

세탁업을 「공중 위생관리법」 (이하 "이 법")에서 의류 기타 섬유제품이나 피혁 제품 등을 세탁하고 수선하는 영업으로 정의하고 있다. 주거지역을 중심으로 동네에 꼭 하나씩 있는 세탁소는 기존에는 제

1종과 제2종 근생으로 구분되고, 500㎡ 규모 제한이 있었다. 하지만 지금은 제1종 근생으로만 분류되고 규모에 상관없이 영업할 수 있다.

반면 숙박, 의료 시설 등에서 나오는 다량의 세탁물이나 체인점 형태의 세탁소에서 수거된 세탁물을 한꺼번에 처리하는 세탁시설은 일반 세탁소와는 다르다. 규모나 장비 면에서 대형화, 기계화가 이뤄지고 있어 세탁과정에서 많은 양의 폐수나 대기오염 물질이 발생할 수 밖에 없다. 따라서 공장에 부설되는 것과 다음의 표와 같이 환경오염 배출 신고 또는 허가 대상은 제1종 근생이 아닌 17)공장으로 분류된다.

하지만 일부에서는 대규모 세탁 시설을 운영하면서도 '세탁 공장'으로 등록하지 않고 법망을 피해 '세탁업'으로 등록해 운영하는 곳도 있다고 한다. 건축물의 용도가 공장이 아닌 근생용도로 분류되다 보니 인근 주거지역에 설치되어 소음, 악취, 수거차량 등으로 민원이 그치지 않을 수 없다. 이런 사례를 보더라도 건축물의 용도 분류에 따른 근생 용도와 그 이외의 용도 구분의 이유와 중요성을 잘 보여준다.

그럼 '셀프(코인)빨래방'은 세탁업에 속할까? 이 시설은 원룸가를 중심으로 많이 생겨난 세탁소와 유사한 업종으로 세탁업에 속하는가에 대해서는 의견이 분분하다. 신종 업종인데다가 아직도 업종의 정의를 정확히 구분하고 있지 않기 때문이다. 실제 각 지자체마다 셀프 빨래방을 공중위생업소(세탁업)과 자유업종으로 각각 다르게 분류하고 있어 별도의 법적 구분이 필요한 실정이다.

코인빨래방

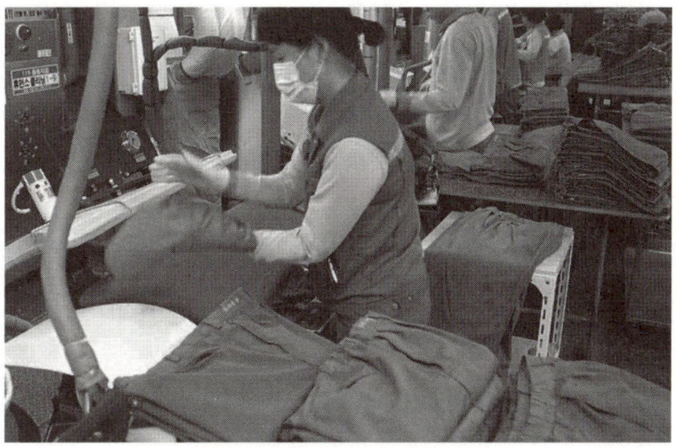
세탁공장 〈출처:국립특수교육원〉

■ 환경오염 배출시설 관련 법령

관련법	허가 또는 신고 대상
대기환경보전법	- 대기오염물질 배출시설: 동법 시행규칙 별표3 - 설치 허가 또는 신고 대상: 동법 시행령 제11조(배출시설의 설치허가 및 신고 등)
물환경보전법 (구·수질 및 수생태계 보전에 관한 법률)	- 폐수 배출시설: 동법 시행규칙 별표 4 - 설치 허가 또는 신고 대상 : 동법 시행령 제31조 (설치허가 및 신고 대상 폐수배출 시설의 범위 등)
소음·진동관리법	- 소음·진동 배출시설: 동법 시행규칙 별표 1 - 설치 허가 또는 신고 대상 : 동법 제8조 (배출시설의 설치 신고 및 허가 등)

라. 의원, 치과의원, 한의원, 침술원, 접골원(接骨院), 조산원, 안마원, 산후조리원 등 주민의 진료·치료 등을 위한 시설

❶ 의원과 병원의 차이

우리는 보통 의원과 병원을 구분해서 부르지 않고 "병원에 간다"고 말한다. 하지만 실제 간판 등에는 ○○의원, ○○병원으로 구분이 되어 있다. 이들의 차이를 집 근처에 위치하여 감기 등 가벼운 증상으로 가는 곳이 의원이고, 그 이상의 규모는 병원이라는 정도만 짐작하고 있다.

이 시설들은 「의료법」에서 입원실, 병상 규모에 따라 크게 의원급, 병원급으로 구분하고 있다. 의원은 이 법에서 의사, 치과의사 또는 한의사가 외래환자를 대상으로 각각 그 의료행위를 하는 의료기관을 말하며 라호의 의원, 치과의원, 한의원은 모두 의원급에 속한다. 이들 의원이 입원실을 운영할 경우에는 29인 이하만 수용할 수 있으며, 「의료급여법」에 따라 1차 의료급여 기관으로 지정되어 있다. 병원은 의원보다 더 큰 규모이며, 이 두 시설에 대한 보다 자세한 비교는 9)의료시설을 참고하기 바란다.

❷ 논란이 많은 침술원과 접골원

침술원과 접골원은 참으로 생소한 업종으로 해당 업소를 일부러 찾지 않는 이상 우리 주변에서 찾아보기 힘들다. 동물 장례식장 등 신종 업종은 계속해서 생기는 반면 침술원과 접골원 같은 업종은 퇴색되어가고 있는 업종 중 하나이다. 아직도 명맥을 유지하는 곳이 있기 때문에 라목에 남아 있기는 하지만 사회의 변화에 맞추어 민감하게 움직여야 할 용도 분류가 정체되어 있다는 느낌도 든다.

이 두 시설이 일부 몇 군데에서 명맥만 겨우 유지되고 있는 배경에는 시대 변화와 타 의료 시설의 발달이라는 이유도 있지만 침사와 접골사 제도가 아주 오래전에 폐지되었고 그 행위의 규제에 대한 논란이 있기 때문이다. 왜 이런 논란이 되고 있는지에 대해 관련 배경 정도만 알아보기로 하자.

2016년 침 시술가 구당(灸堂) 김남수 옹이 일반인을 상대로 실시해 온 침·뜸 교육을 제한할 수 없다는 대법원의 판결이 나오면서 민간 침술에 대해 한의학계와의 논쟁이 뜨거웠다. 이유는 의료법상 침술은 6년제 한의대 과정을 마친 한의사가 국가면허를 취득해야 시행할 수 있기 때문이다.

물론 '침사'도 침술을 할 수 있지만, 침사는 일제강점기 이후 해당 자격 배출이 중단되어 2014년 현재 침사는 23명, 구사(뜸)는 6명에 불과하고 모두 고령이라고 한다. 따라서 전국 대부분의 침술원이 민간교육 수료증을 내걸고 영업하는 것으로 이런 일반인이 시술하는 것은 불법이기 때문에 논란이 불거진 것이다.

접골원은 뼈가 부러지거나 탈골, 염좌 등이 있을 때 수술없이 치료하는 곳을 말한다. 접골은 일본의 '유도정복술'에 그 기원을 두고 있으며, 일제 강점기에 '접골사' 제도가 국내에 도입되었다. 하지만 1960년 「접골사법」 역시 폐지되었고, 국내에는 2013년 통계 기준으로 10여 명만이 남아있다. 국내에서는 관련법 폐지와 환자 부족 등으로 지금은 찾아보기 힘들며 이 역시 한의사면허 없이 일반인이 하는 접골은 불법 의료행위로 간주된다.

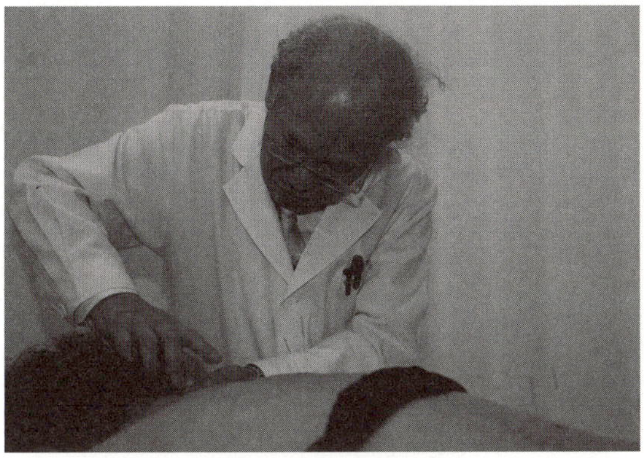

故김남수 옹 〈출처:전라남도〉

〈출처: ok114〉

❸ 조산원도 의료기관이다.

'산파'는 임산부의 출산을 돕는 사람을 말한다. 이미 고대 때부터 산파를 전문 직업으로 하는 사람이 있었다고 하며, 지금은 조산원과 병원에서 그 역할을 대신한다. 이 중 조산원은 의료시설이 부족한 지역과 기존에 저소득층이 산부인과 대신 이용하는 시설로 인식되었던 적도 있었다. 하지만 출산률이 점차 감소하고, 산부인과 관련 의료시설이 많이 생기면서 그 숫자도 급격하게 줄었다.

지금도 많은 곳이 운영되고 있지는 않지만, 시대의 변화에 맞추어 이런 조산원도 많이 바뀌었다고 한다. 조산원을 찾는 이유가 여러 가지 있겠지만 그 중에서 무엇보다 안정되고 평안하게 '자연주의 출산'을 선호하는 산모들이 많이 늘면서라고 한다. 산부인과 병원과 차별화된 방식과 출산 환경 등으로 인터넷 카페 등에서 입소문이 타면서 그 이용률이 꾸준히 이어지고 있으며, 일부 조산원은 프리미엄 서비스를 제공하는 곳까지 생겼다고 한다.

이런 조산원 역시 「의료법」(이하 "이 법")에 따른 의료기간에 해당한다. 이 법에서 정하는 자격을 갖춘 조산사가 조산과 임부·해산부·산욕부 및 신생아를 대상으로 보건활동과 교육 상담을 하는 의료기관이다. 그리고 시설 면에서도 분만실을 겸용할 수 있는 입원실을 1개 이상 갖추는 것을 요건으로 하고 있다.

❹ 시각장애인만 안마가 합법적으로 가능하다.

안마사의 역할을 「안마사에 관한 규칙」(이하 "이 법")에서 안마·마사지·지압 등 각종 수기요법(手技療法)이나 전기기구의 사용, 그 밖의 자극요법으로 인체에 물리적 시술 행위를 하는 것이라고 정하고 있다. 그런데 안마사는 특정한 사람만이 안마 업무를 할 수 있도록 법으로 정하고 있다. 그 자격요건은 「장애인복지법」에 따른 시각장애인으로서 「의료법」에서 정하는 일정 자격을 인정하는 자에 해당하는 자만이 할 수 있다. 취업 경쟁력이 떨어지는 시각장애인과 그 가족의 복지와 자립을 위해 만든 제도로서 이런 시각장애인 안마사가 근무할 수 있는 곳이 바로 안마원과 안마시술소이다.

안마원이 제1종 근생에 속하는 반면 안마시술소는 제2종 근생으로 구분되며 규모와 종업원수가 안마원에 비해 큰 것이 차이점으로 이 법(시행규칙 별표1)에서는 안마원에 대한 시설기준을 아래와 같이 두고 있다.

■ 안마원 시설기준

- 연면적 300㎡ 이하, 욕실과 발한실을 부대시설로 설치할 수 없음
  예외〉 특수학교 또는 장애인복지시설의 부속 기관으로 안마원을 설치·운영하는 경우
- 내부 시술 장소를 구분을 위한 별도의 칸막이 설치 가능
  다만, 해당 시술 장소로 출입 부분은 칸막이(출입문 포함)를 설치할 수 없음
- 시설관리 종업원의 수 4명 이하
- 외부 안마원 명칭 외에 "안마, 마사지, 지압 또는 안마 보조자극요법"을 표기 가능

또한 숙박, 호텔업의 업소가 있는 건축물에 안마원을 개설하지 못하도록 하고 있다. (각각의 운영자가 다르고 같은 층 또는 위·하래 층에 개설하지 않고 숙박업을 포함 5개 이상의 업소가 있는 경우 예외). 여기까지가 적법한 안마 관련 시설 영업 조건인데, 이는 안마와 연계되어 불법 퇴폐행위로 이어지는 것을 막기 위함이다.

그렇다면 안마원과 실제 우리 주변에서 쉽게 볼 수 있는 피부마사지와 경락마사지, 스포츠마사지, 발마사지 업소는 이런 조건을 충족하고 운영할까? 앞에서 언급했듯이 안마사는 시각장애인만 할 수 있지만, 이런 시설들은 대부분 비시각장애인을 고용해 운영하고 있다. 따라서 이러한 업소들은 대부분 불법으로 운영되거나 관할 세무서에 '○○안마'라는 상호 명이 아닌 '○○스포츠마사지' '○○테라피' 등의 '자유 업종'으로 신고하고 법망을 피해 안마 행위를 하고 있는 것이다. 이런 이유로 마사지 관련 업소의 퇴폐영업 문제는 이들 업소를 관리하는 관청도 단속에 대한 어려움을 토로하고 있다.

반면 일각에서는 스포츠 마사지는 많은 분야에서 널리 사용되는 치료기법으로 일반인에게도 합법적으로 안마(마사지)를 할 수 있도록 관련법 개정을 요구하고 있다. 일반인이 아닌 시각장애인에게만 특권(?)이 주워졌다는 점과 건전한 마사지 문화 정착에 기여할 수 있다는 것이 유이다.

안마원

테라피·스포츠마사지 (자유업종)

❺ 기업화되어 가는 산후조리원

산후조리원은 1990년대 후반 처음 도입된 후 출산 관련 산업 중 가장 급성장한 분야이다. 집에서 산후조리했던 방식에서 벗어난 병원과 호텔의 개념을 접목한 시설이라고 할 수 있다. 하지만 보호가 필요한 산모와 영유아들이 머무는 곳인 만큼 집단 감염이나 각종 사고 등에 노출될 경우 그 피해가 심각한데 실제 안타까운 사고들이 많이 발생했다.

특히 화재 사고로 비상 대피가 어려운 산모와 영유아들의 피해까지 발생하게 되면서 정부는 재발 방지를 위한 법령을 신설하게 되었다. 이렇게 신설된「모자보건법」(이하 "이 법")은 임산부와 영유아의 생명과 건강을 보호하고 자녀의 출산과 양육을 도모하는 내용을 담고 있으며, 산후조리원 역시 이 법에 따라 설치가 가능하다.

이 법에서 산후조리원을 산후조리 및 요양 등에 필요한 인력과 시설을 갖춘 곳에서 분만 직후의 임산부나 출생 직후의 영유아에게 급식·요양과 그 밖에 일상생활에 필요한 편의를 제공하는 업이라고 정의하고 있다. 또한 시설 설치를 위해서는 임산부실, 영유아실, 급식시설, 세탁실 등의 세부 시설기준을 준수토록 하고 있다.

앞서 말했듯이 산후조리 관련 산업은 계속해서 성장하고 있고 유명 산부인과 병원에서는 부설 산후조리원까지 고급화 전략으로 운영하고 있을 정도이다. 신생아들이 머무는 시설이라는 점과 수준이나 규모를 무척 중요시하는 풍조를 감안 했을 때 산후조리원은 계속해서 고급화·대형화될 것이다. 아마도 이런 추세대로라면 지금은 산후조리원이 제1종 근생에 분류되어 있지만 규모에 따라 9)의료시설로 분류되고, 시설 관련 법규도 강화되는 방향으로 개정될 것이 예상된다.

마. 탁구장, 체육도장으로서 같은 건축물에 해당 용도로 쓰는 바닥면적의 합계가 500제곱미터 미만인 것

❶ 체육관련 시설은 제1,2종 근생과 운동시설로 구분된다.

체육 관련 시설은 다음의 표와 같이 해당 종목 및 규모에 따라 근생 1,2종 그리고 운동시설로 구분된다. 이 중 종목이 탁구장과 체육도장인 경우에는 제1종 근생에 속하고 당구장이나 볼링장 등 유사 생활체육 시설은 제2종 근생에 속하지만, 두 시설 모두 해당 규모 (500㎡) 이상은 13)운동시설에 속한다.

이렇게 구분하는 이유는 같은 체육 관련 시설일지라도 그 특징(이용자, 시설 등)에 맞게 해당 용도 지역에 설치될 수 있도록 하기 위해서이다. 예를 들어 탁구장과 체육도장은 이용 연령층에 어린이·청소년이 포함되는 시설이지만, 당구장 및 볼링장은 이용자가 성인 중심이기 때문에 이들 시설의 설치가 가능한 용도지역과의 관계를 고려한 것이다. 따라서 탁구장과 체육도장은 당구장 및 볼링장 등과 다르게 전용주거지역을 포함한 도시지역(주거·상·공·농업 지역) 대부분에서 조례와 관계없이 설치가 가능하다.

구 분	내용	면적 제한
제1종 근생	탁구장, 체육도장	500㎡ 미만
제2종 근생	테니스장, 체력단련장, 에어로빅장, 볼링장, 당구장, 실내낚시터, 골프연습장, 놀이형시설 등 주민의 체육 활동을 위한 시설	500㎡ 미만
운동시설	가. 탁구장, 체육도장, 테니스장, 체력단련장, 에어로빅장, 볼링장, 당구장, 실내낚시터, 골프연습장, 놀이형시설, 그 밖에 이와 비슷한 것	500㎡ 이상
	나. 체육관	관람석1,000㎡ 미만
	다. 운동장(육상장, 구기장, 볼링장, 수영장, 스케이트장, 롤러스케이트장, 승마장, 사격장, 궁도장, 골프장 등과 이에 딸린 건축물)	관람석1,000㎡ 미만

체육도장업은 「체육시설의 설치·이용에 관한 법률」(이하 "이 법")에서 정하는 종목의 운동(대한체육회 가맹 경기단체에서 행하는 운동으로서 권투, 레슬링, 태권도, 유도, 검도, 우슈, 합기도)을 하는 체육도장을 경영하는 업으로 아래의 조건을 만족해야 한다.

① 운동 전용면적 3.3제곱미터당 수용인원은 1명 이하

② 바닥 면은 운동 중 발생하는 충격의 흡수가 가능

③ 해당 종목의 운동에 필요한 기구와 설비 구비

그럼 이 법에서 정의하는 7가지 종목 이외에 상당히 많은 종류의 체육도장(주짓수, 택견, 특공무술, UFC 등)들은 마목의 체육도장에 포함될까? 건축법에서는 이 법에 따른 종목과 상관없이 모두 근생 1종 시설의 체육도장으로 분류된다. 하지만 이 법에서 제외된 종목의 체육도장은 '체육도장업'이 아닌 '자유업종'으로 등록해 체육도장을 운영하고 있다. (탁구장도 자유업종에 해당한다.)

결국 같은 체육 관련 시설일 뿐 영업상 어느 업종에 속하냐의 차이일 수 있다. 하지만 이 시설들이 두 업종으로 분류되면서 관리상에 허점이 발생하기도 했다. 2020년 코로나19 바이러스 발병으로 인해 체육관련 업종의 영업이 중단 되었다가 다시 영업 운영이 허가된 적이 있었다. 이때 영업 운영 허가와 지원금을 받는 영업장에 대해서 자유업종은 제외되고 체육도장업에 등록된 체육도장에 대해서만 해당 내용이 적용되면서 적잖은 논란이 된 적이 있다.

이는 체육도장업뿐만 아니라 타 업종도 마찬가지로 논란이 가시지 않는 부분이기도 하다. 관련 법령에 속한 것과 그 이외의 것(자유업종)들로 분류한다는 것이 보다 적극적인 방법보다는 관리의 편리함 정도로 생각되어 한편으로 아쉬움이 남는다. 모든 업종을 다 관리할 수는 없지만 보다 구체적인 선별과 대안제시가 필요하기 때문이다. '자유업종'에 대한 보다 자세한 내용은 이 책 부록 '자유업종'편을 참조하기 바란다.

바. 지역자치센터, 파출소, 지구대, 소방서, 우체국, 방송국, 보건소, 공공도서관, 건강보험공단 사무소 등 주민의 편의를 위하여 공공업무를 수행하는 시설로서 같은 건축물에 해당 용도로 쓰는 바닥면적의 합계가 1천 제곱미터 미만인 것

❶ 공공 업무시설과 일반 업무시설

업무 시설은 국가, 지자체 또는 공공기관이 공공 업무의 수행을 위한 공공 업무시설과 그 이외의 일반 기업이 사용하는 일반 업무시설로 구분될 수 있다. 이들 업무시설은 각각의 제한면적 내에서 공공 업무 시설은 제1종 근생으로, 일반 업무시설은 제2종 근생으로 나뉘며, 그 이상의 규모는 모두 14)업무 시설에 속한다.

공공 업무시설만 제1종 근생으로 분류하는 이유는 '근린'(가까운 이웃)의 의미에서 볼 수 있듯이 우리 생활에 편의와 안전을 제공하는(주거 밀집지역에 위치) 시설이기 때문이다. 제1종 근생 시설임에도 면적 제한이 1,000㎡ 미만으로 제2종 근생인 일반업무시설 면적 제한 (500㎡)보다 더 큰 이유도 우리 생활에 밀접하게 그 기능을 잘 수행하기 위함이다.

공공 업무시설은 각각의 해당 기관과 관련된 법령에 의하여 그 시설의 설치 기준 및 세부 규정에 의해 설치되니 해당법령을 참조하기 바란다.

❷ 동사무소, 주민센터, 행정복지센터, 지역자치센터

동사무소, 주민센터, 행정복지센터, 지역(주민)자치센터의 차이는 무엇일까?

'동사무소'는 아주 오랫동안 사용된 정감 있는 관공서 이름이지만 지금은 사용되지 않는 명칭이다. 기존에 동 단위의 공공 업무만을 처리하는 '동사무소'는 보다 나은 지역주민 밀착 행정 및 맞춤 복지를 제공하기 위해 그 명칭도 '동사무소'에서 '주민센터' 바뀌었다. 하지만 2014년 '송파모녀 사망사건'을 계기로 찾아오는 복지행정이 아닌 '찾아가는 복지서비스' 구현을 위해 지금의 '행정복지센터'로 변경된 것이다. 하지만 서울특별시 등 일부 지자체는 여전히 '주민센터'라는 명칭을 사용하고 있기도 하다.

건축법 시행령 별표1도 2009년 4월 개정되면서 바목의 '동사무소'는 '지역자치센터'로 변경되었다. 그럼 왜 행정복지센터가 아닌 '지역자치센터'는 개정되었을까? 이 시설은 「지방자치분권 및 지방행정체제개편에 관한 특별법」이 만들어지면서 주민 자치를 실현하기 위한 제도로 마련된 것이다. 동 단위별로 주민자치위원회가 운영을 주관하는 주민 자치활동 공간으로서 행정기관이 아닌 주민자치위원회가 운영하는 일종의 '주민 참여형 시설'이다.

이런 지역자치센터는 별도의 건물로 설치되기도 하지만, 대부분 행정복지센터(구 동사무소)의 행정 업무 공간과 주민 복지 및 자치를 위한 공간을 한 건물에서 같이 사용하고 있다. 따라서 행정복지센터가 아닌 지역자치센터로 명칭을 변경한 것도 이처럼 행정과 자치활동 두 가지 기능이 한 건물에서 같이 이루어지기 때문에 '지역자치센터'로 개정한 것으로 보인다.

하지만 이런 명칭들이 관련 법령 개정에 따라 계속해서 바뀌다 보니 시민들은 혼란을 겪고 있다. 일반 주민뿐만 아니라 일선 공무원들도 명칭에 대한 의미를 구분하지 못할뿐만 아니라 이제는 없어진 '동사무소'라는 명칭까지 여전히 혼용해서 사용되고 있다고 한다. 시설 명칭 변경에 대한 홍보도 중요하지만, 사회적 이슈가 있을 때마다 관련 기관의 명칭을 쉽게 바꾸는 것도 고민해 봐야 할 문제이다.

〈출처: 충청일보〉

서울시 주민센터

❸ 파출소, 지구대, 치안센터의 차이

파출소와 지구대 역시 우리 일상과 밀접한 관계가 있는 공공기관 중 하나이다. 그럼 파출소와 지구대는 어떤 차이가 있을까?

2000년 초반까지는 각종 범죄에 신속하게 대처할 수 있도록 경찰서 예하에 동 단위마다 파출소만을 운영해 왔다. 하지만 범죄가 날로 과격해지고 조직화 되면서 이후에 '파출소' 2~3개를 통합한 좀 더 큰 조직인 '지구대'로 조직과 시설이 개편되었다. 이러한 개편으로 지구대의 조직과 인원은 커졌지만 대신 담당 구역이 커짐에 따라 초동 대응 등에 문제가 제기되었다.

이런 이유로 다시 파출소가 부활했고, 지금은 지역의 특성에 따라 지구대와 파출소가 동시에 운영 중에 있다. 관련 법령인「경찰청과 그 소속기관 직제 시행규칙」에서 경찰서장 소속하에 지구대를 두되 인접 경찰관서의 출동이 용이하지 않거나 특별한 경계가 요구되는 시설이 있는 경우 등에는 파출소를 두도록 하고 있다. 여기에 일부 지역에는 지구대로 개편이 되면서 기능을 하지 않는 파출소를 주간에만 경찰관 1명이 상주하여 치안과 행정을 보는 '치안센터'까지 운영하고 있으며, 이들 시설 모두가 바목에 해당한다.

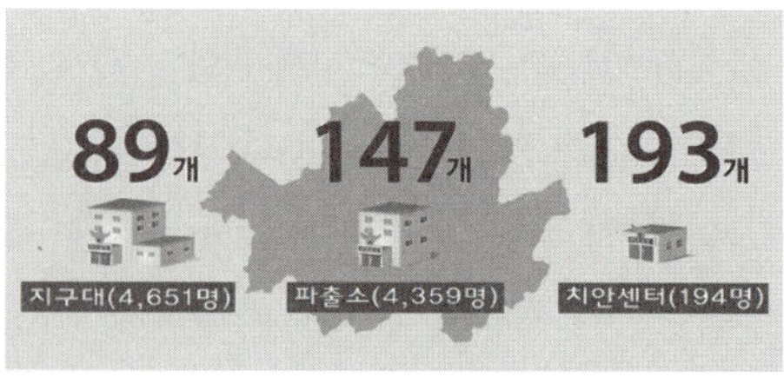

〈출처: 스마트 서울경찰 블로그〉

❹ 119안전센터, 119지역대

주택과 상업시설 등이 밀집된 도시가 만들어지면서 생겨난 큰 두려움 중의 하나가 '화재'이다. 그래서 고대 로마시대에도 소방을 담당하는 인원과 기관이 있었으며, 우리나라도 조선시대 최초의 소방기관인 '금화도감'이 만들어졌다. 지금은 국가 재난 관리와 소방 업무를 담당하는 중앙 행정 기관인 소방방재청이 그 업무를 맡고 있으며, 각 지역별로 '소방서'를 두어 소방 관련 업무를 맡고 있다.

기존에는 소방서가 「지방소방기관 설치에 관한 규정」의 적용을 받아 각 시·도는 그 관할 구역의 소방업무를 담당하게 하기 위해 해당 시·도의 조례로 소방서를 설치했었다. 따라서 일부 국가직 소방관을 제외한 대부분의 소방관은 지자체 소속의 지방직이었는데, 문제는 해당 지자체 예산 등의 여건에 따라 장비나 처우가 천차만별이었다는 점이다.

이에 일선에서 국가직으로 전환 요구가 지속적으로 이어졌고, 결국 2020년 경찰관처럼 소방관의 국가직 전환이 이루어지도록 관련 법령도 재·개정되었다. 이런 변화로 대형 재난사고 등에서도 지휘 체계도 일원화되어 보다 효율적인 소방활동이 가능하고 점차 소방관의 각종 장비 및 근무 여건이 나아질 것으로 예상하고 있다고 한다.

제1종 근생 공공기관 면적은 1,000㎡ 이하가 해당하는데, 예외도 있겠지만 시도에 설치된 소방서는 장비와 인력, 시설 등을 감안하면 이 규모를 훨씬 넘는다. 따라서 제1종 근생에서 의미하는 '소방서'는 시나 구를 담당하는 대형 소방서보다는 '119안전센터'나 '119지역대'가 여기에 해당한다.

'119안전센터'는 경찰의 지구대나 파출소와 같은 개념으로 예전에는 '소방파출소'라고 불리기도 했다. 또한 이보다 더 작은 규모로 보통 읍면지역에 설치되어 의용소방대와 같이 화재 진압을 하는 '119지역대'가 있으며, 이들 기관이 바목에 속한다.

❺ 우체국의 종류

전화 등 전신기기가 발명되기 이전에는 편지 같은 서신을 사람이 직접 전달하거나 봉화대 등을 통해 소식을 전하는 방법을 사용했다. 그렇다고 이런 시스템을 일반인들까지 사용할 수 있는 것은 아니었고 공적인 용도나 상류층만 사용할 수 있는 제도였다. 이후 1800년대에 들어와서야 개인도 서신을 주고 받을 수 있는 '우편제도'가 서양도 생겨나게 되었고, 우리나라에도 1884년 최초로 '우정총국'이 세워지면서 우편제도가 시작되었다.

지금은 '우정사업본부'가 그 업무를 총괄하고, 그 산하 각 지역 우체국에서 그 업무를 맡고 있는데, 우체국에서는 '우편 업무'뿐만 아니라 우편환 발행, 예금 및 보험, 수입인지의 판매, 공공기관의 수탁업무, 택배 업무 등도 같이 겸하고 있다.

보통 우체국을 국가에서 운영하고 공무원들이 업무를 보는 기관으로 알고 있다. 하지만 실제는 우체국도 운영 주체와 규모가 다른 여러 종류가 있는데 직영우체국, 별정우체국, 우편취급국 총 3가지로 나뉜다.

이 중 '직영우체국'은 국가 기관인 우정사업본부에서 직접 운영하는 것으로 각 지역별로 설치된 우정사업본부 산하 출장소를 포함한 직영 우체국이 있다. 하지만 직영 우체국만으로 빠른 시간 내에 모든 지역에 양질의 우편 서비스를 제공하기는 힘들다.

이에 우체국을 직접 운영하기 힘든 지역적 특성, 위치 등을 감안해 이 업무를 일반인에게 위탁하는 제도가 바로 「별정우체국법」에 의한 별정우체국과 「우체국창구업무의 위탁에 관한 법률」에 따른 우편취급국이다. 이들 우체국은 일반인에게 위탁 운영되며, 규모에 따라 '별정우체국'과 소규모 시설로서 금융업무를 제외한 우편 업무를 위탁해서 운영하는 '우편취급국'으로 나뉜다.

하지만 개인 통신수단이 부족했던 시절에는 개인 간의 서신이나 각종 공과금 납부 등의 통지를 모두 우편으로 해결했지만, 지금은 e-mail, 스마트폰의 이용으로 우편 이용 횟수도 줄었을뿐만 아니라 예금 관련 업무도 점차 줄어들고 있다. 따라서 전국의 동이나 읍까지 설치되어 있던 일반 우체국은 별정우체국으로 전환되고 있으며, 위탁업무를 맡아오던 별정우체국마저도 경영악화로 폐지되거나, 일반 우편업무만 하는 우편취급국으로 격하되는 실정이라고 한다.

이런 별정우체국과 우편취급국을 포함해 면적 규모 1,000㎡ 이내인 우체국이 제1종 근생 바목에 속한다.

우정총국 〈출처: 우정사업본부〉

우편취급국

❻ 소규모 지역 방송국 공동체 라디오

우리가 아는 방송국은 서울이나 대도시에 위치한 대형 TV·라디오를 제작 방송하는 곳이 전부일 수 있다. 그럼 이런 방송국이 왜 근생시설에 포함되어 있을까? 서울이 아닌 지방 주요 도시의 방송국은 그 규모가 1,000㎡는 훌쩍 넘어 보인데 말이다.(1,000㎡ 이상은 24)방송통신시설에 해당) 저자 역시 이런 생각으로 "근생 규모 정도의 방송국이 도대체 있기는 한 것일까?" 하고 생각하다 문득 개봉된지 10년이 넘은 오래된 영화가 갑자기 떠올랐다. 아무도 찾지 않는 스타와 매니저가 지방의 방송국 DJ를 하면서부터 이야기가 시작되는 박중훈, 안성기 주연의 '라디오스타'라는 영화다.

영화 속 방송국은 실제로 영월지역의 방송·중계 역할을 했던 'KBS 영월방송국'으로, 자체 프로그램 제작 비율도 낮고 청취율도 저조하면서 2004년까지 운영하다 폐국되었다. 실제 규모는 전체 연면적이 1,000㎡이 되지 않는 정말 작은 규모의 방송국으로 지금은 영월군에서 '라디오스타 박물관'으로 운영되고 있다.

이러한 방속국 이외에도 소규모의 방송국이 바로 '공동체 라디오 방송국'이라는 곳으로 공영 또는 대규모 민영 방송국이 아닌 소규모로 라디오 프로그램을 자체 제작하는 방송국이다. 물론 개인이 취미로 하는 인터넷 방송도 아니며 「방송법」에 의한 방송사업자 허가를 정식으로 받아 안테나 공급전력 10와트 이하의 공익목적으로 라디오 방송을 하기 위하여 만들어진 방송국으로 '공동체 라디오' 또는 '소출력 FM'이라고도 한다.

방송 출력이 작은 만큼 도시 지역의 경우 반경 2km 정도에서만 청취가 가능한 정도이며, 현재 서울 관악구, 마포구, 성남 분당구, 공주시, 대구 달서구 등에서 운영 중인 '지역 라디오 방송국'이다.

이처럼 1,000㎡ 이하의 영월방송국과 같은 지방의 소규모 방송국이나 공동체 라디오 방송국이 바목에 속하며, 이외에도 「방송법」에서는 송수신, 중계시설까지 방송국 용도로 분류하고 있는 만큼 지역별로 설치된 송수신 또는 중계만을 위한 시설 등도 '방송국'에 속한다.

〈출처: 라디오스타 박물관 홈페이지〉

〈출처: 공동체라디오 관악FM 홈페이지〉

❼ 보건소 vs 보건지소 vs 건강생활지원센터

조선 시대에도 '혜민서'나 '활인서'라는 국가 기관에서 일반 백성이나 빈민의 진료를 맡아보는 곳이 있었지만, 한양에 사는 사람들 정도만 이용할 수 있었다. 이후 본격적인 보건사업은 광복 이후부터 시작되어 서울에 처음으로 '모범보건소'가 건립되고, 한국전쟁 후에 점차 지방 주요 도시를 중심으로 보건소가 건립되면서 시작되었다.

지금은 우리가 알고 있는 '보건소' 뿐만 아니라, 지역주민의 건강을 증진하고 질병을 예방·관리하기 위하여 「지역보건법」(이하 "이 법")에 의해 다음의 표와 여러 단계의 지역 보건 의료기관이 운영되고 있으며, 이 법 31조에서는 보건의료원은 병원으로, 나머지는 의원으로 본다고 명시하고 있다

요즈음 보건소는 예전과 달리 다양한 영역의 의료서비스를 제공하고 있다. 시·군·구 단위로 전염병, 위생 등의 단순 예방 차원의 보건 서비스에서 탈피하여 1차 진료, 신체검사, 금연·치매 예방 관련 교육, 운동 처방 등 점차 포괄적 보건의료 서비스로 확대하고 있다. 이런 기능과 규모가 점차 확대됨에 따라 보건소의 사용면적이 바목의 기준인 1,000㎡를 훨씬 넘어서는 곳도 있다. 따라서 보건소를 이 법에서 의원급으로 명시하고 있지만 설치 면적에 따라 제1종 근생이거나 또는 9)의료기관으로 나뉘어 진다.

대신 보건소의 하위 기관으로 읍·면·동 단위에 설치되는 '보건지소'나 '건강생활지원센터'는 해당 면적 1,000㎡ 이하 정도의 규모로 제1종 근생 바목에 속한다.

■ 지역보건 의료기관

구 분	내 용
보건의료원	병원의 요건을 갖춘 보건소
보건소	지역주민의 건강을 증진하고 질병을 예방·관리하기 위하여 시·군·구에 설치
보건지소	읍·면마다 1개씩 설치
건강생활지원센터	지역주민의 만성질환 예방 및 건강한 생활습관 형성을 지원하는 곳 읍·면·동마다 1개씩 설치

❽ 공공도서관

빌게이츠가 "오늘의 나를 만든 것은 우리 마을 도서관이다."라고 말했듯이 책을 접할 수 있는 공간이 얼마나 개인과 국가적으로 중요한지를 보여준다.

우리나라에서는 1900년 초 처음 일반인 출입이 가능한 사립 도서관이 생긴 이후에 계속해서 많은 도서관이 세워졌다. 지금은 중앙국립도서관과 국회도서관 등 대형 국립도서관에서부터 각 지역의 행정복지센터(구 동사무소)나 아파트 단지 내에 있는 '작은 도서관'까지 특정 계층만을 위한 시설이 아닌 남녀노소 모두가 쉽게 이용할 수 있는 공공의 복지시설로서 자리매김하고 있다.

이런 공공도서관은 모두 국가에서 운영하는 것은 아니고 운영 주체에 따라 공립과 사립으로 구분된다. 「도서관법」(이하 "이 법")에서는 공중의 정보이용 · 독서활동 · 문화활동 및 평생교육을 위하여 국가

■ 공공도서관 종류

구 분		내 용
공립 공공 도서관		공중의 정보이용·독서활동·문화활동 및 평생교육을 위하여 국가 또는 지방자치단체 및 교육감이 설립·운영하는 도서관
사립공공 도서관		공중의 정보이용·독서활동·문화활동 및 평생교육을 위하여 법인, 단체 및 개인이 설립·운영하는 도서관
작은 도서관		공중의 생활권역에서 지식정보 및 독서문화 서비스의 제공을 주된 목적으로 하는 도서관으로서 공립 공공도서관의 시설 및 도서관자료기준에 미달하는 도서관
장애인 도서관 (시각 장애인)		장애인에게 도서관서비스를 제공하는 것을 주된 목적으로 하는 도서관
기타	병원 도서관	의료기관에 입원 중인 사람이나 보호자 등에게 도서관서비스 제공
	병영도서관	육·해·공군 등 각급 부대 내 장병들에게 도서관서비스 제공
	교도소도서관	교도소에 수용 중인 사람에게 도서관서비스 제공
	어린이도서관	어린이에게 도서관서비스 제공

또는 지방자치단체 등에서 설립한 '공립 공공도서관'과 그 밖의 법인, 단체 및 개인이 설립·운영하는 '사립 공공도서관'으로 공공도서관을 정의하고 있다.

이외에도 공공도서관의 종류를 설치 위치나 사용 대상자에 따라 표와 같이 여러 종류로 분류하고 있다. 이 중에서 해당 면적이 1,000㎡ 이하의 규모인 공중의 생활권역에서 지식정보 및 독서문화 서비스의 제공을 주된 목적으로 하는 작은 도서관과 어린이 도서관이 제1종 근린생활시설에 속하며, 그 이상의 규모에 해당하는 도서관은 모두 10)교육연구시설에 속한다.

〈출처: 대구광역시〉

〈출처: 종로문화재단〉

❾ 건강보험공단

국민을 위한 복지 혜택 가운데 가장 필요한 것 중의 하나가 바로 의료복지서비스일 것이다. 건강보험제도는 갑자기 발생한 질병 등으로 고액의 진료비 마련이 어려울 것을 대비해, 평소에 보험료를 납부하고 이를 관련 기관이 관리·운영하다가 필요할 때 보험급여를 제공하는 사회보장제도이며, 동시에 소득 재분배 등의 역할도 하고 있다.

이미 우리나라는 전 국민의 의료보험 혜택 적용이 오래되었고, 보험 적용 범위 등이 상당히 높은 수준에 올라와 있다. 다른 선진국들이 의료보험제도가 완성되기까지 수십 년의 시간이 걸리고 아직도 못 이룬 나라도 많다고 하는데, 우리는 1977년 직장의료보험 실시를 기준으로 고작 12년 밖에 걸리지 않을 만큼 의료보험만큼은 성공한 나라다. 2000년도에 국민의료보험관리공단과 직장의료보험조합이 통합되면서 지금의 국민건강보험공단 한 곳에서 관련 업무를 하고 있다.

이렇게 전 국민이 혜택을 받는 복지서비스인 만큼 전국 각지에 관련 업무를 하는 '건강보험공단'이 설치되어 있다. 건강보험공단은 「국민건강보험법」(이하 "이 법")에 근거한 공공기관으로, 보험료 징수, 건강보험료 부과, 기타징수금 및 부당이득금 징수, 노인장기요양보험, 국가건강검진 시행 등의 업무를 하고 있다. 산하에 지역본부와 지사를 두고 있으며, 지역의 여건 등을 고려하여 지사 산하에 출장소를 운영하고 있다.

물론 각 지역의 지사가 건축물의 용도가 업무시설인 일반 오피스 빌딩을 임대해 사용하는 경우에는 별도 바목의 근생시설로 분류될 필요는 없다. 또한 지역에 따라 별도 지사 사옥을 운영하는 경우에도 모두 제1종 근생에 속하는 것은 아니다. 특히 인근 지사들이 통·폐합으로 업무 인원과 규모도 커지면서 사용면적 1,000㎡ 이상의 14)업무시설에 해당하는 지사도 많기 때문이다. 따라서 이들을 제외한 해당 규모 이하의 지사와 출장소 정도가 제1종 근생시설 바목에 속할 것이다.

사. 마을회관, 마을공동작업소, 마을공동구판장, 공중화장실, 대피소, 지역아동센터(단독주택과 공동주택에 해당하는 것은 제외한다) 등 주민이 공동으로 이용하는 시설

❶ 마을 공동체 만들기 프로젝트

1970년대 '잘살아보세'라는 슬로건 아래 왕성하게 추진되었던 새마을 운동의 여러 가지 핵심 사업 중 하나가 '마을공동체 만들기'였고, 각 마을 단위 이장·반장을 중심으로 여러 가지 조직과 활동이 추진되었다. 그 일환으로 만들어진 시설들이 마을회관, 마을 공동 작업소, 마을공동구판장으로 1978년 건축법 시행령 별표1이 신설될 당시부터 근생 용도에 포함되어 있었다.

지금은 도시보다는 농·어촌의 읍·면 단위에 설치되어 운영되는 경우가 있고, 일부 지자체를 중심으로 농어촌 마을 살리기의 일환으로 이들 시설이 활용되고 있는 정도이다. 하지만 이마저도 농·어촌 인구 감소와 기계화 등 생산방식의 변화로 그 역할이 많이 축소된 실정이다.

대신 이 시설은 모두「개발제한구역의 지정 및 관리에 관한 특별조치법」(이하 "이 법")에 따라 개발제한구역에서 '주민 공동 이용시설'로서 설치가 가능하기 때문에 일부 지역에서 조합, 마을 공동 이용시설로서 활용하고 있다. 하지만 이점을 악용하여 다른 용도로 활용되는 경우도 있는데, 특히 마을 공동 구판장(물품을 마을에서 함께 구매하여 저렴하게 판매하는 곳)은 설치 취지와는 다르게 판매시설 용도로 사용되어 문제가 되기도 했다.

❷ 공중화장실

공중화장실은 건축법시행령 별표1이 신설될 당시부터 명기되어 있던 시설(당시 공중변소)로서 예전에는 이런 편의시설이 귀한 적도 있었다. 도심뿐만 아니라 80년대까지 일부 달동네에서는 각 집마다 화장실이 설치되지 않아 아침마다 공중화장실을 서로 사용하려고 전쟁이었다고 한다. 지금은 이런 모습이 사라졌지만, 여전히 공중화장실에 대한 설치와 관리는 공공시설로서 중요하기 때문에 관련 법령인「공중화장실 등에 관한 법률」(이하 "이 법")로 별도로 관리하고 있다.

이 법에서 공중화장실을 '공중이 이용하도록 제공하기 위하여 국가, 지방자치단체, 법인 또는 개인이 설치하는 화장실'로 정의하고 있으며, 일반 건물 내의 화장실을 이용할 수 있게 하는 '개방화장실'과는 다른 시설이다. 공중화장실은 자연 및 도시 공원이나 체육시설 등에 별도로 설치되는 경우와 공공건물 등 건축물 내부에 설치된 시설로 나누어 지는데, 건축물 내부에 부대시설로 설치되는 경우를 제외한, 별도의 단독용도로 설치되는 경우에 한해 사목의 근생 용도에 속한다.

공중화장실은 불특정 다수를 대상으로 제공되는 시설인 만큼 변기의 설치, 우수·분뇨 처리방법, 물의 재활용, 관리 등의 시설 기준을 이 법 시행령 별표1에서 정하고 있다.

난곡 공동구판장 준공

공중화장실 〈출처: 서울사진아카이브〉

❸ 대피소

「민방위 기본법」(이하 "이 법")에서는 민방위란 정부의 지도하에 주민이 수행하여야 할 방공(防空), 응급적인 방재(防災)·구조·복구 및 군사 작전상 필요한 노력 지원 등의 모든 자위적 활동을 말한다. 또한 전시 등의 비상사태와 통합방위사태 그리고 재난사태(태풍, 홍수, 지진, 통신·수도 마비, 전염병 발생 등)를 포함하고 있다. 그리고 이런 재난과 전쟁 등의 국가적 위급상황이 발생할 경우 대피할 수 있는 시설이 필요한데 이런 곳을 '대피소'라고 한다.

대피소는 보통 전쟁, 재난 등이 발생했을 경우 일시적 안전의 확보를 위한 대피개념의 시설과 재난 발생으로 인한 이재민을 위한 수용 및 서비스 제공시설 두 가지로 크게 구분해 볼 수 있다.

현재 대피소는 〈국가재난정보센터〉 (http://www.safekorea.go.kr)에서 확인할 수 있으며, 대부분 공공건물이나, 지하철, 대형 건축물을 '대피소'로 지정하여 관리하고 있다. 하지만 이들 시설은 본래 용도로 사용되다가 응급시 '대피소'로서의 역할을 하는 것이 대부분이다. 대신 사목의 대피소는 다른 용도로 사용되고 있는 건축물이 아닌 순수 대피소로서의 건축물만을 말한다.

이렇게 대피소 본래의 기능만을 하는 시설은 휴전선 근처에 민간인을 위한 대피소가 대표적이다. 2010년 연평도 포격사건으로 민간인을 위한 대피소의 설치 및 시설 보완이 얼마나 시급한지 대두된 적이 있다. 바로 이런 지역에 설치된 대피소가 근생의 사목에 해당하는 것들로서 연평도나 민통선 지역 등 특수 지역에서 운영되고 있는 정도이다.

하지만 1990년대 이전까지는 항상 전쟁 위협에 노출된 분위기(?)여서 대피소가 전·후방 관계없이 전 국토에 설치되어 있었고, 우리 주변에서 쉽게 접할 수 있는 시설이었던 적이 있었다. 시설 형태는 대피 목적의 대규모 단일 용도가 설치되는 것뿐만 아니라 개별 건물에도 이 시설을 의무적으로 설치해야 했다.

1970년 건축법 제22조의3에 신설된 항목으로 지정하는 행정구역과 규모에 따라 지하층에 설치하도록 하였는데 그 용도는 전시 등의 상황에 대비한 대피소(반공호)였다. 갑작스런 상황에 즉시 대피가 가능하도록 건물 지하에 의무적으로 설치하게 한 조치로서, 80년대 수도권에서는 주택을 포함한 신축건물을 중심으로 그 설치 요건이 더욱 강화되었다.

오래된 빌라, 아파트 등에는 아직도 건축물대장에 지하층의 용도가 대피소로 명시되어 있는 곳이 여전히 많은 것도 이런 이유 때문이다. 이처럼 위급상황을 대비해 주택 지하에 까지 설치될 만큼 일상 생활과 밀접한 시설이어서 제1종 근생으로 분류되어 있는 것이다.

하지만 영화 '기생충'의 지하층에 사는 영화 속 등장 인물의 이야기처럼 대피소는 주택으로 불법 용도변경 되어 사용되는 사례가 많았고, 장마 때 지하층 침수피해 등으로 사회적 문제가 야기되어 결국 설치 의무가 폐지되었다. (여전히 반 지하층은 계속해서 공급되고 있지만) 대신 북핵 위협 및 지진 등의 피해를 우려해 서울의 일부 고급 아파트에서는 자체적으로 스위스 민방위 규정 등을 준용한 대피소(부대시설)가 실제 시공된 사례가 있기도 하다.

이런 민방위 관련 대피소 이외에도 설악산 대청봉 등에 등산객이 추위 등을 피해 머물 수 있는 시설도 사목에 속한다.

백령도 주민대피소 〈출처: 행정안전부〉

〈출처: 영화 기생충〉

❹ 대피소 vs 대피호

건축법에서는 대피 관련 시설이 두 가지가 있다. 건축법 시행령 별표1 제1종 근생시설 사목에 속하는 '대피소'가 있고, 다른 한 시설은 건축법 시행령 제11조(옹벽 등의 공작물에의 준용)에 나오는 '지하대피호'이다.

대피 용도로서 대피'소'와 대피'호'라는 명칭만 다를 뿐 상식적으로 생각했을 때는 같은 시설처럼 보인다. 하지만 앞서 관련 법 조항에서 알 수 있듯이 '대피소'는 건축물의 용도에 분류되는 건축물에 속하며 건축 신고 또는 허가 대상이다. 하지만 지하 대피호는 건축물이 아닌 공작물에 속하기 때문에 바닥면적 30㎡ 이상인 경우에는 '공작물 축조신고' 대상이 된다.

그럼 이 두 시설의 차이는 무엇일까? '대피소'에 대해서는 위에서 설명한 바와 같이 건축물의 기본요건인 지붕과 기둥·벽이 설치되고 그 내부에 관련 설비시설이 설치되며 상시 이용 또는 관리가 필요한 시설이다.

반면 '대피호'는 공작물인 굴뚝, 철탑, 저장시설(시멘트 사일로) 등과 같이 실제 건축물로서의 형태와 내부 공간을 상시적으로 활용하기 위한 시설이 아닌 순수 대피 목적의 인위적 공간·시설물 정도이다. 그 예로 일제강점기 때와 군사정권시설 산 기슭 등에 땅굴 형태로 만들어 놓은 '반공호'가 대표적 시설이라고 할 수 있다. 대부분은 역사 유적으로 보존되고 있는 정도이고 이들 시설을 제외하고는 군사 관련 시설로서 축조가 되고 있는 정도이다.

그래서 대피호 앞에 '지하'라는 명칭를 덧붙여 설치 형태를 간접적으로 강조함으로써 건축물인 '대피소'와 일부러 구분지으려는 점도 이런 이유 때문일 것이다.

❺ 지역아동센터

지역아동센터의 역사는 7·80년대 달동네에서 처음 생겨 운영되었던 '공부방'에서부터 시작한다. 형편이 어려운 가정과 맞벌이 부모 등으로부터 돌봄이 필요한 아이들을 대상으로 자원봉사자들이 주택의 일부 공간을 할애하여 시작했던 것으로, 지금은 2004년 「아동복지법」(이하 "이 법")으로 법제화되어 아동복지시설로서 국가지원을 받아 운영되고 있다.

아동(18세 미만)이 행복한 삶을 누릴 수 있는 기본적인 여건을 조성하고 경제적·사회적·정서적 지원하기 위함을 목적으로 설치되는 아동복지시설 중 하나가 '지역아동센터'이다.

이 시설은 이 법에 따라 지역사회 아동의 보호·교육, 건전한 놀이와 오락의 제공, 보호자와 지역사회의 연계 등 아동의 건전 육성을 위하여 종합적인 아동복지서비스를 제공하는 민간 또는 공공으로 운영되는 것으로 지역·동네 방과 후 돌봄의 기능을 하고 있다.

이 법 시행규칙 별표2에서는 아동복지시설의 공통 시설 기준과 함께 지역아동센터의 시설 기준을 아래와 같이 정하고 있다.

- 사무실·조리실·식당 및 집단지도실을 각각 설치
- 해당 시설을 모두 합한 면적이 전용면적 82.5㎡ 이상, 아동 1명당 전용면적 3.3㎡ 이상
  다만, 집단지도실은 2개실 이상 설치

지역아동센터의 용도 구분은 이 시설이 설치되는 곳에 따라 제1종 근생과 주택용도 두 가지로 분류된다. 법제화된 이후 별도의 건축물에 설치되는 경우에는 제1종 근생 사목에 포함되지만, 기존 주택을 활용하는 경우에는 해당 주택 용도에 속한다. 현재 운영되는 시설들이 여전히 주택을 활용하고 있다는 점을 감안하여 2009년 건축법 시행령 개정을 통해 단독주택과 공동주택의 용도에 포함되도록 하고 있는데, 이에 대한 자세한 사항은 1)단독주택, 2)공동주택의 내용을 확인하기 바란다.

참고로 이 법에 따른 아동복지시설은 지역아동센터 이외에 많은 시설이 있지만, 유일하게 이 시설만 제1종 근생에 속하며 나머지 시설들은 11)노유자시설에 속한다.

주택용도 설치 사례 〈출처: 꽃동산지역아동센터〉

청산지역아동센터 〈출처: 동국제강〉

아. 변전소, 도시가스배관시설, 통신용 시설(해당 용도로 쓰는 바닥면적의 합계가 1천제곱미터 미만인 것에 한정한다), 정수장, 양수장 등 주민의 생활에 필요한 에너지공급·통신서비스제공이나 급수·배수와 관련된 시설

❶ 변전소

고압이 흐르는 송전탑이나, 변전소 등은 자칫 혐오 시설로 인식될 수 있는데 이런 시설이 제1종 근생에 분류된 이유는 무엇일까?

「전기사업법」(이하 "이 법")에서 변전소란 이 시설 밖으로부터 전압 5만 볼트 이상의 전기를 전송받아 이를 변성(전압을 올리거나 내리는 것 또는 전기의 성질을 변성시키는 것)하여 이 시설 밖의 장소로 전송할 목적으로 설치하는 변압기와 그 밖의 전기설비 전체를 말한다.

좀 더 쉽게 이야기하면 발전소에서 최초 생산된 초고압의 전기를 사용지 인근까지 송전한 후 저합으로 변전하는 시설을 말한다. 이 때 발전소에서 저압의 전기로 변전을 해서 송전을 하지 않는 이유는 저압으로 수백km 송전을 하면 전기 손실이 많기 때문이다. 따라서 고압으로 송전된 전기를 저압으로 변전하는 시설이 도시지역 내에 위치해야 일반 가정에서도 안정적인 전기 공급을 받을 수 있는 것이다.

이처럼 변전소는 특히 주거지역을 포함한 도시 지역에 꼭 필요한 에너지 공급시설이기 때문에 제1종 근생 시설에 속한다. 하지만 이런 시설이 주거지역 인근에 신규로 설치될 경우 민원이 만만치 않게 발생하고 있어 송전 라인을 우회하여 별도의 대체 부지를 마련하기도 하고 있다. 또한 신규 변전소뿐만 아니라 기존에 주거지역 인근에 설치된 변전소들도 소음 등의 영향을 최소화하기 위해 지상의 시설을 전면 지하화하여 지상은 공원 등으로 사용하는 등 친환경 변전소로 탈바꿈하려는 많은 노력을 하고 있다.

전기 공급을 위한 변전시설 이외에도 도심 내에서 필수 교통수단인 지하철, 열차 등의 전기철도시설을 위한 변전소도 아목에 해당한다.

❷ 도시가스배관시설

도시가스배관시설은 「도시가스사업법」(이하 "이 법")에 따라 도시가스 제조사업소로부터 가스 사용자가 소유하거나 점유하고 있는 토지의 경계까지 이르는 배관·공급설비 및 그 부속 설비로서 도시가스를 제조하거나 공급하기 위한 가스공급시설 중의 하나를 말한다.

물론 건축물의 용도 분류에서 말하는 '도시가스배관시설'은 지하에 매설되는 가스 배관을 말하는 것은 아니다. 도시가스 제조시설에서 나온 가스가 배관을 통해 사용자까지 전달되는 배관시설 중간에 도시가스가 잘 공급·운용되는 것을 돕는 시설들이 필요하다. 이 중에는 건축물로 지어지는 '정압기지'(도시가스의 압력을 조정하기 위한 시설)나 '밸브기지' (도시가스의 흐름을 차단하기 위한 시설)등이 있는데 이들 시설이 제1종 근생에 해당한다.

❸ 통신용 시설

18년 아현동 KT 화재로 초유의 통신장애 사태가 일어났었다. 무선전화기, 컴퓨터 인터넷 통신 두절은 물론이고, ATM기나 카드 결재까지 평범한 것들이 처리되지 않아 우리의 일상이 마비되었다. 이처럼 통신망은 우리 신체의 신경과도 같이 케이블과 무선 장비들로 얽혀있는 구조이기 때문에 단순 건물 화재가 그 해당 지역 전체의 재앙이 될 수 있는 것이다.

이렇게 정보통신용 시설은 우리 생활 일상 깊숙이 들어와 있으며, 이런 서비스가 잘 운용되기 위한 다양한 통신용 시설이 설치되어 있다. 이 중에서 통신선로와 각 지역마다 '통신국사'가 설치된다. (아연동 화재도 이 통신국사의 지하 통신구에서 일어났다.) 통신국사는 정보통신 서비스를 제공하기 위한 설비를 안전하게 운영하기 위한 건물로서 통신장비 및 관련시설 등이 설치된 대표적인 통신용 시설이다. 이런 통신국사는 정보통신 발달로 관련 장비와 업무 영역도 확장되어 그 규모도 천차만별이어서 대규모 시설부터 무인으로 운영되는 소규모 통신국사까지 다양하다.

이들 중 바닥면적 합계가 1,000㎡미만인 경우에 제1종 근생시설에 속하며, 이상의 규모는 24)방송통신시설에 속한다.

도시가스 정압실

LG 통신국사

❹ 정수장

수돗물은 멀리 있는 수원지로부터 물을 끌어와 공급되는 것으로 이미 고대 로마 때부터 도입될 만큼 도시의 발전과 함께 그 역사를 같이 하고 있다. 이후 도시가 급속히 발전하면서 수돗물을 통해 확산 될 수 있는 전염병과 오염물질 등을 제거하기 위해 다양한 여과 및 소독 시설이 도입되게 되었다. 지금 우리가 마시는 수돗물 역시 이러한 정수 과정을 거쳐 공급된 것으로 우리의 생명과 활동에 없어서는 안 될 꼭 필요한 시설이 바로 '정수장'이다.

「수도법」(이하 "이 법")에서 정수란 원수(原水)를 음용·공업용 등의 용도에 맞게 처리한 물이라고 정의하고 있다. 그리고 정수장은 시민들이 직접 마시는 물을 처리하는 시설인 만큼 수도를 통하여 음용을 목적으로 공급되는 물이 병원성 미생물로부터 안전성이 확보되도록 환경부령으로 정하는 정수처리 기준에 따라 처리하는 시설이다.

정수장이 도심과 떨어진 수원지에서 물을 끌어와 처리하는 시설이다 보니 그 설치 위치가 멀게만 느껴지지만 의외로 우리와 가까이에 있다. 서울의 경우 1900년대 초 우리나라 최초의 정수장도 뚝섬에 세워졌고, 지금도 '뚝도아리수 정수센터'라는 이름으로 운영되고 있다. 현재 서울상수도 사업본부에서 관리하는 정수센터 중 경기권의 정수센터를 제외하고 구의, 뚝도, 암사, 영등포 정수시설 모두 도심 내에 위치하고 있다.

이처럼 서울의 정수장 위치만 보더라도 주거지역을 포함한 도시 지역의 수돗물 공급을 위해 얼마나 우리와 밀접한 시설인지 이해가 쉬울 것이다.

❺ 양수장

아목은 주민들의 생활과 각종 산업에 필요한 에너지원을 공급하는 시설군으로 이루어져 있으며 여기에 양수장이 포함되어 있다. 건축법 시행령 별표1이 만들어졌을 때부터 정수장과 함께 근생 시설에 포함되어 있었다. 그렇다고 우리 주변에서 쉽게 볼 수 있는 시설은 아니고 도심에서는 고지대 주거지역의 원활한 수돗물 공급 등을 위해 일부 소규모로 설치되어 있거나, 주로 농어촌에서는 저수지 인근 농업 관련 시설로서 많이 설치된 시설이다.

양수장은 「농어촌정비법」에서 '농업생산기반시설' 중의 하나의 시설로 설치되거나 그 밖에 수원(水原)이 농업 관계 지역보다 지대가 낮은 경우 동력을 이용해 관개 용수로에 물을 끌어오는 시설을 말한다. 일반적으로 펌프(기계)와 관련 시설 등이 설치되어 있는 건물 이외에 관로와 수조, 양수펌프로 흡입한 물을 담는 수조, 그리고 양수펌프를 가동하기 위한 전기공급시설로 구성되어 있다.

정수장이 음용이나 공업용으로 사용되는 물을 제공하기 위한 시설이라면, 양수장은 농업 생산을 위해 필요한 시설이다. 당연히 농업 생산과 관련된 시설이다 보니 녹지지역 또는 비 도시 지역에 위치하고 있는 것이 대부분이다. 따라서 도시의 주거지역뿐만 아니라 여느 지역·지구에 관계 없이(일부 조례에 의함) 설치가 가능한 시설로서 제1종 근생 아목의 시설에 속한 것이다.

아리수 양수장

양수장 〈출처: 농어촌알리미〉

자. 금융업소, 사무소, 부동산중개사무소, 결혼상담소 등 소개업소, 출판사 등 일반 업무시설로서 같은 건축물에 해당 용도로 쓰는 바닥면적의 합계가 30제곱미터 미만인 것

업무 관련 시설은 일반과 공공 업무시설로 크게 구분되는데, 앞서 설명했던 바목은 공공 업무시설에 해당하고 자목은 일반 업무시설에 해당한다. 건축법 시행령 별표1이 법제화 되던 초창기에는 실제 두 시설을 별도의 용도로 나누고, 명칭도 공공업무시설과 일반업무시설로 구분했으나, 현재는 바목과 자목으로 구분하고 모두 제1종 근생시설에 포함되어 있다.

다만 바목의 공공업무시설은 기준 면적(1,000㎡)으로 제1종 근생과 14)업무시설로만 구분되지만, 자목의 일반 업무시설은 바닥면적 30㎡미만인 점포 수준의 소규모 사무실만이 제1종 근생에 속한다. 그 이상의 규모는 제2종 근생 또는 14)업무시설에 속하는 것으로, 건축물의 용도 중 유일하게 면적의 기준에 따라 세 가지 용도로 분류되는 시설이다.

자목의 예시된 시설 중 결혼상담소를 제외하고는 은행·마을금고 등의 소규모 금융업소, 일반 사무실 용도, 부동산 중개사무소는 주거 지역에서 흔히 찾아볼 수 있는 업종들로서 제2종 근생 하목에서 좀 더 자세히 설명하도록 하겠다.

차. 전기자동차 충전소(해당 용도로 쓰는 바닥면적의 합계가 1천제곱미터 미만인 것으로 한정한다)

요즈음 거리에서 테슬라를 비롯한 외제 승용차뿐만 국내 자동차 회사들이 만든 전기자동차를 흔하게 볼 수 있다. 아무래도 탄소중립 실현에 따른 에너지 생태계 변화와 더불어 전기자동차 관련 배터리 등의 기술 발전으로 전기차 시장은 급성장하고 있기 때문이다.

전기자동차를 「환경친화적 자동차의 개발 및 보급 촉진에 관한 법률」에서 전기 공급원으로부터 충전받은 전기에너지를 동력원으로 사용하는 자동차로 정의하고 있다. 통계에 따르면 국내 전기자동차 등록이 최근 4년 사이에 12배나 늘어났다고 하며, 해외 자동차 회사뿐만 아니라 국내 일부 자동차 브랜드는 향후 수년 내에 전기차만을 생산한다고 발표했다.

하지만 이러한 전기차 보급률 증가와 달리 충전시설은 여전히 부족하다는 문제는 남아 있다. 이에 정부에서는 이를 위해 아파트 단지 등 건축물 내에 충전시설 의무 설치 등 관련 정책을 추진하고 있으며, 관련 업계에서도 초고속 충전 인프라 확대 본격화와 주유소 내에 충전소 추가 설치 등 국내 전기차 생태계 구축을 목표로 추진하고 있다.

이렇게 충전 관련 시설의 보급에 전력을 다하고 있음에도 정작 건축 관련 법령에서 충전소에 대한 용도가 명확하게 분류되어 있지 않았다. 물론 제1종 근생시설 아목에서 '주민생활과 관련된 에너지 공급시설'이라는 시설이 있기는 하지만 그 분류가 명확하지 않고 관련 지자체마다 전기차 충전소를 자동차시설, 위험물저장처리시설 등으로 분류하는 등 해석이 달라서 혼란을 야기시켜 왔다.

이에 2021년에 와서야 건축법 시행령 별표1 개정을 통해 전기자동차 충전소가 3)제1종 근린생활시설과 20)자동차 관련 시설에 추가로 도입되었다. 주유소와 다르게 시설 특성상 화재나 폭발 등의 위험이 거의 없기 때문에 위험물저장처리시설이 아닌 제1종 근생과 자동차 관련 시설의 분류되며 그 기준은 바닥면적(1,000㎡)으로 나뉜다.

무엇보다 제1종 근생시설에 분류되었다는 것은 근생시설의 의미에 대해 설명했듯이 주택가 가까이 설치가 가능하다는 점에서 이용의 편리함을 도모하고 있다는 것이다. 아파트 단지 내 상가도 설치가 가능하다고 해석되며, 이는 위에서 이야기 했던 전기차 생태계 구축을 목표로 하는 정부의 의지가 담겨있다고 보여진다.

〈전기차 충전소〉

4. 제2종 근린생활시설

가. 공연장(극장, 영화관, 연예장, 음악당, 서커스장, 비디오물감상실, 비디오물소극장, 그 밖에 이와 비슷한 것을 말한다. 이하 같다)으로서 같은 건축물에 해당 용도로 쓰는 바닥면적의 합계가 500제곱미터 미만인 것

나. 종교집회장[교회, 성당, 사찰, 기도원, 수도원, 수녀원, 제실(祭室), 사당, 그 밖에 이와 비슷한 것을 말한다. 이하 같다]으로서 같은 건축물에 해당 용도로 쓰는 바닥면적의 합계가 500제곱미터 미만인 것

다. 자동차영업소로서 같은 건축물에 해당 용도로 쓰는 바닥면적의 합계가 1천제곱미터 미만인 것

라. 서점(제1종 근린생활시설에 해당하지 않는 것)

마. 총포판매소

바. 사진관, 표구점

사. 청소년게임제공업소, 복합유통게임제공업소, 인터넷컴퓨터게임시설제공업소, 가상현실체험 제공업소, 그 밖에 이와 비슷한 게임 관련 시설로서 같은 건축물에 해당 용도로 쓰는 바닥면적의 합계가 500제곱미터 미만인 것

아. 휴게음식점, 제과점 등 음료·차(茶)·음식·빵·떡·과자 등을 조리하거나 제조하여 판매하는 시설(너목 또는 제17호에 해당하는 것은 제외한다)로서 같은 건축물에 해당 용도로 쓰는 바닥면적의 합계가 300제곱미터 이상인 것

자. 일반음식점

차. 장의사, 동물병원, 동물미용실, 「동물보호법」 제32조제1항제6호에 따른 동물위탁관리업을 위한 시설, 그 밖에 이와 유사한 것

카. 학원(자동차학원·무도학원 및 정보통신기술을 활용하여 원격으로 교습하는 것은 제외한다), 교습소(자동차교습·무도교습 및 정보통신기술을 활용하여 원격으로 교습하는 것은 제외한다), 직업훈련소(운전·정비 관련 직업훈련소는 제외한다)로서 같은 건축물에 해당 용도로 쓰는 바닥면적의 합계가 500제곱미터 미만인 것

타. 독서실, 기원

파. 테니스장, 체력단련장, 에어로빅장, 볼링장, 당구장, 실내낚시터, 골프연습장, 놀이형시설(「관광진흥법」에 따른 기타유원시설업의 시설을 말한다. 이하 같다) 등 주민의 체육 활동을 위한 시설(제3호마목의 시설은 제외한다)로서 같은 건축물에 해당 용도로 쓰는 바닥면적의 합계가 500제곱미터 미만인 것

하. 금융업소, 사무소, 부동산중개사무소, 결혼상담소 등 소개업소, 출판사 등 일반업무시설로서 같은 건축물에 해당 용도로 쓰는 바닥면적의 합계가 500제곱미터 미만인 것(제1종 근린생활시설에 해당하는 것은 제외한다)

거. 다중생활시설(「다중이용업소의 안전관리에 관한 특별법」에 따른 다중이용업 중 고시원업의 시설로서 국토교통부장관이 고시하는 기준과 그 기준에 위배되지 않는 범위에서 적정한 주거 환경을 조성하기 위하여 건축조례로 정하는 실별 최소 면적, 창문의 설치 및 크기 등의 기준에 적합한 것을 말한다. 이하 같다)로서 같은 건축물에 해당 용도로 쓰는 바닥면적의 합계가 500제곱미터 미만인 것

너. 제조업소, 수리점 등 물품의 제조·가공·수리 등을 위한 시설로서 같은 건축물에 해당 용도로 쓰는 바닥면적의 합계가 500제곱미터 미만이고, 다음 요건 중 어느 하나에 해당하는 것

1) 「대기환경보전법」, 「물환경보전법」 또는 「소음·진동관리법」에 따른 배출시설의 설치 허가 또는 신고의 대상이 아닌 것

2) 「물환경보전법」 제33조제1항 본문에 따라 폐수배출시설의 설치 허가를 받거나 신고해야 하는 시설로서 발생되는 폐수를 전량 위탁처리하는 것

더. 단란주점으로서 같은 건축물에 해당 용도로 쓰는 바닥면적의 합계가 150제곱미터 미만인 것

러. 안마시술소, 노래연습장

※ 근린생활시설을 1종과 2종을 구분하는 이유?

주택을 제외한 나머지 건축물의 용도 가운데서도 규모가 작으면서 주변 환경에 영향을 덜 미치거나 우리 생활과 아주 밀접한 시설들만을 골라 분류된 용도가 바로 '근린생활시설'이며, 다시 제1종과 제2종 근생으로 분류된다.

그렇다면 제1종과 제2종 근생으로 구분하는 이유는 무엇일까?

첫째, 세분화된 여러 종류의 시설들을 근린생활시설 용도 하나로 묶기에는 그 종류가 너무 많아 구분이 필요하기 때문이다. 제1종 근생은 9개의 시설군(가목~자목), 제2종 근생은 18개의 시설군(가목~러목)으로 총 27개의 항목으로 구분되고 그 하부에는 더 많은 시설들이 속해 있다. 따라서 많은 시설을 하나의 용도로 구분하기는 부담이 될 것이고, 사회 변화에 가장 민감한 용도인 만큼 그 종류가 계속해서 늘어날 가능성도 있기 때문에 1종과 2종으로 구분하고 있다.

둘째, 우리 생활과 아주 밀접한 시설이라고 하지만 그 밀접한 정도의 편차가 크기 때문이다. 예를 들어 음식을 파는 식당도 그 규모가 작은 분식점에서부터 2~3층 대형 규모에 별도의 주차장까지 완비한 곳도 있어 하나의 용도로 분류하는 것이 부담된다. 또한 주류를 팔지 않는 곳과 파는 곳에 따라서도 메뉴 구성에 따른 설비시설이나 이용객의 유형, 주변 지역의 영향 정도 등이 다르다.

정리해 보면 많은 시설들 중 우리 생활과 밀접한 정도와 그 규모, 제공 서비스 유형 등을 감안해 제1종과 제2종을 분류한 것이다. 그래서 제1종 근생은 가장 우리 생활과 밀접하고 없어서는 안 될 꼭 필요한 시설로서, 대부분의 용도지역에 상관없이 설치되어도 무방한 시설군으로 이루어진다. 반면 제2종 근생은 제1종 시설에 비해 필요도가 상대적으로 낮은 것으로 보통 취미, 유희, 교육, 편리 등과 관련된 시설 위주로 분류된다. 용도지역 내 건축물의 용도 제한의 경우만 보더라도 전용주거지역에서 제1종 근생시설은 대부분 설치가 가능하지만 제2종 근생은 설치가 어려운 시설들이 많은 것도 이런 이유 때문이다.

■ 용도지역 내 건축물의 용도 제한

건축물의 용도	도시지역																관리지역(4층 이하)			농림지역	자연환경보전지역
	주거지역						상업지역				공업지역			녹지지역(4층 이하)							
	1종전용	2종전용	1종일반	2종일반	3종일반	준주거	중심	일반	근린	유통	전용	일반	준	자연	생산	보전	계획	생산	보전		
가. 공연장 500제곱미터 미만	×	×	○	○	○	●	●	●	●	○	●	●	●	●	○	×	●	○	○	○	×
나. 종교집회장 500제곱미터 미만	○	○	○	○	○	●	●	●	●	○	●	●	●	●	○	○	●	○	○	○	△
다. 자동차영업소 1천제곱미터 미만	×	×	○	○	○	●	●	●	●	○	●	●	●	●	○	×	●	○	○	○	×
라. 서점(제1종 근생에 해당 않는 것)	×	×	○	○	○	●	●	●	●	○	●	●	●	●	△	×	●	○	○	○	×
마. 총포판매소	×	×	○	○	○	●	●	●	●	○	●	●	●	●	△	×	●	○	○	○	×
바. 사진관, 표구점	×	×	○	○	○	●	●	●	●	○	●	●	●	●	△	×	●	○	○	○	×
사. 청소년게임제공업소, 복합유통게임제공업소 등 게임관련 시설 500제곱미터 미만	×	×	○	○	○	●	●	●	●	○	●	●	●	●	○	×	●	○	○	○	×
아. 휴게음식점, 제과점 등 300제곱미터 이상	×	×	○	○	○	●	●	●	●	○	○	●	●	○	○	×	△	×	×	×	×
자. 일반음식점	×	×	○	○	○	●	●	●	●	○	○	●	●	○	△	×	△	×	×	×	×
차. 장의사, 동물병원, 동물미용실, 동물위탁관리시설 등	×	×	○	○	○	●	●	●	●	○	●	●	●	●	△	×	●	○	○	○	×
카. 학원, 교습소, 직업훈련소 500제곱미터 미만	×	×	○	○	○	●	●	●	●	○	●	●	●	●	○	×	●	○	○	○	×
타. 독서실, 기원	×	×	○	○	○	●	●	●	●	○	△	●	●	●	△	×	●	○	○	○	×
파. 테니스장, 체력단련장, 에어로빅장, 골프연습장, 놀이형시설 등 500제곱미터 미만	×	×	○	○	○	●	●	●	●	○	●	●	●	●	○	×	●	○	○	○	×
하. 금융업소, 사무소, 소개업소, 출판사 등 일반업무시설 500제곱미터 미만	×	×	○	○	○	●	●	●	●	○	●	●	●	●	○	×	●	○	○	○	×
거. 다중생활시설 500제곱미터 미만	×	×	○	○	○	●	●	●	●	○	●	●	●	●	○	×	●	○	○	○	×
너. 제조업소, 수리점 등 500제곱미터 미만	×	×	○	○	○	●	●	●	●	○	●	●	●	●	○	×	○	×	×	△	×
더. 단란주점 150제곱미터 미만	×	×	×	×	×	×	●	●	●	○	×	×	○	×	×	×	×	×	×	×	×
러. 안마시술소	×	×	×	×	×	○	●	●	●	○	○	○	○	○	△	×	○	○	○	×	×
러. 노래연습장	×	×	○	○	○	●	●	●	●	○	○	●	●	●	△	×	●	○	○	○	×

(× : 금지, ● : 법령 허용, ○ : 조례 허용, ▲ : 법령 부분·제한적 허용, △ : 조례 부분·제한적 허용) ※제1종 일반주거지역: 4층 이하

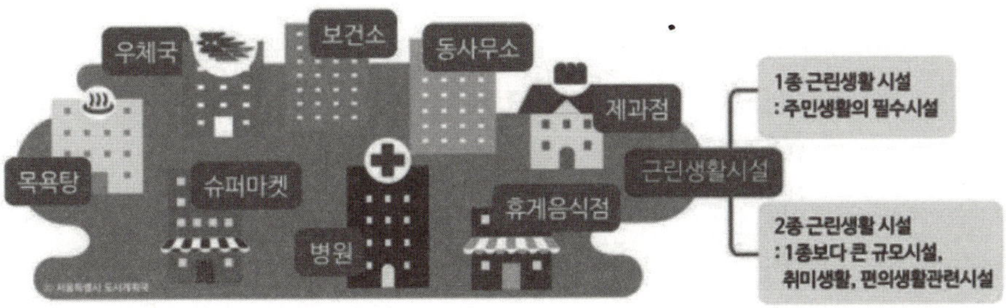

〈출처: 서울도시계획포털〉

가. 공연장(극장, 영화관, 연예장, 음악당, 서커스장, 비디오물감상실, 비디오물소극장, 그 밖에 이와 비슷한 것을 말한다. 이하 같다)으로서 같은 건축물에 해당 용도로 쓰는 바닥면적의 합계가 500제곱미터 미만인 것

❶ 실연(實演)을 위한 극장, 연예장, 음악당, 서커스장

건축법에 따른 '공연장' 범주에는 극장에서부터 비디오물 감상실까지 상당히 많은 시설들을 포함하고 있다. 하지만 이 시설들은 각각의 관련 법령에 따라 공연장, 영화관, 그리고 비디오 관련 시설로 나누어지며 그 구분에 따라 설명하고자 한다.

먼저 「공연법」(이하 "이 법")에서 '공연'을 음악·무용·연극·연예·국악·곡예 등 예술적 관람물을 실연(實演)에 의하여 공중에게 관람하도록 하는 행위로 정의하고 있다. '실연'은 배우 등이 실제로 무대에 출연해 연기·공연 등을 한다는 의미이기 때문에 공연장은 실제 공연은 이루어지지 않는 영화관과 구분되는 시설을 말한다.

따라서 위의 정의와 같이 배우 등이 실연하는 극장, 연예장, 음악당, 서커스장이 공연법에서 말하는 공연장이라고 할 수 있다. 그리고 강당 등 공연장과 유사한 형태의 시설과 구분하기 위해 이 법에서는 연간 90일 이상 또는 계속하여 30일 이상 공연에 제공할 목적으로 설치하여 운영하는 시설만을 공연장으로 인정하고 있다. 이런 공연장 중에서 소규모 공연을 할 수 있는 500㎡ 미만의 시설이 가목에 속하며 대표적인 예로 대학로 소극장이 여기에 해당한다.

❷ 영화관

1900년 초 영화관이 국내에 처음 도입되기는 했지만, 일반인까지도 보편적인 문화생활을 누릴 수 있는 공간으로 자리매김한 것은 한국전쟁 이후라고 한다. 90년대까지는 영화관 자체 시설로만 이루어진 단일 건물 형태가 대부분이었지만 이런 유형의 영화관은 거의 사라지고 현재는 대부분 대형화되고 다른 용도와 복합화된 영화관이 일반적이다.

「영화 및 비디오물의 진흥에 관한 법률」(이하 "이 법")에서 '영화'를 연속적인 영상이 필름 또는 디스크 등의 디지털 매체에 담긴 저작물로서 영화상영관 등의 장소 또는 시설에서 공중에게 관람하게 할 목적으로 제작한 것으로 정의하고 있다. 그리고 이 영화를 영리 목적으로 상영하는 장소 또는 시설을 영화관(영화상영관)이라고 한다. 하지만 영화를 상영한다고 해서 모두 이 법에 따른 영화관이 되는 것은 아니다. 강당 등과도 유사한 영화관의 공간 특성상 영화 상영 이외의 다른 용도로 사용될 수 있다는 것을 감안하여 영화상영 일수가 연간 120일 이내이고 계속 상영기간이 30일 이내인 영화상영 장소나 시설(비상설 상영장)은 영화관에 해당되지 않는다.

영화관은 이 법에서 실내 영화상영관과 야외 상영관(예 자동차 극장)으로 나뉘며, 역시 각각 세부 시설기준을 정하고 있다. 실내 영화관은 객석이 30석 또는 객석의 바닥면적이 60㎡ 이상이 되어야 하며 통로의 설치 및 폭 등 세부 내용과 영사막 등의 기준이 있다. 역시 자동차 극장도 영사막의 위치, 구조

그리고 주차공간 등의 기준을 정하고 있지만 자동차 극장은 2종 근생이나 5)문화 및 집회시설이 아닌 27)관광휴게시설에 속함을 유념해야 한다.

보통의 영화관은 여러 개의 상영관과 기타 부대시설 등으로 이루어져 바닥면적 합계가 500㎡ 훨씬 넘기 때문에 용도 분류상 5)문화 및 집회시설에 속한다. 대신 상영관 1~2개 정도의 소규모(500㎡미만) 독립영화관 등이 제2종 근생 가목의 영화관에 속한다.

〈출처: 서울연극협회〉

〈출처: 광주독립영화관〉

❸ 비디오감상실

1990년대 초중반 처음 국내에 도입되어 노래방 다음으로 '방(룸)문화'를 이끌었던 시설이 바로 '비디오방'이다. 「영화 및 비디오물의 진흥에 관한 법률」(이하 "이 법")에서 이 시설을 '비디오물 감상실'이라는 하며 비디오물 시청 제공업 중 하나로서 다수의 구획된 시청실과 비디오물 시청 기자재를 갖추고 비디오물을 공중의 시청에 제공 및 이용자가 직접 작동 포함하는 시설로 정의하고 있다. 2,000년대 초반까지 급속한 성장세를 이어 왔지만 다양한 매체들의 발전에 따라 멀티방 등 다양한 복합시설로 대체되면서 이제는 찾아보기 힘든 시설이 되었다.

비디오물 감상실 이외에도 관련 업종으로 '비디오물 소극장업'과 아래의 '복합영상물 제공업'이 있으며 모두 이 법의 적용을 받고 있다. 이중 비디오물 소극장은 이런 곳이 있었나 할 정도로 많은 사람들이 한 번도 가본 적 없는 생소한 시설인 만큼 실제 운영하는 곳도 그리 많지 않다. 영사막 및 다수의 객석과 비디오물 시청 기자재를 갖추고 비디오물만을 전용으로 공중의 시청에 제공하는 시설로서 비디오방과 극장 사이 정도의 시설이라고 생각하면 될 것이다. 또한 이 시설은 일반 비디오물 소극장과 함께 성인용 비디오물만 상영하는 '제한관람가 비디오물 소극장업'으로 구분되는 것이 특징이다.

❹ 복합영상물 제공업

가목에서 말하는 '그 밖에 이와 비슷한 시설'에 해당하는 대표적인 시설이 '복합영상물 제공업'이다. 이 시설은 비디오물감상실업을 하면서 부수적으로 게임이나 노래를 할 수 있는 시설을 갖추어 공중에 제공하는 영업장이다. 단순 비디오, DVD 제공업에서 발전해 게임, 노래 관련 시설을 부수적으로 설치·제공하는 복합시설인 셈이다.

신종 업종으로 관리가 되지 않아 청소년의 탈선장소 등으로 이용되어 사회적 문제를 일으켰으나, 몇 년 전에 「영화 및 비디오물의 진흥에 관한 법률」(이하 "이 법")이 개정되면서 청소년의 탈선 및 퇴폐영업 방지를 위해 이 법의 적용을 받게 되었다. 비디오감상실과 함께 청소년 출입과 주류 판매, 접대부의 고용 등이 금지되며 시청실의 구획, 조도 등 세부 시설기준 등을 이 법에서 정하고 있다.

이상 가목의 시설은 해당 용도로 쓰는 바닥면적의 합계가 500제곱미터 미만인 것에 한하여 제2종 근생에 속하며, 그 이상의 규모는 5)문화 및 집회시설에 속한다.

나. 종교집회장[교회, 성당, 사찰, 기도원, 수도원, 수녀원, 제실(祭室), 사당, 그 밖에 이와 비슷한 것을 말한다. 이하 같다]으로서 같은 건축물에 해당 용도로 쓰는 바닥면적의 합계가 500제곱미터 미만인 것

❶ 무당집, 점집도 종교집회장에 속할까?

대한민국 헌법에서는 국민에게 종교의 자유를 보장하고 있다. 종교의 범위가 넓어서 보통 불교, 천주교, 기독교 등 교리나 교단의 체계를 갖추고 있는 것부터 특정 지역, 가문 내에서 오래전부터 믿어 온 신념체계인 민간 신앙도 포함된다. 따라서 종교와 관련된 시설은 모두 종교집회장에 속한다고 할 수 있으며, 이들 집회 시설과 이에 딸린 부속 용도인 수련원이나 기도원 등도 여기에 속한다.

대신 규모에 있어 해당 용도로 쓰는 바닥면적의 합계가 500제곱미터 미만인 것만 제2종 근생 나목에 속한다. 상가 건물 내에 작은 교회들을 흔히 볼 수 있는데 이런 시설들이 바로 나목의 종교집회장에 속하며, 그 이상의 규모는 6)종교시설에 속한다.

그럼 무당집, 점집 등 집안에 신당(神堂)을 만들고 제사를 지내는 행위를 하는 곳도 역시 종교집회장으로 봐야 할까? 우선 명칭의 의미가 전부는 아니겠지만 종교와 집회장이라는 명칭을 분리해서 볼 필요가 있다. 이들 시설은 신당을 만들고 제사를 지낸다는 측면에서 무속신앙과 비슷한 종교라고 볼 수 있으나, 집회장의 의미에서는 나목의 시설들과는 좀 다르다고 본다.

무당집

개척 교회

집회의 의미는 많은 사람들이 동일 목적의 행위를 위해 모인다는 것을 뜻한다. 물론 2인 이상이 모이면 집회가 될 수 있지만 점집 등에서 이루어지는 행위는 정기적으로 방문하는 것보다는 영리를 목적으로 개인(손님)과 무속인(업주)과의 관계에서 일어나는 1회성 방문이 대부분이다. 그리고 보통은 근생시설이 아닌 일반 주택에서 영업을 하는 경우가 대부분이기 때문이다. 따라서 모든 경우가 다 해당될 수는 없지만 점집, 무당집 등을 종교집회장으로 보는 것은 무리가 있다는 것이 필자의 생각이다.

다. 자동차영업소로서 같은 건축물에 해당 용도로 쓰는 바닥면적의 합계가 1천제곱미터 미만인 것

❶ 새 차와 중고차의 차이

자동차를 구매할 때 여러 고민 중의 하나가 '새 차를 구매할 것이냐 아니면 중고차를 구매할 것이냐' 일 것이다. 만약 새 차 구매를 결정했다면 찾는 곳이 바로 '자동차 영업소'이다. 자동차 영업소는 자동차를 전시 및 판매하는 곳으로 바닥면적 1,000㎡ 미만의 규모는 제2종 근생에 속한다. 이 시설은 별도의 정비나 관련 부속시설은 없고 몇 대의 자동차 전시와 상담을 할 수 있는 공간 정도의 역할을 하는 곳이다.

물론 다목에서 판매하는 자동차가 새 차에 한정하고 있지는 않다. 하지만 중고차를 이런 소규모의 영업소에서 판매하는 경우는 거의 없어 다목의 자동차영업소에 속하지 않는다. 중고차는 동일 브랜드에 동일 연식이라 하더라도 각각의 차량은 가격대가 동일하지 않으며 소비자가 직접 보고 사야 한다는 특징이 있다. 따라서 중고차는 직접 전시하고 팔기 때문에 중고차 매매장이 집단화되고 기업화될 수 밖에 없어 근생에 포함되지 않는다.

그리고 용도의 분류에 있어서도 판매하는 차가 새 차냐, 중고차냐에 따라 건축물의 용도가 달라진다. 신차를 판매하는 자동차영업소의 경우 별도의 적용 법률은 없으며, 기준면적(1,000㎡) 미만은 제2종 근생에 속하고, 그 이상의 경우에는 판매시설에 속한다. 반면 중고차 매매(「자동차관리법」에 의한 '자동차 매매업')장의 경우에는 규모와 관계없이 20)자동차 관련 시설에 속하며, 중고차 매매업에 대해서는 20)자동차 관련 시설에서 자세히 설명하겠다.

|질의|

다수의 자동차영업소를 집단화할 경우 용도분류(건교부건축 58070-190. 96. 1. 19)

|회신|

개정 건축법시행령('95. 12. 30) 별표 1 제4호 나목 ⑿에 의하여 자동차영업소로서 당해 용도에 쓰이는 바닥면적의 합계가 1천m 미만인 것은 제2종 근린생활시설에 해당하고 그 이상의 규모는 판매시설로 보는 것이나, 그 영업의 행태가 자동차매매업에 해당하는 경우에는 이를 자동차관련시설로 보아야 할 것이므로, 용도에 관한 구체적인 사실판단은 당해 허가권자가 그 규모·기능 및 이용행태 등을 종합 검토하여야 할 것임.

라. 서점(제1종 근린생활시설에 해당하지 않는 것)

❶ 규모에 따라 제1종 근생과 제2종 근생으로만 구분되는 시설

전자책의 대중화와 서적 관련 유통의 변화로 우리 주변에서 서점을 찾기는 정말 힘들어졌다. 예전에 주택가 및 학교 주변에서 많이 볼 수 있었던 중규모 일반 서점들은 이미 상당수가 사라졌고 개성을 갖춘 소형서점과 대형서점 몇 개만 남아있는 정도다.

그럼 이들은 규모에 따라 어떻게 용도가 나뉠까? 면적 제한 없이 근생 용도로만 분류되는 서점은 그 규모(1,000㎡)에 따라 1종과 2종으로만 구분된다. 바닥면적 1,000㎡ 미만의 서적을 판매하는 소매점은 3호 가목의 시설들과 함께 제1종 근생에 속하고, 그 면적 이상이면 무조건 제2종 근생시설에 속한다. 같은 소매점으로 분류된 시설들의 바닥면적이 1,000㎡ 이상이면 판매시설로 분류되는 것과는 다르게 서점은 유일하게 2종 근생에 해당한다.

그럼 왜 서점은 면적 제한이 없이 근생 용도로만 분류하는 것일까? 그 이유를 딱 부러지게 설명하기는 어렵지만, 단순히 책을 판매하는 특수성 때문이라고 생각된다. 보통 용도를 구분하는 이유, 특히 규모에 따라 근생시설이 판매시설이나 기타 시설로 분류되는 이유는 토지이용계획에 걸맞는 건축물의 용도를 설치하기 위함이다.

이런 시설들은 규모가 커질수록 주거지역에 영향을 주기 때문에 규모에 따라 다른 용도로 분류되어 용도설치 제한이 되지만 책을 판매하는 경우는 좀 더 다르게 생각할 수 있다. 별도의 추가 시설이 요구되지 않으면서 혼잡, 소음, 분진, 공해 등을 상대적으로 많이 유발시키는 업종이 아니다. 또한 주거지역과 학교 등 교육 시설 인근에 수요층이 많다는 점을 감안해 면적에 상관없이 모두 근생 용도로 분류한 것으로 생각된다.

마. 총포판매소

❶ 총기 청정국 대한민국

「총포·도검·화약류 등의 안전관리에 관한 법률」(이하 "이 법")에서 "총포"란 권총, 소총, 기관총, 포, 엽총, 금속성 탄알이나 가스 등을 쏠 수 있는 장약총포, 공기총(가스 이용 포함) 및 총포신·기관부 등 그 부품을 말한다.

그 정의만 들었을 때는 군사 무기용 총기류가 연상이 되지만 실제 우리나라는 총기류 특히 인명 살상용 총기류에 대한 단속과 규제가 강력한 나라이다. 따라서 총기류 중 특별한 경우를 제외하고 일반인에게 판매하는 총기류는 수렵용, 마취용, 운동 경기용 총기류 등이 대부분이다. 위의 총기뿐만 아니라 도검류, 화약류, 분사기, 전자충격기, 석궁을 소지하기 위해서는 이 법에 따라 허가를 받아야만 한다.

이들 소지자뿐만 아니라 총포류를 판매하는 마목의 총포판매소를 운영하기 위해서는 관할 지방경찰청장에게 허가를 얻어야 하며, 영화·연극 등을 위한 예술 소품용으로 사용되는 총포류의 임대업도 마찬가지이다. 그만큼 소지나 판매도 어렵고 판매 방식에 있어서도 행상·노점이나 그 밖에 옥외에서의 상행위, 인터넷 등을 이용한 판매 모두 원칙적으로 금지하고 있다.

이 법에서는 표와 같이 이런 총기류를 판매하기 위해서는 매장의 규모, 보관장소의 구조와 방범 및 도난방지를 위한 시설들을 정하고 있다.

또한 허가된 총기류를 판매하는 총기류 등(총포, 도검, 화약류, 가스총, 전자충격기, 석궁 등)의 판매업을 하고자 할 때에는 이 법에서 정하는 보관장치 등에 관한 시설 기준을 준수하여야 한다. 아무래도 절도 등에 의해 불법으로 소지 및 활용될 수 있기 때문에 보관 방법에 대한 기준까지도 아래와 같이 이 법에서 정하고 있다. 왜 대한민국이 '총기청정국'이라고 불리는지 이해가 된다.

마목의 용도는 면적과 관계없이 모두 제2종 근생에 속한다. 이는 총포판매소의 경우 총기 규제가 심하고 구매하는 소비층이 얇아서 대형 판매시설 정도의 규모가 필요하지 않기 때문일 것이다.

■ 총기류 판매업의 시설기준

구 분	내 용	비 고
총포·도검·분사기·전자충격기·석궁 판매업	1. 전용면적 16.5제곱미터이상의 판매장 2. 다음 보관장치 - 철근콘크리트 격납고 - 콘크리트로 벽등 건축물의 일부에 고착시킨 격납고 - 철제 이중내화성금고(철판두께 1.6밀리미터이상, 무게 450킬로그램이상) 3. 견고한 진열장 1대 이상 비치 4. 실탄 저장소를 설치하거나 철제 실탄 격납고를 1대 이상 비치 5. 공기총 또는 가스총에 고압공기 또는 가스 충전 기구를 1대 이상 비치 6. 출입구의 문·창 및 진열장의 유리는 강화유리, 진열장 유리는 철망장치 설치, 총은 쇠사슬로 방아쇠뭉치를 연결 7. 출입구는 철판제 바깥문을 설치, 견고한 2중자물쇠 장치 설치 8. 관할 지·파출소와의 경보장치를 설치	
예술품 총포 등의 임대업	1. 전용면적 16.5제곱미터이상의 판매장 2. 다음 보관장치 - 철근콘크리트 격납고 - 콘크리트로 벽등 건축물의 일부에 고착시킨 격납고 - 철제 이중내화성금고(철판두께 1.6밀리미터이상, 무게 450킬로그램이상) 3. 견고한 진열장 1대 이상 비치 4. 출입구의 문·창 및 진열장의 유리는 강화유리, 진열장 유리는 철망장치 설치, 총은 쇠사슬로 방아쇠뭉치를 연결 5. 출입구는 철판제 바깥문을 설치, 견고한 2중자물쇠 장치 설치 6. 관할 지·파출소와의 경보장치를 설치	

〈출처: 믿음문고〉

〈출처: 치악총포사〉

바. 사진관, 표구점

❶ 사진관

사진관이 우리나라에 도입된 시기는 1900년대 초로 대단히 오랜 역사를 가졌다. 처음 건축법 시행령 별표1 건축물의 용도 분류가 신설된 때부터 근생시설에 포함된 것 중의 하나로서 필름 인화와 결혼 및 가족사진 촬영 등을 위해 동네에 한둘은 꼭 있었던 우리에게 친숙한 업종이다.

2000년대 이전까지 아날로그 필름을 사용하던 시절에는 동네마다 사진관을 쉽게 찾아볼 수 있었다. 하지만 개인마다 디지털 기기의 보급이 활성화되어 개인이 직접 집에서 프린트로 인화하거나, 전문업체에 맡기는 경우가 많아 동네 사진관이 많이 사라진 실정이다.

지금은 사진관이라는 이름보다 ㅇㅇ포토, ㅇㅇ스튜디오라는 이름으로 운영되는 곳이 많으며, 개인 프로필사진에서부터 전문 광고사진을 촬영하는 곳까지 그 영역도 다양하다.

❷ 표구점

표구는 서예, 그림, 탁본, 자수, 사진 등을 액자, 족자, 병풍 등의 형태로 만드는 것을 말한다. 이런 형태로 만들어 작품을 보기 좋게 전시하기 위함이지만, 그보다 더 큰 목적은 작품을 오랫동안 잘 보관하기 위해서 표구를 하는 것이다. 1970년대 이후 경제성장을 바탕으로 일반 중산층까지도 예술작품, 특히 서예나 동양화를 집안에 걸어두던 것이 유행처럼 번지면서 표구점도 같이 번성했던 적이 있었다.

하지만 지금은 주변에서 쉽게 찾아보기 힘든 업종이 되어버렸다. 대중의 취향 변화와 주택 규모의 축소, 그리고 액자 등을 국내에서 직접 만드는 것이 아니라 중국산으로 대체되었기 때문이다. 현재는 인사동 등 관련 산업이 있는 곳에서 몇 개소만이 명맥을 유지하고 있고, 대부분은 소규모 공장 형태로 주문 제작하는 시스템으로 대체되었다.

사진관과 표구점은 면적과 관계없이 모두 제2종 근생에 속한다. 사진점과 표구점은 면적을 기준으로 다른 용도와 구분할 만큼 대규모 시설이 요구되지 않는다. 또한 혼잡·소음·분진·공해 등을 유발하는 업종이 아니기 때문에 근생 용도로 분류된 것이다.

사진관

표구점 〈출처: 한국민족문화대백과사전〉

사. 청소년게임제공업소, 복합유통게임제공업소, 인터넷컴퓨터게임시설제공업소, 가상현실체험 제공업소, 그 밖에 이와 비슷한 게임 관련 시설로서 같은 건축물에 해당 용도로 쓰는 바닥면적의 합계가 500제곱미터 미만인 것

❶ 청소년게임제공업소(오락실)

「게임산업진흥에 관한 법률」(이하 "이 법")에서 공중이 게임물을 이용할 수 있도록 제공하는 영업을 '게임제공업'이라고 한다. 게임제공업 중 일정한 물리적 장소에서 필요한 설비를 갖추고 게임물을 제공하는 업으로 크게 '청소년게임제공업'과 '일반게임제공업'으로 구분된다.

청소년게임제공업은 등급 분류된 게임물 중 전체 이용가 게임물을 설치하여 공중의 이용에 제공하는 시설을 말한다. 동전을 오락기에 넣고 다양한 게임을 즐길 수 있었던 '오락실'이 이 업종에 해당한다. 8·90년대 중반까지 호황기를 누리다가 개인용 게임기와 PC방 등의 등장으로 쇠퇴기를 맞게 되었다. 이제는 영세한 소규모 동네 오락실은 완전히 자취를 감추었고, 극장이나 쇼핑몰 한 켠에서 볼 수 있는 정도이다.

모든 연령대가 이용하는 시설인 만큼 이 법에서는 조명의 조도, 소음·진동 발생 등에 대한 기준을 정하고 있으며, 더불어 청소년을 위한 시설인 만큼 오전 9시부터 오후 10시까지만 청소년 출입이 가능토록 하고 있다. 반면 '일반게임 제공업'은 등급 분류된 게임물 중 청소년이용불가 게임물과 전체이용가 게임물을 설치하여 공중의 이용에 제공하는 영업으로 그 규모와 상관없이 7)판매시설에 속한다.(이 시설에 대한 자세한 내용은 판매시설 참조)

❷ 인형뽑기방과 코인노래방

요즈음은 오락실 내부에 전자게임뿐만 아니라 인형뽑기나 코인노래부스 등 다양한 형태의 오락거리가 많이 설치되어 있다. 그런데 이런 오락거리가 더욱 인기를 얻자 아예 단독으로 '인형뽑기방'이나 '코인노래방'처럼 별도로 영업을 하는 경우가 생겨나면서 업종 분류가 애매해졌다.

신설 업종은 관할 관청에서도 혼란을 겪기도 해서 '인형 뽑기방'도 처음에는 '기타유원시설업'으로 분류되었다가 지금은 '청소년게임제공업'으로 분류된다. 반면 코인노래방은 부스식이냐 룸식이냐에 따라 시설 분류가 달라진다. 부스식의 형태는 청소년 게임제공업에 속하는데 반해 룸식의 코인노래방은 게임제공업이 아닌 '노래연습장업'으로 분류된다. 물론 노래연습장도 동일한 제2종 근생 시설(러목)이기 때문에 그 구분이 상관이 없다고 생각할 수도 있다. 하지만 이 시설은 다중이용업에 속하기 때문에 소방시설 설치 등이 까다롭다. 따라서 초기 시설 투자 비용 등을 이유로 노래연습장업이 아닌 '청소년 게임제공업'으로 등록하여 법망을 피해 영업하기도 한다.

인형뽑기방 〈출처: 뽑기 114〉

코인노래방

❸ 복합유통게임제공업소(멀티방)

PC방, 노래방은 개별 영업장에서 게임이나 노래만을 즐길 수 있는 단일 목적의 시설들이다. 하지만 한때 전성기를 누렸던 이런 업종이 우후죽순 생기다 보니 경쟁이 심해져 보다 차별화된 컨텐츠와 서비스 제공이 요구되었다.

또한 개인 또는 단체가 다양한 놀이와 음식을 포함한 여러 형태를 한 장소에서 즐기기를 원하는 수요가 늘면서 생겨난 업종이 바로 '멀티방'(1개의 기기에서 게임, 노래연습, 영화감상 등 다양한 콘텐츠를 함께 제공하는 경우)이다. 쉽게 말해 한 장소에 PC방과 코인노래방, 비디오방, 보드게임방, 카페 등을 한 곳에 모은 영업장이라고 생각하면 쉬운 것으로 가목의 '복합영상물 제공업'과도 유사한 용도이다.

복합유통게임제공업소를 게임제공업 또는 인터넷컴퓨터게임시설제공업과 「게임산업진흥에 관한 법률」(이하 "이 법")에 의한 다른 영업 또는 다른 법률에 의한 영업을 동일한 장소에서 함께 영위하는 영업이라고 정의하고 있다. 기존 PC방 단일 용도로 머물던 게임 관련 산업이 앞으로 VR 등 신기술의 다양한 컨텐츠 또는 서비스와 접목될 수 있다는 측면에서 생긴 업종이다. 그리고 이 법을 통해 이러한 다양한 복합 문화 콘텐츠 활성화 하고자 하는 의미도 포함하고 있다.

2개 이상의 업종을 동일한 장소에서 운영하는 경우 전체 영업면적에서 청소년 게임제공업 또는 인터넷컴퓨터게임시설제공업의 면적 비율이 20% 이상이어야 하는 등 여러 가지 시설기준을 이 법 시행규칙(별표4)에서 정하고 있다. 더불어 과거 변종 업종으로 성행해 왔으며, 멀티방이 청소년 탈선의 장소로 사회적 문제를 일으키기도 했기 때문에 이를 방지하기 위해 이 법에서 청소년 출입제한과 유리 파티션 설치 등의 내부 시설기준을 정하여 기존 사회적 문제도 차단·관리하고 있다.

멀티방 〈출처: 경기도청〉

PC방 〈출처: 탑플레이스〉

❹ 인터넷컴퓨터게임시설제공업소(PC방)

1990년대 중,후반 인터넷 사용이 활발해지면서 대학가 주변을 중심으로 '인터넷카페'가 등장했다. 이후 단지 인터넷 검색 및 이용과 문서작성 등의 기능만을 해오다 '스타크래프트' 등의 게임이 본격적으로 보급되면서 주 목적이 게임을 하는 곳으로 발전되고, 이름도 인터넷카페에서 'PC방'으로 바뀌었다. 지금도 스마트폰 게임이 전성기를 누리고 있다고 하지만 여전히 PC방에서 하는 게임은 인기를 누리고 있고 대형화, 프랜차이즈 가맹점 등의 다양한 형태로 운영하고 있다.

바로 이 PC방이 '인터넷컴퓨터게임시설제공업소'에 해당한다.「게임산업진흥에 관한 법률」(이하 "이 법")에서는 이를 컴퓨터 등 필요한 기자재를 갖추고 공중이 게임물을 이용하게 하거나 부수적으로 그 밖의 정보 제공물을 이용할 수 있도록 하는 영업이라고 정의하고 있다.

'PC방'은 어린 초등학생부터 성인까지 이용하는 연령층도 다양해서 탈선 등의 장소로 변질되지 않도록 이 법에서는 인터넷컴퓨터게임시설제공업을 포함한 청소년게임제공업 또는 복합유통게임제공업 등록·신고의 시설의 공통 기준을 이 법(시행규칙 별표4)에서 아래와 같이 정하고 있다.

■ 게임관련 시설 기준(공통사항)

- 영업장 내 밀실이나 밀폐된 공간을 설치 불가
- 실내 조명은 40럭스 이상 유지
- 외부에서 실내를 볼 수 있는 투명한 유리창을 설치
- 유해한 사진, 광고물, 장식 그 밖의 설비 설치 불가
- 소음, 조명 또는 진동 발생에 따른 업소 주변 영향 방지
- 업소 명칭과 간판은 등록·신고 상호 표시

아래 표는 이 법의 적용을 받는 게임관련 업종을 분류한 것이다. 이 중 '일반게임제공업'은 면적에 관계없이 판매시설에 포함되며, 나머지 시설은 면적에 따라 제2종 근생 또는 판매시설로 분류된다. 일반게임제공업에 대해서는 7)판매시설을 참조하기 바란다.

■ 게임산업진흥에 관한 법률에 따른 시설 종류

구 분		내 용	용 도	
			500㎡미만	500㎡이상
게임제공업	청소년게임제공업	등급분류된게임물 중 전체이용가 게임물을 설치하여 공중의 이용에 제공하는 영업	제2종 근생	판매시설
	일반게임제공업	등급분류된게임물 중 청소년이용불가 게임물과 전체이용가 게임물을 설치하여 공중의 이용에 제공하는 영업 〈청소년:18세 미만의 자(고등학교 재학중인 학생 포함)〉	판매시설	판매시설
인터넷컴퓨터게임시설제공업(PC방)		컴퓨터 등 필요한 기자재를 갖추고 공중이 게임물을 이용하게 하거나 부수적으로 그 밖의 정보제공물을 이용할 수 있도록 하는 영업	제2종 근생	판매시설
복합유통게임제공업		청소년게임제공업 또는 인터넷컴퓨터게임시설제공업과 이 법에 의한 다른 영업 또는 다른 법률에 의한 영업을 동일한 장소에서 함께 영위하는 영업	제2종 근생	판매시설

❺ 멀티방 문화의 또 다른 변형 VR 체험방

가상현실(Virtual Reality, 이하 VR) 관련 기술이 급속도로 발달 보급된 것은 불과 10여년 밖에 되지 않았지만 영화, 관광 교육 등 다양한 분야에 걸쳐 활용되고 있다. 이 중 가장 많은 컨텐츠를 보유하고 있는 것이 VR 게임 관련 분야로서 제일 왕성히 성장 중이라고 한다. 이를 즐길 수 있는 가상현실체험 제공업소(이하 VR 체험방)는 현재 소비 트렌드가 단순한 구매나 1, 2차원적 단순 체험에서 벗어나 3차원 이상의 체험과 실제 경험에 바탕을 두고 있음을 보여주는 것이기도 하다.

사목의 시설들은 1세대 오락실, 2세대 PC방과 3세대 멀티방을 거쳐 이제 4세대 VR 체험방까지 게임 관련 시설이 모두 모여있는 항목인데 VR 체험방은 2021년에 개정을 통해 추가된 시설이다. 초기에 이 시설은 신종업종이어서 관련 소관부처 및 법령이 없고, 건축물의 용도에 대한 제한도 없어 안전사고 등의 우려가 있었다. 이에 「다중이용업소의 안전관리에 관한 특별법」에 따른 다중이용업의 종류 중 하나로 VR 체험방을 '가상체험체육시설'에 포함시켜 추가 지정을 검토하면서 2021년 「건축법」 시행령 별표 1 '용도별 건축물의 종류' 중 제2종 근생시설에도 추가 된 것이다.

그럼 VR 체험방 관계 법령은 무엇일까? 결론부터 말하면 이 시설에 관계된 법령은 아직 없다. 앞서 설명한 사목의 게임관련 시설들은 「게임산업진흥에 관한 법률」에 근거를 두고 있지만, VR 체험방은 이 법에 포함되어 있지 않다. 또한 다중이용업 중 하나인 '가상체험체육시설'에 속해 있기는 하지만 '가상체험 체육시설업'은 본래 「체육시설의 설치·이용에 관한 법률」에 속한 것으로 스크린 골프나 야구 등을 말한다. 다중이용업에 포함시킬 당시 VR 체험방의 관계 법령이 없고 가상 체험이라는 특징 때문에 '가상체험 체육시설'에 같이 포함시킨 것으로 보인다. 따라서 VR 체험방 증가에 따라 건축법을 비롯한 관계 법령에 이 시설을 추가하기는 했지만 보다 관련 법령의 구체적인 보완이 필요해 보인다.

이 뿐만이 아니라 별표1 '용도별 건축물의 종류'에 대한 부분에 있어서도 추가적 개정이 필요해 보인다. 사목의 시설들은 제2종 근생시설로서 VR 체험방을 포함해 바닥면적 500㎡미만의 것들로 한정되어 있다. 그런데 이 시설이 500㎡이상의 규모일 경우 유사 시설과 다르게 7)판매시설 종류에 VR 체험방(유사한 시설 포함이라는 조건도 없음)은 빠져있다. 보통은 근생시설에 신규 시설이 추가되면 판매시설 등 상위 용도도 같이 개정이 되는데 이 시설은 근생시설에만 포함되어있다. 아마도 VR 체험방의 컨텐츠 자체가 방대하기 때문에 아래 표와 같이 상위 용도인 판매시설 또는 운동시설, 위락시설 등의 하나로 분류하기 애매해 개정을 미루어 둔 것은 아닐까 생각된다.

■ 게임, 스포츠 등 여가 관련 용도

구 분	내 용
4)제2종 근린생활시설	사. 청소년게임제공업소, 복합유통게임제공업소, 인터넷컴퓨터게임시설제공업소, 가상현실체험 제공업소, 그 밖에 이와 비슷한 게임 관련 시설로서 같은 건축물에 해당 용도로 쓰는 바닥면적의 합계가 500제곱미터 미만인 것
7)판매시설	다. 상점 2) 「게임산업진흥에 관한 법률」 제2조제6호의2가목에 따른 청소년게임제공업의 시설, 같은 호 나목에 따른 일반게임제공업의 시설, 같은 조 제7호에 따른 인터넷컴퓨터게임시설제공업의 시설 및 같은 조 제8호에 따른 복합유통게임제공업의 시설로서 제2종 근린생활시설에 해당하지 아니하는 것
13)운동시설	가. 탁구장, 체육도장, 테니스장, 체력단련장, 에어로빅장, 볼링장, 당구장, 실내낚시터, 골프연습장, 놀이형시설, 그 밖에 이와 비슷한 것으로서 제1종 근린생활시설 및 제2종 근린생활시설에 해당하지 아니하는 것
16)위락시설	다. 「관광진흥법」에 따른 유원시설업의 시설, 그 밖에 이와 비슷한 시설(제2종 근린생활시설과 운동시설에 해당하는 것은 제외한다)

〈출처: 송도 몬스터VR〉

아. 휴게음식점, 제과점 등 음료·차(茶)·음식·빵·떡·과자 등을 조리하거나 제조하여 판매하는 시설(너목 또는 제17호에 해당하는 것은 제외한다)로서 같은 건축물에 해당 용도로 쓰는 바닥면적의 합계가 300제곱미터 이상인 것

❶ 휴게음식점과 일반음식점 차이

휴게음식점, 제과점은 「식품위생법」(이하 "이 법")에 따른 '식품 접객업'에 속하며 바닥면적이 300㎡를 기준으로 제1종과 제2종 근생으로 구분된다. 시설 관련 내용은 이 책의 제1종 근생의 나목의 내용을 참조하기 바란다.

이 장에서는 휴게음식점과 자목의 일반음식점의 비교를 통해 두 시설의 특징을 살펴 보려고 한다. 두 시설 모두 '식품접객업'에 속하지만 차이점을 크게 두 가지로 볼 수 있다.

첫째는 일반음식점은 부수적으로 주류 판매가 허용되지만, 아목의 시설들은 주류 판매가 허용되지 않는다. 따라서 패스트푸드점, 카페, 분식점 등에서 판매되는 메뉴도 단순 조리 형태인 것들로 구성되며, 가족 단위 손님이나 청소년들이 자주 이용하는 시설들이 주를 이루는 것이 대부분이다.

구 분	영업 종류	판 매		용 도
		판 매	음 주	
식품 접객업	휴게음식점	다류(茶類), 아이스크림류 등을 조리·판매하거나 패스트푸드점, 분식점 형태의 영업 등 음식류를 조리·판매	X	제1/2종 근린생활 (300㎡ 구분)
	제과점업	빵, 떡, 과자 등을 제조·판매	X	제1/2종 근린생활 (300㎡ 구분)
	일반음식점	음식류 조리·판매	부수적 주류판매 허용	제2종 근린생활

둘째, 이 법에 따른 시설기준 중에서 아목의 시설들은 객실 설치가 불가하지만, 일반음식점은 가능하다. 일반음식점과 달리 분식점이나 패스트푸드점 등에서 칸막이 정도의 시설을 보았지만, 별도의 객실을 사용해 본 경험이 없을 것이다. 이들 시설에서 판매되는 메뉴나 시설 규모를 감안했을 때 업주 입장에서 당연히 객실 자체가 필요 없을 것이라고 생각되지만, 이 법에서 시설 기준으로 정하고 있기 때문이다. 이는 주류판매가 금지되는 이유로 별도의 객실에서 주류 판매 등을 방지하기 위한 이유이기도 하다.

휴게음식점

일반음식점

❷ 식품을 제조하는 업종도 공장에 속한다.

아목의 내용 중 제4호 너목과 제17호는 아래와 같이 제조·수리와 관련된 용도이다. 규모가 작고 관련법 규제가 덜한 제조업은 제2종 근생(4호 너목)에 속하고 그 이상의 규모는 17)공장에 속한다는 것이다.

〈제2종 근린생활시설〉

너. 제조업소, 수리점 등 물품의 제조·가공·수리 등을 위한 시설로서 같은 건축물에 해당 용도로 쓰는 바닥면적의 합계가 500제곱미터 미만이고, 다음 요건 중 어느 하나에 해당하는 것

1) 「대기환경보전법」, 「수질 및 수생태계 보전에 관한 법률」 또는 「소음·진동관리법」에 따른 배출시설의 설치 허가 또는 신고의 대상이 아닌 것

2) 「대기환경보전법」, 「수질 및 수생태계 보전에 관한 법률」 또는 「소음·진동관리법」에 따른 배출시설의 설치 허가 또는 신고의 대상 시설이나 귀금속·장신구 및 관련 제품 제조시설로서 발생되는 폐수를 전량 위탁처리하는 것

〈17. 공장〉

물품의 제조·가공[염색·도장(塗裝)·표백·재봉·건조·인쇄 등을 포함한다] 또는 수리에 계속적으로 이용되는 건축물로서 제1종 근린생활시설, 제2종 근린생활시설, 위험물저장 및 처리시설, 자동차 관련 시설, 자원순환 관련 시설 등으로 따로 분류되지 아니한 것

그런데 음식 관련 업종 이야기를 하고 있는데 공장 관련 내용이 왜 언급되는 것일까? 이것은 식당·제과점처럼 식품의 소량 제조 및 판매가 아닌 김치, 빵 등을 대량 제조만을 (식품의 제조 가공업)하는 시설과 구분하기 위함이다. 이들 시설은 소음, 오·폐수, 악취 등을 발생시켜 주거지역에 영향을 줄 수 있기 때문인데 아목의 시설과 구분하여 대기·수질 오염 및 소음·진동이 적고, 규모(500㎡미만)가 작은 것은 제2종 근생 시설(4호 너목)에 속하고, 이 기준 이상의 것들은 제17호 공장 용도로 분류된다.

자. 일반음식점

❶ 부수적 음주 행위 허용

「식품위생법」(이하 "이 법")에서 휴게음식점이 주로 다류(茶類), 아이스크림류 등을 조리·판매하거나 패스트푸드점, 분식점 형태의 영업 등 음식류를 조리·판매하는 영업이라면 일반음식점은 단지 음식류를 조리·판매하는 영업이라고만 정의하고 있다. 하지만 아목에서 설명했듯이 이 두 시설의 가장 큰 차이는 '음주 행위 허용' 여부이다. 휴게음식점은 술을 팔지 못하지만 식당이나 호프집 등은 일반음식점으로 등록하여 식사와 주류를 동시에 판매하는 것이다.

여기서 '부수적 음주행위'라는 의미는 일반음식점이 주류보다는 음식류의 판매가 주목적인 업종이며, 단지 식사 중에 음주가 곁들여진다는 것이다. 반면에 이 법에 의한 식품 접객업에는 일반음식점과 함께 단란주점과 유흥주점이 포함되어 있다. 이런 용도는 식사가 주 용도이기 보다는 술을 마시기 위해 가는 업종으로 이런 주류를 판매하기 위한 업종과 차이를 두기 위해 '부수적'이라는 표현이 추가된 것이다.

이렇게 주류 판매가 '주'인지 '부'인지에 따라 「국토의 계획 및 이용에 관한 법률」에 따른 용도지역에서의 건축 가능 여부가 갈리게 된다. 당연히 음식 판매가 주 목적인 일반음식점은 일반주거지역, 준주거지역에서 조례로서 설치가 가능하겠지만, 주류 판매가 목적이 되고 그 이상의 행위(춤 등)가 허용되는 단란주점과 유흥주점은 이들 지역에서 영업이 불가능하다.

이런 이유로 일명 '방석집'(카페형 일반음식점)의 간판에는 업종이 '일반음식점'이라고 표기되어 있었다. 일반음식점이 부수적 음주 행위가 허용된다는 점을 이용해 일반음식점으로 영업 등록하고 실제는 단지 음식과 주류를 판매하는 것이 아니라 유흥 종사자 등을 고용하여 영업하는 변종 유해업소로 변질 운영되었던 것이다. 이런 형태로 일반음식점 본래의 취지를 벗어나 주거지역에서 영업을 하다 보니 지역 주민과의 마찰 등 사회적 문제로 대두되었고 지금은 대부분의 시설들이 주거지역에서 퇴출되었다.

식품제조공장 〈출처: 한국식품안전관리진흥원〉

카페형 일반음식점 〈출처: 나무위키〉

차. 장의사, 동물병원, 동물미용실, 「동물보호법」 제32조제1항제6호에 따른 동물위탁관리업을 위한 시설, 그 밖에 이와 유사한 것

❶ 상조회사, 장례지도사

2000년도에 개봉한 영화 〈행복한 장의사〉는 시골의 장의사를 배경으로 우리의 삶과 죽음을 때로는 코믹하게 풀어나가는 재미있는 영화이다. 조선시대 까지는 상을 당하면 친척이나 동네 주민이 직접 도와주는 형태였으나, 일제강점기 때 일제가 혼례·장례 등을 전통 방식대로 못하게 하는 정책을 펼치면서 이런 일을 전문으로 하는 장의사가 생겨나게 되었다고 한다.

처음 건축법시행령 별표1이 신설되었을 때 장의사는 장의 관련 시설(지금의 묘지관련시설)로 분류되었었다. 하지만 점차 묘지 관련 시설이 집단화·현대화 되고 관련 시설들에 대해 법제화 되면서, 이후 묘지관련시설과는 조금은 거리가 있는 장의사(社)만 제2종 근생으로 분류되었다.

90년대까지만 하더라도 지방에서는 고인의 집에서 장례를 치르는 경우가 많았고, 그 장례 절차를 대신 치르는 장의사가 마을 어귀에 있었다. 염습부터 수의 등의 물품 판매, 못자리, 운구, 식사까지 장례식의 처음부터 끝까지를 도맡아 하던 곳으로 지금은 전문적인 상조회사로 대체되고 있어 그 자취를 찾아보기 어렵다.

또한 장례 관련 '상조회사'가 대형화, 기업화 되면서 그 일을 맡아보던 장의사(士)대신 「장사 등에 관한 법률」에 따라 시신의 위생적 관리와 장사 업무에 관한 지식과 기술을 가진 사람에게 자격을 주는 '장례지도사'가 그 자리를 대신하고 있다.

물론 기존 장의사의 역할을 대신한다고 해서 상조회사를 차목의 장의사와 같은 시설로 보는 것은 아니며, 상조회사는 일반 업무시설로 보아야 한다.

〈출처: 영화 행복한 장의사〉

상조회사 〈출처: 프리드라이프〉

❷ 동물병원

고령화, 1~2인 가구의 증가 등으로 우리나라 반려동물 인구가 1,000만을 넘어섰다고 한다. 국민 5명 중 1명은 반려동물과 생활한다는 이야기이다. 자연히 반려동물 관련 산업도 계속해서 성장하고 있으며, 동물병원의 수도 눈에 띄게 늘었다. 또한 한 병원에서 모든 종류의 동물을 진료하기도 하지만, 개 전문, 고양이 전문 또는 종양 전문병원 등 보다 전문화·대형화 되어가는 추세이다. 동물병원은 이렇게 도심에서 반려동물을 대상으로 의료 행위을 하는 병원과 농촌에서 가축을 대상으로 번식, 치료 등을 전문으로 하는 '가축병원' 두 종류로 크게 나뉜다.

동물병원은 「수의사법」(이하 "이 법")에서 동물을 진료[동물의 사체 검안을 포함]하거나 동물의 질병을 예방하는 업을 하는 장소로 정의하고 있다. 동물병원은 개설자가 수의사와 기타 국가, 지자체, 법인, 대학으로 구분되는데, 수의사가 개설자인 경우에는 아래 표와 같이 병원 내에 진료실, 처치실, 조제실 및 그 밖의 시설을 갖추도록 이 법(시행규칙 별표1)에서 정하고 있다. 반면 국가, 지자체, 수의학 대학 등에서 운영하는 시설은 규모 등을 감안해 임상병리 검사실을 추가로 설치해야 한다.

사람을 대상으로 하는 병원은 그 규모에 따라 제1종 근생(의원)과 의료시설(병원)으로 구분된다. 하지만 동물병원은 대부분이 소규모의 시설이고, 수의대학에서 운영하는 대규모의 병원이 있기도 하지만 그 수가 제한적이서 규모에 관계없이 모두 제2종 근생시설에 속한다.

■ 개설자가 수의사인 동물병원 시설기준

구 분	시 설 기 준
진료실	진료대 등 동물의 진료에 필요한 기구·장비를 갖출 것
처치실	동물에 대한 치료 또는 수술을 하는 데 필요한 진료용 무영조명등, 소독장비 등 기구·장비를 갖출 것
조제실	약제기구 등을 갖추고, 다른 장소와 구획되도록 할 것
그 밖의 시설	청결유지와 위생관리를 위한 수도시설 및 장비 설치

❸ 동물미용실

동물을 학대하거나 이유 없이 죽이는 사건이 발생하여 그 피의자가 구속되었다는 뉴스 보도를 가끔 접한다. 이 피의자가 구속된 근거 법령은 「동물보호법」(이하 "이 법")으로 동물에 대한 학대행위의 방지 등 동물을 적정하게 보호·관리하기 위한 필요한 사항을 규정하기 위한 법이다.

이러한 동물의 학대 행위 방지뿐만 아니라 동물 관련 업종에 대해서도 이 법에 따라 적용·관리하고 있다. 반려동물 산업이 확대되면서 기존 업종(동물관련 장묘업,판매업 등)에 동물 미용업을 비롯한 몇 개의 업종이 18년 3월 추가 되었으며, 이런 변화를 반영하여 건축법에서도 '동물미용실'이 제2종 근생 차목에 추가 신설된 것이다.

이 법에서 동물 미용업을 반려동물의 털, 피부 또는 발톱 등을 손질하거나 위생적으로 관리하는 영업이라고 정의하며 이 법 시행규칙 별표9에서 이 시설에 대한 각종 실들과 관련 시설 등의 기준을 정하고 있다.

■ 동물 미용업 시설기준

1) 미용작업실, 동물대기실 및 고객응대실은 분리 또는 구획
   다만, 동물판매업, 동물위탁관리업, 동물전시업 또는 동물병원을 같이 하는 경우 동물대기실과 고객응대실을 공동 이용
2) 미용작업실은 미용을 위한 충분한 작업 공간 확보, 미용작업대와 동물이 떨어지는 것을 예방하기 위한 고정장치 설치
3) 소독기와 자외선살균기 등 미용기구 소독 장비 구비
4) 미용작업실에 충분한 크기의 욕조, 급수·배수시설, 냉·온수설비 및 건조기 설치
5) 미용 중인 동물의 상태를 확인할 수 있는 영상정보처리기기 설치

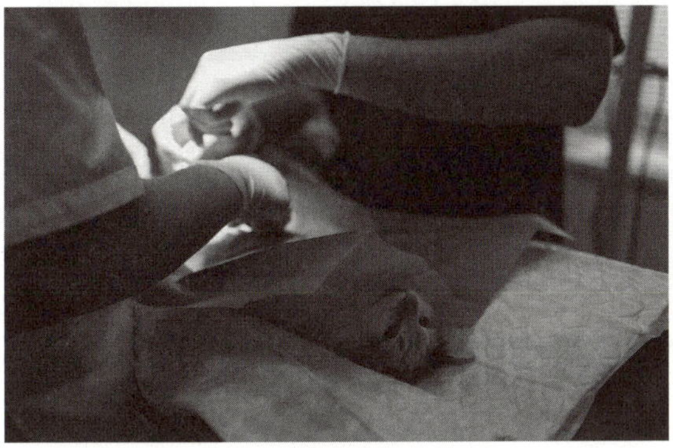

동물병원

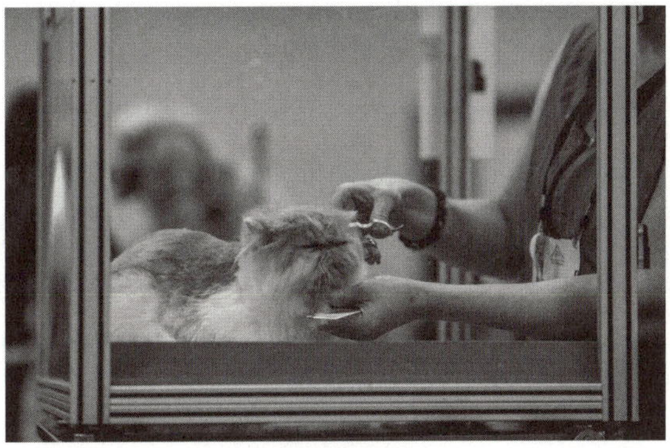

동물 미용실

동물 미용실의 운영 방식은 단독으로 영업하는 경우도 있지만 동물병원과 함께 '숍인숍' 방식으로 운영하는 경우도 상당히 많다. 여기서 '숍인숍(shop in shop)'이란 관련 업종 또는 상호 윈-윈 할 수 있는 업종이 한 점포 공간에 입점하는 방식을 말하며, 가장 보편화된 업종이 바로 동물미용실과 동물병원이라고 할 수 있다. 진료와 미용을 한 공간에서 동시에 할 수 있다는 장점이 있고 진료 또는 미용만을 목적으로 방문했다가 다른 서비스를 같이 받고 간다는 점에서 서로 윈-윈 할 수 있는 장점을 살린 경우이다. 이런 숍은 각종 시설을 공유할 수 있다는 점에서 그 효과가 크다고 할 수 있으며, 동물 미용업 이외에 전시업, 위탁관리업 등으로 그 범위가 점차 넓어지고 있다.

❹ 반려동물만을 대상으로 하는 위탁관리업

「동물보호법」(이하 "이 법") 제32조제1항제6호에 따른 동물위탁 관리업은 반려동물 소유자의 위탁을 받아 반려동물을 영업장 내에서 일시적으로 사육, 훈련 또는 보호하는 영업을 말한다. 동물위탁 관리업을 위한 시설(이하 "이 시설")의 대표적인 예가 애견 유치원, 애견호텔, 반려동물 훈련소 등으로 이 법 시행규칙 별표9에서는 반려동물 관련 영업 중 이 시설에 대한 기준을 다음과 같이 정하고 있다.

■ 동물 위탁관리업 시설기준

1) 동물의 위탁관리실과 고객응대실은 분리, 구획 또는 구분
   다만, 동물판매업, 동물전시업 또는 동물병원을 같이 하는 경우 고객응대실을 공동으로 이용 가능
2) 위탁관리 동물을 위한 개별 휴식실과 사료와 물을 주기 위한 설비 구비
3) 위탁관리 동물이 밖으로 나가지 않도록 출입구에 이중문과 잠금장치 설치
4) 동물병원을 같이 하는 경우 위탁관리실과 동물병원의 입원실은 분리 또는 구획
5) 위탁관리실에 동물의 상태를 확인할 수 있는 영상정보처리기기 설치(사각지대 최소화)
6) 개 또는 고양이 20마리당 1명 이상의 관리인력을 확보

이 시설을 이용하는 주요 고객층(?)은 개뿐만 아니라 다양한 반려동물이 그 대상이 된다. 물론 이 법에서 정하는 '동물'의 범위는 포유류부터 파충류, 어류까지 다양하지만, 이 시설의 정의에서도 볼 수 있듯이 반려동물에 한정하고 있다.

그런데 이 법에서는 반려동물에 대한 범위를 개, 고양이, 토끼, 페럿, 기니피그 및 햄스터로만 한정하고 있어 현실적인 법령 개정이 필요해 보인다. 아무래도 가장 폭 넓게 키우는 반려동물의 종류를 우선 순위로 정한 것이겠만 반려동물 인구 증가와 더불어 키우는 동물의 범위가 앵무새나 거북이 등 다양한 종으로 넓어져가고 있다는 점에서 이 법의 한계를 드러내고 있다고 보여진다. 그 밖의 유사한 시설로는 이 법에 따른 동물전시, 동물판매시설과 애견카페 등이 차목에 속한다.

카. 학원(자동차학원·무도학원 및 정보통신기술을 활용하여 원격으로 교습하는 것은 제외한다), 교습소(자동차교습·무도교습 및 정보통신기술을 활용하여 원격으로 교습하는 것은 제외한다), 직업훈련소(운전·정비 관련 직업훈련소는 제외한다)로서 같은 건축물에 해당 용도로 쓰는 바닥면적의 합계가 500제곱미터 미만인 것

❶ 학원과 교습소의 차이

대한민국은 OECD 국가 중 교육비 지출 1위의 나라이다. 그 교육비의 대부분은 학원을 통한 사교육으로 들어가는 것으로 주거지, 아파트 단지의 많은 학원시설이 이를 증명한다. 심지어는 한 지역이 학원가로 이름나기 시작하면 주변 집값이 덩달아 오르기도 하는 기현상을 보이기까지 하는 영향력 있는 시설이다.

학원은 학교 교과 과정과 피아노, 미술 등 예능까지 그 종류도 다양하며, 우리는 이런 곳을 모두 학원이라고 부른다. 하지만 엄밀히 따지면 관련 법령에 따라 이런 시설은 카목과 같이 학원과 교습소로 구분된다.

학원과 교습소의 차이는 「학원의 설립·운영 및 과외교습에 관한 법률」(이하 “이 법”)에서 크게 교습기간, 규모, 수용인원으로 구분하고 있다.

학원은 학습자 또는 불특정 다수의 학습자에게 30일 이상의 교습과정, 예능을 교습하거나 30일 이상 학습장소로 제공되는 시설을 말한다. 교습과정은 크게 ‘학습교과 교습학원’과 ‘평생직업 교습학원’으로 나뉜다. 학습교과 학원의 분야는 입시 및 검정·보습·외국어·예능 등을 학습하는 곳을 말하며 타목의 독서실도 이 법에 따라 여기에 속한다. 반면 평생직업 학원은 주로 성인들을 대상으로 하는 산업기술, 기예, 국제화 관련 학원이 여기에 해당한다.

교습소는 학원보다 규모가 작은 시설로서 초·중·고 또는 이에 준하는 학교의 학생이나 학교 입학 또는 학력 인정에 관한 검정을 위한 시험 준비생에게 지식·기술·예술을 과외교습을 하는 곳이다. 규모가 작다보니 원장 이외에는 추가로 강사를 채용할 수 없는 것이 특징이다.

일시 수용 인원 능력도 학원은 10인 이상인데 반해 교습소는 9명 이하로 제한된다. 따라서 수용인원에 따른 시설 규모도 학원은 교습과목에 따라 강의실 등을 일정 규모 이상 확보하도록 하고 있으나 교습소는 이 보다 작게 각 지자체 조례로 제한하고 있다.

구 분	학 원	교 습 소	개인 과외 교습(공부방)
정의	학습자에게 30일 이상의 교습과정에 따라 지식·기술·예능을 교습하거나 30일 이상 학습장소로 제공되는 시설	과외교습을 하는 시설로서 학원 및 학교, 연수시설 등이 아닌 시설	학습자나 교습자의 주거지에서 과외교습을 하는 행위
교습장소	제2종 근생 또는 교육연구시설	제2종 근생 또는 교육연구시설	주거지(단독,공동주택)또는 공동주택 내 주민공동시설
시설규모	서울시조례 단위면적 기준 1. 강의실: 30㎡ 이상 135㎡이하, 1제곱미터당 수용인원이 1명 이하 2. 열람실: 45㎡ 이상, 1㎡당 수용인원이 0.8명 이하 3. 실험·실습실: 35㎡ 이상	교습소 강의실 1㎡ 당 수용인원: 0.3명 이하	-
일시수용 인원능력	10인 이상	9명(피아노 교습: 5명) 이하	9인 이하

이런 시설을 창업하고자 건물 임대차 계약을 할 때에는 먼저 확인해야 할 사항이 있다. 학원과 교습소는 모두 어린 학생들이 자주 이용 가능한 시설인 만큼 관련 법에서 규정하는 유해업소와 동일 건축물 내에 설립·운영이 불가하다. 따라서 학원, 교습소 설립 시에는 기존 건물 내에 관련 유해업소가 위치하고 있는지 필히 확인하여야 한다.

또한 채광시설, 조명시설, 환기시설, 냉·난방시설, 방음시설 및 다중이용업소에 해당하는 학원의 경우 소방 관련 규정을 만족해야 하며, 별도로 각 지자체 조례로서 학원시설에 관한 세부 기준을 정하고 있다. 예를 들어 「서울특별시 학원의 설립·운영 및 과외교습에 관한 조례」에 따르면 기본적으로 지하실을 학원으로 사용할 수 없다는 기준을 두고 있다. 하지만 건물의 한 면 이상이 지상에 완전 노출되어 있고, 유사시 대피 가능한 외부출구가 2개 이상일 경우에는 예외를 두는 것처럼 각 조례별 시설 기준을 확인할 필요가 있다.

이러한 내용을 간과하고 덜컥 임대차 계약을 완료했다가 해당 건물이 관련 시설 기준을 만족하지 못해 학원을 운영 허가를 얻지 못하는 일이 없어야 할 것이다.

학원, 교습소 이외에 건축물의 용도와는 관계는 없지만 이 법에서 위 두 시설 이외에 유사 업종으로 '개인과외 교습'이 있다. 별도의 사업장을 마련하지 않고 학습자나 교습자의 주거지에서 과외 교습을 하는 행위로서 시설 규모에 대한 기준이 없다. 아파트 단지 등을 중심으로 운영되는 공부방도 여기에 속하며, 보통 주택을 활용하기 때문에 '용도 분류'에서 제외된다.

학원

교습소

❷ 직업훈련소는 역사 속으로!

60~70년대 경제발전 사업을 추진하기 위해 근로자의 능력 향상 교육을 위한 근로자 직업훈련 의무제가 시행되고 전국에 공공직업 직업훈련원 또는 직업훈련소가 그 역할을 담당하게 되었다.

직업훈련소라는 이름을 들어 본 적은 있겠지만 지금은 상당히 낯설은 시설이기도 하다. 처음 건축법 시행령 별표1이 신설되었을 당시부터 등재되어 온 시설이 아직도 카목에 그대로 남아있는 시설이다. '직업훈련소'라는 이름으로 운영되는 곳을 찾아보기 힘든 이유는 관련 법령이나 직업훈련 교육기관 및 시스템 등이 많이 바뀌어 사설기관 및 학원 등에서 직업훈련을 대행하고 있기 때문인데 보다 자세한 내용은 이 책의 10)교육연구시설에서 설명하도록 하겠다.

❸ 모든 학원이 2종 근생이나 교육연구시설은 아니다.

학원·교습소 및 직업훈련소는 일정 규모(500㎡)에 따라 4)제2종 근린생활시설 또는 10)교육연구시설로 분류된다. 그런데 모든 학원이 이들 용도에 해당하는 것은 아니다.

건축기사나 공인중개사 시험 등의 건축법규 내용 중 '건축물의 용도' 관련 문제에서 많이 나오는 부분이 바로 '자동차 학원'과 '무도학원'의 용도를 묻는 문제다. 이 두 시설은 일반적인 학원처럼 제2종 근생이나 교육연구 시설이 아닌 자동차 학원은 20)자동차 관련 시설에, 무도학원은 16)위락시설에 속하며 해당 시설은 각 용도의 내용을 참조하기 바란다.

타. 독서실, 기원

❶ 독서실은 학원에 속하며, 일정 면적을 확보해야 한다.

도서관은 다량의 책을 서가에 보관하고 있으면서, 많은 사람이 찾아와 그 책을 읽는 곳이다. 반면 독서실은 시험 준비나 공부를 하는 사람이 칸막이 등이 구획된 공간에서 개인적으로 조용히 공부하는 시설이다. 주택가 주변에서 주로 운영되고 있으며, 일반 독서실에서부터 프리미엄 독서실까지 그 종류도 다양하며 요즈음은 아파트 단지 내 부대시설의 한 종류로 설치되는 곳도 있다.

학원이 특정 과목을 교습 받는 곳이라는 점에서 개인이 혼자 공부하는 독서실과는 좀 차이가 있어 보인다. 하지만 「학원의 설립·운영 및 과외교습에 관한 법률」(이하 "이 법")에서 학원을 30일 이상 학습 장소로 제공되는 시설도 포함하고 있어 독서실도 학원에 속하는 것이다.

독서실을 운영하기 위해서는 시·도의 조례로 정하는 시설 기준을 충족해야 한다. 각 지자체 조례마다 다르지만 서울시 조례의 경우 독서실은 120㎡이상 면적을 확보해야 하며, 이때 해당 시설의 내벽 간 면적을 산정하여 계산한 면적이어야 한다. 이 시설은 학생들이 공부하는 곳으로 최소한의 쾌적한 공간을 만들어 줘야 한다는 것과 한꺼번에 많은 사람이 머무는 용도인 만큼 화재 등의 비상시를 대비하기 위함이다.

❷ 그럼 스터디카페도 학원(독서실)인가요 ?

최근에는 개별 책상에서 공부하는 독서실의 형태보다는 카페처럼 오픈된 분위기의 공간에서 공부를 하거나, 스터디 모임 등을 위해 구획된 실에서 토론 등을 할 수 있도록 장소를 제공하는 일명 '스터디카페'가 대학가나 학원가를 중심으로 성행하고 있다.

그럼 이런 업종은 독서실에 속할까? 독서실은 이 법이 적용되려면 30일 이상 학습장소로 제공되는 시설이어야 한다. 하지만 스터디카페에서는 음료를 판매하고 있고, 공부하러 오는 사람뿐만 아니라 일부 시설에서는 회사 직원 등이 소규모 워크샵 등 다양한 용도로 활용되고 있어 독서실과는 다른 시설로 보아야 한다는 의견이 우세하다. 물론 이 시설도 다른 신종 업종과 마찬가지로 관련 법 적용에 있어서 모호한 점이 많아 명확한 정의와 기준이 필요한 실정이며, 아직까지는 공간임대업 또는 휴게음식점으로 등록·운영되고 있다.

〈출처: 바짝독서실〉

〈출처: 랭스터디카페〉

❸ 바둑 진흥법 신설!

바둑기사를 꿈꾸는 어린 학생에서부터 중장년층까지 바둑에 대한 관심은 여전히 뜨겁지만, 알파고가 이세돌과 맞서 이겨 세상을 놀라게 하면서 바둑이 다시 한번 전 세계적으로 더욱 관심을 받게 되었다.

이런 분위기와 더불어 국가나 지자체가 바둑경기나 행사 등을 지원할 수 있는 근거도 마련하고 바둑 관련 창업 및 기술개발 지원 등을 할 수 있도록 18년 10월 「바둑 진흥법」(이하 "이 법")이 시행되었다. 예전과 비교하면 바둑 인구가 준 것은 사실이지만 바둑 문화를 더욱 육성하겠다는 취지이다.

국내의 바둑 문화를 이끌었던 중심에는 기원이 있다. 기원은 이런 바둑 애호가들이 일정 비용을 지불하고 바둑이나 장기를 두는 곳을 말하며, '응답하라 1988' 같은 드라마에서도 볼 수 있듯이 과거에는 주변에서 기원을 쉽지 않게 찾아 볼 수 있던 시설이었다. 하지만 지금은 인터넷과 스마트폰의 확대로 바둑을 즐기는 방법이 달라져 그 명맥을 유지하는 곳도 많지는 않다. 대신 다른 업종(카페)과 결합하여 바둑을 둘 수 있는 공간이 생겨나고 있다. 서울 등 주요 도시를 중심으로 일반 카페처럼 음료를 마시면서 바둑을 둘 수 있는 '바둑카페'가 하나 둘 생겨나고 있으나 이 시설은 기원이 아닌 휴게음식점에 속한다.

기원과 독서실은 규모에 관계없이 제2종 근생에 속한다. 다른 시설들과 마찬가지로 규모가 커지더라도 추가 시설이 요구되지 않으면서 혼잡·소음·분진·공해 등을 유발하는 업종이 아니기 때문에 근생 용도로 분류된 것이다.

기원 〈출처: 바둑일보〉

〈출처: 원플러스 바둑카페〉

파. 테니스장, 체력단련장, 에어로빅장, 볼링장, 당구장, 실내낚시터, 골프연습장, 놀이형시설(「관광진흥법」에 따른 기타유원시설업의 시설을 말한다. 이하 같다) 등 주민의 체육 활동을 위한 시설(제3호마목의 시설은 제외한다)로서 같은 건축물에 해당 용도로 쓰는 바닥면적의 합계가 500제곱미터 미만인 것

❶ 모든 체육관련 시설이 체육시설업에 해당되는 것은 아니다.

파목에서 실내 낚시터와 놀이형 시설을 제외한 나머지 용도는 체육 관련 시설이다. 하지만 모든 체육 관련 시설이 「체육시설의 설치 및 이용에 관한 법률」(이하 "이 법")에 따라 체육시설업으로 등록하는 것은 아니고 파목 중 체력단련장, 당구장, 골프연습장만 이 법에 따른 체육 시설업에 해당된다. 이외의 테니스장, 에어로빅장, 볼링장은 이 법에서 정하는 체육시설에는 해당하지만 신고대상인 체육시설 업종에서는 제외되어 모두 자유업종에 속하고 건물 입점에 있어서도 구속 제한이 없다.

체력 단련장은 헬스장 또는 휘트니스로 많이 알려진 업종으로 경제성장과 소득증가 그리고 건강에 대한 관심 증대 등으로 꾸준히 그 숫자가 늘고 있는 시설이다. 이 시설과 유사한 시설로 필라테스나 요가 등을 전문으로 하는 시설이 늘고 있으나 이들은 이 법에 따른 체력 단련장이 아닌 자유업종으로 분류되어 운영되고 있다. 이 법에서 체력단련장으로 신고하기 위해서는 바닥면은 운동 중 발생하는 충격을 흡수할 수 있어야 한다는 것과 신장기·체중기 등 필요한 기구를 갖추어야 하는 시설 규정을 준수해야 한다.

꾸준한 마니아층을 보유하고 있기는 하지만 과거와 비교하면 시설수가 상당히 줄어든 시설이 바로 당구장이다. 90년대 호황기 때는 전체 신고체육시설 중 60% 이상을 이 시설이 차지했을 정도였지만 지금은 상당수가 사라진 상태이다. 당구장은 이 법에서 당구대 1대당 16㎡ 이상의 면적을 확보하도록 하고 있다.

골프 연습장은 표와 같은 필수시설과 임의시설을 갖추도록 이 법(시행규칙 별표1)에서 정하고 있다. 특히 사용상 발생할 수 있는 안전사고를 방지하기 위해 모두 타석 간의 간격 및 보행통로와의 거리 확보와 그물 및 보호망 등을 설치하는 것이 기본 요건이다.

이런 체육관련 시설의 사용되는 면적이 500㎡ 미만인 경우에는 제2종 근생 파목의 시설에 속하고, 그 이상의 규모는 13)운동시설로 분류된다.

■ 골프연습장업 시설기준

<table>
<tr><td rowspan="2">필수시설</td><td>운동시설</td><td>- 실내 또는 실외 연습에 필요한 타석을 갖추거나,
- 실외 연습에 필요한 2홀 이하의 골프 코스(각 홀 면적 1만3천제곱미터 이하) 또는 18홀 이하의 피칭연습용 코스(폭과 길이는 100미터 이하)설치
- 별도의 오락·게임 등을 할 수 있는 타석을 설치 불가
- 타석 간의 간격 2.5미터 이상
- 타석과 타석 뒤 보행통로와의 거리는 1.5미터 이상
- 타석의 주변 충분한 공간 확보</td></tr>
<tr><td>안전시설</td><td>- 안전사고가 발생하지 않도록 그물·보호망 등을 설치 다만, 실외 골프연습장으로서 위치 및 지형상 안전사고의 위험이 없는 경우 제외</td></tr>
<tr><td>임의시설</td><td>운동시설</td><td>- 연습이나 교습에 필요한 기기 설치 가능
- 2홀 이하의 퍼팅연습용 그린 설치 가능
- 별도의 오락·게임 등을 할 수 있는 그린 설치 불가</td></tr>
</table>

❷ 스크린 골프는 가상체험 체육시설업에 해당한다.

국내 골프 인구는 상당히 많지만 골프장 개수와 위치, 비용 등을 감안했을 때 모두가 쉽게 이용할 수 있는 체육시설은 결코 아니다. 하지만 스크린 골프가 도입되면서 실제 필드에서의 느낌을 완벽히 재현할 수는 없지만 가격, 이용성, 이용시간 등에서 많은 장점을 가지고 있어 각광을 받고 있는 시설로 자리 잡게 되었다. 이렇게 시뮬레이션 기술을 이용한 스포츠 시설은 골프뿐만 아니라 야구와 다른 종목까지도 개발되어 그 영역을 넓혀가고 있는 과정이다.

그럼 이런 가상현실의 개념을 도입한 스포츠 시설도 체육시설에 속할까?

기존 스크린 골프는 「체육시설의 설치 및 이용에 관한 법률」(이하 "이 법")의 적용을 받아 골프연습장업에 속했다. 하지만 이 법에 따른 골프연습장의 시설 기준 중 별도의 오락·게임 등을 할 수 있는 타석을 설치하지 못하는 규정은 스크린 골프의 특성을 고려하면 현실과 큰 괴리가 있었다. 또한 시설의 수가 기하급수적으로 늘어난 스크린 야구의 경우 각종 안전사고에 대비한 관련 규정이 요구되었다.

이에 이 법의 개정을 통해 체육시설업 중 하나인 '가상체험체육시설'을 신설하고, 하위 종목으로 골프와 야구의 시설 기준을 이 법(시행규칙 별표1)에 따라 다음과 같이 마련하였다. 향후 종목은 이 둘뿐만 아니라 추가로 늘어날 것으로 예상되며, 특히 VR 관련 기술의 발전에 따라 가상체험 시설도 명백한 레저 및 스포츠 산업으로 인정하고 다양한 컨텐츠 도입에 대비하겠다는 취지도 들어있다.

■ 가상체험 체육시설업 시설기준

골프 종목	운동시설	- 타석과 스크린(화면)과의 거리 3미터 이상 - 타석으로부터 천장까지의 높이 2.8미터 이상 - 타석과 대기석과의 거리는 1.5미터 이상 - 골프채 부딪히지 않도록 충분한 공간 확보
	안전시설	- 타석과 스크린 사이의 벽면, 천장 및 바닥은 충격을 흡수할 수 있는 재질 사용 - 스크린은 벽면과의 사이에 틈을 두고 평편하게 설치 - 바닥은 미끄럽지 않은 재질로 설치
야구 종목	운동시설	- 타석과 스크린과의 거리 6미터 이상 - 타석으로부터 천장까지의 높이 2.4미터 이상 - 타석 중앙에 설치된 홈플레이트와 후면 벽체와의 거리 1.5미터 이상 - 타석과 대기석을 구분하는 칸막이를 설치, 칸막이는 철망, 강화유리 등 내구성이 강한 재질 사용
	안전시설	- 모든 안전시설은 내구성이 강한 재료 사용 - 타석실 내 스크린을 제외한 모든 벽은 충격을 흡수할 수 있는 재질 사용 - 스크린은 벽면과의 사이에 틈을 두고 평편하게 설치 - 바닥은 미끄럽지 않은 재질로 설치

❸ 실내 낚시터가 체육시설?

실내 낚시터는 실내에 수조를 만들고 손님이 낚시를 할 수 있도록 만든 곳으로 도시 외곽에 비닐하우스 등을 만들어 놓고 낚시를 좋아하는 사람들을 중심으로만 이용되던 시설이었다. 하지만 요즈음은 도심 한가운데서 '낚시카페'라는 이름으로 남녀노소가 더욱 손쉽게 실내에서 낚시를 즐길 수 있는 시설들이 늘어나면서 순수 여가 및 레져 공간으로 여겨지고 있다.

체육 관련 시설인 파목 중에 특이하게 실내낚시터가 속한 이유는 낚시가 이미 스포츠로 인정되고 있기 때문이다. 국내뿐만 아니라 전 세계적으로 보편화된 인기 있는 스포츠로서 '국제스포츠연맹'에 한 종목으로도 등록되어 있다. 해외의 '국제낚시스포츠연맹' 뿐만 아니라 국내에도 각종 협회 등을 중심으로 낚시 스포츠 대회 개최와 선수 양성 등 왕성한 활동이 이루어지고 있어 체육 관련 시설임에 의심의 여지가 없다.

그러나 실내 낚시터는 건축법에서 바닥면적 합계에 따라 제2종 근생 또는 운동시설로서 분류되고 있으나, 관련 법인 「체육시설의 설치 및 이용에 관한 법률」(이하 "이 법")의 적용을 받지 않는다. 그나마 가장 관련 있는 법률이 「낚시 관리 및 육성법」이지만, 이마저도 실내 낚시터는 적용 대상이 아니어서 자유업종에 해당한다.

〈출처: 골프존파크〉

〈출처: 놀이터낚시카페〉

❹ 키즈카페도 관광진흥법의 적용을 받는다.

「관광진흥법」(이하 "이 법")은 관광자원 개발과 관광사업 육성을 목적으로 하는 법으로서 세부 업종으로는 숙박업, 관광객 이용시설업, 카지노업, 유원시설업 등이 있다. 이 중 유원시설업 중 하나인 기타 유원시설업은 이 법에서 유기시설 이나 유기기구를 갖추어 관광객에게 이용하게 하는 업으로서 상대적으로 안전 위험이 덜한 안전성 검사대상이 아닌 유기(놀이)시설 또는 유기(놀이)기구를 설치하여 운영하는 업종을 말한다.

유원시설이라면 하면 보통 대규모 놀이동산, 테마파크를 생각하기 쉽지만, 이 중 기타유원시설업은 작은 규모의 시설로서 실내에 해당 놀이기구가 설치되어 있는 '키즈카페'가 대표적인 시설이다. 어린아이를 둔 부모들이라면 자주 가봤을 시설로서, 유아부터 초등학교 저학년을 대상으로 일정 비용을 받고 운영하는 실내놀이터를 말하며, 동시에 어린이 또는 동반 보호자에게 식음료를 판매·제공하기도 한다.

키즈카페가 처음 생겼을 때는 별도의 규정이 없어 음식물 판매 등을 고려해 휴게음식점 등으로 영업하기도 했지만, 트램펄린, 미니기차 등 각종 시설이 설치되면서 안전사고가 자주 발생하였다. 이에 유기 시설물에 대한 안전 등을 강화하기 위해 이 법의 적용을 받아 설치토록 하고 있고, 추가로 여러 개별 시설들을 통합 관리하도록 2018년부터 행정안전부에서는 〈키즈카페 운영지침〉을 발간해 적용하도록 하고 있다.

놀이형 시설로 사용되는 면적이 500㎡ 미만인 경우에는 제2종 근생 파목의 시설에 속하고 그 이상의 규모는 13)운동시설에 속한다. 이 시설과 관련된 추가 내용은 13)운동시설을 참조하기 바란다.

하. 금융업소, 사무소, 부동산중개사무소, 결혼상담소 등 소개업소, 출판사 등 일반 업무시설로서 같은 건축물에 해당 용도로 쓰는 바닥면적의 합계가 500제곱미터 미만인 것(제1종 근린생활시설에 해당하는 것은 제외한다)

보통의 시설은 면적 기준에 따라 작은 규모인 근생 시설과, 그 이상의 규모는 개별 건축물의 용도 두 가지로 구분된다. 반면 일반 업무시설은 각 면적 기준에 따라 세 가지 건축물의 용도로 구분된다. 기준 면적에 따라 근생과 업무시설로 구분되며, 여기서 다시 제1종 근생과 제2종 근생으로 구분되는 것이 특징이다.

바닥면적 30㎡ 미만의 소규모의 주거생활 밀착형 사무실들은 제1종 근생 자목으로 분류된다. 제1종 전용주거지역이나 자연환경보전지역을 제외한 거의 대부분의 용도지역에서 설치가 가능하다.

좀 더 규모가 있는 바닥면적 합계 30㎡ 이상 500㎡ 미만의 일반 업무시설은 제2종 근생 하목에 속하여 전용주거지역 등은 아예 설치가 불가하며, 일반주거지역 등에서 조례로만 허용하고 있다. 바닥면적 합계 500㎡ 이상은 14)업무시설으로 분류되며 당연히 그 설치가 더욱 까다러워진다.

이는 업무시설의 규모가 천차만별이고 그 종류도 다양하기 때문이다. 따라서 그 규모를 좀 더 세분화해 제한함으로써 용도지역의 특성에 맞는 적정한 규모의 업무시설이 영업활동을 할 수 있도록 한 것이다.

구 분〈일반업무시설〉	용 도	면적 기준
금융업소, 사무소, 부동산중개사무소, 결혼상담소 등 소개업소, 출판사 등	제1종 근린생활시설	30㎡ 미만
	제2종 근린생활시설	30㎡ 이상 500㎡ 미만
금융업소, 사무소, 결혼상담소 등 소개업소, 출판사, 신문사, 그 밖에 이와 비슷한 것	(일반)업무시설	500㎡ 이상

❶ 금융업소의 종류는?

1890년대 민족자본에 의한 최초 은행이 설립되고 해방 이후 본격적인 금융업소 관련 법령과 기관이 생겨나기 시작했다. 이후 은행뿐만 아니라 다양한 방식의 금융구조는 국가 경제와 밀접한 관계 속에 성장해 왔다. 그리고 경제 구조 및 관련 분야들이 더 복잡해지면서 금융기관의 종류도 많아졌고 금융 관련 법률도 복잡해졌다.

이런 하목의 금융업소는 어떤 시설들이 있을까? 금융 관련 다양한 법령들 중 「금융산업의 구조개선에 관한 법률」(이하 "이 법")에서 금융기관의 종류를 찾을 수 있다.

이 법에 따른 금융업소는 다음 장의 표에서도 보듯이 은행에서부터 여신전문 금융회사까지 그 범위가 다양하고 넓다. 물론 하목의 시설들은 규모(500㎡미만)의 제한을 받고 있기 때문에 표의 시설들이 모두 제2종 근생에 속하는 것은 아니다.

각각의 금융 업종의 특성상 작은 규모의 시설이 모두 운영될 필요는 없기 때문이다. 따라서 동내에서 지역주민이 쉽게 이용할 수 있는 규모인 지점 규모의 은행, 새마을 금고 정도가 하목에 해당한다.

금융 기관	-「은행법」에 따라 설립된 은행 -「중소기업은행법」에 따른 중소기업은행 -「자본시장과 금융투자업에 관한 법률」에 따른 투자매매업자·투자중개업자 -「자본시장과 금융투자업에 관한 법률」에 따른 집합투자업자, 투자자문업자 또는 투자일임업자 -「보험업법」에 따른 보험회사 -「상호저축은행법」에 따른 상호저축은행 -「자본시장과 금융투자업에 관한 법률」에 따른 신탁업자 -「자본시장과 금융투자업에 관한 법률」에 따른 종합금융회사 -「금융지주회사법」에 따른 금융지주회사 -「여신전문금융업법」에 따른 여신전문금융회사 -「농업협동조합법」에 따른 농협은행 -「수산업협동조합법」에 따른 수협은행

❷ 왜 부동산 중개사무소와 결혼상담소를 굳이 하목의 종류에 포함시켰을까?

처음 건축물의 용도 중 업무시설을 공부할 때 유독 하목의 부동산 중개사무소와 결혼상담소가 눈에 띄었다. 일반 업무시설의 종류가 상당히 많은데, 굳이 이 두 업종을 예로 들었는지 의문이 들었기 때문이다. 그 이유를 추측해 보면 크게 두 가지로 생각해 볼 수 있다.

첫 번째는 일반 업무시설 자체로서의 정의가 모호하고 해당 업종도 그 범위가 넓으며 뚜렷한 관계 법령을 찾기가 어렵다. 하지만 이 두 시설의 경우「공인중개사법」과「결혼중개업의 관리에 관한 법률」의 적용을 받는다는 것으로 건축법 시행령 별표1의 시설들이 가급적 관련 법령에 근거한 업종들로 구성되어 있는 것과 같은 맥락이다.

두 번째는 사람마다 다르겠지만 인생에서 중요한 요소 중 하나가 배우자를 정하는 결혼과 돈(부동산)이다. 평생을 같이 할 사람을 소개받는 것과 평생을 모은 돈으로 집(부동산)을 사는 일을 중개하는 업종인 만큼 공정성과 전문성 그리고 신용이 중요하기 때문에 위와 같은 관련 법령을 만들고 각종 제한을 두지 않았나 싶다.

두 시설 모두 관련 법에서는 이 업을 등록하기 위해 건축물대장상의 적법한 시설에 소유·전세·임대차 또는 사용대차 등의 방법으로 사무소를 확보하도록 하고 있다. 이 역시 이 소개업들이 한 사람의 인생에 있어 중요한 일(결혼과 돈)을 다루는 만큼 소개업의 신뢰를 확보하기 위해 최소한의 안전장치를 두는 것이다.

구 분	사무소 개설 요건
공인중개사법	건축물대장(가설건축물대장 제외)에 기재된 건물에 중개사무소를 확보(소유·전세·임대차 또는 사용대차 등의 방법에 의한 사용권을 확보)할 것
결혼중개업의 관리에 관한 법률	건축물대장에 제1종 근린생활시설, 제2종 근린생활시설, 판매시설 내 근린생활시설 또는 일반 업무시설로 기재된 건물에 중개사무소를 확보

금융업소 〈출처: 낙원새마을금고〉

출판사 〈출처: 갈무리출판사〉

❸ 시대를 반영하는 출판사

「출판문화산업 진흥법」(이하 "이 법")에서 출판사는 인쇄를 업으로 하는 인적·물적 시설을 말한다. 많은 유사 시설 중에서 유독 출판사가 일반 업무시설을 대표하는 것은 아니고 부동산 중개업소나 결혼상담소와 마찬가지로 단지 업무시설의 한 종류 정도로만 이해해도 될 것이다. 다만 부동산 중개사무소나 결혼상담소와는 다르게 이 법에서는 출판업을 하기 위한 별도의 시설 기준은 없다.

그럼 왜 출판사가 하목에 포함되었는지에 대한 배경과 맥락을 추측해 보면 다음과 같다. 출판사가 일반 업무시설의 종류 중 하나로 도입된 것은 1999년도 시행령 개정부터이다. 한국출판연감 통계에 따르면 이 시기 출판사가 많이 생겼는데, 97년 IMF 때 실직자가 많이 생기고 소자본으로 자기 분야에서 경험을 바탕으로 할 수 있는 일들 중 하나였기 때문이라고 한다. 출판사가 급속도로 증가하다 보니 99년도에 건축법에 반영을 한 것으로 보인다.

지금은 당시의 시대적 상황과는 조금 다르게 법인 형태의 출판사가 아닌 '1인 출판업'이 성행하고 있다고 한다. 1인 지식기업의 한 맥락으로 다른 업종과 다르게 별도의 건축물 내 공간이 필요치 않고 초기 자본이 많이 들지 않는다는 장점 때문이다. 따라서 문화체육관광부는 「출판사 및 인쇄사 신고 등 업무처리 매뉴얼」의 업무처리 기준에서도 1인 무점포 출판사 신고시 건축법상 용도 규정을 적용하지 않고 단독주택 및 공동주택 내에 1인 무점포 출판사 운영이 가능하도록 하고 있다.

위에서 설명한 시설은 업무시설의 범주 중 극히 일부에 불과하고, 훨씬 많은 업종의 사무실이 여기에 해당한다. 따라서 공공의 성격을 띄지 않으면서, 제조나 판매 등의 행위가 없이 단지 사무실로서 역할을 하는 일정 규모(500㎡미만)의 시설은 모두 하목에 해당한다고 보면 된다.

거. 다중생활시설(「다중이용업소의 안전관리에 관한 특별법」에 따른 다중이용업 중 고시원업의 시설로서 국토교통부장관이 고시하는 기준과 그 기준에 위배되지 않는 범위에서 적정한 주거환경을 조성하기 위하여 건축조례로 정하는 실별 최소 면적, 창문의 설치 및 크기 등의 기준에 적합한 것을 말한다. 이하 같다)로서 같은 건축물에 해당 용도로 쓰는 바닥면적의 합계가 500제곱미터 미만인 것

❶ 시설 기준이 강화된 다중생활시설(고시원)

'다중생활시설'이라는 명칭이 생소할 것이다. 이 시설의 본래 명칭은 '고시원'으로 「다중이용업소의 안전관리에 관한 특별법」에서는 고시원업을 구획된 실(室) 안에 학습자가 공부할 수 있는 시설을 갖추고 숙박 또는 숙식을 제공하는 형태의 영업이라고 정의하고 있다.

원래 고시원은 명칭 그대로 대학가 주변 고시 등 시험을 준비하는 사람을 대상으로 공부와 일시적 취침 장소로 생겨났다. 하지만 점점 주택가 등으로 그 영역이 확장되고 학생뿐만 아니라 회사원, 단순노동자 등 다중이 이용하는 중·장기간 숙박 장소로 변형된 것이다.

필자도 경제적 이유 때문에 대학 시절부터 사회 초년생 시절까지 이곳에서 오랜 기간 신세(?)를 진 경험이 있다. 한 평 남짓한 쪽방 형태부터 각 방에 화장실·샤워실이 구분된 고급형까지 그 형태와 종류도 다양하다. 침대 하나, 책상 하나뿐인 곳이지만 경제적 형편이 넉넉지 않은 1인 가구가 여전히 찾고 있는 주거 대안인 셈이다.

이렇다 보니 고시원이 주택이 아닌 근생 업종으로 분류된 점을 이용하여 간단한 용도변경만으로 임대수익을 바라고 우후죽순 생겨나면서 문제가 발생했다. 열악한 주거 환경과 무엇보다 각종 사건·사고 위험에 노출되어 있고 실제 화재와 사고로 인해 인명 피해까지 발생한 안타까운 일도 많았다.

이에 정부는 주택법에서 이 시설을 '준주택'으로 분류하고 명칭도 고시원에서 다중생활시설로 바꾸게 된 것이다. 또한 주거의 역할을 인정하고 보다 안전하게 관리하고자 관련 법령 정비 및 별도 시설 기준을 마련하게 되었다.

주요 내용을 살펴보면, 「다중이용업소의 안전관리에 관한 특별법」(이하 "이 법")에 따라 화재 등 재난이나 그 밖의 위급한 상황에 대비하기 위한 안전시설 등의 설치·유지 및 안전관리 등의 적용을 받게 되었다. 또한 「다중생활시설 건축 기준」(국토교통부 고시)을 별도로 만들어 적용토록 하고 있어 신축, 용도변경 등을 통해 고시원(다중생활시설)업을 하고자 한다면 다음의 표와 같은 내용을 충족해야 한다.

그리고 용도별 건축물의 분류에 있어 가장 큰 변화는 기존에는 고시원이 근생시설로만 분류되었지만, 다중생활시설로 그 명칭이 바뀌면서 규모에 따라 제2종 근생과 15)숙박시설로 구분되도록 하였다. 기준 면적(500㎡) 이상인 경우 한 시설에 많은 인원이 거주하는 만큼 소방 등 안전 관련 기준이 더 까다로운 숙박시설의 설치 기준을 따르도록 한 것이다. 또한 숙박시설로 분류되어 주변 환경에 영향을 줄 수 있는 대규모 다중생활시설은 자연스럽게 주거지역에 설치하지 못하게 되었다.

■ 다중생활시설 건축 기준

1. 각 실별 취사시설 및 욕조 설치는 설치하지 말 것(단, 샤워부스는 가능)
2. 다중생활시설(공용시설 제외)을 지하층에 두지 말 것
3. 각 실별로 학습자가 공부할 수 있는 시설(책상 등)을 갖출 것
4. 시설내 공용시설(세탁실, 휴게실, 취사시설 등)을 설치할 것
5. 2층 이상의 층으로서 바닥으로부터 높이 1.2m 이하 부분에 여닫을 수 있는 창문 (0.5㎡ 이상)이 있는 경우 그 부분에 높이 1.2m이상의 난간이나 추락방지 안전시설을 설치
6. 복도 최소폭은 편복도 1.2m이상, 중복도 1.5m이상으로 할 것
7. 실간 소음방지를 위하여 「건축물의 피난·방화구조 등의 기준에 관한 규칙」에 따른 경계벽 구조 등의 기준과 「소음방지를 위한 층간 바닥충격음 차단 구조기준」에 적합할 것
8. 범죄를 예방하고 안전한 생활환경 조성을 위하여 「범죄예방 건축기준」에 적합할 것

❷ 지자체별 추가 설치기준 강화

앞으로 1인 가구 증가와 고령화로 소형 주거의 수요가 더욱 늘어난다고 한다. 이를 대비해 다중생활시설업을 시작하려는 사업주 입장에서는 예전과 비교해 창업 시 건축 조건이 까다로워진 것은 사실이다. 반면 비록 주택법상 주택은 아니지만, '준주택'으로 분류하고 있어 건축·리모델링시 국가로부터 기금 지원을 받을 수도 있도록 하고 있다는 점에서 무조건 제한만 하는 정책이 아닌 주택 부족을 해결하기 위한 방안으로 이 시설을 보고 있다.

또한 최소한의 주거환경을 보장받지 못할뿐만 아니라 각종 위험에 노출되어 있었던 음지의 시설을 오히려 우리의 주거 현실로 인정하고 개선해 나가고자 이런 정책 방향을 택한 것이다. 이를 위해 2021년 거목에는 고시원의 설치 조건으로 국토교통부장관이 고시하는 기준과 더불어 '적정한 주거환경을 조성하기 위하여 건축조례로 정하는 실별 최소 면적, 창문의 설치 및 크기 등의 기준에 적합한 것'이라는 조건을 추가 신설하였다.

각 지자체마다 실정에 맞추어 국토교통부장관이 고시하는 기준 범위 내에서 최소한의 주거 환경을 위한 기준을 마련한 것으로 다음의 서울시에서 정하는 건축기준 고시안을 참고하기 바란다.

■ 서울형 다중생활시설 건축기준 고시안

구 분	내 용
최소실 면적	- 전용공간만 조성하는 경우는 7제곱미터 이상 - 전용공간에 개별화장실을 포함하는 경우 10제곱미터 이상
창 설치 등의 기준	- 전용공간은 외기에 창문을 설치 - 창문크기는 탈출 가능한 유효 폭 0.5미터 이상, 유효 높이 1.0미터 이상 크기로 설치
지역별 기준 설정	- 자치구 지역여건에 따라 구청장이 별도의 기준을 마련하여 고시 가능 - 별도의 고시가 없는 경우 이 기준에 따름

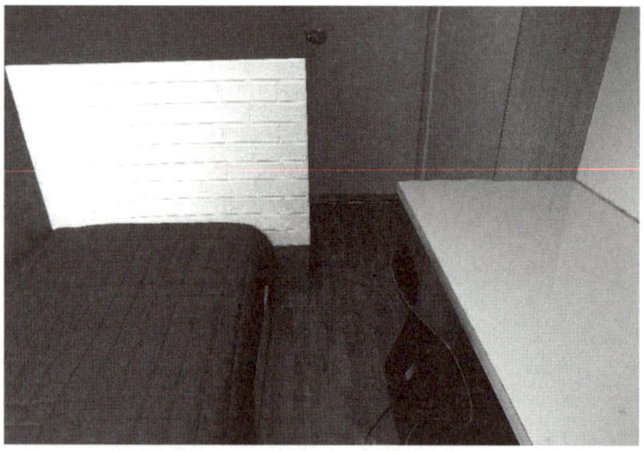

다중생활시설 내부 〈출처: 온플하우스〉

다중생활시설 화재 〈출처: 연합뉴스〉

너. 제조업소, 수리점 등 물품의 제조·가공·수리 등을 위한 시설로서 같은 건축물에 해당 용도로 쓰는 바닥면적의 합계가 500제곱미터 미만이고, 다음 요건 중 어느 하나에 해당하는 것

1) 「대기환경보전법」, 「물환경보전법」 또는 「소음·진동관리법」에 따른 배출시설의 설치 허가 또는 신고의 대상이 아닌 것

2) 「물환경보전법」 제33조제1항 본문에 따라 폐수배출시설의 설치 허가를 받거나 신고해야 하는 시설로서 발생되는 폐수를 전량 위탁처리하는 것

❶ 환경규제 대상 여부에 따라 근생과 공장으로 나뉜다.

건축물의 용도 분류에 있어서 제조와 관련된 시설은 그 대상 품목이 식품인 것과 물품으로 구분된다. 제조 대상에 따라 식품 제조시설은 제1종 또는 제2종 근생으로 분류된다. 이외의 물품 제조시설로서 해당 바닥면적이 500㎡ 미만의 가내 수공업이나 소규모의 각종 기계·설비 등을 이용한 제조·가공·수리 관련 시설은 제2종 근생 너목에 해당한다.

■ 제조관련 용도 분류

용 도	구 분 〈 일반업무시설 〉	면적 기준
제1종 근린생활시설	나. 휴게음식점, 제과점 등 음료·차(茶)·음식·빵·떡·과자 등을 조리하거나 제조하여 판매하는 시설	300㎡ 미만
제2종 근린생활시설	아. 휴게음식점, 제과점 등 음료·차(茶)·음식·빵·떡·과자 등을 조리하거나 제조하여 판매하는 시설	300㎡ 이상
제2종 근린생활시설	너. 제조업소, 수리점 등 물품의 제조·가공·수리 등을 위한 시설	500㎡ 미만
공장	물품의 제조·가공[염색·도장(塗裝)·표백·재봉·건조·인쇄 등을 포함한다] 또는 수리에 계속적으로 이용되는 건축물로서 제1종 근린생활시설, 제2종 근린생활시설, 위험물저장 및 처리시설, 자동차 관련시설, 자원순환 관련 시설 등으로 따로 분류되지 아니한 것	-

하지만 규모가 작다고 모두 제2종 근생이 속하는 것이 아니고 대기 및 수질 오염, 소음·진동의 영향이 적은 시설만 근린생활시설로 분류된다. 이외의 환경오염 배출 시설은 17)공장으로 분류하고 있다.

주거지역 인근에 대기·수질 오염이나 소음·진동을 발생시키는 제조·수리점이 입점하는 것을 찬성할 사람은 아무도 없을 것이다. 그래서 규모가 작더라도 환경 규제를 받는 대상이라면 근생 용도에서 제외되는 것이다. 이런 시설들은 공장 용도에 속할뿐만 아니라 공장 설치에 있어서도 그 절차가 까다롭다.

한 외국 브랜드 자동차회사는 주거지역 인근에 자동차 정비시설을 입점 시키려하다 유해 물질을 발생시키는 판금·도장관련 시설이 있다는 사실이 밝혀지면서 주민들의 거센 항의를 받은 적이 있다. 기본 수리만 하는 수준에서 판금·도장 시설 유치를 철회하는 경우까지 있었고, 심지어 법정 다툼으로 이어져 착공을 하고도 공사가 중단된 적도 있다.

이렇듯 주거지역과 공업지역을 구분하는 토지이용계획이 왜 건축물의 용도와 밀접한 관계를 가지고 있는지를 여실히 보여주는 사례이다. 결국 500㎡ 이상의 규모이거나 작은 규모의 시설이라도 환경규제 관련 대상인 경우는 제2종 근생시설이 아닌 17)공장에 해당한다.

■ 환경오염 배출시설 관련 법령

관련법	허가 또는 신고 대상
대기환경보전법	- 대기오염물질 배출시설: 동법 시행규칙 별표3 - 설치 허가 또는 신고 대상: 동법 시행령 제11조(배출시설의 설치허가 및 신고 등)
물환경보전법 (구·수질 및 수생태계 보전에 관한 법률)	- 폐수 배출시설: 동법 시행규칙 별표 4 - 설치 허가 또는 신고 대상 : 동법 시행령 제31조 (설치허가 및 신고 대상 폐수배출 시설의 범위 등)
소음·진동관리법	- 소음·진동 배출시설: 동법 시행규칙 별표 1 - 설치 허가 또는 신고 대상 : 동법 제8조 (배출시설의 설치 신고 및 허가 등)

❷ 귀금속, 장신구 제조업은 예외!

2019년 10월 이전에는 너목의 요건 중에는 재미있는 문구가 하나 있었다. 아래와 같이 개정전 너목 2)의 내용 중에는 '귀금속·장신구 및 관련 제품 제조시설로서 발생하는 폐수를 전량 위탁 처리하는 것은 예외로 한다'는 것이다. 수많은 제조분야 시설 중 유독 이들 시설에 대해서만 예외 규정을 두어 제2종 근생시설로 인정해 준다는 것이었다.

관련 내용을 살펴 보니 이들 업종만 제외되기까지는 우여곡절이 있었다. 종로 등 상업지역에는 귀금속 전문상가 지역이 있고, 업종 특성상 귀금속을 가공하는 소규모 공장들이 전문상가에 인접해 있다고 한다. 그런데 이 시설들은 관련 제품을 가공하는 과정에서 폐수 등이 발생하는데 여기서 문제가 생긴 것이다.

세공 과정에서 발생하는 폐수는 관련 법의 적용을 받아야 하고 따라서 제2종 근생시설로 인정받지 못하면 공장 용도로 분류된다. 공장시설은 상업지역에 신설 또는 이전할 수 없었기 때문에 수 십 년 전부터 자리 잡고 영업해 온 업주들은 가게를 이전하려면 이 지역을 떠나야 하는 지경에 이르게 된 것이다.

이에 귀금속 관련 업체들이 연합하여 국회 등에 청원을 넣는 등 관련 규정의 개정을 요구하였고 결국 이것이 받아들여져 이 조건이 삽입되었던 것이다. 이에 「물환경보전법」 제33조제1항 본문에 따라 허가나 신고를 통해 폐수를 처리하는 경우 근생에 포함될 수 있게된 것이다.

그렇게 해서 귀금속관련 업종만 예외로 제2종 근생시설로 인정될 수 있었으나 이 업종 이외에도 소규모 인쇄소를 포함한 특수성을 감안해야 할 다양한 업종이 한 두개가 아니었다. 당연히 이에서 제외된 업종 종사자들의 민원이 발생하였고 결국 '귀금속·장신구 및 관련 제품 제조시설로서' 라는 문구가 삭제되고 모든 업종이 해당 조건만 충족하면 근생시설로 인정받을 수 있도록 2019년 개정된 것이다.

구 분	제2종 근생 너목 요건
개정 전	2) 「대기환경보전법」, 「수질 및 수생태계 보전에 관한 법률」 또는 「소음·진동관리법」에 따른 배출시설의 설치 허가 또는 신고의 대상 시설이나 귀금속·장신구 및 관련 제품 제조시설로서 발생되는 폐수를 전량 위탁처리하는 것
개정 후	2) 「물환경보전법」 제33조제1항 본문에 따라 폐수배출시설의 설치 허가를 받거나 신고해야 하는 시설로서 발생되는 폐수를 전량 위탁처리하는 것

자동차 수리점 〈출처: 준모터스〉

〈출처: EBS 금은세공 극한직업〉

더. 단란주점으로서 같은 건축물에 해당 용도로 쓰는 바닥면적의 합계가 150제곱미터 미만인 것

❶ 단란하게 즐기라고 해서 단란주점이다.

흔히들 우리를 음주와 가무를 좋아하는 민족이라고 말하기도 한다. 80년대까지는 술과 함께 노래를 빼놓을 수 없었기 때문에 룸싸롱이나 고급요정 같은 곳이 아니면 일반 술집에서는 노래와 함께 젓가락이나 간단한 악기가 전부였다. 하지만 90년대 초부터 노래방기기가 보급되기 시작하면서 이 업종에서도 많은 변화가 생겼다.

92년 당시 신문 기사에는 '새로운 술집, 단란주점이 생긴다'라는 기사 제목으로 유흥종사자 없이 가족이나 친지끼리 술을 마시며 노래방 기기등을 이용해 노래를 즐길 수 있는 단란주점 업종이 신설되었다고 소개하고 있다. 술과 노래를 같이 할 수 있는 곳이 바로 단란주점으로, 유흥주점과 일반음식점의 중간 단계로 이해하면 빠를 것 같다.

「식품위생법」(이하 "이 법")에서 단란주점을 주로 주류를 조리·판매하는 영업으로서 손님이 노래를 부르는 행위가 허용되는 영업으로 정의하고 있다. 술과 노래는 허용하되 유흥종사자와 춤을 출 수 있는 유흥시설 없이 정말 단란하게 술을 즐기는 곳이라는 뜻이다. 친구와 단란하게 술과 노래만 할 수 있다는 점에서 우리가 알고 있는 단란주점과 많이 다르다. 이런 이유로 작은 규모의 단란주점은 비록 제2종 근생에 속하지만 다른 근생시설과 달리 용도지역 내 설치 제한이 커서 상업지역(근린상업 제외)만 법령상 설치를 허용하고 있다.

아래 표와 같이 단란주점의 바닥면적 기준(150㎡)이상인 경우에는 위락시설에 해당하며, 유흥종사자를 두거나 유흥시설을 설치할 수 있고 손님이 노래를 부르거나 춤을 추는 행위가 허용되는 유흥주점과는 구분하고 있다.

구 분	영업 종류	허용 기준			용 도
		음주	노래	춤	
식품 접객업	휴게음식점 제과점	X	X	X	제1/2종 근린생활 (300㎡ 구분)
	일반음식점	부수적 주류판매 허용	X	X	제2종 근린생활
	단란주점	주로 주류 조리·판매 허용	허용	X	제2종근린생활/ 위락시설 (150㎡ 구분)
	유흥주점	주로 주류 조리·판매 허용	허용	유흥시설(무도장) 설치 가능	위락시설

러. 안마시술소, 노래연습장

❶ 안마사는 오직 시각장애인만 가능!

안마시설소 역시 안마사가 안마를 하는 곳으로 제1종 근생시설인 안마원에서 설명했듯이 안마사는 「장애인복지법」에 따른 시각장애인 중 「의료법」에서 정하는 일정 자격을 인정하는 자에 해당하는 자만이 할 수 있다. 취업경쟁력이 떨어지는 시각장애인과 그 가족의 복지와 자립을 위해 만든 제도인 것이다.

안마원과 유사한 안마시술소는 제1종과 제2종 근생 분류에서도 알 수 있듯이 아래의 표처럼 규모 등에서 차이가 있다. 안마시술소는 「안마사에 관한 규칙」에서 연면적 830㎡ 이하와 욕실과 발한실의 면적이 90㎡ 이하이고, 욕조가 없는 샤워시설 설치 가능 등의 시설을 규정하고 있다.

안마원과 마찬가지로 안마시술소는 안마사가 법에서 규정한 영업행위를 하는 것이 그 취지이지만 비자격 안마사 고용과 퇴폐 행위 등으로 사회 문제로 대두되었던 만큼 관련 규정도 이런 부분을 미연에 방지하고 있다.

이런 이유로 안마시술소나 안마원은 숙박업 또는 호텔과 같은 건물에 개설이 불가한 것을 원칙으로 하고 있다. 또한 단란주점과 같이 비록 제2종 근생에 속하지만 용도지역 내 건축 제한에 따라 주거지역에는 설치가 금지된다.

하지만 안마의 범위가 모호하고 유사한 스포츠 마사지가 점차 대중화되고 있는 상황에서 소수의 시각장애인 안마사에게만 맡기기에는 한계가 있다는 의견도 나오고 있다. 여기에 법원이 비시각장애인의 안마 행위에 대해 무죄를 선고하면서 더욱 의견이 팽팽하게 맞서는 중이어서 그 결과가 주목된다.

구 분	시설 기준			비 고
	면 적	욕실 발한실	안마실	
안마시술소	830㎡ 이하	90㎡이하 욕조가 없는 샤워시설	설치 가능	제2종 근생
안마원	330㎡ 이하	설치 불가 〈특수학교 장애인 복지 시설 제외〉	설치 불가	제1종 근생

❷ 노래방의 시초는 가라오케

80년대까지는 야유회나 회식장소에 가려면 노래 한두 개쯤은 외워야 했었고, 박수가 박자를, 숟가락이 마이크를 대신했지만 지금은 그럴 필요가 없어졌다. 다 노래방기기 때문이다. 노래방기기는 일본의 가라오케에서 유래한 것으로, 90년 초부터 우리나라에 본격적으로 보급되면서 많은 변화를 가져왔다. 이후 관련 기기의 발달로 노래방이라는 업종이 생겨나고 지금까지도 대표적 한국의 '방 문화'를 이끌어 오고 있다.

노래방을 등록할 때의 업종의 명칭은 노래연습장이다. 「음악산업진흥에 관한 법률」(이하 "이 법")에서 연주자를 두지 아니하고 반주에 맞추어 노래를 부를 수 있도록 하는 영상 또는 무영상 반주 장치 등의 시설을 갖추고 공중의 이용에 제공하는 영업을 노래연습장업이라고 정의하고 있다.

남녀노소를 불문하고 모두가 자유롭게 이용하는 업종인 만큼 용도지역의 설치에 있어서도 조금은 자유롭다. 같은 제2종 근생시설인 안마시술소나 단란주점과 다르게 지자체 조례마다 다르지만 서울시의 경우 너비 12미터 이상 도로에 접한다는 조건만 만족하면 제2종 일반주거지역에서도 설치가 가능하다.

일부 노래방이 주류 판매와 도우미 제공 등 불법이 빈번히 이루어지는 점과 복잡한 공간구조 때문에 화재 시 인명 피해가 크게 발생했다. 이 때문에 크게 두 가지의 내용으로 시설기준을 규정하고 있으며 세부 내용을 아래 표와 같이 이 법(시행규칙 별표1)에서 정하고 있다.

첫째, 건전한 문화공간으로의 정착을 위해 각 실 마다의 투명유리창 설치와 잠금장치 제한, 조명기구 그리고 청소년실 설치 등을 갖추어야 한다.

둘째, 이 시설이 화재 등에 취약한 구조이고, 실제 화재 등 사고로 많은 인명피해가 난 만큼 다중이용업소 관련 법 등 관계 법령이 정하는 기준에 맞게 영업소 내의 관련 시설·설비·기기를 설치 또는 유지·관리하여야 하는 기준을 이 법(시행규칙 별표1)에서 정하고 있다.

■ 노래연습장 시설 기준

구 분	내 용
통로 및 칸막이	가. 통로에 접한 1면의 칸막이에는 바닥으로부터 0.8미터에서 1미터 되는 지점으로부터 위로 1제곱미터 이상의 투명유리창을 설치 나. 영상 또는 무영상 반주장치 등의 시설을 갖춘 각 객실이 영업소 내부에 구획된 경우에는 출입문 또는 통로에 접한 1면의 칸막이에 1제곱미터 이상의 투명유리창(투명유리창의 개수가 2개 이상인 경우에는 각 유리창의 넓이를 합산)을 설치 다. 영업소 내부에 구획된 각 객실에는 잠금장치를 설치할 수 없음
안전시설 등	가. 아래의 관계법령이 정하는 기준에 맞게 영업소 내의 관련 시설·설비·기기를 설치 또는 유지·관리하여야 함 1)「다중이용업소의 안전관리에 관한 특별법」 제9조에 따른 안전시설 등의 설치·유지 기준 2)「전기사업법 시행규칙」 제38조에 따른 전기안전점검기준 3)「소음·진동관리법」 제21조에 따른 생활소음·진동 규제기준 나. 창문 등 추락의 위험이 있는 곳에는 필요한 안전장치 설치
청소년실 (설치할 경우에 한함)	가. 청소년실은 영업주가 잘 볼 수 있는 곳에 배치 직원이 상주하는 별도의 공간을 마련하는 경우 직원이 잘 볼 수 있는 곳에도 설치 가능 나. 출입구에는 "청소년 출입가능 업소" 표시판을, 청소년실 출입문에는 "청소년실" 표시판을 각각 부착
조명기구	가. 청소년실과 통로 등 공용공간에는 우주볼(Mirror ball)외에 밝기조절장치·유색조명 등의 특수조명기구 설치 불가 나. 바닥으로부터 85센티미터 높이 조도 30럭스(청소년실은 40럭스) 이상 설치

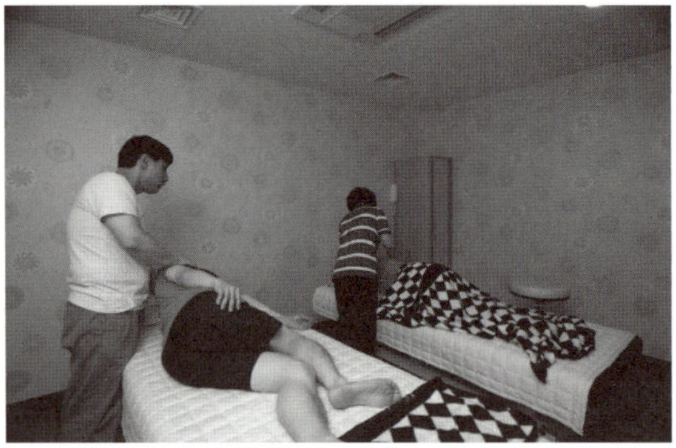

안마시술소 〈출처: 효정안마센터〉

노래연습장 〈출처: TJ미디어〉

❸ 코인노래방의 종류

요즘 청소년이나 젊은이들이 많이 이용하는 신종 업종인 코인 노래방도 노래연습장에 속할까? 코인노래방은 부스형과 룸식 두 종류가 있다. 코인노래방이 처음 도입된 시설은 오락실(청소년 게임제공업)에 공간 일부를 할애해 만든 부스형 노래방으로 오락실의 일부 시설이라고 보면 된다. 반면 룸식 코인노래방은 이런 부스형에서 발전된 형태로 다른 게임시설이 없는 단일 업종으로 노래를 부를 때마다 동전을 넣고 노래를 부른다는 점을 제외하고는 일반적인 노래방과 비슷한 유형이다.

이런 차이로 부스형은 주 용도인 청소년 게임제공업으로 분류되고, 룸식은 노래연습장에 속한다. 하지만 일부 업주들은 노래방 기기 운영방식이 같다는 점을 이용해 코인노래방을 소방시설 설치 완화 등을 위한 노래연습장업이 아닌 청소년 게임제공업으로 등록하기도 한다. 노래연습장은 다중이용업소에 속하기 때문에 소방관련 시설 등을 설치해야 한다. 따라서 초기 시설투자 비용이 많고 다른 관련 규정도 오락실에 비해 까다롭기 때문에 이를 악용하는 것이다.

5. 문화 및 집회시설

가. 공연장으로서 제2종 근린생활시설에 해당하지 아니하는 것

나. 집회장[예식장, 공회당, 회의장, 마권(馬券) 장외 발매소, 마권 전화투표소, 그 밖에 이와 비슷한 것을 말한다]으로서 제2종 근린생활시설에 해당하지 아니하는 것

다. 관람장(경마장, 경륜장, 경정장, 자동차 경기장, 그 밖에 이와 비슷한 것과 체육관 및 운동장으로서 관람석의 바닥면적의 합계가 1천 제곱미터 이상인 것을 말한다)

라. 전시장(박물관, 미술관, 과학관, 문화관, 체험관, 기념관, 산업전시장, 박람회장, 그 밖에 이와 비슷한 것을 말한다)

마. 동·식물원(동물원, 식물원, 수족관, 그 밖에 이와 비슷한 것을 말한다)

■ 용도지역 내 건축물의 용도 제한

건축물의 용도	도시지역																관리지역(4층 이하)			농림지역	자연환경보전지역
	주거지역						상업지역				공업지역			녹지지역(4층 이하)							
	1종전용	2종전용	1종일반	2종일반	3종일반	준주거	중심	일반	근린	유통	전용	일반	준	자연	생산	보전	계획	생산	보전		
가. 공연장	×	×	×	○	○	●	●	●	●	●	×	×	●	○	×	×	○	×	×	×	×
나. 집회장(예식장, 마권 장외 발매소 등)	×	×	○	○	○	○	●	●	○	○	×	×	○	○	○	×	○	×	×	×	×
다. 관람장(경마장, 경정장 등과 체육관 및 운동장 관람석 1천 제곱미터 이상)	×	×	×	×	×	○	●	●	○	○	×	×	○	○	×	×	○	×	×	×	×
라. 전시장(박물관, 미술관, 과학관, 문화관, 체험관, 기념관, 산업전시장, 박람회장 등)	△	△	○	○	○	●	●	●	●	●	△	○	●	○	○	○	○	×	×	×	×
마. 동·식물원(동물원, 식물원, 수족관 등)	×	×	○	○	○	○	●	●	○	○	×	×	○	○	×	×	○	×	×	○	×

(× : 금지, ● : 법령 허용, ○ : 조례 허용, ▲ : 법령 부분·제한적 허용, △ : 조례 부분·제한적 허용) ※제1종 일반주거지역: 4층 이하

가. 공연장으로서 제2종 근린생활시설에 해당하지 아니하는 것

❶ 건축법에서 말하는 공연장은 그 범위가 더 넓다.

공연장은 고대 그리스·로마 시대에도 그 활용도가 높았던 시설물 중 하나이다. 하나의 공간에 많은 사람들이 모여 정보를 얻거나 공연 등을 관람할 수 있는 문화와 집회 기능을 모두 갖춘 건축물인 것이다.

공연장은 관련 법마다 정의하는 공간 용도의 범위가 조금씩 다르다. 「공연법」(이하 "이 법")에서 공연을 음악·무용·연극·연예·국악·곡예 등 예술적 관람물을 실연에 의하여 공중에게 관람하도록 하는 행위로 정의하고 있다. 실연(實演)은 실제 공연자가 무대에서 연기나 연주를 하는 것으로 영화나 비디오물을 상영하는 시설은 여기에 해당하지 않는다.

반면 「건축법」에서는 건축물의 용도 분류 중 제2종 근생 가목에서 공연장을 극장, 영화관, 연예장, 음악당, 서커스장, 비디오물감상실, 비디오물소극장 등으로 정의하고 있다. 따라서 가목의 공연장은 더 광범위하게 영화나 비디오물을 감상하는 시설까지를 포함하기 때문에 모든 예술 관련 목적의 건축물은 모두 다 공연장에 해당한다.

역시 공연장은 면적에 따라 해당 면적이 500㎡미만이면 제2종 근생시설, 500㎡ 이상이면 문화 및 집회시설에 해당된다. 공연장의 세부 시설에 대한 설명은 제2종 근생 가목 내용을 참조하기 바란다.

나. 집회장[예식장, 공회당, 회의장, 마권(馬券) 장외 발매소, 마권 전화투표소, 그 밖에 이와 비슷한 것을 말한다]으로서 제2종 근린생활시설에 해당하지 아니하는 것

❶ 예식장업은 자유업종으로 분류

예식장의 사전적 의미는 예식을 치루는 장소를 말하며 일반적으로 결혼식을 하는 곳을 일컫는다. 예식에 참석을 목적으로 많은 사람이 한꺼번에 모이는 곳이기 때문에 집회장으로 분류된 것이다.

1999년 이전 「가정의례에 관한 법률」(이하 “이 법”)이 폐지되기 전까지는 예식장도 이 법의 적용을 받았다. 이 법이 만들어진 이유는 박정희 정부 시절 과도한 소비풍조와 허례허식을 막고자 만들어진 것이다. 하지만 국민의 권리를 정부가 과도하게 제한한다는 이유로 관련 내용이 많이 개정되고 현재는 최소한의 내용이 담긴 「건전가정의례의 정착 및 지원에 관한 법률」에 따른 ‘건전가정의례준칙’으로만 남아있으며 현재 예식장은 자유업종으로 분류되고 있다.

예식장의 용도로 건물을 신축하려는 사업주는 예식장이 건축물의 용도 분류 상 문화 및 집회시설로서 분류되어 교통 관련 심의 등 시간과 비용을 많이 들여 건축허가를 어렵게 받아 건물을 짓고 영업을 할 수 있다.

반면 기존 건물을 예식장으로 용도를 변경하는 경우 자유업종으로 분류된 점을 이용하여 신고·허가 등의 절차 없이 쉽게 예식장 영업을 하는 경우도 생겨나고, 결국 신축 예식장 업주가 절차 없이 용도 변경한 예식장을 불법 건축물로 고발하는 사례까지 발생하였다. 이렇게 예식장이 자유업종으로 분류되면서 지자체마다 그 해석이 달라 업계에서는 여전히 혼란이 일고 있는 것이다. 이런 사례뿐만 아니라 주택가의 대규모 식당이나 판매시설을 무분별하게 예식장으로 변경 영업함으로써 주말 주차문제나 소음 발생 등으로 주거지역의 피해 사례들이 발생하여 체계적인 대책이 필요한 실정이다.

❷ 공회당은 일제강점기의 잔재

공회당이라는 명칭 자체가 우리에게는 낯설기만 하다. 공회당(共會堂)이 공공의 목적으로 회의를 하기 위한 장소 또는 건물을 말한다는 사전적 의미는 알겠지만 실제로 공회당이라는 명칭으로 사용되는 건물을 주변에서 찾아볼 수 없다. 그럼 공회당이란 건물이 왜 나목에 남아 있는 것일가? 인터넷으로 공회당에 대한 정보를 찾다 보니 일본에는 아직도 공회당이라는 명칭의 근대건축물이 많이 있는 것을 보고서야 느낌(?)이 왔다.

실제 부산, 마산, 목포, 인천 등 일제강점기 때 번성했던 도시에는 공회당이라는 명칭으로 지어진 근대건축물이 존재했으며, 조선총독부 기록물에도 이들 지역의 '공회당 사용 조례의 건'에 대한 문서가 남아있었다. 부산의 공회당의 경우 강점기 시대 일본인의 전유물로 약 1,500명까지 수용이 가능할 만큼 규모가 컸으며 각종 연회, 집회, 오락 등의 용도로 사용되었다고 한다.

지금은 이런 공회당 건물은 찾아보기 힘들고 기존 사진으로 확인하거나 도로명 (강릉시 공회당길)에서 그 흔적을 찾을 수 있다. 하지만 이런 주요 도시들의 공회당은 해방 이후에도 오랜 기간 영화관, 공연장 등의 집회 시설로 사용되었으며 해방 이후에 건축된 비슷한 용도의 건물도 당시에는 공회당이라는 명칭을 썼기 때문에 여전히 집회장 중 한 종류로서 남아있지 않나 생각된다.

부산 공회당

목포 공회당

❸ 국제회의 전용 건축물 '누리마루 APEC HOUSE'

회의장이라고 하면 보통 주 용도 건축물 내에 딸린 다목적 홀 또는 강당을 연상하게 된다. 회의장이라는 주 용도만을 위한 건물은 흔치 않고 대부분 부속 용도로 건축되는 것이 대부분이기 때문이다.

하지만 회의 전용 건축물이 없는 것은 아니다. 대표적인 사례가 바로 제13차 APEC 정상회담 회의장으로 사용하기 위해 건설된 부산 '누리마루 APEC HOUSE'로서 국내 몇 개 없는 대표적인 국제 회의장 전용 용도의 건축물이다. 이런 시설은 국제회의 등 상당수의 외국인이 참가하는 회의용(세미나·토론회·전시회 등 포함) 시설 설치를 위해 마련된 법령인 「국제회의산업 육성에 관한 법률」(이하 "이 법")의 적용을 받는다. 이 법에서는 그 종류와 규모에 따라 전문회의시설, 준회의시설, 전시 및 부대시설로 구분하며 그 세부 내용은 다음의 표와 같다.

■ 국제회의시설 종류 및 규모

전문회의 시설	1. 2천명 이상의 인원을 수용할 수 있는 대회의실 설치 2. 30명 이상의 인원을 수용할 수 있는 중·소회의실이 10실 이상 3. 옥내와 옥외의 전시면적을 합쳐서 2천제곱미터 이상 확보
준회의 시설	국제회의 개최에 필요한 회의실로 활용할 수 있는 호텔연회장·공연장·체육관 등의 시설로서 다음 각 호의 요건을 모두 갖추어야 함 1. 200명 이상의 인원을 수용할 수 있는 대회의실 설치 2. 30명 이상의 인원을 수용할 수 있는 중·소회의실이 3실 이상 설치
전시시설	1. 옥내와 옥외의 전시면적을 합쳐서 2천제곱미터 이상 확보 2. 30명 이상의 인원을 수용할 수 있는 중·소회의실이 5실 이상 설치
부대시설	국제회의 개최와 전시의 편의를 위하여 전문회의시설 및 전시설에 부속된 숙박시설·주차시설·음식점시설·휴식시설·판매시설 등

〈 출처: 누리마루 홈페이지 〉

❹ 경마장이 아닌 곳에서 경마를 즐길 수 있다?

경마는 도박이라는 선입관에서 벗어나 온 가족이 즐기는 하나의 레포츠로 자리매김하고 있다. 「한국마사회법」(이하 "이 법")에서는 경마를 기수가 기승(騎乘)한 말의 경주에 대하여 승마투표권을 발매하고, 승마투표 적중자에게 환급금을 지급하는 행위라고 정의하고 있다.

이런 경마를 즐기려면 당연히 다목의 관람장에 속하는 전국에 몇 개 되지 않는 경마장을 가야한다. 하지만 꼭 경마장을 가지 않고서도 도심에서도 경마를 즐길 수 있는 방법이 있다. 한국마사회에서 운영하는 시설을 방문해서 모니터를 통해 경기도 지켜보고 마권도 살 수 있는데 이곳을 마권 장외 발매소라고 한다.

마권 장외 발매소는 이 법에서 마사회가 농림축산 식품부 장관의 승인을 받아 경마장 외의 장소에 마권의 발매 등을 처리하기 위한 시설로서 경주 실황의 방영, 마권의 발매 및 환급금 등의 지급과 마권의 발매금액 및 환급률 등을 표시할 수 있는 시설을 갖춘 것을 말한다.

마사회가 1957년 서울 명동에 최초로 장외 발매소를 개설한 이래 2018년 기준 전국에 약 30여개의 마권 장외발매소가 운영 중이라고 한다. 워낙 경마 인구가 두텁다 보니 많은 사람들이 경기가 치러질 때 마다 한꺼번에 몰리는 시설이기 때문에 문화 및 집회시설에 속하는 것이다.

여가 등을 위해 만들어진 시설이지만 방문객 중에는 레포츠 이상의 목적으로 방문하는 사람도 많다. 이런 이유로 아직까지는 경마를 좋지 않게 생각하는 시선도 있어 장외 마권 발매소가 새로 건립 예정인 곳은 건립을 반대하는 지역주민과 마찰을 빚기도 한다.

마권 전화투표소는 전화, 모바일, 인터넷을 이용해 마권을 구매하는 방식이다. 하지만 2009년 이후 구매방식이 중단되어 나목의 '마권 전화투표소'는 지금은 운영이 되지 않고 있어 나목에서 이 시설은 삭제되어야 할 부분이다.

경마 이외에도 경륜·경정 경기도 장외 발매소를 운영하고 있으며, 이들도 마권 장외발매소와 유사한 방식으로 스포츠 갬블링을 즐길 수 있는 시설로서 역시 나목의 시설에 속한다.

장외 발매소 〈출처: 마사회〉

다. 관람장(경마장, 경륜장, 경정장, 자동차 경기장, 그 밖에 이와 비슷한 것과 체육관 및 운동장으로서 관람석의 바닥면적의 합계가 1천 제곱미터 이상인 것을 말한다)

❶ 가장 오래된 스포츠 경마

말을 이용한 경주는 그리스·로마 시대에도 있었던 경기 종목으로서 가장 오래된 스포츠 중 하나이다. 로마 시대에도 말을 이용한 전차 경주를 보면서 도박을 했다고 하니 자기가 돈을 건 경주마를 응원하는 광경이 지금의 경마장과 유사했을 것이다. 나목의 '마권 장외 발매소'가 스크린을 통해 경마를 즐기는 곳이라면 '경마장'은 실제 경마를 관람할 수 있는 곳이다.

우리나라에 경마가 도입된 것은 일제 강점기 때이다. 그리고 1960년대 「한국 마사회법」(이하 "이 법")이 만들어지면서 공식적인 국민 레포츠로 자리잡게 되었다. 현재 경마장은 '렛츠런파크(Let's Run PARK)'라는 이름으로 마사회가 운영하고 있으며 서울, 제주, 부산경남 경마장 3곳이 있다.

이 법에서 경마장 시설 기준을 따로 정하고 있으며 경주로와 심판소, 마권발매소, 환급금 지급소, 관람시설 등과 그 밖의 경주마 관리를 위한 시설 등으로 구성된다.

■ 경마장 및 장외발매소 시설 기준

구 분	시설 기준
경마장	1. 원형 또는 타원형으로 설치한 길이 1천미터 이상, 폭 16미터 이상의 경주로 2. 심판소, 검량소, 장안소, 예시장, 마권발매소, 환급금지급소, 관람시설 및 방송설비 3. 그 밖에 경주마 관리 등에 필요한 시설·설비로서 - 마방(馬房) 등 마사시설과 말의 치료시설 및 그 관련 시설·설비 - 조교사, 기수 및 말관리사 등의 숙소와 그 관련 시설·설비 - 구급차 등 긴급구호를 위한 장비
장외 발매소	가. 경주 실황의 방영에 필요한 시설 나. 마권의 발매 및 환급금 등의 지급에 필요한 시설 다. 마권의 발매금액 및 환급률 등을 표시할 수 있는 시설

❷ 경륜·경정의 시작은 올림픽 때문

국내에서 '경륜·경정'은 1990년대 시작된 종목으로 그 역사가 그리 길지는 않다. 2018년 평창올림픽을 준비하는 단계부터의 고민은 단기간의 올림픽을 위한 많은 시설을 지어놓고 올림픽이 끝나면 어떻게 활용을 해야 하는가가 이슈였다. 그런데 이런 고민은 86년 아시안게임과 88년 올림픽을 치르고 난 당시에도 마찬가지였다고 한다. 특히 자전거 경주장과 조정경기장은 그 규모가 워낙 크기 때문에 유지관리와 그에 따른 비용을 놓고 고민하던 차에 경마와 같은 경륜·경정 사업을 시작한 계기가 된 것이다.

이렇게 해서 국내에서 할 수 있는 합법적 스포츠 갬블링이 경마 이외에 경륜·경정으로 늘어나게 되었다. 경륜·경정은 「경륜 경정법」(이하 "이 법")에서 정하는 요건을 갖추어 지자체 또는 국민체육 진흥공단이 문체부 장관의 허가를 받아 설치된다. 두 시설 모두 경기장, 발매소, 기타 부대시설과 많은 관중을 유치할 수 있는 관람석을 갖추었기 때문에 문화 및 집회시설에 속한다.

이 법에서 "경륜"이란 자전거 경주에 대한 승자투표권을 발매하고 승자투표 적중자에게 환급금을 내주는 행위로 정의하고 있다. 현재 운영 되고 있는 경륜장은 광명 돔 경륜장과 창원, 부산에 설치되어 있다. 경륜장은 한 바퀴의 길이 300미터 이상, 폭 7미터 이상 원형 또는 타원형으로 경사지게 설치해야 한다. 이외에도 바닥재, 관람객 차단시설 등을 설치하며 관람석, 선수관련시설, 발매소 등의 설치 요건을 다음의 표와 같이 이 법(시행령 별표1)에서 정하고 있다.

■ 경륜장 시설 기준

구 분		내 용
경주로		-한 바퀴의 길이 300미터 이상, 폭 7미터 이상 -원형 또는 타원형, 안쪽으로 경사지게 설치 -경사각도는 곡선부분 25도 이상 45도 이하로, 직선부분을 2도 이상 15도 이하 -바닥재는 목재로 하거나 아스팔트 또는 콘크리트 등으로 포장 -경주로 안쪽에 폭 4미터 이상의 대피구역 설치 -관람객 차단시설을 설치
관람석		-계단식 또는 관람이 편리하도록 적절한 형식으로 설치
운영시설	선수관련시설	외부인의 출입을 차단할 수 있도록 설치
	심판소	결승심판소는 경주로 바깥쪽의 결승선 연장선상에 1개를, 주로심판소는 대피구역 안쪽의 적당한 장소에 4개 이상 설치
	경주실황 방송시설, 전산시설	영상방송설비, 정보표시장비, 도착순서 판정장비, 심판 상호 간의 동시통화장비 및 무정전 전원설비 등을 설치
	승자투표권 발매소·환급금 지급소 등	승자투표권 발매소, 환급금지급소, 그 밖의 입장권 발매소 등은 수용인원에 적절한 규모로 설치
관객편의 시설		-수용인원에 적절한 휴게실, 식당, 주차장, 그 밖의 편의시설을 설치 -경주장 부지의 관람객 통행로 등은 아스팔트나 콘크리트로 포장

'경정'은 모터보트 경주에 대한 승자투표권을 발매하고 승자투표 적중자에게 환급금을 내주는 행위를 말한다. 2차 세계대전 이후 일본에서 본격적으로 경정이 시작되었고, 국내는 2002년 첫 경기가 개최되었다고 한다. 국내 경정장은 하남시에 위치한 미사리 한 곳에서만 직접 배팅에 참여할 수 있지만 경마처럼 나목에 속하는 '장외판매소'도 운영하고 있다.

경정장은 경주로 길이 450미터 이상, 폭 70미터 이상의 장방형의 구조에 수심 1.5미터 이상으로 설치하여야 한다. 또한 선수관리시설 및 투표권 발매소, 모터보트 대기장, 격납고, 정비소 등의 설치 요건을 역시 이 법(시행령 별표1)에서 정하고 있다.

■ 경정장 시설 기준

구분		내 용
경주로		길이 450미터 이상, 폭 70미터 이상의 장방형, 수심 1.5미터 이상
운영시설	선수 관련 시설	외부인의 출입을 차단할 수 있도록 설치
	심판소	결승심판소는 결승선의 연장선상에 1개를, 주로심판소는 반환점 부분에 각각 1개 이상 설치
	경주실황 방송시설, 전산시설	영상방송설비, 정보표시장비, 도착순서 판정장비, 심판 상호 간의 동시통화장비 및 무정전 전원설비 등을 설치
	승자투표권 발매소·환급금지급소 등	승자투표권 발매소, 환급금지급소, 그 밖의 입장권 발매소 등은 수용인원에 적절한 규모로 설치
모터보트 대기장		1만평방미터 이상의 장방형으로 설치, 수심은 1.5미터 이상
모터보트 관리시설	격납고 및 계류장	70척 이상의 모터보트를 수용 격납고 및 30척 이상의 모터보트 계류장 설치
	정비소	3척 이상의 모터보트를 동시에 수리할 수 있는 정비소 설치
	검사소	30척 이상의 모터보트를 검사할 수 있는 검사소 설치
관객편의시설		적절한 휴게실, 식당, 주차장 등 설치, 관람객 통행로 등은 아스팔트나 콘크리트로 포장

경륜장, 경정장 〈출처: 경륜경정총괄본부〉

❸ 대중화에는 아직 못 미치는 자동차 경주(모터스포츠)!

「체육시설의 설치 및 유지에 관한 법률」(이하 "이 법")에서 자동차 경주장은 체육시설업 중 등록업종에 속하며 2륜 자동차와 4륜 자동차 경주장업으로 구분된다. 아직까지 시설 투자 규모나 비용 그리고 대중화 저조 등으로 국내에는 경주장이 많지 않다.

그래도 그나마 90년대 중반 국내 최초 자동차 경주장으로 개장된 용인 스피드웨이(용인 에버랜드 위치)가 생기면서 자동차 레이싱에 대한 대중화를 조금이나마 앞당겼고, 이후 영암 F1 경주장을 비롯, 인제, 송도 등에도 4륜 자동차 경주장이 건설되었다. 이 중 가장 대표적인 경주장은 영암 F1 경주장으로 국제경기뿐만 아니라 아마추어 대회를 포함해 국내 4륜자동차 레이싱 대회가 활발하게 열리고 있는 곳이다.

■ 자동차 경주업 시설 기준

구 분	내 용
2륜 자동차 경주장업	- 트랙은 길이 400미터 이상, 폭 5미터 이상 - 바닥면은 포장한 곳과 포장하지 아니한 곳이 있어야 함 - 트랙의 양편에는 폭 3미터 이상의 안전지대를 설치 - 경주장 전체를 조망할 수 있는 통제소 설치 - 2륜 자동차를 수리할 수 있는 시설 설치
4륜 자동차 경주장업	- 트랙은 길이 2킬로미터 이상, 출발지점과 도착지점 연결 순환형태 - 트랙의 폭 11미터 이상 15미터 이하, 출발지점에서 첫 번째 곡선 부분 시작지점 까지 250미터 이상의 직선구간 - 트랙 전 구간 차량의 제동거리를 고려하여 적절한 시계확보 - 트랙의 바닥면은 포장 또는 비포장이어야 함 - 트랙의 종단 기울기(차량진행방향 경사)는 오르막 20% 이하, 내리막 10% 이하 - 트랙의 횡단 기울기(차량진행방향 좌우의 경사)는 직선구간은 1.5% 이상 3% 이하, 곡선구간 10% 이하 - 트랙의 양편 가장자리 폭 15센티미터의 흰색선으로 표시 - 트랙의 직선 부분 좌우 흰색선 바깥쪽 3미터 이상 5미터 이하의 안전지대 설치 - 트랙의 곡선 부분은 관련 공식에 따른 폭의 안전지대 설치. - 트랙 양편의 안전지대 바깥쪽 경계선에는 수직 보호벽(높이 69cm 이상)을 가드레일(2단 이상)이나 콘크리트벽으로 설치 - 수직 보호벽 바깥쪽에 3미터 내외의 간격을 두고 높이 1.8미터 이상의 견고한 철망·울타리 등을 설치 - 경주의 안전한 진행에 필요한 종합통제소·검차장·표지판 및 신호기 등 설치 - 감시탑은 트랙의 여러 곳에 설치, 감시탑 간의 간격은 직선거리 500미터 이하, 감시탑 간 육안으로 연락 가능 - 견인차, 구급차, 소화기 탑재차 및 트랙의 이상 유무를 확인할 수 있는 통제차 각 1대 이상 배치 - 긴급사고 발생 시 견인차, 구급차, 소화기 탑재차 등이 트랙에 쉽게 접근할 수 있도록 비상도로 설치

이 법에서 자동차 경주장은 4륜뿐만 아니라 2륜 자동차(모터사이클)도 포함하고 있다. 하지만 국내 여건은 해외의 모터사이클 레이싱 대회 규모나 시설에 비해 상당히 열악하다. 전용 경주장이 전무한 실정으로 별도의 2륜 자동차 전용 경기장이라기 보다는 인제, 영암 4륜 자동차 경주장에서 상설로 마련된 경주장을 이용하고 있는 수준이다.

이 법에서 경기장의 시설기준에 따르면 부지 면적은 두 경주장 모두 트랙면적과 안전지대 면적을 합한 면적의 6배를 초과할 수 없다. 또한 경주장의 트랙은 길이와 바닥면을 비롯한 시설의 기준을 표와 같이 이 법(시행규칙 별표4)에서 정하고 있다.

영암 F1 경주장 〈출처: 영암 KIC〉

인제 자동차경주장 〈출처: 인제 스피디움〉

❹ 왜 체육관과 운동장은 관람석 바닥면적을 기준으로 용도를 구분할까?

'관람'이란 단어의 의미가 무언가를 구경한다는 점에서 극장, 영화관 등의 시설도 포함될 수 있지만, 다목의 관람장은 스포츠나 레포츠 종목을 구경하기 위한 시설에 국한된다. 그리고 관람장 중 체육관과 운동장만은 규모에 따라 아래 표와 같이 문화 및 집회시설과 13)운동시설로 구분된다.

구 분	용 도	비 고
경마장, 경륜장, 경정장, 자동차 경기장, 그 밖에 이와 비슷한 것	문화 및 집회시설	-
체육관 및 운동장	문화 및 집회시설	관람석 바닥면적 1,000㎡ 이상
	운동시설	관람석 바닥면적 1,000㎡ 미만

여기서 주의할 점은 트랙, 경기장 등을 포함한 전체 면적이 아닌 관람석만의 바닥면적 (1,000㎡)기준 이상인 규모는 문화 및 집회시설에 속하고, 미만은 13)운동시설에 속한다는 것이다.

그럼 왜 체육관 및 운동장은 관람장의 규모가 클수록 운동시설이 아닌 문화 및 집회시설에 속할까? 체육관의 관람석이 크다는 것은 체육시설의 규모가 크다는 것이고 당연히 주 용도인 운동시설에 더 가깝다는 생각이 들어서이다. 그런데 오히려 관람석의 규모가 작을수록 운동시설에 속한다.

그 이유는 크게 두 가지로 구분해 볼 수 있다. 첫째는 관람석의 규모가 작은 시설의 경우 대게 관람의 목적보다는 그 체육시설을 직접 이용하는데 비중을 두는 시설이기 때문이다. 운동시설의 종류는 모두 실제 이용자가 체육활동을 직접 할 수 있는 시설 및 면적으로 구성되어 있다는 점을 고려했을 때 관람석 규모보다는 트랙이나 코트 등의 시설 비중을 높게 보아 운동시설로 분류한 것이다.

두 번째 이유는 시설 규모가 아닌 관람석이 큰 규모의 체육관, 운동장은 체육시설 이외의 다양한 용도로 활용되기 때문이다. 체육관과 운동장은 보통 그 용도가 체육경기 관람만이 아닌 각종 행사 콘서트 등 많은 사람이 모이는 다양한 장소로 사용된다. 특히 관람석의 규모가 크다는 것은 그만큼 많은 사람이 한꺼번에 그 시설을 이용하는 점에서 다른 문화 및 집회시설과 유사하다는 것이다. 이런 시설은 사람들이 한꺼번에 모이고 또 위급상항 발생시 한꺼번에 많은 인원이 대피해야 하기 때문에 건축물의 구조, 피난·대피, 소방 등 건축물 설계 조건이 까다로울 수 밖에 없다. 따라서 관람석의 기준 면적 이상은 운동시설이 아닌 문화 및 집회시설에 포함되는 것이다.

대신 경마·경륜·경정·자동차 경기장은 체육관 및 운동장과는 다르게 관람석의 규모와 관계없이 그 용도가 '관람장'이다. 이들 시설은 관람석을 제외한 트랙 등의 시설을 일반인이 이용하거나 다른 용도로 활용하기 어려운 특수성을 감안해 관람석의 규모와 관계없이 문화 및 집회시설로 보는 것이다.

라. 전시장(박물관, 미술관, 과학관, 문화관, 체험관, 기념관, 산업전시장, 박람회장, 그 밖에 이와 비슷한 것을 말한다)

❶ 전시장은 정보의 전달, 체험, 상호 교류의 장소이다.

전시는 물품 등을 늘여 놓고 보이기 위한 행위를 말하며, 그를 위한 장소가 전시장이다.

기존의 전시장은 사전적 의미처럼 단지 관련 내용만을 보여주고 일방적으로 정보만을 전달하는 공간이었다. 하지만 점차적으로 1차적 전시의 개념을 넘어서 그 내용을 직접 체험하거나 상호 정보를 교류하는 개념으로까지 발전되었다.

따라서 라목의 시설들은 이런 정보의 전달, 체험, 상호 교류할 수 있는 대표적 시설들이라고 할 수 있다. 하지만 이 시설의 목적 및 역할 중 '판매'는 제외되어야 한다. 물론 영리를 목적으로 입장권 등의 판매와 일부 공간에서 상설 제품 판매가 이루어질 수는 있지만 전시시설 자체가 판매를 목적으로 이용되는 것은 아니다. 판매가 주목적인 전시장은 문화 및 집회시설 보다는 판매시설 용도에 가깝기 때문이다. 한 예로 자동차를 전시하는 일정 규모 이상의 영업소가 단지 자동차의 전시하는 목적이 아닌 판매이기 때문에 이 시설은 전시장(문화 및 집회시설)에 속하지 않고 7)판매시설에 해당하는 것이다.

❷ 박물관과 미술관은 어떤 차이가 있을까?

박물관은 고대 그리스·로마 시대에도 권력자의 소장품, 예술품, 전리품 등을 외부인에게 공개하는 장소로 사용되었을 만큼 건축물로서 그 역사가 깊다. 우리 역사에서는 신라 시대에도 왕실의 수집품을 보관하는 장소가 있었으며, 국내 최초의 근대 박물관은 창경궁 내에 제실박물관(이왕가박물관)으로 그 역사가 100년이 넘는다.

「박물관 및 미술관 진흥법」(이하 "이 법")에서 박물관을 역사·고고(考古)·인류·민속·예술·동물·식물·광물·과학·기술·산업 등에 관한 자료를 수집·관리·보존·조사·연구·전시·교육하는 시설이라고 정의하고 있으며 박물관의 종류를 다음과 같이 분류하고 있다.

1. 국립 박물관 : 국가가 설립·운영하는 박물관
2. 공립 박물관 : 지방자치단체가 설립·운영하는 박물관
3. 사립 박물관 : 법인·단체 또는 개인이 설립·운영하는 박물관
4. 대학 박물관 : 학교나 대학 교육과정의 교육기관이 설립·운영하는 박물관

그럼 미술관은 박물관과 어떻게 다를까? 두 시설은 모두 무언가를 전시한다는 측면에서는 동일하지만 엄밀히 따져보면 다른 시설 같기도 하다. 이 두 시설의 구분은 이 법에서 찾을 수 있다.

이 법에서는 박물관을 역사·고고(考古)·인류·민속·예술·동물·식물·광물·과학·기술·산업 등의 다양한 자료를 전시하는 곳이라고 한다. 반면 미술관은 박물관 중에서 특히 서화·조각·공예·건축·사진 등 미술에 관한 자료를 수집·관리·보존·조사·연구·전시·교육하는 시설이라고 정의하고 있다. 그 종류도 박물관과 마찬가지로 그 설립·운영 주체에 따라 국립 미술관, 공립 미술관, 사립 미술관, 대학 미술관으로 유사하다.

미술관에서는 미술 관련 작품만 전시한다면 박물관 전시품의 영역은 미술관보다 훨씬 넓고 다양하다. 결국 박물관은 미술을 포함한 모든 영역을 전시하기 때문에 미술관을 박물관의 범주로 보는 것이다.

최초 박물관·이왕가박물관 〈출처: 서울역사아카이브〉

최초 사립미술관 보화각 〈출처: 간송미술관〉

❸ 문화관, 체험관, 기념관도 「박물관 및 미술관 진흥법」의 적용을 받는다.

「박물관 및 미술관 진흥법」(이하 “이 법”)은 문화·예술·학문의 발전과 일반 공중의 문화향유 및 평생교육 증진에 이바지하기 위해 만들어진 법이다. 이 법에 따른 조건을 충족하면 국가나 지방자치단체로부터 사립 박물관·사립 미술관으로 등록이 되어 각종 세제 혜택 및 경비 등의 지원을 받을 수 있다.

이렇게 지원받을 수 있는 시설이 박물관이나 미술관에만 국한되는 것은 아니다. 적용 범위는 자료관, 사료관, 유물관, 전시장, 전시관, 향토관 등도 모두 박물관 또는 미술관과 같은 범주인 문화시설에 포함하고 있다. 다시 말해 아래의 표와 같이 이 법에서는 명칭만 다를 뿐이지 해당 내용을 전시하는 시설은 모두 미술관 또는 박물관이라고 보는 것이다. 마찬가지로 건축물의 용도 분류에서도 문화관, 체험관, 기념관도 모두 이 법과 마찬가지로 동일 또는 유사시설로서 라목의 전시장으로 분류하고 있다.

또한 동물원이나 식물원 또는 수족관까지도 이 법에 따른 문화시설에 포함하고 있다. 이는 박물관 같은 시설은 전시하는 해당 자료가 학술적으로 동물이나 식물을 같이 전시 및 소개하는 경우가 많아 동·식물원 등이 부속 용도로 설치되는 경우가 있기 때문이다. 그리고 주 용도가 동·식물원인 경우에도 같은 해당 내용을 전시하는 것으로 보기 때문에 미술관·박물관 범주에 포함하고 있는 것이다.

하지만 건축법에서는 같은 문화 및 집회시설이기는 하지만 라목의 전시장과 마목의 동·식물원과 수족관을 용도 지역에 따른 설치 제한을 목적으로 따로 분류하고 있는 것이 다른 점이다.

■ 박물관 및 미술관 진흥법 시행령 별표2

구 분	종 류
제1종 박물관 또는 미술관	종합박물관 전문박물관 미술관 동물원 식물원 수족관
제2종 박물관 또는 미술관	자료관 사료관 유물관 전시장 전시관 향토관 교육관 문서관 기념관 보존소 민속관 민속촌 문화관 및 예술관 문화의 집

❹ 국가의 미래, 과학관

누구나 한 번쯤 국립중앙과학관이나 각 지역의 과학관을 어린 시절 또는 자녀들과 방문해 본 적이 있을 것이다. 1920년대 국내 최초 과학관이 건립되면서 과학교육의 중요성을 인지하게 되었고 이후 해방 직후부터 지금까지 꾸준히 과학전람회를 열고 과학교육을 육성하며 관련 시설과 제도를 만들고 지원해 오고 있다.

여전히 과학 기반의 교육 및 산업에 대한 국가적 관심은 꺼질 줄 모르고 있으며 4차산업 혁명 시대에 걸맞게 그 종류도 세분되고 다양해 가는 추세다. 이렇게 균형 있는 과학관의 설립을 촉진하고 과학관이 성장·발전할 수 있도록 뒷받침하는 법령이 「과학관의 설립·운영 및 육성에 관한 법률」(이하 “이 법”)이다.

이 법에서 과학관을 과학기술 자료를 수집·조사·연구하여 이를 보존·전시하며, 각종 과학기술교육 프로그램을 개설하여 과학기술지식을 보급하는 시설로서 과학기술자료, 전문직원 등 등록 요건을 갖춘 시설이라고 정의하고 있다. 전시 내용은 과학기술분야에 국한되어 있으며, 박물관이나 미술관과 달리 보통 전시·관람의 기능 이외에도 체험 및 학습의 기능이 추가되는 것이 특징이다.

과학관은 설립·운영 주체에 따라 국립·공립·사립과학관으로 구분된다. 전시실 크기와 자료 등에 따라 종합 과학관과 전문 과학관 두 종류로 구분되며, 이 법(시행령 별표2)에서 아래와 같이 시설 기준을 정하고 있다.

■ 과학관의 등록 요건

구분	시설
1. 종합과학관 (두 가지 이상 자료 취급)	가. 200제곱미터 이상의 전시실 (동·식물원이 있는 경우 별도의 해당 분야 전문과학관의 면적을 말함) 나. 사무실·연구실·자료실·강당 중 1개
2. 전문과학관 (한 가지 자료 취급)	가. 100제곱미터 이상의 전시실 - 동물원의 경우에는 사육시설, 진료 및 검역 시설, 오물 및 오수 처리시설을 포함한 200제곱미터 이상의 야외전시장 - 식물원의 경우에는 200제곱미터 이상의 전시실 또는 1,000제곱미터 이상의 야외전시장 나. 사무실·연구실·자료실·강당 중 1개

〈출처: 전쟁기념관〉

〈출처: 국립어린이과학관〉

❺ EXPO 부터 웨딩 페어까지

국내에서는 상설로 개최되는 산업전시·박람회가 일반적이며, 여러 나라를 상대로 개최하는 다양한 종류의 세계 박람회도 있다. 대표적인 박람회는 국제박람회(엑스포)로서 1851년 세계 최초로 영국에서 개최되었다. 당시 철과 유리로 건설된 거대한 온실처럼 생긴 건축물(수정궁)은 당시로서 혁신이었다. 산업화가 한창 진행되던 시절 자국의 산업 기술을 뽐내는 자리였던 만큼 수정궁은 전시 목적 이상의 의미를 가지고 있었다.

우리나라가 엑스포에 참가한 것은 의외로 조선왕조 시절인 1889년이었다. 전용관도 없이 처음 참가만 했다고 하며, 지금은 두 번의 엑스포(대전, 여수)를 개최한 나라로 성장했다.

전시회 관련 법으로는 「전시산업 발전법」(이하 "이 법")이 있으며, 이 법에서 정하는 전시회는 무역상담과 상품 및 서비스의 판매·홍보를 위하여 개최하는 상설 또는 비상설의 견본상품박람회, 무역상담회, 박람회(국제박람회 포함) 등을 말한다.

일산 킨텍스, 삼성 코엑스는 건축·기계·전기·전자 등 관련 산업 전시뿐만 아니라 웨딩·출산, 레저 등 다양한 상설 전시 및 박람회가 열리는 대표적 건축물이다. 이들 시설이 박물관 등과 다른 점은 단지 작품의 전시만을 위함이 아닌 관련 산업 판매 업체들의 물품을 전시 및 홍보를 한다는 것이다. 물론 이들 시설들이 박람회만을 위한 전용 시설은 아니고, 전시장으로서 대규모 인원 및 관련 물품을 전시할 수 있는 다목적 공간으로 구성되어 있다는 점 때문에 이런 다양한 박람회를 유치하는 것이다.

수정궁 〈출처: 위치백과〉

여수엑스포 〈출처: 여수세계박람회재단 홈페이지〉

마. 동·식물원(동물원, 식물원, 수족관, 그 밖에 이와 비슷한 것을 말한다)

❶ 철장 안의 동물을 위한 법 신설

언뜻 보기에는 마목의 시설들이 21)동물 및 식물 관련 시설에 속할 것으로 생각되지만 5)문화 및 집회시설에 속한다. 마목의 시설도 라목의 박물관이나 미술관처럼 문화와 교육 및 연구 증진의 역할을 하기 때문에 「박물관 및 미술관 진흥법(이하 "이 법")」의 적용을 받기 때문이며, 이 법(시행령 별표2)에 따른 동물원 및 수족관의 등록조건은 다음의 표와 같다.

다만 건축법 시행령에서는 이들 시설을 박물관과 미술관이 속해있는 라목의 전시장에 포함하지 않고 마목으로 이들 시설을 별도로 분류하고 있다. 물품을 전시하는 일반적인 전시장과는 달리 살아있는 동식물을 대상으로 하고, 그 규모도 커서 용도지역에 따른 설치 제한을 구분할 필요가 있기 때문이다.

■「박물관 및 미술관 진흥법」에 따른 등록 요건

유형	전시 자료	시설
동물원	100종 이상	1) 300제곱미터 이상의 야외전시장(전시실 포함) 2) 사무실 또는 연구실 3) 동물 사육·수용 시설 4) 동물 진료·검역 시설 5) 사료창고 6) 오물·오수 처리시설
수족관	100종 이상	1) 200제곱미터 이상의 전시실 2) 사무실 또는 연구실 3) 수족치료시설 4) 순환장치 5) 예비수조

■「동물원 및 수족관의 관리에 관한 법률」에 따른 등록 요건

구 분		내 용
동물원	정의	야생동물 등을 보전·증식하거나 그 생태·습성을 조사·연구함으로써 국민들에게 전시·교육을 통해 야생동물에 대한 다양한 정보를 제공하는 아래의 시설 1. 야생동물 또는 가축을 총 10종 이상 또는 50개체 이상 보유 및 전시하는 시설. 예외〉 가축만을 보유한 시설 및 애완동물도·소매업을 영위하는 시설 2. 멸종위기 야생생물 등 보호 및 관리가 필요한 야생동물을 보유 및 전시하는 시설로서 환경부와 해양수산부의 공동부령으로 정하는 시설
	시설기준	다음의 시설을 모두 갖추어야 한다. 1. 사무실 또는 연구실 2. 전시시설 3. 사육시설 4. 동물 진료시설 또는 격리시설
수족관	정의	해양생물 또는 담수생물 등을 보전·증식하거나 그 생태·습성을 조사·연구함으로써 국민들에게 전시·교육을 통해 해양생물 또는 담수생물 등에 대한 다양한 정보를 제공하는 아래의 시설 - 해양생물 또는 담수생물을 전체 용량이 300세제곱미터 이상이거나 전체 바닥면적이 200제곱미터 이상인 수조에 담아 보유 및 전시하는 시설 예외〉 애완동물 도·소매업을 영위하는 시설은 제외
	시설기준	다음의 시설을 모두 갖추어야 한다. 1. 사무실 또는 연구실 2. 전시시설(수조 포함) 3. 생물 진료시설 또는 격리시설(수조 포함) 4. 해수 또는 담수의 공급 및 정화시설

동물원 시설 설치와 관련해서는「박물관 및 미술관 진흥법」이외에도「도시공원 및 녹지 등에 관한 법」과「관광진흥법」등이 있지만, 정작 이 시설에 전시되는 동물에 대한 보호·보전·관리에 있어서는 관

련 법이 없었다. 이런 관리 제도 정비의 필요를 느껴 동물원 및 수족관의 설치에 관련된 법이 2013년 발의되어 2016년 5월 마침내 「동물원 및 수족관의 관리에 관한 법률」(이하 "이 법")이 제정되었다.

동물원과 수족관에 갇혀 있는 동물들의 권리를 옹호하고 복지를 향상시키기 위한 법률로서 이 시설에서는 애완동물 도·소매업을 영위하는 행위와 학대 행위 등이 제한되며 시설 내 동물의 시설과 사육사 등 전문 인력에 대한 기준을 이 법(시행령 별표1)에서 표와 같이 마련한 것이다. 아직도 근본적이고 구체적인 해결 방안을 내놓은 것은 아니고 오히려 미흡한 부분이 더 많다고는 하지만 동물의 권리를 생각하는 첫걸음이라는데 큰 의미가 있다고 생각된다.

❷ 식물원 vs 수목원

「성남시 식물원 및 생태학습원 운영·관리에 관한 조례」에서 식물원은 식물의 연구나 식물에 관한 지식을 보급하기 위하여 많은 종류의 식물을 모아 가꾸는 곳으로 일반인에게 개방하여 자연체험, 자연학습의 장으로 활용되는 공간이라고 정의하고 있다. "갑자기 웬 조례?"하고 의아해 할 것이다. 식물원은 「도시공원 및 녹지 등에 관한 법률」에서 공원시설의 한 종류로 정의하고 있는 것이 전부이고, 식물원의 정의 및 설치·관리 등에 대한 별도의 법령이 없어 조례를 인용하게 된 것이다.

다만 박물관 자료의 수집·관리·보존·전시 목적의 「박물관 및 미술관 진흥법」(이하 "이 법")의 적용을 받으며, 이 법에 따라 제1종 박물관 또는 미술관으로 등록을 하기 위해서는 표와 같이 이 법(시행령 별표2)에 정하는 시설 기준을 갖추어야 한다.

■ 박물관 및 미술관(식물원) 등록 요건

구 분	자료	학예사	시 설
식물원	실내: 100종 이상 야외: 200종 이상	1명 이상	1) 200㎡ 이상의 전시실 또는 6,000㎡이상의 야외전시장 2) 사무실 또는 연구실 3) 육종실 4) 묘포장 5) 식물병리시설 6) 비료저장시설

〈출처: 서울식물원 홈페이지〉

그럼 식물원은 수목원과 어떻게 다를까? 그 명칭에 대한 사전적 의미만 보면 '식물'은 '수목(목본 식물)'을 포함하는 대표적 생물계 중 하나이기 때문에 식물원이 수목원을 포함하는 것으로 보인다. 하지만 실제 시설의 형태는 수목원이 자연림으로 이루워진 큰 규모의 시설인데 반해 식물원은 이보다 규모가 작은 온실 형태의 건축물이 대부분이며, 일부는 수목원 내에 세워진 경우가 많아 사전적 의미와 반대이다. 그럼 수목원이 어떤 시설인지에 대해서도 좀 더 알아보자

❸ 수목원은 원래 공원처럼 휴식을 위해 만든 곳이 아니다.

수목원이라고 하면 숲속 같은 곳을 산책하고 즐기고 휴식하는 곳으로 생각하기 쉽지만 실제 수목원의 건립 목적은 다른 데 있다. 국가적으로 유용한 수목 유전 자원의 보전 및 자원화를 촉진함으로써 국토의 산림화와 목재 관련 산업 등을 뒷받침하기 위해 연구하는 곳이다.

수목원은 「수목원·정원의 조성 및 진흥에 관한 법률」(이하 "이 법")에서 수목을 중심으로 수목 유전자원을 수집·증식·보존·관리 및 전시하고 그 자원화를 위한 학술적·산업적 연구 등을 하는 시설이라고 정의하고 있다. 종류는 크게 국립, 공립, 사립, 학교 수목원으로 나뉘며 관련법에 의거 등록되기 위해서는 교목류·관목류 및 초본식물류를 합하여 1천 종류 이상이 되어야 한다. 수목원에 설치된 건축물로서는 증식·재배시설, 관리시설 등이 있고 이외에 수목유전자원 전시시설이 있는데, 이 전시 시설이 마목의 '식물원'에 해당한다.

이런 식물원과 숲을 이루는 많은 종류의 수목과 희귀식물 등도 재배·관리되기 때문에 수목원을 부수적으로 우리가 즐길 수 있는 것이다. 어찌 되었든 우리나라 최초의 홍릉 수목원(서울 소재)을 보더라도 연구 및 현장 교육과 도심 속의 휴식을 동시에 가져다주는 유익한 장소임에 틀림이 없다.

6. 종교시설

가. 종교집회장으로서 제2종 근린생활시설에 해당하지 아니하는 것

나. 종교집회장(제2종 근린생활시설에 해당하지 아니하는 것을 말한다)에 설치하는 봉안당(奉安堂)

■ 용도지역 내 건축물의 용도 제한

건축물의 용도	도시지역																관리지역(4층 이하)			농림지역	자연환경보전지역
	주거지역						상업지역				공업지역			녹지지역(4층 이하)							
	1종전용	2종전용	1종일반	2종일반	3종일반	준주거	중심	일반	근린	유통	전용	일반	준	자연	생산	보전	계획	생산	보전		
가. 종교집회장	△	△	○	●	●	●	●	●	●	○	×	○	○	○	×	○	○	×	○	○	△
나. 종교집회장에 설치하는 봉안당	△	△	○	●	●	●	●	●	●	○	×	○	○	○	×	○	○	×	×	○	△

(× : 금지, ● : 법령 허용, ○ : 조례 허용, ▲ : 법령 부분·제한적 허용, △ : 조례 부분·제한적 허용) ※제1종 일반주거지역: 4층 이하

가. 종교집회장으로서 제2종 근린생활시설에 해당하지 아니하는 것

❶ 종교단체는 민법에 따른 비영리 법인

대한민국 헌법에는 모든 국민에게 종교의 자유가 있다고 명시되어 있다. 현재 한국에는 자생 및 외래 종교 등을 합쳐 500여개 이상의 교단. 교파가 있다고 한다. 단일 민족 치고는 이렇게 많은 종교와 종파를 가지고 있다는 점에 대해 외국에서는 이를 연구를 할 정도라고 하니 이들이 보기엔 그 종류가 정말 많기도 많고 또 잘 공존(?)하고 있는 것이 신기한 모양이다.

국민의 절반 이상이 종교를 가지고 있으며, 대표적인 종교는 불교, 개신교, 천주교, 유교, 천도교, 원불교, 대종교 그리고 기타 종교 순으로 신도수를 보유하고 있다고 한다. 이런 종교의 집회장 및 관련 시설로 쓰이는 교회, 성당, 사찰, 기도원, 수도원, 수녀원, 제실(祭室), 사당, 그 밖에 이와 비슷한 시설들이 제2종 근린생활시설 나목과 함께 6)종교시설에 속한다.

면적을 기준으로 두 시설로 구분되는데, 바닥면적의 합계가 500㎡를 기준으로 그 미만이면 제2종 근생, 이상이면 종교시설에 속한다. 한 예로 상가 건물 등에 위치한 소규모 교회는 제2종 근생이고, 기준면적 이상으로 규모가 큰 교회 전용 건물이 종교시설에 해당한다.

앞서 언급했지만 종교는 그 종류도 많고 광범위하며 명확히 정의하기도 힘든 영역이다. 그리고 종교 및 집회장에 적용되는 별도의 법령도 없다. 대신 일부 종교집회장을 제외하고 대부분의 시설은 종교단체에 의해 운영되는데 이들의 단체 등록 관련 내용으로 종교단체를 알아볼 수 있다.

종교단체는「민법」제32조(비영리법인의 설립과 허가)에서 종교사업을 목적으로 하는 사단 또는 재단이 주무관청의 허가를 얻어 이를 법인으로 할 수 있도록 하고 있다. 또한 종교단체는 문화체육관광부나 지자체 문화담당부서에 비영리 법인으로 등록을 통해야만 그 지위를 얻게 되며 취득세 등의 비과세 적용 받을 수 있는 것이 특징이다.

이렇게 등록된 종교단체가 이용하는 시설이 대부분 종교시설에 속하며, 이외에도 문중(門中) 등에서 제사를 지내는 제실이나 사당 등도 종교집회장에 속한다. 대신 점을 보는 무당집이나 역술원 등은 종교집회장으로 볼 수 없으며 관련 내용은 제2종 근생 나목 종교집회장 내용을 확인하기 바란다.

나. 종교집회장(제2종 근린생활시설에 해당하지 아니하는 것을 말한다)에 설치하는 봉안당(奉安堂)

❶ 봉안당(납골당)이 모두 묘지 관련 시설은 아니다.

「장사 등에 관한 법률」(이하 "이 법")에 따른 장사 시설 중 하나인 봉안시설은 화장한 유골을 안치하는 시설을 말한다. 봉안당은 기존 납골당(納骨堂)에서 바뀐 것으로 이 명칭이 일반인들에게는 아직 낯설어서 많이 쓰이고 있지 않다. 납골당은 일본 법률 용어를 빌려 쓴 것으로, '돌아가신 분을 모신다'는 뜻의 '봉안당'으로 그 명칭이 바뀌었고, 건축법을 비롯한 관련 법령에서도 봉안당으로 모두 개정되었다.

기존 장묘문화는 매장 위주였지만 화장 후 봉안당과 자연장(수목장 포함)에 안장 하는 것이 이제는 보편화되어 실제 화장률은 80%를 훌쩍 넘어섰다고 한다. 화장후 고인을 모시는 봉안당은 화장시설 및 묘지관련 시설과 연계되어 있어 26)묘지 관련 시설에 속한다. 하지만 종교집회장 건축물 일부에도 봉안당 설치가 가능하도록 관련 법령 개정이 요구되면서 나목과 같은 시설도 6)종교시설에 포함되게 된 것이다. 결국 봉안당은 그 설치 장소에 따라 6)종교시설과 26)묘지 관련 시설로 나뉘게 된다.

하지만 종교시설 내의 봉안당의 시설 확충 계획이 늘게 되어 일부 지역에서는 봉안 관련 시설의 건립에 대해 지역주민이 반대하는 경우도 발생했다. 또한 봉안당이 종교시설에 포함될 수 있다는 점을 노려 종교집회장의 역할과 규모는 최소화하고 봉안당을 주 용도로 설치하여 지역주민과의 분쟁이 발생하는 경우까지 생겨났다.

나목의 시설은 일부 주거지역과 상업지역에서 설치가 가능하기 때문에 우리 일상생활과 밀접해질 수밖에 없다. 따라서 봉안당이 혐오시설이라는 인식이 남아있는 한 이러한 마찰은 꾸준히 지속될 것으로 예상된다.

〈출처: 참회와 속죄의 성당〉

〈출처: 달마사〉

7. 판매시설

가. 도매시장(「농수산물유통 및 가격안정에 관한 법률」에 따른 농수산물도매시장, 농수산물공판장, 그 밖에 이와 비슷한 것을 말하며, 그 안에 있는 근린생활시설을 포함한다)

나. 소매시장(「유통산업발전법」 제2조제3호에 따른 대규모 점포, 그 밖에 이와 비슷한 것을 말하며, 그 안에 있는 근린생활시설을 포함한다)

다. 상점(그 안에 있는 근린생활시설을 포함한다)으로서 다음의 요건 중 어느 하나에 해당하는 것

1) 제3호가목에 해당하는 용도(서점은 제외한다)로서 제1종 근린생활시설에 해당하지 아니하는 것

2) 「게임산업진흥에 관한 법률」 제2조제6호의2가목에 따른 청소년게임제공업의 시설, 같은 호 나목에 따른 일반게임제공업의 시설, 같은 조 제7호에 따른 인터넷컴퓨터게임시설제공업의 시설 및 같은 조 제8호에 따른 복합유통게임제공업의 시설로서 제2종 근린생활시설에 해당하지 아니하는 것

■ 용도지역 내 건축물의 용도 제한

건축물의 용도		도시지역																관리지역(4층 이하)			농림지역	자연환경보전지역
		주거지역						상업지역				공업지역			녹지지역(4층 이하)							
		1종전용	2종전용	1종일반	2종일반	3종일반	준주거	중심	일반	근린	유통	전용	일반	준	자연	생산	보전	계획	생산	보전		
가. 도매시장		×	×	△	△	△	○	●	●	△	●	△	▲	△	△	△	×	▲	△	×	×	×
나. 소매시장		×	×	△	△	△	○	●	●	△	●	△	▲	△	△	△	×	▲	△	×	×	×
다. 상점	일반게임제공업 이외의 시설	×	×	△	△	△	○	●	●	△	●	△	▲	△	△	△	×	▲	△	×	×	×
	일반게임제공업 시설	×	×	×	×	×	×	●	●	△	●	×	×	×	×	×	×	▲	×	×	×	×

(× : 금지, ● : 법령 허용, ○ : 조례 허용, ▲ : 법령 부분·제한적 허용, △ : 조례 부분·제한적 허용) ※제1종 일반주거지역: 4층 이하

가. 도매시장(「농수산물유통 및 가격안정에 관한 법률」에 따른 농수산물도매시장, 농수산물공판장, 그 밖에 이와 비슷한 것을 말하며, 그 안에 있는 근린생활시설을 포함한다)

❶ 일제강점기부터 시작된 도매시장

도매는 생산자와 중간 상인(도매인) 또는 중간 상인끼리의 거래를 말하는 것으로 최종 소비자와 거래하는 소매와 구별되는 것으로 이런 거래가 발생하는 곳을 '도매시장'이라고 한다. 도매시장에서 거래되는 농산물의 유통량이 전체의 약 50%가 이루어진다고 하니 처리 규모와 물류단계에서 얼마나 중요한 역할을 하고 있는지 알 수 있다.

도매시장과 관련된 법(중앙도매시장법)과 운영 체계가 만들어진 것은 일제 강점기 부터이다. 당시 민간의 도매시장을 열지 못하게 하고 '도매인과 경매 제도'를 강제로 도입시킨 것이다. 이는 기존 우리만의 전통 거래방식을 없애고 국내 전체 상권을 장악해 일본인들이 그 이익을 독점하기 위해서였다고 한다.

하지만 광복 이후 관련 법이나 제도를 개정하기는 했지만 기존 방식을 답습하는 정도였으며, 여전히 '도매인과 경매제도'를 바탕으로 도매시장이 운영되고 있다. 이런 도매시장에서 거래되는 품목이 바로 농수산물이기 때문에 가목의 도매시장의 종류도 「농수산물유통 및 가격안정에 관한 법률」(이하 "이 법")에 따른 도매시장, 공판장을 지칭한 것이다.

❷ 공영 및 민영 도매시장

농수산물 도매시장은 특별시·광역시·특별자치시 또는 특별자치도가 설치하는 중앙도매시장과 그 이외의 지자체가 설치하는 지방 도매시장이 있다. 이런 공영 도매시장 이외에도 민간이 운영하는 민영시장이 있으나 공영도매시장에서 대부분의 물량이 처리된다고 한다.

국내에는 약 50여 개의 대형 도매시장이 전국적으로 운영 중이며 대표적으로 가락동, 노량진 시장이 있다. 공영 도매시장은 대부분이 각 지자체에서 운영하고 있고 민간에서 각 시도의 허가를 받아 운영하는 민영 도매시장도 4곳이 운영 중이라고 한다.

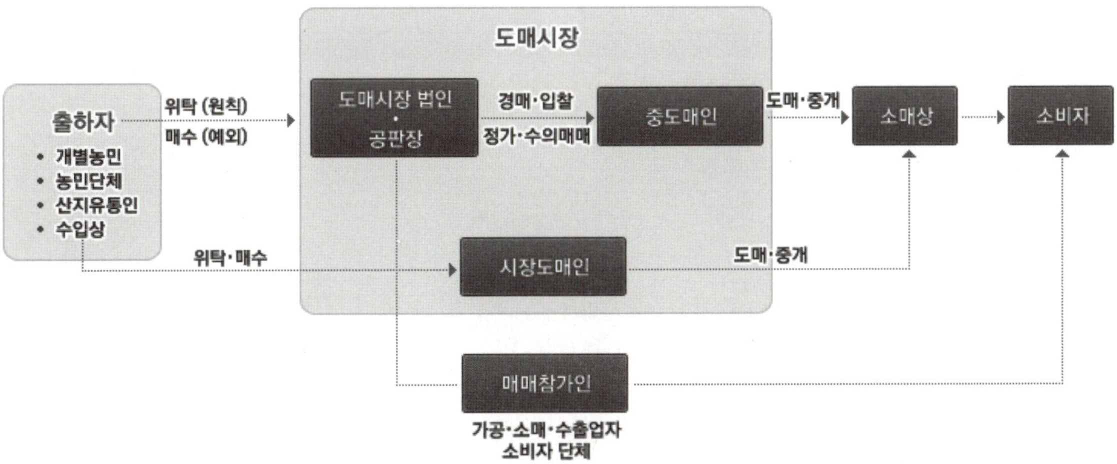

〈출처: 농림축산식품부 홈페이지〉

❸ 농수산물 가격 결정에 핵심주체인 공판장

공판장은 공동 판매의 줄임말로서 협동조합 등의 공동주체가 운영하는 시장을 말한다. 공동판매를 위해 지역농업·축산업 등의 각종 협동조합, 조합공동사업 법인·연합회, 그 밖에 법으로 정하는 생산자 관련 단체와 법인이 승인을 받아 개설·운영하는 사업장이다.

도매시장의 개설자가 지자체인 반면 공판장은 각종 협동조합 및 법인 등이라는 점과 도매시장에 비해 규모가 작은 것이 큰 차이점이다. 하지만 공판장도 역시 도매시장과 더불어 국내에 유통되는 농수산물의 가격 결정에 큰 역할을 하는 핵심주체이다.

참고로「농수산물 유통 및 가격안정에 관한 법률」의 적용을 받는 시설은 도매시장, 공판장 이외에도 농수산물종합유통센터가 있다. 농수산물종합유통센터는 농수산물의 출하 경로를 다원화하고 물류비용을 절감하기 위하여 설치되는 시설을 말한다. 도매시장과 공판장이 농수산물의 거래와 관련된 도매시장(판매시설)인 반면 이 시설은 물류와 관련된 시설이기 때문에 18)창고시설에 속한다.

가락동 농수산물시장 〈출처: 서울특별시〉

공판장 〈출처: 경남도청〉

■ 농수산물 유통 및 가격 안정에 관한 법률 적용 시설

구 분	내 용	용 도
중앙도매시장	특별시·광역시·특별자치시 또는 특별자치도가 개설한 해당 관할구역 및 그 인접지역에서 도매의 중심이 되는 농수산물도매시장. ex)가락동 농수산물시장,노량진 수산물시장, 부산 엄궁동 농산물시장 등	판매시설
지방도매시장	중앙도매시장 외의 농수산물도매시장	
민영도매시장	민간이 농수산물을 도매하기 위하여 시·도지사의 허가를 받아 개설하는 시장	
공판장	농·임·수·축 협동조합, 품목조합연합회, 산림조합, 생산자 관련 단체와 법인 등이 시·도지사 승인을 받아 개설·운영하는 사업장	
농수산물종합유통센터	국가·지자체가 설치하거나 이의 지원을 받아 설치된 것으로 농수산물의 출하 경로를 다원화하고 물류비용을 절감하기 위하여 농수산물의 수집·포장·가공·보관·수송·판매 및 그 정보처리 등 농수산물의 물류활동에 필요한 시설과 이와 관련된 업무시설을 갖춘 사업장	창고시설

나. 소매시장(「유통산업발전법」 제2조제3호에 따른 대규모 점포, 그 밖에 이와 비슷한 것을 말하며, 그 안에 있는 근린생활시설을 포함한다)

❶ 대규모 점포는 대표적 판매시설이다.

도매가 생산자와 중간 상인의 관계인 반면, 소매는 소비자의 직접 거래 관계를 말한다. 소비자와 직접 거래하는 소매시장으로 전통시장을 연상하기 쉽다. 하지만 나목에서는 소매시장의 대표적인 시설을 「유통산업발전법」(이하 "이 법")에서 정하는 대규모 점포라고 정하고 있다.

대규모 점포의 대표적인 예가 '전문 아울렛'이다. 소비자들의 다양한 소비 방식과 이에 걸맞는 판매 방식의 변화를 보여준 시설이기도 하다. 90년대 후반 문정동 등 로데오거리를 중심으로 소규모 점포들이 모여 만들어진 스트리트형 아울렛은 많은 변화를 거쳐 대규모 쇼핑몰형, 교외 프리미엄 아울렛, 도심형 아울렛 등 대규모 점포 형태로 발전되었다. 이런 아울렛 이외에도 도심에서 우리가 흔히 이용하는 백화점, 대형마트, 쇼핑센터 등이 모두 대규모 점포에 해당한다.

■ 대규모 점포의 종류

구 분		내 용
대규모 점포	1) 대형마트	- 매장면적(용역의 제공장소 제외) 합계가 3천 제곱미터 이상 - 식품·가전 및 생활용품 중심 - 점원의 도움 없이 소비자에게 소매하는 점포의 집단
	2) 전문점	- 매장면적(용역의 제공장소 제외) 합계가 3천 제곱미터 이상 - 의류·가전 또는 가정용품 등 특정 품목에 특화한 점포의 집단
	3) 백화점	- 매장면적(용역의 제공장소 제외) 합계가 3천 제곱미터 이상 - 다양한 상품을 구매할 수 있도록 현대적 판매시설과 소비자 편익시설이 설치된 점포 - 직영의 비율이 30퍼센트 이상인 점포의 집단
	4) 쇼핑센터	- 매장면적(용역의 제공장소 제외) 합계가 3천 제곱미터 이상 - 다수의 대규모점포 또는 소매점포와 각종 편의시설이 일체적으로 설치된 점포 - 직영 또는 임대의 형태로 운영되는 점포의 집단
	5) 복합 쇼핑몰	- 매장면적(용역의 제공장소 제외) 합계가 3천 제곱미터 이상 - 쇼핑, 오락 및 업무 기능 등이 한 곳에 집적, 문화·관광 시설로서의 역할 - 1개의 업체가 개발·관리 및 운영하는 점포의 집단
	6) 그 밖의 대규모 점포	- 1)부터 5)호까지의 규정에 해당하지 아니하는 점포의 집단으로서 다음 각 목의 어느 하나에 해당하는 것 가. 매장면적(용역의 제공장소 제외) 합계가 3천 제곱미터 이상 나. 용역의 제공장소를 포함하여 매장면적의 합계가 3천제곱미터 이상인 점포의 집단으로서 용역의 제공장소를 제외한 매장면적의 합계가 전체 매장면적의 100분의 50 이상을 차지하는 점포의 집단.

이처럼 대규모 점포는 매장면적이 최소 3,000㎡ 이상으로 제1, 2종 근생시설보다는 규모가 큰 시설을 말한다. 이 법에서 대규모 점포는 아래의 요건을 모두 갖춘 매장을 보유한 점포의 집단을 말하며 시설별 세부 내용은 앞 장의 표를 참조하기 바란다.

① 하나 또는 둘 이상의 연접되어 있는 건물(건물간 거리 50미터 이내, 지하도 또는 지상통로 설치) 안에 하나 또는 여러 개로 나누어 설치되는 매장일 것

② 상시 운영되는 매장일 것

③ 매장면적의 합계가 3,000㎡ 이상일 것

〈출처: 현대백화점〉

〈출처: 마리오아울렛〉

❷ 전통시장의 건축물의 용도는?

소비자가 물건을 직접 구매할 수 있는 점포의 대규모 밀집 형태인 소매 상가는 대형 쇼핑몰이나 백화점 이외에도 우리에게 가장 친근한 시설인 전통시장을 빼놓지 않을 수 없다. 이런 시장은 오랜 시간을 걸쳐 자연 발생적으로 생겨나 지역거점을 중심으로 소매상이 소비자와 직접 거래하는 장소이다.

먼저 전통시장에 대한 내용을 살펴보면, 관련 법령은 「전통시장 및 상점가 육성을 위한 특별법」(이하 "이 법")이다. 요즈음은 전통시장이 백화점이나 대형 할인마트에 밀려 상권이 무너지는 것을 방지하기 위해 통로 중앙에 지붕을 씌워 실내구조로 만들고 주차장도 신설하는 등 각종 편의시설을 제공하는데 힘쓰고 있는 것이 모두 이 법의 지원을 받아 이루어진 것으로 아래의 항목을 모두 충족해야 인정받을 수 있다.

가. 해당 구역 및 건물에 50개 이상의 점포가 밀집한 곳일 것

나. 「유통산업발전법」에 따른 판매를 지원하는 용역제공장소의 범위에 해당하는 점포수가 전체 점포수의 2분의 1 미만일 것

다. 그 밖의 기준

1. 도매업·소매업 또는 용역업을 영위하는 점포에 제공되는 건축물과 편의시설이 점유하는 토지면적의 합계가 1천 제곱미터 이상인 곳
2. 상가건물 또는 복합형 상가건물 형태의 시장인 경우에는 판매·영업시설과 편의 시설을 합한 건축물의 연면적이 1천 제곱미터 이상인 곳

그럼 나목의 소매시장에 이런 전통시장이 포함될까?

먼저 전통시장은 나목의 대표적 시설인 「유통산업발전법」(이하 "이 법")에서 정하는 대규모 점포의 종류에 속하지는 않는다. 2006년 이전까지 대규모 점포에는 다수의 점포에 도·소매업 및 용역업이 혼재되어 있는 매장이라고 정의한 '시장'이 포함되어 있었다. 하지만 다른 대규모 점포와의 규제 차별 적용 등을 이유로 2006년 이 법이 개정되면서 대규모 점포 종류에서 제외되게 되었다.

그렇다고 시장이 모두 판매시설에서 제외되는 것은 아니다. 시장의 형태는 노상판매, 상점가와 복합형 상가건물 등 다양한 형태를 띄고 있고 개별 필지에 개별 용도들이 밀집된 구조를 이루는 것이 특징이다. 따라서 대부분의 소규모 개별 점포들은 근생 등 개별 건축물의 용도에 속한다.

하지만 위의 조건 중에 상점들로 구성된 1천 제곱미터 이상의 복합형 상가 건물들은 판매시설로 분류된다. 물론 이들 시설들은 이 법에 따른 대규모점포 기준인 3천 제곱미터 보다는 작은 규모이다. 하지만 「건축법 시행령」별표1에 따라 제1종 근생 가목 시설의 면적 기준(1천 제곱미터)을 넘기 때문에 판매시설로 분류되는 것이다. 결국 관련 법에 따른 분류 기준보다는 「건축법」에 따른 건축물 용도 분류의 이유와 취지의 관점에서 '기타 이와 유사한' 시설로서 포함되는 것이다.

❸ 상점가와 전문상가

위의 시설 이외에 「유통산업발전법」(이하 "이 법")을 적용받는 시설로 '상점가'와 '전문상가' 단지가 있으며 두 시설 모두 도·소매점포 또는 용역점포가 밀집하여 있는 곳이다.

상점가는 일정 범위의 가로 또는 지하도에 밀집해 있는 지구를 말한다. 대로나 시장 주변, 로터리·광장 등의 하부 지하에 밀집된 상점가를 방문해 본 적이 있을 것이다. 유동인구가 많이 모이는 지하철 역사와 연계되어 개발된 형태가 많은데, 지상의 도로를 건너기 위한 지하 보도의 역할과 지하철을 이용하기 위해 자연스럽게 거쳐 가는 통로의 역할을 하기 때문에 많은 점포와 방문객으로 분비는 것이다.

요즈음 생겨나는 대규모 쇼핑몰이나 아울렛의 전신이라고 할 만큼 각 구역마다 유사 업종 점포들이 위치하며 각종 편의시설, 휴게광장, 식당가까지 갖추고 있다. 대표적인 상점가인 부평역 지하상가의 경우에는 단일면적으로는 세계 최대 점포수를 자랑할 만큼 그 규모도 크다. 이러한 상점가는 지하 건축물을 활용한 것으로 개별 필지로 구분되는 것이 아닌 단일 건축물 내에 개별 점포 형태로 구성되기 때문에 이들 시설 역시 소매시장과 유사한 건축물로서 판매시설에 속한다.

전문상가 단지는 이 법에서 같은 업종의 점포 및 부대시설 등을 집단으로 설치하여 만든 상가단지라고 정의하고 있다. 세운상가나 구로 등 공장시설 인근 지역과 기차역이나 고속버스터미널 인근에 기계부품, 공구, 전기·전자, 가전, 악기 등 전문분야별로 들어서 있는 대규모 시설들이 여기에 해당한다.

대표적 전문상가 단지인 용산전자상가는 세운상가의 전자상인들을 이주시키면서 생겨난 곳으로 컴퓨터 및 관련 부품 등을 전문으로 판매하는 곳이다. 이들은 하나의 건물 내에 수많은 소규모 점포들이 밀집해 있는 판매시설로서 이런 전문 상가 건축물 여러 곳이 서로 연결되어 지구를 형성하고 있는 것이 특징이다.

부평지하상가 〈출처: 인천관광공사〉

〈출처: 용산전자랜드〉

■ 유통산업발전법 적용 시설

구 분	내 용	용 도
대규모점포	1) 대형마트 2) 전문점 3) 백화점 4) 쇼핑센터 5) 복합 쇼핑몰 6) 그 밖의 대규모점포	판매시설
상점가	일정 범위의 가로(街路) 또는 지하도에 이 법에서 정하는 규모 이상의 도매점포·소매점포 또는 용역점포가 밀집하여 있는 지구	
전문상가단지	같은 업종을 경영하는 여러 도매업자 또는 소매업자가 일정 지역에 점포 및 부대시설 등을 집단으로 설치하여 만든 상가단지	
준대규모점포	다음 어느 하나에 해당하는 점포로서 슈퍼마켓과 기타 음·식료품 위주 종합 소매업을 영위 하는 점포 - 대규모점포를 경영하는 회사 또는 그 계열회사가 직영하는 점포 - 상호출자 제한 기업집단의 계열회사가 직영하는 점포 - 직영점형 체인사업 및 프랜차이즈형 체인사업의 형태로 운영하는 점포	판매시설/ 제1종 근생
집배송 시설	상품의 주문처리·재고관리·수송·보관·하역·포장·가공 등 집하(集荷) 및 배송에 관한 활동과 이를 유기적으로 조정하거나 지원하는 정보처리활동에 사용되는 기계·장치 등의 일련의 시설	창고시설
공동 집배송센터	여러 유통사업자 또는 제조업자가 공동으로 사용할 수 있도록 집배송시설 및 부대업무시설이 설치되어 있는 지역 및 시설물	

다. 상점(그 안에 있는 근린생활시설을 포함한다)으로서 다음의 요건 중 어느 하나에 해당하는 것
1) 제3호가목에 해당하는 용도(서점은 제외한다)로서 제1종 근린생활시설에 해당하지 아니하는 것

❶ 소매점과 도매점도 상점에 속한다.

다목의 상점은 모든 점포를 포함하지는 않고 제1종 근생의 가목에 해당하는 용도만으로 한정된다. 식품·잡화·의류·완구·서적·건축자재·의약품·의료기기 등 일용품을 판매하는 소매점으로 바닥면적의 합계가 1천㎡ 이상의 건축물을 말한다. 제2종 근생에서 설명했듯이 서점을 제외하는 것은 서적을 판매하는 소매점으로 1천㎡이상은 모두 제2종 근생에 해당하기 때문이다.

상점의 범위를 명확히 정의하기는 어렵다. 별도의 법에서 상점을 정의하고 있지 않으며, 보통 일용품을 판매하는 중소형 소매점을 상점이라 부른다. 하지만 「유통산업발전법」(이하 "이 법")에서 "상점가"를 일정 범위의 가로 또는 지하도에 대통령령으로 정하는 수 이상의 도매점포·소매점포 또는 용역점포가 밀집하여 있는 지구라고 정의하듯이 도·소매 점포부터 영업·판매 활동이 이루어지는 사업장 모두를 포함해서 '상점'이라고 부르고 있다.

이런 이유로 3)제1종 근린생활시설 가목에서도 설명하였지만 건축물의 용도 구분을 상점의 용도가 소매냐 도매에 따라 구분하고 있지 않다. 따라서 일용품을 판매하는 소매점 또는 도매점으로서 가목이나 나목의 시설을 제외한 그 규모가 1천 제곱미터 이상의 점포는 판매시설인 다목의 상점에 속한다.

❷ 동네상권까지 위협하는 준 대규모 점포

준대규모 점포는 대규모 점포 경영회사나 체인사업 형태의 기업형 수퍼마켓(SSM)을 말하며, 매장면적의 합계가 3,000㎡ 미만의 점포를 말한다. 이마트나 홈플러스 등 대형마트들은 2000년대 중반까지 급성장을 했지만 치열한 규모와 점포 수 경쟁으로 한계에 도달하게 되었다.

그러자 대기업들은 대형마트보다 작은 규모의 SSM(Super SuperMarket)을 기존 대형마트와 유사 브랜드로 출범하고 소규모 도시와 동네까지 침투하게 되었다. 이러다 보니 기존 동네 대형슈퍼 자리를 대신하거나 경쟁자로 들어서면서 동네상권 붕괴 우려의 목소리까지 나오고 있다.

「유통산업발전법」(이하 "이 법")에서 준대규모 점포를 아래 어느 하나의 것에 해당하는 것으로 정의하고 있다. 또한 한국표준산업 분류상으로는 슈퍼마켓(47121)과 기타 음·식료품 위주 종합소매업(47129)을 영위하는 점포에 해당한다.

① 대규모점포를 경영하는 회사 또는 그 계열회사가 직영하는 점포

② 상호출자 제한 기업집단의 계열회사가 직영하는 점포

③ ① 및 ② 또는 계열회사가 직영점형 체인사업 및 프랜차이즈형 체인사업의 형태로 운영하는 점포

준대규모 점포는 홈플러스 익스프레스, 이마트 에브리데이, 노브랜드 등이 대표적인 예로서 그 규모는 다양한다. 따라서 준대규모 점포의 건축물 용도는 해당 용도로 사용되는 바닥면적 기준(1,000㎡)에 따라 근생시설과 판매시설로 구분될 수 있다.

〈출처: 노브랜드 홈페이지〉

〈출처: 네이버 플레이스〉

❸ '그 안에 있는 근린생활시설을 포함한다'의 의미는?

판매시설의 종류인 가, 나, 다 목의 조건에는 모두 '그 안에 있는 근린생활시설을 포함한다.' (이하 "이 조건")라는 문구가 삽입되어 있다. 이 조건의 의미는 무엇이며 왜 각 항목마다 삽입되어 있는 것일까?

앞서 말한 바와 같이 위의 용도들 중에는 SSM과 같이 단일 점포로 이루어진 경우를 제외하고는 대부분의 도·소매 시장, 상점가, 전문상가들은 소규모 점포들의 집단으로 구성되어 있다. 각각의 점포로서는 그 규모가 작기 때문에 점포 각각은 근생으로 분류될 수 있지만 개별이 아닌 집단구성의 개념으로 보아 이들을 판매시설로 본다는 의미이다.

예를 들면 백화점 내의 근생 용도의 작은 점포를 개별 용도로 분류하는 것이 아니고 백화점 하나의 판매시설로 본다는 것이다. 하지만 하나의 건물 내에 백화점과 일반 상점들이 위치한 경우 백화점 내의 상점을 포함한 하나의 시설 용도가 판매시설이지만 백화점과 분리된 시설들은 근생으로 분류되어야 한다.

|질의|

판매시설 내 근린생활시설의 용도분류

「건축법 시행령」 별표 1 제7호다목의 상점은 그 안에 있는 근린생활을 포함하는 바, "그 안에 있는 근린생활시설"에 상점의 구획 내부에 있는 것만 해당되는지 아니면 층을 달리하는 등 상점의 구획 바깥에 있는 근린생활시설도 포함되는지?

|회신|

「건축법 시행령」 별표 1 제7호다목의 상점은 그 안에 있는 근린생활을 포함하는 바, 이는 상점이 일정규모 이상이면 상점 내부에 설치된 근린생활시설을 모두 포함하여 판매시설로 분류한다는 것이며, 상점의 바깥에 있는 근린생활시설까지 판매시설로 분류해야 하는 것은 아닙니다.

출처: 국토해양부 건축기획과-4949, 2008. 10. 30.

다. 상점(그 안에 있는 근린생활시설을 포함한다)으로서 다음의 요건 중 어느 하나에 해당하는 것

2) 「게임산업진흥에 관한 법률」 제2조제6호의2가목에 따른 청소년게임제공업의 시설, 같은 호 나목에 따른 일반게임제공업의 시설, 같은 조 제7호에 따른 인터넷컴퓨터게임시설제공업의 시설 및 같은 조 제8호에 따른 복합유통게임제공업의 시설로서 제2종 근린생활시설에 해당하지 아니하는 것

❶ 성인오락실은 다 불법시설일까?

청소년게임제공업의 시설, 인터넷컴퓨터게임시설제공업의 시설, 복합유통게임제공업의 시설은 바닥면적 합계가 500㎡ 미만이면 제2종 근린생활시설, 그 이상은 판매시설에 속한다. 세부 업종에 관한 자세한 내용은 제2종 근생 사목과 아래 표를 참조하기 바란다.

이들과 유사한 시설이지만 면적에 따른 근생과 판매시설의 구분이 없이 판매시설에 속하는 업종이 일명 성인오락실(포카, 바둑이, 맞고)인 '일반게임제공시설'이다. 2000년대 세상을 시끄럽게 했던 '바다이야기'처럼 불법, 편법, 사행성 게임 등으로 낙인이 찍히게 되어 성인오락실 하면 아예 불법 시설이라고 생각하기 쉽지만, 실제 「게임산업진흥에 관한 법률」(이하 "이 법")의 적용을 받는다.

일반게임제공업의 시설은 이 법에서 청소년이용불가 게임물과 전체이용가 게임물을 설치하여 공중의 이용에 제공하는 영업으로 정의하고 있다. 불법 영업 방지 및 미성년자 출입 단속 등을 위해 영업장 내 밀폐 공간 미 설치, 유리창 및 조명 설치 등에 대한 규제를 두고 있다. 또한 이 법에서는 일반게임제공업은 면적에 관계 없이 주거지역에 설치할 수 없다고 명시하고 있어 근생 용도로 분류되지 않는다.

▪ 게임관련시설 분류

구 분		내 용	용 도	
			500㎡ 미만	500㎡ 이상
게임제공업	청소년게임제공업	등급분류된게임물 중 전체이용가게임물을 설치하여 공중의 이용에 제공하는 영업	제2종 근생	판매시설
게임제공업	일반게임제공업	등급분류된게임물 중 청소년이용불가게임물과 전체이용가게임물을 설치하여 공중의 이용에 제공하는 영업 〈청소년:18세 미만의 자(고등학교 재학중인 학생 포함)〉	판매시설	판매시설
인터넷컴퓨터게임시설제공업		컴퓨터 등 필요한 기자재를 갖추고 공중이 게임물을 이용하게 하거나 부수적으로 그 밖의 정보제공물을 이용할 수 있도록 하는 영업:PC방	제2종 근생	판매시설
복합유통게임제공업		게임제공업 또는 인터넷컴퓨터게임시설제공업과 이 법에 의한 다른 영업 또는 다른 법률에 의한 영업을 동일한 장소에서 함께 영위하는 영업	제2종 근생	판매시설

2016년 이전에는 이 법 제26조(게임제공업 등의 허가 등)에서도 건축법상 용도 분류를 판매시설로 해당한다고까지 명시되어 있었다. 하지만 건축법에서 판매시설로 규정하고 있기 때문에 굳이 표기할 이유가 없어 이 내용은 16년 2월 삭제되었다. 이렇게 성인오락실의 설치 등과 허가 요건 등에서 다른 게임제공업과 달리 까다롭다. 아직도 일부 업소에서는 청소년게임제공업 등으로 신고하고 실제는 게임기기를 개·변조해 사행성 게임으로 둔갑시켜 영업하는 등 불법행위가 아직도 해결되지 않은 숙제이기 때문이다.

❷ 성인 PC방은 어떤 업종에 속할까?

술집들이 즐비한 유흥가에서 가끔 '성인 PC방'이라는 간판을 볼 수 있다. 이 시설의 간판에 써 있는 게임, 영화, 전화라는 문구만 보더라도 대충 짐작이 갈 것이다. 불법 음란물을 관람하고, 전화로 낯선 이성과의 만남을 주선하고, 불법 도박사이트 접속 등을 할 수 있는 불법의 온상지이다.

하지만 위에서 소개했던 「게임산업진흥에 관한 법률」(이하 "이 법")의 적용을 받는 일반게임제공업과 유사해 보이지만 전혀 다른 시설이다. 보통 이들은 신종 업종인 '전화방'으로 사업자 등록을 하는데, 문제는 이 업종이 '자유업종'이라는 것이다.

'자유업종'(부록에서 설명)이기 때문에 장소와 시설에 따른 기준이 별도로 없다. 따라서 영업을 위한 등록이 쉬워 무분별하게 설치가 되기도 한다. 심지어는 '일반게임제공업'과 달리 주택가까지도 침투해 설치되기도 해서 사회적 문제를 일으키고 있다. 하지만 관련 법규 등의 부재로 별도의 단속이 어려운 실정이라고 한다.

일반게임제공업소

성인 PC방 〈출처: 제주의 소리〉

8. 운수시설

가. 여객자동차터미널
나. 철도시설
다. 공항시설
라. 항만시설

■ 용도지역 내 건축물의 용도 제한

건축물의 용도	도시지역																관리지역(4층 이하)			농림지역	자연환경보전지역
	주거지역						상업지역				공업지역			녹지지역(4층 이하)							
	1종전용	2종전용	1종일반	2종일반	3종일반	준주거	중심	일반	근린	유통	전용	일반	준	자연	생산	보전	계획	생산	보전		
가. 여객자동차터미널	×	×	×	×	×	○	●	●	△	●	○	●	●	○	×	×	○	×	×	×	×
나. 철도시설	×	×	×	×	×	○	●	●	△	●	○	●	●	○	×	×	○	×	×	×	×
다. 공항시설	×	×	×	×	×	○	●	●	△	●	○	●	●	○	×	×	○	×	×	×	×
라. 항만시설	×	×	×	×	×	○	●	●	△	●	○	●	●	○	×	×	○	×	×	×	×

(× : 금지, ● : 법령 허용, ○ : 조례 허용, ▲ : 법령 부분·제한적 허용, △ : 조례 부분·제한적 허용)

가. 여객자동차터미널

❶ 공영터미널과 공용 터미널의 차이

여객자동차는 승객을 태우고 해당 구간을 정기적 또는 탄력적으로 운행하는 것을 말한다. 관련 법령은 「여객자동차 운수사업법」(이하 "이 법")으로 표와 같이 여객자동차의 종류에 택시와 버스를 모두 포함한다. 하지만 가목의 시설과 관련 있는 여객자동차는 버스를 말하며, 버스관련 운송업 중에서도 노선 여객자동차운송의 하나인 '시외버스 운송사업' 관련 시설을 말한다.

국내에서 터미널이 생기게 된 것은 '한진관광'이 미군버스를 개조해 노선 버스를 운행하면서 부터이다. 우리나라 최초 고속도로가 경인고속도로였기 때문에 서울과 인천을 오가는 좌석버스가 처음 생겼으며, 69년 첫 고속버스 회사(한진고속)가 세워졌다. 이후 본격적으로 전국에 실핏줄처럼 엮어진 버스 노선망이 생기게 되면서 버스의 기종점 역할을 하는 여객자동차터미널(정류소)도 만들어진 것이다.

여객자동차터미널은 이 법에서 도로의 노면이나 그 밖에 일반교통에 사용되는 장소가 아닌 곳으로서 승합자동차(11인 이상 운송)를 정류시키거나 여객을 승하차시키기 위하여 설치된 시설과 장소라고 정의하고 있으며, 그 종류를 공영터미널과 공용터미널로 나누고 있다.

■ 여객자동차 운송사업의 종류

<table>
<tr><th>구 분</th><th colspan="3">내 용</th></tr>
<tr><td rowspan="4">여객자동차
운송사업</td><td>정의</td><td colspan="2">다른 사람의 수요에 응하여 자동차를 사용하여 유상(有償)으로 여객을 운송하는 사업</td></tr>
<tr><td rowspan="3">종류</td><td>노선(路線)
여객자동차운송</td><td>가. 시내버스운송사업
나. 농어촌버스운송사
다. 마을버스운송사업
라. 시외버스운송사업</td></tr>
<tr><td>구역(區域)
여객자동차운송</td><td>가. 전세버스운송사업
나. 특수여객자동차운송사업
다. 일반택시운송사업
라. 개인택시운송사업</td></tr>
<tr><td>수요응답형
여객자동차운송</td><td>농촌과 어촌을 기점 또는 종점으로 하고, 운행계통·운행시간·운행횟수를 여객의 요청에 따라 탄력적으로 운영하여 여객을 운송하는 사업</td></tr>
</table>

공영터미널과 공용터미널의 차이는 소유 주체에 따라 구분된다. 공영터미널은 여객자동차운송사업에 사용하는 승합자동차를 정류시키기 위한 공영차고지로 사용하기 위하여 지방자치단체가 소유·운영하는 터미널이다. 반면 공용터미널은 공영터미널 이외의 여객자동차터미널로서, 보통 각 지역 및 여건에 따라 특정 민간 운수회사 또는 법인에서 운영하는 곳을 말한다.

이들 여객자동차 터미널이 이 법에 따른 공사시행 인가를 받기 위해서는 별도의 시설기준을 충족해야 하는데 터미널의 구조와 차로, 정류장소, 승강장, 대합실 등의 세부시설은 「여객자동차 터미널 구조 및 설비에 관한 규칙」 별표1에서 규정하고 있다.

반면 이와 유사 시설인 택시나 시내버스 차고지는 8)운수시설이 아닌 20)자동차 관련 시설에 해당한다. 두 시설이 다른 용도로 구분되는 이유는 터미널과 같은 운수시설은 일반 승객에게 편의를 제공하는데 시설의 목적이 있다. 이에 반해 버스나 택시의 차고지는 차량정비, 유지관리, 보관 등 자동차 소유 및 관리 주체와 관련된 시설이라는 점에서 차이가 있기 때문에 자동차 관련 시설에 속하는 것이다.

공용터미널 〈출처: 나무위키〉

공영터미널 〈출처: 위키백과〉

❷ 고속버스터미널과 시외버스터미널은 어떻게 다를까?

「여객자동차 운수사업법」(이하 “이 법”)에 따르면 노선여객자동차운송업 중 하나인 시외버스 운송사업은 고속형, 직행형, 일반형으로 나뉘는데, 보통 고속형을 고속버스, 직행형과 일반형을 시외버스로 구분하고 있다.

고속버스와 시외버스의 차이는 운행 거리와 중간정차 여부로 크게 구분되며 고속형은 운행 거리가 100km 이상이어야 한다. 또한 운행구간의 60%이상을 고속도로 위를 달려야 하고 휴게소 등을 제외하고는 직행형이나 일반형처럼 중간 정차를 하지 않는다는 것이 가장 큰 차이점이다.

이러한 구분 때문에 통상 고속형 운송사업 노선을 담당하는 곳을 고속버스 터미널로, 직행형과 일반형 노선의 집단을 시외버스터미널로 부르고 있다. 또한 예약 등을 도와주는 스마트폰 버스 앱도 고속버스와 시외버스로 구분되어 있었던 것도 이런 이유에서이다.(현재 통합 앱으로 사용)

지금도 일부 지역에서는 고속버스나 시외버스 각각의 전용 터미널로 구분된 곳이 많아서 고속버스를 이용해 해당 지역에 도착한 후 별도의 시외버스 터미널이 있는 곳으로 이동해야 시외버스를 이용할 수 있다. 하지만 점차 고속버스와 시외버스터미널의 전용 여부에 얽매이지 않고 한 장소에 다양한 운행형태가 혼합된 종합터미널로 발전하고 있는 것이 추세이다.

■ 시외버스 운송사업 종류

구 분	내 용
고속형	시외고속버스 또는 시외우등고속버스를 사용하여 - 운행거리가 100킬로미터 이상 - 운행구간의 60퍼센트 이상을 고속국도로 운행 - 기점과 종점의 중간에서 정차하지 아니하는 운행형태 예외〉 고속국도변의 정류소 중간정차, 국토교통부장관이 인정한 중간정차, 고속국도 휴게소의 환승정류소에서 중간 정차하는 경우
직행형	시외우등직행버스 또는 시외직행버스를 사용하여 - 기점 또는 종점이 있는 행정구역이 아닌 다른 행정구역에 있는 1개소 이상의 정류소에 정차하면서 운행하는 형태 예외〉 운행거리가 100킬로미터 미만, 운행구간의 60% 미만 고속국도 운행하는 경우
일반형	시외우등일반버스 또는 시외일반버스를 사용하여 각 정류소에 정차하면서 운행하는 형태

나. 철도시설

❶ 근대화의 발판이었던 철도시설

열차 발명은 기존 인력이나 마차를 이용하던 시대의 운송 한계를 뛰어 넘는 획기적인 발전이었다. 물론 열차를 달리게 하는 증기기관과 열차가 달릴 수 있는 레일을 만들기 위한 철의 제강기술, 이 두 가지의 획기적인 과학발명품이 있었기에 가능했다.

이런 철도시설이 우리나라에는 1900년 전후에 처음 도입되었다. 1899년에 노량진과 제물포를 잇는 경인선 개통을 시작으로 경부선, 호남선, 경의선 등이 1900년대 초반 건설되었다. 당시 철도 건설의 주요 목적은 일본의 전쟁 준비를 위한 물자, 무기 수송 등이었지만 우리나라가 근대화로 발전하는 발판이었다는 점에서는 그 역할을 부정할 수 없다.

철도 관련 내용은 「철도의 건설 및 철도시설 유지관리에 관한 법률」에서 찾아볼 수 있다. 우선 철도란 여객 또는 화물을 운송하는데 필요한 철도시설과 철도차량 및 이와 관련된 운영·지원체계가 유기적으로 구성된 운송체계를 말한다. 그리고 그 종류를 고속철도, 광역철도, 일반철도로 구분하고 있다.

고속철도는 KTX와 SRT를 말하며, 광역철도는 둘 이상의 시도에 걸쳐 운행되는 철도를 말한다. 호남선, 경부선 등의 철도를 비롯해 서울 지하철 1호선 등의 도시 철도도 광역철도에 포함되며, 이외의 철도를 일반철도로 구분하고 있다. 따라서 이들을 이용하는 서울역 등의 기차 역사와 더불어 도시의 지하철 역사까지 모두 나목의 철도시설에 속한다.

전국적으로 철도망이 잘 짜여진 우리나라로서는 철도시설의 면적도 상당하다. 보도자료에 따르면 부산 도심의 철도시설의 경우만 보더라도 여의도 면적의 약 1.7배에 달할 정도라고 하니 실제 전국적으로는 그 규모가 엄청날 것이다.

이렇게 철도시설 면적이 상당한 이유는 관련 법에서 철도 시설을 역사 이외에도 철도의 운행 및 유지관리와 관련된 시설들을 포함을 하고 있기 때문이다. 선로뿐만 아니라 역에 설치된 판매·업무·숙박·문화집회시설, 건축설비 및 보수기지·차량유치·전력·통신관련 시설 등과 더불어 철도의 연수·교육훈련시설 그리고 철도 건설사업에 필요한 공사용 시설 까지도 여기에 포함하고 있다. 물론 이들 시설이 모두 나목에 속하기 보다는 설치 규모나 시설물의 단독 설치 여부 등을 판단하여 개별 건축물의 용도로 분류되어야 할 경우도 있다.

이런 철도역사 및 시설은 도심의 교통 요충지에 위치하기 때문에 개발 잠재력도 엄청나다. 특히 백지화 되기는 했지만 단군 이래 최대 개발사업으로 불리던 용산역 정비창 등 철도시설을 개발하는 '용산국제업무지구'개발과 이미 개발 완료되었거나 현재 추진 중에 있는 주요 역을 중심으로 하는 역세권 개발계획 등이 이런 사실을 보여준다.

■ 철도의 종류

구 분	내 용
고속철도	열차가 주요 구간을 시속 200킬로미터 이상으로 주행하는 철도로서 국토교통부장관이 그 노선을 지정·고시하는 철도
광역철도	둘 이상의 시·도에 걸쳐 운행되는 도시철도 또는 철도로서 대통령령으로 정하는 요건에 해당하는 도시철도 또는 철도 *도시철도: 도시교통의 원활한 소통을 위하여 도시교통권역에서 건설·운영하는 철도·모노레일·노면전차·선형유도전동기·자기부상열차 등 궤도에 의한 교통시설 및 교통수단〈도시철도법 제2조〉
일반철도	고속철도와 도시철도를 제외한 철도

철도역사

지하철 역사 〈출처: 나무위키〉

다. 공항시설

❶ 공항과 비행장의 차이는?

보통은 공항과 비행장을 같은 시설로 생각하기 쉬운데 이 두 시설의 구분을 통해 공항시설에 대해 알아보려고 한다. 우리나라 공항 대부분이 처음에는 일제 강점기에 일본 군용 비행장으로 만들어졌고, 이후 한국전쟁을 거쳐 미군과 우리나라 공군이 사용하게 되었다. 이후 민간 공항으로 전환되더라도 공군 비행장과 민간 공항을 같이 이용하다 보니 시설 구분에 어려운 점이 있었다.

명칭에 있어서 구분을 해보면 「공항시설법」(이하 "이 법")에서 공항을 공항시설을 갖춘 공공용 비행장으로서 국토교통부장관이 그 명칭·위치 및 구역을 지정·고시한 것이라고 정의하고 있다. 반면 비행장은 항공기·경량항공기·초경량비행장치의 이륙과 착륙을 위하여 사용되는 육지 또는 수면의 일정한 구역으로서 1. 육상비행장 2. 육상헬기장 3. 수상비행장 4. 수상헬기장 5. 옥상헬기장 6. 선상 헬기장 7. 해상구조물헬기장을 말한다. 또한 공항시설과 연계된 공공용 비행장 이외에도 민간 등에서 사용하고 있는 곳 모두를 포함한다.

결국 비행장은 모든 비행 가능 물체가 이착륙하는 공간을 지칭하는 큰 개념이며, 공항은 비행장 중 하나에 속하는 것이다. 대신 공항에는 모든 비행장에 없는 세관, 출입국 관리, 검역 등의 시설이 추가 설치되는 것이 큰 차이이며, 이들 시설이 모두 다목 공항시설에 속한다.

❷ 도심공항터미널도 공항시설이다!?

이외에도 공항으로서의 역할을 하기 위한 구체적인 공항시설은 「공항시설법」(이하 "이 법")에서 다음과 같이 정하고 있다.

① 항공기의 이륙·착륙 및 여객·화물의 운송을 위한 시설

② 그 부대시설 및 지원시설로서 공항구역에 있는 시설과 공항구역 밖에 있는 시설 중 대통령령으로 정하는 시설로서 국토교통부장관이 지정한 시설

여기서 '대통령령으로 정하는 시설'은 기본시설(이착륙, 여객시설 및 화물처리, 항행안전, 통신 등), 지원시설(점검·정비, 운항관리·의료·교육 훈련시설, 공항 운영·관리, 편의·후생복지, 이용객 업무·숙박·판매, 환경보호 시설 등), 도심공항터미널, 헬기장에 있는 여객시설과 화물처리시설 및 운항지원시설, 공항구역 내 자유무역지역에 설치하려는 시설 등이 여기에 해당된다.

물론 이 모든 시설이 다목의 공항시설에 속하는 것은 아니고, 철도시설과 마찬가지로 설치 규모나 시설물의 단독 설치 여부 등을 판단하여 개별 건축물의 용도로 분류되어야 할 경우도 있는데 그 좋은 예가 '도심공항터미널'이다. 이 시설은 공항까지 가서 수속을 마치는 불편을 해소하기 위해 도심에서 모든 수속을 마칠 수 있도록 편의를 제공하는 공항 관련 시설이다.

따라서 도심공항터미널은 이 법에 따라 공항시설 중 하나에 속하지만, 건축물의 용도 분류에서는 다목의 공항시설에 해당하지 않는다. 삼성동 코엑스나 서울역에 있는 공항터미널만 보더라도 이 시설은 주 용도인 업무시설이나 철도시설의 부속 용도로서의 역할과 공간 활용 정도만 하고 있다. 또한 용도 분류 성격상 공항 자체의 운영 및 유지관련 시설이기 보다는 이용자의 편의를 위한 외부의 연계 시설이라는 점에서 다목의 시설에 속하는 데에는 한계가 있다.

공항

비행장 〈출처: 울진비행훈련원〉

라. 항만시설

❶ 항만은 무역항과 연안항으로 나뉜다.

우리나라는 3면이 바다로 둘러싸여 있고 북으로는 휴전선에 막혀 있어 실제 반도보다는 섬에 가까운 상황이어서 어업뿐만 아니라 조선업, 해운업 등의 산업 비중이 상당히 높다. 또한 수출 주도형 무역구조와 수입·수출의 대부분이 바로 무역항을 통해 이루어지고 있기 때문에 우리나라에서 항만의 중요도는 상당히 높다.

「항만법」(이하 "이 법")에서 항만을 선박의 출입, 사람의 승선·하선, 화물의 하역·보관 및 처리, 해양친수활동 등을 위한 시설과 화물의 조립·가공·포장·제조 등 부가가치 창출을 위한 시설이 갖추어진 곳이라고 정의하고 있다. 그 종류는 해외로 연결되는 무역항과 기타 국내만을 연결하는 연안항으로 구분되며 전국에 골고루 분포되어 있다.

무역항은 국민경제, 공공의 이해에 밀접한 관계가 있고 주로 외항선이 입항·출항하는 지정된 항만으로 부산, 인천, 울산 등의 주요 항만이 여기에 해당한다. 이외의 항은 연안항으로 분류되며 국내 항을 운항하는 선박이 입항·출항하는 지정된 항만을 말한다.

❷ 항만법에 따른 항만시설 4가지

항만시설은 「항만법」(이하 "이 법")에서 항만구역(항만의 해상구역과 육상구역)안의 시설과 해양수산부장관이 지정·고시한 항만구역 밖의 시설로서 항만의 역할을 하기 위한 기본시설, 기능시설, 지원시설, 항만친수시설로 나눠며 세부 내용은 다음 장의 표와 같다. 그럼 이 법에서 정하는 이 모든 시설이 건축법의 항만시설에 해당되는 것일까?.

이 항만시설은 대규모 인프라 시설이기 때문에 시설의 범위가 상당히 넓다. 따라서 건축물 보다는 구조물이나 선박관련 시설이 주요 시설이 되다 보니 건축법에 따른 라목인 항만시설의 분류에 모두 포함되는 것은 아니다. 결국 표의 항만시설 중 건축물의 용도 분류에 해당하는 항만시설로는 대합실 등의 여객이용시설, 화물터미널, 보관창고, 항만관련 업무용시설 정도가 여기에 해당되며, 기타 시설들은 개별 건축물의 규모 및 건축 여건 등을 고려하여 라목의 시설 또는 개별 용도로 분류될 것이다.

❸ 항구는 항만과 어항으로 나뉜다.

그럼 항구와 항만은 어떻게 다를까? 항구는 두 가지 시설인 항만과 어항을 포함하는 더 큰 개념이다. 항만이 사람과 물품을 실어나르는 역할을 하는 시설이라면, 어항은 어촌에서 수산업을 영위하기 위한 시설로서 관련 법도 「항만법」과 「어촌·어항법」으로 구분된다. 모두 연안에 위치하며 선박이 접안하기 위한 시설이라는 점에서는 공통점을 가지고 있지만 항만과 어항은 규모와 기능면에서 차이가 있다.

「도시·군 계획시설의 결정·구조 및 설치기준에 관한 규칙」에서 해상관련 교통시설의 종류로서 '항만시설' 뿐만 아니라 어촌·어항법」에 따른 '어항시설'이 포함되어 있으며 아울러 「마리나항만의 조성 및 관리 등에 관한 법률」(이하 "마리나항만법")에 따른 '마리나 항만시설'도 추가되어 있다.

「어촌·어항법」에 따른 어항시설의 종류는 기본시설, 기능시설 그리고 어항편익시설(복지·문화·관광객 이용시설·주민 편익시설 등)로 구성된다. 또한 「마리나항만법」은 유람, 스포츠 또는 여가 관련 시설로서 마리나 선박의 출입 및 보관, 사람의 승선과 하선 등을 위한 시설과 이를 이용하는 자에게 편의를 제공하기 위한 서비스시설이 갖추어진 곳으로 기본시설, 기능시설 그리고 서비스편익시설(복지·휴게·문화교육·공원시설 등)등으로 구성되는 것이 특징이다.

■ 항만시설의 종류

구 분	내 용	
항만시설	기본시설	(1) 수역시설(항로 정박지 등) (2) 외곽시설(방파제 등) (3) 임항교통시설(도로, 교량 등) (4) 계류시설(선착장 등
	기능시설	(1) 항행 보조시설(항로표지 등) (2) 하역시설(화물 이송시설 등) (3) 여객이용시설(대합실 등) (4) 유통시설과 판매시설(화물터미널 등) (5) 선박보급시설(연료공급시설 등) (6) 관제·정보통신 등에 관련된 시설 (7) 항만시설용 부지 (8) 어항구(漁港區) (9) 어항편익시설 (10) 공해방지시설(방음벽 등)
	지원시설	(1) 배후유통시설(보관창고 등) (2) 선박기자재 보관·판매 등을 하기 위한 시설 (3) 화물 조립·가공 등을 위한 시설 (4) 공공서비스의 제공 등을 위한 항만 관련 업무용시설 (5) 후생복지시설과 편의제공시설(휴게소, 숙박시설 등) (6) 항만 관련 연구시설 (7) 저탄소 항만의 건설을 위한 시설(신·재생에너지 관련 등) (8) 그 밖의 시설(업무용 시설, 종합여객시설, 체육시설 등)
	항만친수시설	(1) 해양레저용 시설(낚시터, 유람선 등 수용) (2) 해양 문화·교육 시설(해양박물관, 갯벌체험장 등) (3) 해양공원시설(해양전망대 등) (4) 인공시설(인공해변 등)

평택항만시설

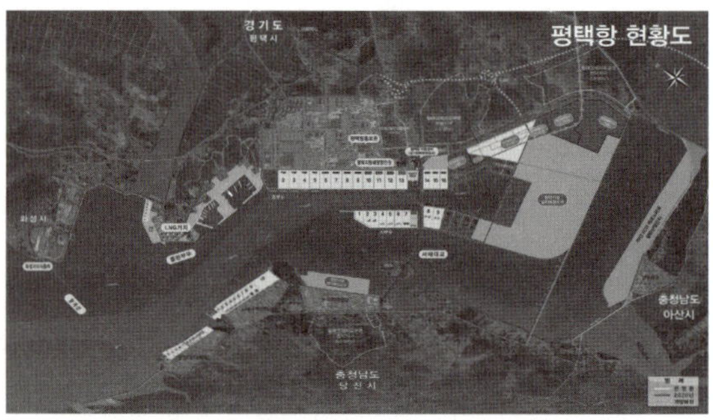

평택항 배후단지 토지이용계획 〈출처: 경기평택항만공사〉

9. 의료시설

가. 병원(종합병원, 병원, 치과병원, 한방병원, 정신병원 및 요양병원을 말한다)

나. 격리병원(전염병원, 마약진료소, 그 밖에 이와 비슷한 것을 말한다)

■ 용도지역 내 건축물의 용도 제한

건축물의 용도		도시지역																관리지역(4층 이하)			농림지역	자연환경보전지역
		주거지역						상업지역				공업지역			녹지지역(4층 이하)							
		1종전용	2종전용	1종일반	2종일반	3종일반	준주거	중심	일반	근린	유통	전용	일반	준	자연	생산	보전	계획	생산	보전		
가. 병원	종합병원, 병원, 치과병원, 한방병원	×	×	○	○	○	●	●	●	●	×	○	○	●	○	○	○	○	○	○	○	×
	정신병원 및 요양병원	×	×	○	○	○	●	●	●	●	×	○	○	●	●	○	○	●	○	○	○	×
나. 격리병원(전염병원, 마약진료소 등)		×	×	×	×	×	×	○	●	×	×	○	○	●	●	○	○	●	○	○	○	×

(× : 금지, ● : 법령 허용, ○ : 조례 허용, ▲ : 법령 부분·제한적 허용, △ : 조례 부분·제한적 허용) ※제1종 일반주거지역: 4층 이하

가. 병원(종합병원, 병원, 치과병원, 한방병원, 정신병원 및 요양병원을 말한다)

❶ 의원(제1종 근생)과 병원(의료시설)의 차이는?

감기 등으로 외래진료를 위해 찾아가는 곳이 동네 주변에 있는 의원이고 이런 의원부터 대학병원까지 모두를 우리는 보통 '병원'으로 통칭한다. 하지만 두 시설은 건축물의 용도에서 의원은 제1종 근생에 속하며, 병원은 9)의료시설로 분류하고 있다. 「의료법」(이하 "이 법")에서는 의료기관을 의원급, 조산원, 병원급으로 구분하고 있으며, 의료기관별 구분에 따라 시설 기준도 별도로 정하고 있다. 의원 및 조산원에 대한 세부 내용은 제1종 근생시설 부분을 참조하기 바란다.

■ 의료기관 구분

구 분		내 용	용 도
의원급	의원, 치과의원, 한의원	입원실을 두는 경우 입원환자 29명 이하를 수용할 수 있는 입원실	제1종 근생시설
조산원		조산사가 조산과 임산부 및 신생아를 대상으로 보건활동과 교육·상담을 하는 의료기관	
병원급	병원, 치과병원, 한방병원, 요양병원(의료재활시설), 정신병원	30개 이상 병상 설치- 치과병원 제외	의료시설
	종합병원	100개 이상 병상 설치	

의원급에 속하는 의원, 치과의원, 한의원은 1차 의료급여 기관으로 외래 환자를 대상으로 각각의 의료행위를 하는 기관인 반면, 병원급 시설은 입원환자를 대상으로 의료행위를 하는 2차 이상의 의료급여 기관인 것이 가장 큰 차이점이다. 또한 병상의 개수에 따라 차이가 있는데 30개 병상 미만은 의원, 그 이상은 병원에 해당한다.

정신병원 및 요양병원은 의원급에는 없는 병원이며, 특히 요양병원의 경우 입원 환자의 특수성을 감안하여 의료재활시설, 욕실, 기타 거동에 불편함이 없는 편의시설을 설치하도록 이 법에서 정하고 있다.

❷ 병원과 종합병원의 차이는?

여기서 병원급은 병상 개수 등의 차이에 따라 각종 병원과 종합병원으로 다시 나뉘게 된다. 「의료법」(이하 "이 법")에서 치과병원을 제외한 병원, 한방병원, 요양병원(정신병원)은 30개 이상의 병상이 설치되어야 한다. 치과병원이 제외된 것은 다른 진료과목에 비해 치료·수술의 부위가 치아에만 한정되어 입원할 필요가 거의 드물기 때문이다.

종합병원은 병원급 중에서 가장 큰 규모로서 100개 이상의 병상이 설치된다. 이 종합병원 중에서도 대학병원처럼 300개를 초과하는 병상을 설치하는 병원은 9개 이상의 진료과목과 전문의를 두도록 이 법에서 정하고 있다. 참고로 3차 의료급여기관은 500병상 이상의 '상급종합병원' 구분된다는 점으로 모든 종합병원이 여기에 속하지 않는다. 기타 이 법에서 정하는 각각의 의료기관별 시설기준에 대해서는 〈의료법 시행규칙 별표3〉에서 별도로 정하고 있다.

■ 종합병원 요건

구 분	내 용
100이상 300 이하 병상	내과·외과·소아청소년과·산부인과 중 3개 진료과목, 영상의학과, 마취통증의학과와 진단검사의학과 또는 병리과를 포함한 7개 이상의 진료과목을 갖추고, 각 진료과목마다 전속하는 전문의 두어야 함
300병상 초과	내과, 외과, 소아청소년과, 산부인과, 영상의학과, 마취통증의학과, 진단검사의학과 또는 병리과, 정신건강의학과 및 치과를 포함한 9개 이상의 진료과목을 갖추고, 각 진료과목마다 전속하는 전문의를 두어야 함.

병원 〈출처: 명지춘혜병원〉

종합병원 〈출처: 서울성모병원〉

나. 격리병원(전염병원, 마약진료소, 그 밖에 이와 비슷한 것을 말한다)

❶ 최초 전염병원은 소록도 병원

격리병원을 생각하면 가장 먼저 한센인을 위한 소록도 병원을 떠올리기 쉽다. 일제 강점기였던 1916년에 총독부령에 따라 '소록도 자혜의원'이라는 이름으로 첫 공식 격리병원이 생겼다. 나중에 알려진 사실이지만 한센병은 쉽게 전염되지 않는 병으로 격리 치료를 받을 필요가 없는 만큼 엄밀히 말해 격리병원은 아닌 셈이다. 지금은 '국립소록도병원'으로 한센인들의 치료와 요양을 위한 시설로 운영되고 있으나 여전히 오해와 편견이 남아있다.

한센병 말고 정말 무서운 전염병이 바로 '결핵'으로 6·70년대까지 유행했다. 후진국 병이라고도 불리는 결핵은 위생에 대한 개념과 교육이 불충분 했고, 먹고사는 걱정이 우선이었던 시절인 만큼 발병도와 사망률이 높았다. 당시 전염병 관련 국가가 지정·관리하는 전문병원으로 마산과 목포에 '국립 결핵 전문병원'이 생겼고, 서울시에서 운영하는 시립서북병원이 그 역할을 해 왔다. 이들 결핵 관련 병원 정도가 우리나라에 설치된 나목 격리병원의 대표적인 사례이지만, 지금은 결핵환자가 많이 줄어 그 역할도 많이 축소된 상황이다.

대신 전염병에 대한 관리범위도 넓어지고 전문화되고 있다. 2010년 보건복지부에서는 '전염병'을 '감염병'이라는 용어로 바꾸었고 관련 용어와 시설 명칭 등도 '전염'에서 '감염'으로 바뀌었다. 관련 법도 마찬가지로 감염병의 효율적인 예방 및 관리를 위하여 「기생충질환예방법」과 「전염병예방법」을 통합하여 법제명을 「감염병의 예방 및 관리에 관한 법률」로 변경하였다. 따라서 나목의 전염병원도 '감염병원'으로 그 명칭이 역시 변경되어야 할 것이다.

지금은 결핵 등 잘 알려진 감염병보다 더 강한 2015년 메르스와 코로나19 바이러스 전세계 확산을 계기로 격리시설이 있는 감염병원에 대한 인식과 중요성이 높아졌다. 이에 따라 국립의료원이 중앙감염병병원으로 지정되고, 지방 권역별로도 국립병원 등을 중심으로 감염전문 병원을 늘려갈 계획에 있으나 기존 병원에 감염 관련 기능을 추가로 활용한 수준에 머물고 있다. 그래서 더욱 '감염병전문병원' 도입의 필요성이 제기되어 왔으며, 2021년 삼성 故 이건희 회장의 뜻을 받들어 유족이 국내 최초의 감염병전문병원 건립에 지원한다고 밝히기까지 했었다.

이러한 감염병전문병원과 앞에서 언급한 결핵 관련 병원 정도가 나목의 전염(감염)병원에 속하며, 가목에 속하는 병원에 감염병 관리 기능이 일부 도입된 시설과는 구분되어져야 한다.

❷ 국내 유일 마약진료소. 국립부곡병원 부설 약물중독진료소

'대한민국은 마약 청정지역이다'는 말이 이제는 무색할 정도로 마약의 거래, 투약 그리고 신종 마약까지 활개친다는 뉴스를 많이 접하게 된다. 이렇게 마약류에 중독된 환자가 약물을 끊고 사회에서 정상적인 삶을 살 수 있도록 도와주는 시설이 마약중독진료소이다.

마약 진료소 관련 법령은 「마약류중독자 치료보호규정」에 따라 보건복지부장관이 마약류 사용자에 대한 마약류 중독 여부의 판별검사 및 마약류중독자에 대한 치료보호를 하기 위하여 전문치료기관을 치료 보호기관으로 설치·운영하거나 국립정신병원을 치료보호 기관으로 지정할 수 있다.

이런 내용에 근거해 국내에서는 국립병원 중 유일하게 '국립부곡병원'에 부설 진료소가 개설되어 운영되고 있다. 1997년 정신병원이었던 곳에 200병상 규모로 마약류 중독 진료소를 개소하였고, 현재는 '마약류 중독진료소' 라는 명칭에서 '약물 중독진료소'로 명칭이 변경·운영되고 있다. 또한 전국 최초로 지역병원 내 치료감호를 위한 사법 병동을 운영하여 정신장애 및 약물 중독 범죄자 수감·치료 역할도 일부 하고 있는 대표적 격리병원이다.

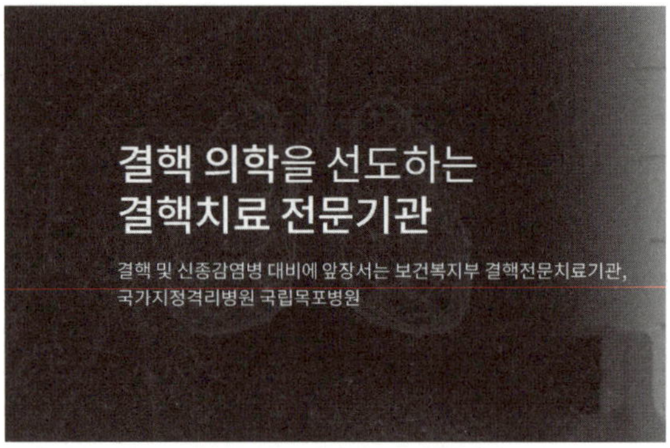

결핵병원 〈출처: 국립목포병원〉

약물 중독진료소 〈출처: 국립부곡병원〉

❸ 국립법무병원은 의료시설?

위의 약물 중독진료소의 치료 목적과는 유사할 수 있지만 수용 대상이 다른 시설이 있다. 바로 정신질환, 약물 중독 등으로 범죄행위를 범해 관련법에 따라 치료감호를 선고받은 자를 수용하는 시설로 공주에 있는 '국립법무병원'이 바로 그 곳이다. 신문 지상에서 조현병 등이 의심된다는 범죄자에 대한 기사를 많이 보게 되는데 이러한 정신질환 범법자를 수용·치료하는 정신병원의 기능을 갖춘 곳으로 이들이 정신질환 감정을 받고 및 수용되는 곳이다.

그럼 이 병원의 건축물의 용도는 23)교정시설과 9)의료시설 중 어디에 속할까? 병상 1500여개와 각종 진료·치료 시설을 갖춘 국가 의료기관 인증을 받은 곳으로 내부 사용자 등을 감안하여 소방, 피난, 편의 관련 법령 적용에 있어서도 건축법에 따른 건축물의 용도 분류 상으로는 의료시설에 더 가깝다. 하지만 명칭은 병원이지만 '치료감호소'라는 명칭과 병행해서 사용하는 범죄자 수용 목적의 법무부 소속기관으로 건축물의 용도 분류에 있어서도 23)교정 및 군사 시설에 속한다.

❹ 정신병원은 격리병원이 아니다?

우리가 정신병원 하면 떠올리는 안 좋은 선입견 때문일지도 모르지만 나목에 속하는 약물(마약)진료소와 마찬가지로 정신병원도 격리병원에 속하는 것이 아닐까 하는 생각이 들었다. 비록 가목과 나목 모두 같은 의료시설이기는 하지만 어느 쪽에 분류되느냐에 따라 용도지역 내 건축 제한이 달라지기 때문에 그 구분이 중요하다.

건축법시행령 별표1의 연혁을 거슬러 올라가 보니 1990년까지 정신병원과 요양소는 지금의 격리병원에 속해있다가 1991년 1월 별표1이 개정되면서 지금 가목의 병원의 항목으로 옮겨갔다. 당시 정확한 개정 사유 배경을 확인할 수는 없지만 건축법에만 기반해 분류 항목을 개정했다기 보다는 의료법과 정신건강관련 법령 등의 개정 및 정부정책 등 외적 요인에 의해 그 내용을 반영한 것으로 생각된다.

그 이전에는 정신질환을 가진 사람을 사회와 배척·격리해야 하는 것으로만 생각했던 시대였다. 하지만 정신질환도 하나의 질병으로서 약물치료에 의해 치료가 가능하고 현대 일반인들도 자연스럽게 정신과 상담을 받는 등 점차 그 인식이 많이 변해갔다. 또한 정신질환자들의 재활·복지·권리보장과 정신건강 친화적인 환경 조성을 목적으로 관련 법도 생겨나면서 더 이상 격리가 우선 되어야 한다는 선입견을 갖고 바라볼 필요가 없어졌기 때문이다.

그렇다고 정신병원 내에 격리시설이 완전히 사라진 것은 아니고 여러 필요 시설 중 하나로 운영되고 있다. 얼마 전까지 가족 등을 강제로 정신병원에 입원·감금시켰다는 사례와 격리수용 환자 학대 등의 인권 문제가 계속 나오는 것을 보면 아직까지 본래의 취지에 도달하기에는 좀 더 시간이 필요한 것 같다.

국립법무병원 〈출처: 대한병원협회〉

경기도립정신병원 〈출처: 경기도〉

10. 교육연구시설

(제2종 근린생활시설에 해당하는 것은 제외한다)

가. 학교(유치원, 초등학교, 중학교, 고등학교, 전문대학, 대학, 대학교, 그 밖에 이에 준하는 각종 학교를 말한다)

나. 교육원(연수원, 그 밖에 이와 비슷한 것을 포함한다)

다. 직업훈련소(운전 및 정비 관련 직업훈련소는 제외한다)

라. 학원(자동차학원·무도학원 및 정보통신기술을 활용하여 원격으로 교습하는 것은 제외한다), 교습소(자동차교습·무도교습 및 정보통신기술을 활용하여 원격으로 교습하는 것은 제외한다)

마. 연구소(연구소에 준하는 시험소와 계측계량소를 포함한다)

바. 도서관

■ 용도지역 내 건축물의 용도 제한

건축물의 용도		도시지역																관리지역(4층 이하)			농림지역	자연환경보전지역
		주거지역						상업지역				공업지역			녹지지역(4층 이하)							
		1종전용	2종전용	1종일반	2종일반	3종일반	준주거	중심	일반	근린	유통	전용	일반	준	자연	생산	보전	계획	생산	보전		
가. 학교	유치원	○	○	●	●	●	●	○	●	●	○	×	○	●	●	●	○	●	○	○	×	×
	초등학교	○	○	●	●	●	●	○	●	●	○	×	○	●	●	●	●	●	●	●	●	●
	중학교, 고등학교	○	○	●	●	●	●	○	●	●	○	×	○	●	●	○	○	●	○	○	×	×
	전문대학, 대학, 대학교	×	×	○	○	○	●	○	●	●	○	×	○	●	●	×	×	●	×	×	×	×
나. 교육원(연수원 등)		×	×	○	○	○	●	●	●	●	○	×	○	●	●	△	×	●	△	×	×	×
다. 직업훈련소(운전 및 정비 관련 제외)		×	×	○	○	○	●	●	●	●	○	△	○	●	○	○	×	○	×	×	×	×
라. 학원, 교습소 (자동차·무도학원 및 원격교습 제외)		×	×	○	○	○	●	●	●	●	○	△	○	●	○	×	×	○	×	×	×	×
마. 연구소(시험소와 계측계량소 포함)		×	×	○	○	○	●	●	●	●	○	△	○	●	●	△	×	○	×	×	×	×
바. 도서관		×	×	○	○	○	●	●	●	●	○	×	○	●	●	×	×	●	×	×	×	×

(× : 금지, ● : 법령 허용, ○ : 조례 허용, ▲ : 법령 부분·제한적 허용, △ : 조례 부분·제한적 허용) ※제1종 일반주거지역: 4층 이하

가. 학교(유치원, 초등학교, 중학교, 고등학교, 전문대학, 대학, 대학교, 그 밖에 이에 준하는 각종 학교를 말한다)

❶ 유치원도 학교에 속한다.

한국 최초의 유치원은 1914년 손탁호텔에 세워진 이화유치원(현 이화여자대학교 부속 이화유치원)이다. 이후로도 많은 유치원이 생겨나 운영 중이며, 출산율이 떨어져 유아 인구가 적다고는 하지만 매

년 유치원 입학 경쟁률은 날이 갈수록 치솟고 있다. 또한 영어 유치원을 비롯한 다양한 종류의 유아 교육기관들은 우리나라 부모들의 조기 교육열이 얼마나 높은지 엿볼 수 있다.

유치원은 가목의 시설 중 유일하게 '학교'라는 명칭을 사용하지 않고 있는 곳이다. 하지만 만 3세부터 초등학교 취학 전까지의 어린이를 교육하기 위해 「유아교육법」 (이하 "이 법")에 따라 설립·운영되는 학교이며 「고등학교 이하 각급 학교 설립·운영 규정」을 적용받는 학교 중 하나이다.

이 시설은 설립자에 따라 국립, 공립, 사립 유치원으로 구분되며, 이 중 일반 사립 유치원이 대부분을 차지한다. 국립은 전국에 한국교원대학교 부설 유치원 등 총 3군데 밖에 되지 않으며, 시립 또는 도립의 공립유치원 역시 턱없이 부족한 실정이라고 한다.

유치원의 학급 수와 학급당 최소 및 최대 유아 수는 유치원의 유형, 지역 여건 등을 고려하여 관할청이 정한다. 이 법에서는 유치원의 조리실 및 식품보관실 등의 시설 기준을 정하고 있으며 학생수 별 유치원의 교사(학교 시설물)와 체육장의 규모는 「고등학교 이하 각급 학교 설립·운영 규정」에 의해 설치하여야 한다.

■ 유치원의 종류

구분	내 용
국립유치원	국가가 설립·경영하는 유치원
공립유치원	지방자치단체가 설립·경영하는 유치원(설립주체에 따라 시립유치원과 도립유치원으로 구분)
사립유치원	법인 또는 사인(私人)이 설립·경영하는 유치원

최초 유치원 〈출처: 이화여대부속 이화유치원〉

〈출처: 이화여대부속 이화유치원〉

❷ 유치원, 영어유치원, 어린이집 차이

유치원과 유사 시설로는 유아를 대상으로 유치원의 명칭만을 사용하는 사설학원과 어린이집이 있지만 이들은 시설에 적용되는 법령부터 다르다.

먼저 ‘영어 유치원’으로 운영되는 곳은 유치원으로 인가를 받아 특별과정을 수행하는 곳으로 많이들 알고 있다. 하지만 이곳은 유아를 대상으로 운영하는 ‘영어 학원’으로서 관련 법도 「유아교육법」이 아닌 「학원의 설립·운영 및 과외교습에 관한 법률」에 따라 설치되는 시설이다.

그럼 유치원과 어린이집은 어떻게 다를까? 어린이집은 유치원과 달리 「영유아 보육법」이 적용되며, 건축물의 용도 역시 교육연구시설이 아닌 11)노유자 시설에 해당한다. 또한 정부 관할 부처도 어린이집은 교육부에서, 어린이집은 보건복지부에서 관할한다. 그리고 어린이집이 교육을 목적으로 하는 시설이라면 어린이집은 보육을 목적으로 하는 것도 큰 차이점이다. 어린이집에 대한 보다 자세한 사항은 11)노유자시설을 참조하기 바란다.

구 분	유 치 원	어린이집	영어 유치원
근거법	유아 교육법	영유아 보육법	학원의 설립·운영 및 과외교습에 관한 법률
건축물 용도	학교 (교육연구시설)	아동관련시설 (노유자시설)	학원 (제2종 근린생활시설 /교육연구시설)

❸ 학교의 교사와 체육장은 각 학교별 학생수에 따라 그 기준을 충족하여야 한다.

유치원·초등학교·중학교·고등학교·공민학교·고등공민학교·고등기술학교와 이에 준하는 각종학교의 설립·운영에 필요한 시설 및 설비기준은 「고등학교 이하 각급 학교 설립·운영 규정」(이하 “이 규정”)이라는 법령에 의하고 있다.

■ 교사의 기준면적

<table>
<tr><th colspan="2">학교</th><th colspan="3">학생수별 기준면적</th></tr>
<tr><td colspan="2" rowspan="2">유치원</td><td>40명이하</td><td colspan="2">41명이상</td></tr>
<tr><td>5N</td><td colspan="2">80+3N</td></tr>
<tr><td colspan="2" rowspan="2">초등학교·공민학교 및 이에 준하는 각종학교</td><td>240명이하</td><td>241명이상 960명이하</td><td>961명이상</td></tr>
<tr><td>7N</td><td>720+4N</td><td>1,680+3N</td></tr>
<tr><td colspan="2" rowspan="2">중학교·고등공민학교 및 이에 준하는 각종학교</td><td>120명이하</td><td>121명이상 720명이하</td><td>721명이상</td></tr>
<tr><td>14N</td><td>1,080+5N</td><td>1,800+4N</td></tr>
<tr><td rowspan="4">고등학교·고등기술학교 및 이에 준하는 각종학교</td><td>계열별</td><td>120명이하</td><td>121명이상 720명이하</td><td>721명이상</td></tr>
<tr><td>인문계열</td><td rowspan="3">14N</td><td>960+6N</td><td>1,680+5N</td></tr>
<tr><td>전문계열</td><td>720+8N</td><td>2,160+6N</td></tr>
<tr><td>예·체능계열</td><td>480+10N</td><td>1,920+8N</td></tr>
</table>

학교의 시설 중 가장 큰 비중을 차지하는 것이 교사와 체육장인데 이들의 규모는 각 학교별 학생수를 기준으로 이 규정의 별표1,2에서 규정하고 있다. 이 법에서 인가를 받는 학교는 모두 해당 기준을 적용하여야 하며, 대신 각종학교, 공민학교, 특성화 학교 등에 대해서는 특수성을 고려하여 해당 조건을 충족하면 완화 설치가 가능하다.

■ 체육장의 기준면적

학교	학생수별 기준면적		
유치원	40명이하	41명이상	
	160	120+N	
초등학교·공민학교 및 이에 준하는 각종학교	600명이하	601명이상 1,800명이하	1,801명이상
	3,000	1,800+2N	3,600+N
중학교·고등공민학교 및 이에 준하는 각종학교	600명이하	601명이상 1,800명이하	1,801명이상
	4,200	3,000+2N	4,800+N
고등학교·고등기술학교 및 이에 준하는 각종학교	600명이하	601명이상 1,800명이하	1,801명이상
	4,800	3,600+2N	5,400+N

❹ 모든 학교가 학력이 인정되지는 않는다.

초·중등 교육을 실시하기 위한 학교를 「초중등 교육법」(이하 "이 법")에서 초등학교, 중학교, 고등학교와 특수학교 그리고 외국인학교, 대안학교와 같은 유사한 교육기관 총 5가지 종류로 구분하며 국립·공립·사립으로 분류하고 있다.

위의 학교 분류 중 초·중·고등 학교는 모두가 잘 아는 용도이기 때문에 자세한 설명은 생략하겠다. 하지만 조금은 생소한 학교가 있는데 바로 '공민학교'와 '기술학교'이다. 지금은 주변에서 찾아보기 힘든 학교로서 취학 연령을 초과한 성인을 대상으로 하는 공민학교와 직업기술 교육을 목적으로 하는 고등기술학교가 포함되어 있다.

공민학교는 어렵고 힘들 시절 교육의 혜택을 못받은 계층을 위해 1948년 제도화되어 왔다. 하지만 의무교육이 정착되면서 1970년대 부터는 점차 사라지거나 일반 학교로 재편되었고, 지금은 통영에 공민학교 한 개소만 운영 중인 것으로 파악된다.

고등기술학교는 공장이나 사업장을 경영하는 자가 근로자의 학업과 기술 교육을 위해 설치 된 학교의 종류 중의 하나로서 이 법에서 국민생활에 직접 필요한 직업기술교육을 하는 것을 목적으로 하는 학교로 정의하고 있다. 이 역시 많은 학교가 폐교되거나 고등학교나 직업전문학원 등으로 변경되었다. 공민학교, 고등공민학교 그리고 고등기술학교는 이 법에 따른 학교의 종류에 포함되어 있지만 일반 초중

고등학교와 달리 검정고시를 봐야 그 학력이 인정된다. 지방의 한 시의원도 70년대 이런 학교를 졸업하고 대학에서 학사, 석사를 받았으나 2019년 교육부를 통해 고졸학력 미인정 통보를 받았다. 어려운 시절 주로 사회적 약자들이 공부가 하고 싶어 다녔던 학교일 뿐이고 당사자 역시 이런 내용을 몰랐다고 한다. 하지만 안타깝게도 관련 법령상 고졸 학력이 인정 되질 않아 이후의 학력(학사, 석사, 박사과정)까지 모두 취소가 되었다는 내용도 위의 내용을 근거로 하고 있다.

헌법재판소의 판결에 따르면 교육 시설뿐 아니라 수업연한, 연간 수업일수 등 전반에 걸쳐 중학교와 차이가 있다는 점과 고등공민학교 등의 졸업자에게 곧바로 중학교 학력을 인정하지 아니하고 학력검정평가인 검정고시를 통하여 학력을 인정하는 것은 헌법에 위배되지 않는다는 것이 그 이유이다.

■ 초·중등 학교의 종류

<table>
<tr><th>구 분</th><th colspan="3">내 용</th></tr>
<tr><td rowspan="10">초중등 교육법 적용 학교</td><td rowspan="2">초등학교·공민학교</td><td>초등학교</td><td>국민생활에 필요한 기초적인 초등교육을 목적으로 하는 학교</td></tr>
<tr><td>공민학교</td><td>초등교육을 받지 못하고 취학연령을 초과한 사람에게 국민생활에 필요한 교육을 하는 것을 목적으로 하는 학교</td></tr>
<tr><td rowspan="2">중학교·고등공민학교</td><td>중학교</td><td>초등학교에서 받은 교육의 기초 위에 중등교육을 하는 것을 목적으로 하는 학교</td></tr>
<tr><td>고등공민학교</td><td>중학교 과정의 교육을 받지 못하고 취학연령을 초과한 사람 또는 일반 성인에게 국민생활에 필요한 중등교육과 직업교육을 하는 것을 목적으로 하는 학교</td></tr>
<tr><td rowspan="2">고등학교·고등기술학교</td><td>고등학교</td><td>중학교에서 받은 교육의 기초 위에 중등교육 및 기초적인 전문교육을 하는 것을 목적으로 하는 학교 (방송통신고등학교 부설 가능)</td></tr>
<tr><td>고등기술학교</td><td>국민생활에 직접 필요한 직업기술교육을 하는 것을 목적으로 하는 학교</td></tr>
<tr><td>특수학교</td><td colspan="2">신체적·정신적·지적 장애 등으로 인하여 특수교육이 필요한 사람에게 초등학교·중학교 또는 고등학교에 준하는 교육과 실생활에 필요한 지식·기능 및 사회적응 교육을 하는 것을 목적으로 하는 학교</td></tr>
<tr><td rowspan="2">각종학교 (위의 학교와 유사한 교육기관)</td><td>외국인 학교</td><td>외국에서 귀국한 내국인 중 대통령령으로 정하는 사람, 국적을 취득한 자의 자녀 중 해당 학교의 장이 기준과 절차에 따라 학업을 지속하기 어렵다고 판단한 사람, 외국인의 자녀를 교육하기 위하여 설립된 학교로서 각종학교에 해당하는 학교</td></tr>
<tr><td>대안학교</td><td>학업을 중단하거나 개인적 특성에 맞는 교육을 받으려는 학생을 대상으로 현장 실습 등 체험 위주의 교육, 인성 위주의 교육 또는 개인의 소질·적성 개발 위주의 교육 등 다양한 교육을 하는 학교로서 각종학교 에 해당하는 학교</td></tr>
</table>

성만여자고등공민학교 〈출처: 서울시〉

한국고등기술학교 〈출처: 서울시〉

❺ 특수교육대상자의 의무교육은 고등과정까지

특수학교는 「초중등 교육법」(이하 "이 법")에서 신체적·정신적·지적 장애 등으로 인하여 특수교육이 필요한 사람에게 초등학교·중학교 또는 고등학교에 준하는 교육과 실생활에 필요한 지식·기능 및 사회 적응 교육을 하는 것을 목적으로 하는 학교로 정의하고 있다.

국내에서는 광복 후 1946년 '대구 맹아학원'이 처음 특수학교로 설립되었다. 처음에는 보호시설의 성격으로 시작되었지만 장애인의 교육 프로그램이 강화되면서 교육기관으로 발전하게 되었다고 한다. 이후 시각 장애인만을 대상으로 하는 학교뿐만 아니라 다양한 장애인을 위한 특수학교가 세워지게 되었다. 시각·청각·지체 장애 학교와 발달장애(지적·자폐성)학교로 구분되며, 최근에는 이러한 장애 영역을 모두 포괄해 교육하는 학교도 생겼다고 한다.

우리나라는 현재 「교육기본법」에 의거 의무교육을 6년의 초등교육과 3년의 중등교육으로 하고 있다. 하지만 특수교육대상자는 「장애인 등에 대한 특수교육법」에 따라 유치원·초등학교·중학교 및 고등학교 과정의 교육을 의무교육으로 정하고 있다. 또한 특수학교나 특수학급에서 초등학교·중학교 또는 고등학교 과정에 상응하는 교육 과정을 마친 사람은 그에 상응하는 학교를 졸업한 사람과 같은 수준의 학력을 인정한다는 점에서 공민학교와는 다르다.

❻ 조건을 갖춘 내국인도 입학이 가능한 외국인학교

「초중등 교육법」(이하 "이 법")에서 정의하는 학교 중 '각종학교'의 종류에는 외국인학교와 대안학교가 있다. 먼저 외국인 학교는 외국에서 귀국한 내국인으로 3년 이상 외국 거주했거나, 국적을 취득한 자의 자녀 중 해당 학교의 장이 기준과 절차에 따라 학업을 지속하기 어렵다고 판단한 사람, 외국인의 자녀를 교육하기 위하여 설립된 학교를 말한다.

이런 취지에서 외국인 학교가 운영되지만 국내에서 외국어 특히 영어권 수업을 받을 수 있다는 점을 노려 각종 편법 입학 등의 논란이 많고, 수업료 역시 비싸기 때문에 귀족학교라는 선입견을 낳기도 한다.

이런 이유 때문에 내국인만으로 외국인 학교가 운영되지 않도록 내국인은 외국인학교 학생 정원의 30퍼센트를 넘지 아니하도록 하되 20퍼센트의 범위에서 특별시·광역시 또는 도의 교육규칙으로 입학비율을 높일 수 있도록 「외국인학교 및 외국인유치원의 설립·운영에 관한 규정」(이하 "이 규정")에서 정하고 있으며, 설립 및 운영에 필요한 시설과 설비기준도 이 규정에서 같이 정하고 있다.

이 규정에 의하면 외국인학교를 졸업한 내국인 학생이 국내의 초등학교·중학교 또는 고등학교를 졸업한 학생과 같은 수준의 학력이 있는 것으로 인정되려면 이 규정에서 정하는 교육 이수 조건을 모두 충족하여야 한다.

❼ 자율과 가치관을 우선하는 대안학교

대안학교는 80년대 말 외국의 자율 교육을 지양하는 학교들이 국내에 소개되면서 우리나라에도 점차 도입되기 시작했으며, 여전히 학부모 사이에서 많은 관심을 받고 있는 학교이다. 설립 및 교육 방식, 위치, 인가 또는 비인가 등에 따라 대안학교의 종류와 형태는 천차만별인데 다음의 내용은 이 법의 적용을 받는 인가된 학교에 대해서만 언급하고자 한다.

이 학교는 「초중등 교육법」(이하 "이 법")에서 학업을 중단하거나 개인적 특성에 맞는 교육을 받으려는 학생을 대상으로 현장 실습 등 체험 위주의 교육, 인성 위주의 교육 또는 개인의 소질·적성 개발 위주의 교육 등 다양한 교육을 하는 학교라고 정의하고 있다. 이 법에 따른 각종학교에 해당하는 학교이며 초등학교·중학교·고등학교의 과정을 통합하여 운영할 수 있는 것이 특징이다.

이 학교는 일반 학교와 달리 이 법에서 정하는 교장·교감자격, 교육과정, 수업, 학교생활기록, 학년제, 교과서, 교육정보시스템 운영 등은 적용하지 않을 수 있으며 표와 같이 「대안학교의 설립·운영에 관한 규정」 본문 및 별표1,2에서 별도의 시설 및 설비 기준을 적용하고 있다.

역시 특수학교와 마찬가지로 국·공립 대안학교를 졸업한 자와 사립 설립 인가를 받은 대안학교를 졸업한 자는 초등학교·중학교 또는 고등학교 졸업 학력이 있는 것으로 인정하고 있다.

외국인 학교 〈출처: 서울외국인학교〉

대안학교 〈출처: 화요일 아침예술학교〉

■ 대안학교의 시설기준

<table>
<tr><th>구 분</th><th colspan="3">내 용</th></tr>
<tr><td>일반 기준</td><td colspan="3">1. 안전·방음·환기·채광·소방 및 배수 등의 면에서 교수·학습에 적합한 교사
2. 배수가 잘 되는 옥외체육장
3. 학생의 통학에 지장이 없는 곳에 위치한 교지(교사용과 옥외체육장용 대지를 합한 용지)
4. 학습에 필요한 도서·기계·기구 등의 교구
5. 수질검사 결과 위생상 무해하다고 판명된 급수시설 및 온수를 공급할 수 있는 시설</td></tr>
<tr><td rowspan="7">교사의 기준면적</td><td>학교</td><td colspan="2">학생수별 기준면적</td></tr>
<tr><td rowspan="2">초등학교 과정 대안학교</td><td>120명 이하</td><td>121명 이상</td></tr>
<tr><td>3.5 × 총학생 정원</td><td>120+ 2.5 × 총학생정원</td></tr>
<tr><td rowspan="2">중학교 과정 대안학교</td><td>60명 이하</td><td>61명 이상</td></tr>
<tr><td>7 × 총학생 정원</td><td>120+ 3.5 × 총학생정원</td></tr>
<tr><td rowspan="2">고등학교 과정 대안학교</td><td>60명 이하</td><td>61명 이상</td></tr>
<tr><td>7 × 총학생 정원</td><td>180+ 4 × 총학생정원</td></tr>
<tr><td rowspan="7">옥외 체육장의 기준면적</td><td>학교</td><td colspan="2">학생수별 기준면적</td></tr>
<tr><td rowspan="2">초등학교 과정 대안학교</td><td>120명 이하</td><td>121명 이상</td></tr>
<tr><td>1,500 ㎡</td><td>1,350 + 0.5 × 총학생정원</td></tr>
<tr><td rowspan="2">중학교 과정 대안학교</td><td>60명 이하</td><td>61명 이상</td></tr>
<tr><td>2,000 ㎡</td><td>2,025 + 0.5 × 총학생정원</td></tr>
<tr><td rowspan="2">고등학교 과정 대안학교</td><td>60명 이하</td><td>61명 이상</td></tr>
<tr><td>2,000 ㎡</td><td>2,325 + 0.5 × 총학생정원</td></tr>
</table>

❽ 전문대학과 대학교의 차이

「고등 교육법」(이하 "이 법")에 따른 학교는 이른바 대학교를 말한다. 종류는 대학, 산업대학, 교육대학, 전문대학, 원격대학 (방송·통신 및 사이버 대학), 기술대학, 그리고 기타 유사한 교육기관으로서 각종 학교가 여기에 해당한다. 그리고 이 학교들은 설립취지, 교육방식, 해당학과 등에 따라 수업연한이 각각 다르다.

이 법에서는 설립목적 및 수업연한에 따라 표와 같이 대학이 구분되고 있다. 예전에는 그 대학 명칭에 '전문대학' 및 '기술대학'이라는 명칭이 붙어 있어 일반 4년제 대학교와 수업연한 등의 차이를 알 수 있었다. 하지만 얼마 전부터 명칭에 '전문대학'이 다 사라졌고 모두 '대학교'로 학교 이름이 변경되었다. 그 이유는 이 법에서 대학의 종류로 구별되는 전문대학도 대학교라는 명칭을 사용할 수 있도록 관련 내용이 2011년에 개정되었기 때문이다. 일부 학교를 제외한 대부분이 전문대학 대신 대학교로 명칭을 바꾸어 사용하고 있어 이제는 대학과 대학교의 의미가 없어진 셈이다.

■ 대학의 종류

구 분		내 용
대학	목적	대학은 인격을 도야(陶冶)하고, 국가와 인류사회의 발전에 필요한 심오한 학술이론과 그 응용방법을 가르치고 연구하며, 국가와 인류사회에 이바지함을 목적으로하는 학교 (대학원 포함)
	수업연한	1. 학사학위과정: 4년 이상 6년 이하 2. 학사학위과정과 석사학위과정의 통합과정: 6년 이상(학사+석사 수업연한 이상) 3. 석사학위과정 및 박사학위과정: 각각 2년 이상 4. 석사학위과정과 박사학위과정의 통합과정: 4년 이상(학사+석사 수업연한 이상)
산업대학	목적	산업사회에서 필요로 하는 학술 또는 전문적인 지식이나 기술의 연구와 연마를 위한 교육을 계속하여 받으려는 사람에게 고등교육의 기회를 제공하여 국가와 사회의 발전에 이바지할 산업인력을 양성함을 목적으로 하는 학교
	수업연한	제한없음
교육대학	목적	국가나 지방자치단체가 초등학교 교원을 양성함을 목적으로 하는 학교
	수업연한	4년
전문대학	목적	사회 각 분야에 관한 전문적인 지식과 이론을 가르치고 연구하며 재능을 연마하여 국가사회의 발전에 필요한 전문직업인을 양성함을 목적으로 하는 대학
	수업연한	2년 이상 3년(간호과·방사선과·임상병리과·물리치료과·치기공과·치위생과·작업치료과·어업과 및 기관과) 이하
방송대학 · 통신대학 · 방송통신대학 및 사이버대학	목적	국민에게 정보·통신 매체를 통한 원격교육으로 고등교육을 받을 기회를 제공하여 국가와 사회가 필요로 하는 인재를 양성함과 동시에 열린 학습사회를 구현함으로써 평생교육의 발전에 이바지함을 목적으로 하는 학교(원격대학으로 통칭)
	수업연한	전문학사학위과정:2년, 학사학위과정: 4년
기술대학	목적	산업체 근로자가 산업현장에서 전문적인 지식·기술의 연구·연마를 위한 교육을 계속하여 받을 수 있도록 함으로써 이론과 실무능력을 고루 갖춘 전문인력을 양성함을 목적으로 하는 학교
	수업연한	전문학사학위과정:2년, 학사학위과정: 2년
각종학교		기타 이와 유사한 교육기관

⑨ 대학원대학

「고등 교육법」(이하 "이 법")에 따라 학사학위 과정 이외에 학사·석사 통합과정, 석사과정, 박사과정, 석·박사 통합과정 등 다양한 종류의 대학원도 대학에 둘 수 있다. 대학원은 그 주된 교육 목적에 따라 다음과 같이 구분된다.

1. 일반대학원: 학문의 기초이론과 고도의 학술연구를 주된 교육목적으로 하는 대학원

2. 전문대학원: 전문 직업 분야의 인력양성에 필요한 실천적 이론의 적용과 연구개발을 주된 교육목적으로 하는 대학원

3. 특수대학원: 직업인 또는 일반 성인을 위한 계속교육을 주된 교육목적으로 하는 대학원

모든 대학에 대학원을 둘 수 있는 것은 아니고 대학(대학원대학 제외)에는 일반대학원·전문대학원 또는 특수대학원을 둘 수 있지만, 산업대학 및 교육대학에는 전문대학원 또는 특수대학원을, 원격대학에는 특수대학원을 둘 수 있고, 대학원대학에는 전문대학원이나 특수대학원 중 하나의 대학원을 둘 수 있도록 제한하고 있다.

여기서 생소한 명칭인 '대학원 대학'은 신학대학원대학교 등 종교나 상담 등 특정 분야에서 그 사례를 찾아볼 수 있다. 보통은 대학과 대학원을 두는 것이 일반적이지만 해당 전문인력을 양성을 목적으로 하기 때문에 '대학원만을 두는 대학'이다.

전문대학 〈출처: 한국경제TV〉

한국상담대학원대학교 〈출처: 네이버〉

⑩ 방송통신·사이버 대학, 기술대학

예전에는 만학의 꿈을 이루기 위해 방송통신대학에 입학해 학사 취득을 하는 것이 일반적이었지만 요즈음은 이 대학 이외에 각 대학에서 설립한 사이버 대학이 많이 활성화되었다. 국민에게 정보·통신 매체를 통한 원격교육으로 고등교육을 받을 기회를 제공하여 국가와 사회가 필요로 하는 인재를 양성함과 동시에 열린 학습사회를 구현함으로써 평생교육의 발전에 이바지함을 목적으로 하는 학교로서 이들 대학을 통칭해 '원격대학'으로 칭하고 있다. 단순히 학사 취득의 목적이 아닌 재취업이나 평생교육 등의 다양한 목적을 위해 입학하는 경우가 많은 이런 사이버 대학교도 「고등 교육법」(이하 "이 법")에서 정하는 대학에 포함된다.

다만 대학의 교과 과정은 초·중·고 교육과정과 다르고 대학 및 전공별 구분 등에 따른 특수성 때문에 학교의 시설 설비 기준에 대해 별도로 의무규정을 두지 않는다.

반면 기술대학은 산업체 근로자가 산업현장에서 전문적인 지식·기술의 연구·연마를 위한 교육을 계속하여 받을 수 있도록 함으로써 이론과 실무능력을 고루 갖춘 전문인력을 양성함을 목적으로 하는 학교를 말한다. 회사 내 대학을 설치하여 직원의 전문인력 양성 및 기술력 향상을 위한 교육기관으로 「기

술대학설립·운영규정」에 따라 교사, 교지 등에 대해 규정하고 있다. 실제 건립된 경우는 드물며, 한진그룹 사내대학으로 시작하여 이 법에 따른 기술대학으로 운영 중인 '정석대학'이 대표적인 사례이다.

⑪ 사관학교도 대학인가요?

사관학교는 정규 장교를 양성하기 위한 교육기관으로서 육·해·공군 사관학교, 국군간호사관학교, 육군3사관학교가 있으며 4년(3사는 2년) 전 과정을 이수하여 졸업한 자는 각 군의 소위로 임명된다. 이들 교육기관은 명칭이 '학교'로 되어 있어 「고등 교육법」(이하 "이 법")에 따른 대학교와 달라 보이지만, 사관학교 역시 「사관학교 설치법」에 따라 이 법의 수업연한 규정(31조)에 따른 4년제 대학으로 보고, 졸업자에게 학사학위를 수여한다(경찰대학도 동일).

이학분야를 전공한 자에게는 이학사를, 인문사회학분야를 전공한 자에게는 문학사를, 공학분야를 전공한 자에게는 공학사를 각각 수여하고, 그 밖에 학위의 종류 등 학사학위의 수여에 관하여 필요한 사항은 각 학교의 학칙으로 정하고 있다. 또한 학교 내에 군사과학기술의 발전과 장교의 자질 향상을 위하여 각군 사관학교에 이공계 대학원을 두어 대학원 과정을 이수하고 일정한 시험에 합격한 자에게는 석사학위를 수여한다.

육해공 사관학교 이외에 국군 간호사관학교 역시 「국군간호사관학교 설치법」에 따라 졸업후에는 간호학사 학위가 수여된다. 또한 육군 3사관학교도 마찬가지로 「육군3사관학교 설치법」에 따라 졸업하면 학사를 수여하는데, 수업연한이 2년인 대신에 입학 자격이 전문대학을 졸업했거나 대학에서 2년 이상의 과정을 수료했기 때문에 총 4년을 마친 것으로 보는 것이다.

일반학전공 과목 및 학점

<table>
<tr><td rowspan="5">일반학전공 45+</td><td>기초</td><td>15+</td><td colspan="7">게임이론, 국제관계의 이해, 논리학, 심리학개론, 양적데이터 분석, 외국지역연구의 이해,정치경제의 이해, 초급외국어 (택 5+)</td><td colspan="9">공학개론, 공업수학, 기초 알고리즘, 미분방정식,선형대수학, 일반물리학, 일반화학, 응용물리학 (택 5+)</td></tr>
<tr><td rowspan="3">필수</td><td rowspan="3">15+</td><td colspan="7">문학사</td><td colspan="4">이학사</td><td colspan="5">공학사</td></tr>
<tr><td>국제관계</td><td>군사사</td><td>군사영어</td><td>군사인문</td><td>리더십</td><td>응용경제</td><td>지역학</td><td>운영분석</td><td>응용물리</td><td>응용화학</td><td>컴퓨터과학</td><td>기계공학</td><td>시스템공학</td><td>전자공학</td><td>토목공학</td><td>환경공학</td></tr>
<tr><td colspan="16">융합전공: 군대사회문화연구(문학사), 사이버전(이학사)
(학교장 승인 후 융합전공 추가 가능)</td></tr>
<tr><td>선택</td><td>15+</td><td colspan="16">군사학/일반학전공 선택, 융합전공 선택 과목 중
ACP (Academic Counselor Professor)와 논의 후 5+ 과목 선택 (체육학 이론 과목 포함)</td></tr>
</table>

〈출처: 육군사관학교〉

나. 교육원(연수원, 그 밖에 이와 비슷한 것을 포함한다)

❶ 교육원과 연수원의 차이

교육원 또는 연수원은 국가나 지자체 등 공공기관과 일반 사기업 등에서 소속 인력 교육 등의 프로그램을 진행하기 위한 강의실, 강당 등 주 용도 이외에 식당, 숙소 등의 부속 용도로 이루어진 건축물을 말한다. 이들 시설에 관한 법령은 「교원 등의 연수에 관한 규정」, 「사법연수원의 운영 규칙」, 「선거연수원의 운영 규칙」 등 해당 기관 연수원의 설치 및 운영에 관한 행정 규칙 정도만 찾을 수 있다.

그럼 교육원과 연수원은 어떤 차이가 있을까? 소속 인력 등에 대한 능력 배양 목적을 위한 시설로서 교육원과 연수원의 의미는 별 차이가 없어 보이며, 나목의 분류처럼 연수원과 유사시설을 포함해 교육원을 같은 범주 및 시설로 볼 수 있다. 다만 사전적 의미에서 그 명칭의 차이를 굳이 따져볼 수 있는데 '교육'은 선생과 학생이라는 관계에서 가르치고 지도하는 의미를 담고 있어서 이를 위해서는 장기적인 기간이 필요하다는 의미를 담고 있다.

대신 '연수'는 특정 분야 내지는 기술 습득을 위해 이미 유사 분야에 경험이나 지식 있는 사람이 일정 부분의 과정을 통해 해당 내용을 배우는 것으로 '교육'이라는 과정보다는 좀 더 특정 분야에 국한되고 그 기간도 단기적인 의미를 지니고 있다. 그래서 일부 기관에서 운영하는 시설의 경우 교육과 연수의 의미를 다르게 보아 'ㅇㅇ교육원'이나 'ㅇㅇ연수원' 그리고 'ㅇㅇ교육연수원'이라는 명칭을 사용하고 있다. 따라서 해당 시설의 설립 취지와 목적에 맞게 구분하여 사용할 필요도 있어 보인다.

다. 직업훈련소(운전 및 정비 관련 직업훈련소는 제외한다)

❶ 기능공 양성에서 평생 직업교육으로

1960년도부터 경제개발 5개년 계획 추진과 급속한 경제 발전으로 국가 산업화의 기반인 기능 인력의 능력 향상 및 확충이 시급했다. 특히 제조 분야 등에서 단기간 산업인력의 육성이 필요했고, 이를 위해 「직업훈련법」이 제정되었었다.

60~80년대에는 이 법에 따라 설치된 대표적인 시설로서 '중앙직업훈련원'이 설치·운영되었는데, 이런 시설들을 '직업훈련소'라고 불렀다. 교육도 생산시설에 바로 투입되기 위한 기능 위주의 교육 시설이었다. 하지만 경제성장에 따른 산업구조의 변화와 교육시설 및 고용보험 제도 도입의 변화 등으로 관련 내용이 많이 바뀌었다. 여러 차례 직업훈련제도와 교육 주체 등의 내용이 변천되었고 특히 관련 법령과 관할 기관도 변경되게 된 것이다.

현재는 「근로자직업능력 개발법」(이하 "이 법") 으로 변경·운용되고 있다. 이 법에서 정하는 직업능력 개발 훈련시설로서 다음과 같이 분류되며 이런 시설들이 명칭은 다르지만 다목의 직업훈련소의 범주에 속하는 시설이 되겠다.

① 공공 직업훈련시설: 국가·지방자치단체 및 대통령령으로 정하는 공공단체가 직업능력 개발훈련을 위하여 고용노동부 장관의 승인을 받아 설치한 시설

② 지정 직업훈련시설: 직업능력개발훈련을 위하여 설립·설치된 직업전문학교·실용전문학교 등

교육대상도 사회 초년생뿐만 아니라 구직자, 중장년 은퇴자까지 그 범위가 광범위하고 국가 전액 지원 등 혜택과 프로그램도 다양해 새로운 인생을 꿈꾸는 사람들을 위한 평생교육의 장이 되고 있다. 유사 시설로서 기존의 기능대학과 직업전문학교를 통합한 형태의 교육 시설도 운영되고 있는데 단기간의 훈련과정이 아닌 보다 체계적인 직업교육 전문기관으로 이 법에 따라 설립된 '한국폴리텍대학'이 대표적인 예이다. 물론 이 시설은 2년제 학위과정을 포함하고 있어 건축물의 용도는 가목의 '학교'에 해당하지만 비학위 직업훈련과정을 다수 운영하고 있어 다목의 기능을 동시에 하고 있는 시설이기도 하다.

이외에도 「직업교육훈련 촉진법」에 따라 직업능력개발 훈련을 위탁받을 수 있는 기관을 정하고 교육을 할 수 있는 직업능력개발 훈련시설, 평생교육시설, 평생직업교육학원 등이 있다. 물론 이들 시설 중 일반 학원의 역할을 하면서 위탁교육 기능을 동시에 하고 있는 시설의 경우 다목의 직업훈련소보다는 라목의 학원(평생직업 교육학원)에 포함된다고 봐야 한다.

〈출처: KTV국민방송〉

〈출처: 인천중앙직업전문학교〉

라. 학원(자동차학원·무도학원 및 정보통신기술을 활용하여 원격으로 교습하는 것은 제외한다), 교습소(자동차교습·무도교습 및 정보통신기술을 활용하여 원격으로 교습하는 것은 제외한다)

❶ 학원 창업시 시설기준과 주변 유해업소 유무를 확인해야 한다.

「학원의 설립·운영 및 과외교습에 관한 법률」(이하 "이 법")에서 학원"이란 10명 이상의 학습자 또는 불특정다수의 학습자에게 30일 이상의 교습 과정 운영하는 업종이라고 정의하고 있다. 또한 단순 교육의 기능 이외에 상급학교 진학에 필요한 컨설팅 등의 지도를 하는 경우와 라목에는 제외되지만 동영상 강의가 보편화 되면서 인터넷 등 원격수업도 이 법에 따른 학원의 범주에 속한다.

학원은 다음의 표와 같이 크게 학교교과 교습학원(숙박시설을 갖춘 교습학원 포함)과 평생직업 교육학원으로 분류된다. 교습학원은 보통 유아부터 고등학생을 대상으로 교과와 장애인을 위한 특수교육과

관련된 학습을 하는 곳을 말한다. 여기에는 숙박시설을 갖춘 교습학원도 포함이되며 재수생을 대상으로 하는 기숙학원이 대표적인 예이다.

평생직업 교육학원은 교과과정 이외의 기타 취미 및 직업 관련 교육을 목적으로 하며 다목에서 설명한 직업 관련 교육기능을 하는 학원이 여기에 속한다. 이들 학원은 교습 과정별로 해당 시·도의 조례에 따라 단위 시설별 교습과 학습에 필요한 시설과 설비를 갖추어야 하니 학원 창업 등을 할 때는 꼭 확인이 필요하다.

■ 학원의 종류

학교교과 교습학원	학교교육과정을 교습하거나 다음 각 목의 사람을 대상으로 교습하는 학원 가. 유아 나. 장애가 있는 사람 다. 학교의 학생. 다만, 직업교육을 목적의 직업기술분야의 학습은 제외
평생직업 교육학원	학교교과 교습학원 외에 평생교육이나 직업교육을 목적으로 하는 학원

또한 이 법에서는 학원을 이용하는 수강생의 대부분이 학생이라는 점에서 아래와 같이 교육환경에 대한 규제를 하고 있다. 따라서 학원을 창업할 때 동일 건물 내에 유해업소 등이 위치하고 있지 않은지 꼭 확인이 필요하다.

① 교육환경과 위생시설을 깨끗하게 유지·관리

② "유해업소"와 동일한 건축물 안 학교교과교습학원 설립·운영 불가

③ 학교교과교습학원과 동일한 건축물 안에 유해업소를 설치하는 경우 허가·인가 등을 하는 행정기관의 장은 미리 관할 교육감과 협의

④ 유해업소의 종류: 관련 행위(구>학교환경위생 정화구역 내 금지행위)를 하거나 시설(당구장, 만화가게 및 인터넷컴퓨터게임시설제공업소 제외)을 갖춘 영업소

⑤ 제2항 및 제3항은 연면적 1,650㎡ 이상의 건축물에 대하여는 다음 각 호의 경우를 제외하고는 미 적용

1. 학원이 유해업소로부터 수평거리 20미터 이내의 같은 층에 있는 경우
2. 학원이 유해업소로부터 수평거리 6미터 이내의 바로 위층 또는 아래 층에 있는 경우

❷ 교습소도 면적에 따라 용도가 구분된다.

학원 시설에서 가장 많이 혼동되는 부분이 '자동차 학원'과 '무도학원'의 포함 여부이다. 이 시설들은 취미나 평생 교육, 직업과 관련된 시설이기도 하지만 시설의 특성과 청소년 유해여부 등을 감안해 자동차 학원은 자동차 관련시설에, 무도학원은 위락시설에 속해 있으며 보다 자세한 내용은 해당 용도를 참조하기 바란다.

이를 제외한 학원 및 교습소가 10)교육연구시설에 속하는 것은 아니다. 면적에 의해 그 용도가 구분되는 데 학원과 교습소의 면적이 500㎡ 이상일 경우에는 교육연구시설 용도에 속하고 면적이 500㎡ 미만의 경우인 학원과 교습소는 4)2종 근생에 속한다.

2020년 개정 이전에는 아래 표와 같이 500㎡ 이상인 학원만 교육연구시설에 속해있어 교습소가 500㎡를 넘는 경우 교육연구시설에 포함되는지에 대한 규정이 없어 혼란을 주었다. 이에 교습소도 라목에 포함시켜 면적에 따른 건축물의 용도구분이 명확하게 되었다. 교습소 등에 대한 세부 내용은 4)제2종 근생 카목을 참조하기 바란다.

■ 교육연구시설 라목

구 분	내 용
개정 전	라. 학원(자동차학원·무도학원 및 정보통신기술을 활용하여 원격으로 교습하는 것은 제외한다)
개정 후	라. 학원(자동차학원·무도학원 및 정보통신기술을 활용하여 원격으로 교습하는 것은 제외한다), 교습소(자동차교습·무도교습 및 정보통신기술을 활용하여 원격으로 교습하는 것은 제외한다)

〈출처: 종로학원〉

〈출처: 안성종로기숙학원〉

마. 연구소(연구소에 준하는 시험소와 계측계량소를 포함한다)

❶ 가장 많은 비중을 차지하는 기업 부설 연구소

연구소의 연구 분야, 업무, 시설 등의 범위를 한정 짓기 어렵지만 개인이 설치하는 소규모 연구시설을 제외하고 마목의 시설은 크게 정부(지방자치단체 포함)출연 연구(소)기관과 일반 기업의 부설 연구소(전담부서 포함)로 분류할 수 있다. 정부 출연 연구소는 각 부서별 연구 목적에 따라 개설되며, 일반 기업의 부설 연구소는 각 기업의 수익창출을 위한 각종 연구활동 등을 위해 세워진다.

관련 법령으로는「기초연구진흥 및 기술개발지원에 관한 법률」(이하 "이 법")이 있으며 이 법에서는 연구시설을 연구개발 활동을 위하여 배타적으로 사용하는 독립된 연구공간과 연구개발 활동에 직접 사용하는 연구 기자재 및 부대시설이라고 정의하고 있다. 특히 이 법에 따라 정부의 다양한 지원(세금, 병역특례 등)과 기업의 기술 개발 및 향상에도 큰 도움이 되기 때문에 많은 기업들이 기업부설 연구소를 설립하려 한다. 이를 위해 이 법에서 연구원 수 및 시설 기준(연구공간, 연구기자재, 부대시설) 등을 인정 기준으로 정하고 있다.

■ 기업부설연구소 등의 연구시설 기준

구 분	내 용
연구공간	가. 고정벽체와 별도의 출입문으로 다른 부서와 구분하여 독립적인 공간을 확보 〈예외〉 아래에 해당하는 연구기관으로 30제곱미터를 초과하는 면적을 연구 공간으로 확보할 수 없는 경우에는 칸막이 등으로 다른 부서와 구분 가능 1) 소기업자가 설립한 기업부설연구기관등 2) 지식기반서비스 분야의 업종의 연구개발 활동을 수행하는 다음의 연구기관 - 중기업 부설 연구기관 - 연구원 및 대학 교원 창업 연구개발형 중소기업/ 벤처기업 설립 기업부설 연구기관 - 기업의 연구개발부서(정보서비스 또는 소프트웨어개발공급 업종만 해당) 나. 연구전담요원, 연구보조원 및 연구관리직원 상시적 근무에 필요한 최소한의 면적(연구기자재를 설치한 후의 면적) 이상 확보
연구기자재	연구전담요원 또는 연구보조원이 연구개발 활동에 직접 사용하는 기계, 기구, 장치 및 재료로서 기준에 맞는 연구공간에 위치
부대시설	- 연구개발 활동을 위하여 제작한 구축물과 연구전담 요원 등이 전용으로 사용하는 회의실, 기숙사 등 편의시설 - 기업부설 연구기관 등의 주소지에 있을 것(부대시설을 두는 경우만 해당)

정부 출연을 포함한 연구소 전체의 개수 중 일반 기업 부설 연구소 비중이 제일 높으며 국내에는 4만 여개가 있다고 한다. 이들 중 사무실 내에 별도의 독립적인 공간을 확보하는 경우를 제외한 기업 부설 연구소와 같은 별도의 연구시설이 마목 연구소로 분류된다.

연구개발을 위한 연구소뿐만 아니라 생산 제품에 대한 시험과 계측을 위한 시설도 마목 연구소 용도에 포함된다. 한국산업기술시험원, 서울 품질시험소 등 품질 시험 전문기관과 각종 산업의 정밀 측정 등을 위한 계측 계량소 등이 여기에 속한다.

기업 연구소 〈출처: LG사이언스파크〉

한국산업기술시험원

바. 도서관

❶ 우리 동네 생활SOC(사회간접자본) 도서관

고대 그리스·로마 시대부터 정보를 남겨두기 위해 여러 가지 방법으로 책이 집필되고 그것들을 보관하기 위한 장소가 필요하면서 도서관이 생겼다. 물론 지금처럼 모든 사람들이 자주 이용하는 장소는 아니었고 왕과 귀족, 정치가, 성직자 등 특정 계층에 국한되었다가 프랑스 혁명 이후부터 공공 도서관화가 진행되었다. 우리나라도 1900년대 초에야 비로서 평양에 일반인도 출입이 가능한 도서관이 생겼고 이후 국립·사립 도서관이 세워지기 시작한 것이다. 지금은 우리 동네 주변에서 도서관 만큼 흔한 시설이 또 있을까 생각될 정도로 우리 생활과 밀접하다.

대표적인 도서관 관련 법령으로는 「도서관법」(이하 "이 법")이 있으며, 이외에도 기타 관련 법령으로 「국회도서관법」, 「작은도서관 진흥법」, 「학교도서관진흥법」, 「대학도서관진흥법」등이 있다. 이 법에서는 도서관을 자료를 수집·정리·분석·보존하여 공중에게 제공함으로써 정보이용·조사·연구·학습·교양·평생교육 등에 이바지하는 시설로 정의하고 있다.

도서관의 종류는 크게 표와 같이 공공도서관, 전문도서관, 학교도서관, 대학도서관으로 나뉜다. 공공도서관은 국가 또는 지방자치단체가 운영하는 공립과 법인·단체·개인이 운영하는 사립 공공도서관 그리고 작은도서관, 장애인도서관, 기타 도서관이 있다. 이 중 기타 도서관은 병원, 병영, 교도소 도서관 등에 설치된 것으로, 10)교육연구시설이 아닌 이 도서관이 설치된 각각의 주 용도에 속한 부속용도에 해당한다.

'전문도서관'은 그 설립 기관·단체의 소속 직원 또는 공중에게 특정 분야에 관한 전문적인 도서관 서비스를 제공하는 것을 주된 목적으로 하는 도서관을 말하며, 열람실 면적 및 관련 분야 자료 등에 대한 시설 기준을 이 법에서 정하고 있다. 국내 전문도서관으로는 농심 식문화전문 도서관, 국가인권위원회 인권도서관, 해양도서관, 김대중 도서관 등이 여기에 속한다.

'작은도서관'은 공중의 생활권역에서 지식정보 및 독서문화 서비스의 제공을 주된 목적으로 하는 도서관으로서 공립 공공도서관의 시설 및 도서관자료 기준에 미달하는 도서관을 말한다. 「작은도서관 진흥법」에 근거하여 주민의 참여와 자치를 기반으로 지역사회의 생활문화 향상에 이바지할 수 있도록 운영하고 있는 만큼 지역주민의 이용 증대와 관련 문화활동에 도움이 되고 있다. 특히 주택법의 적용을 받는 500세대 이상의 공동주택의 경우 「주택건설기준에 관한 규정」에 따라 해당 규모의 작은도서관을 주민 공동시설로 만들어야 한다. 다만 아파트 단지 안에 설치된 작은 도서관의 용도 분류는 바목 도서관으로 분류되기 보다 주 용도인 공동주택 안의 복리시설에 속한다.

이외에도 고등학교 이하의 각급 학교에 설치되는 '학교 도서관'과 대학교육과정 이상의 교육기관에 설치하는 '대학 도서관'으로 구분되며, 도서관은 학교의 부속용도에 해당된다.

■ 도서관의 종류

구 분		내 용
공공 도서관	공립 공공 도서관	공중의 정보이용·독서활동·문화활동 및 평생교육을 위하여 국가 또는 지방자치단체 및 「지방교육자치에 관한 법률」 제32조에 따라 교육감이 설립·운영하는 도서관
	사립 공공 도서관	공립 공공도서관의 시설 기준 중 인구 2만명 미만 지역의 도서관 시설과 동일
	작은 도서관	공중의 생활권역에서 지식정보 및 독서문화 서비스의 제공을 주된 목적으로 하는 도서관으로서 공립 공공도서관의 시설 및 도서관자료기준에 미달하는 도서관
	장애인 도서관 (시각 장애인)	장애인에게 도서관서비스를 제공하는 것을 주된 목적으로 하는 도서관
	기 타	- 병원 도서관 : 의료기관에 입원 중인 사람이나 보호자 등에게 도서관서비스 제공 목적 - 병영도서관 : 육·해·공군 등 각급 부대 내 장병들에게 도서관서비스 제공 목적 - 교도소도서관 : 교도소에 수용 중인 사람에게 도서관서비스 제공 목적 - 어린이도서관 : 어린이에게 도서관서비스 제공 목적
전문도서관		그 설립 기관·단체의 소속 직원 또는 공중에게 특정 분야에 관한 전문적인 도서관서비스를 제공하는 것을 주된 목적으로 하는 도서관
학교도서관		고등학교 이하의 각급 학교에서 교사와 학생, 직원에게 도서관서비스를 제공하는 것을 주된 목적으로 하는 도서관
대학 도서관		대학 및 다른 법률의 규정에 따라 설립된 대학교육과정 이상의 교육기관에서 교수와 학생, 직원에게 도서관서비스를 제공하는 것을 주된 목적으로 하는 도서관

11. 노유자 시설

가. 아동 관련 시설(어린이집, 아동복지시설, 그 밖에 이와 비슷한 것으로서 단독주택, 공동주택 및 제1종 근린생활시설에 해당하지 아니하는 것을 말한다)

나. 노인복지시설(단독주택과 공동주택에 해당하지 아니하는 것을 말한다)

다. 그 밖에 다른 용도로 분류되지 아니한 사회복지시설 및 근로복지시설

■ 용도지역 내 건축물의 용도 제한

건축물의 용도	도시지역																관리지역(4층 이하)			농림지역	자연환경보전지역
	주거지역						상업지역				공업지역			녹지지역(4층 이하)							
	1종전용	2종전용	1종일반	2종일반	3종일반	준주거	중심	일반	근린	유통	전용	일반	준	자연	생산	보전	계획	생산	보전		
가. 아동관련 시설 (어린이집,아동복지시설 등)	○	○	●	●	●	●	●	●	●	○	○	○	●	●	●	○	●	○	○	×	×
나. 노인복지시설	○	○	●	●	●	●	●	●	●	○	○	○	●	●	●	○	●	○	○	×	×
다. 사회복지시설 및 근로복지시설	○	○	●	●	●	●	●	●	●	○	○	○	●	●	●	○	●	○	○	×	×

(× : 금지, ● : 법령 허용, ○ : 조례 허용, ▲ : 법령 부분·제한적 허용, △ : 조례 부분·제한적 허용) ※제1종 일반주거지역: 4층 이하

가. 아동 관련 시설(어린이집, 아동복지시설, 그 밖에 이와 비슷한 것으로서 단독주택, 공동주택 및 제1종 근린생활시설에 해당하지 아니하는 것을 말한다)

❶ 오랜 역사를 가진 보육시설

우리나라도 근대로 넘어오면서 가난을 극복하기 위한 여성의 경제활동 참여가 증가함에 따라 경제활동을 위해 아이를 대신 돌봐주는 시설이 필요했다. 이에 '1921년 한 기독교사회복지관에서 빈민아동을 위한 탁아프로그램 개설이 우리나라 최초의 보육시설이다.

이후 보육수요 증가에 부응하기 위해 탁아시설이 확대 설치되어 탁아소, 유아원 등으로 설치되어 오다가 지금의 「영유아 보육법」(이하 "이 법")에 따른 '어린이집'으로 국내 보육사업의 교육 및 역할이 통합·관리되고 있다.

어린이집은 이 법에서 보호자의 위탁을 받아 영유아를 보육하는 기관으로 정의하고 있고 여기서 영유아는 6세 미만의 취학 전 아동을 말한다. 학교 관련 항목에서도 설명했듯이 유치원은 「유아교육법」에 근거하고 10)교육연구시설에 속하지만, 이 법에 따른 어린이집은 11)노유자 시설에 해당한다. 또한 어린이집은 교육부에서, 어린이집은 보건복지부에서 관할하며 어린이집이 교육을 목적으로 하는 시설이라면 어린이집은 보육을 목적으로 하는 것이 큰 차이점이다.

■ 유치원과 어린이집 차이

구 분	유 치 원	어린이집
근거법	유아 교육법	영유아 보육법
건축물 용도	교육연구시설	노유자시설
대상	유아(만3세~ 취학전 아동)	영유아(0세~ 취학전 아동)
소관	교육부	보건복지부
교사 자격	유치원 1,2급 정교사 전문대학 유아교육과 졸업(이상)	보육교사 1,2,3급 고등학교 졸업(이상)
교육 목적	학교 교육	복지 차원의 영유아 보호 및 교육

❷ 어린이집의 종류와 시설기준

어린이집의 종류는「영유아 보육법」(이하 "이 법")에서 운영 주체에 따라 국공립, 직장, 민간 등으로 구분된다. 최대 보육정원은 300인 이하이어야 하며, 어린이집 종류에 따라 아래 표와 같이 보육 가능 인원을 정하고 있다.

■ 어린이집의 종류

종 류	설치·운영 주체	보 육 인 원
국공립 어린이집	국가·지방자치단체	상시 영유아 11명 이상 300명 이하
직장 어린이집	사업주	상시 영유아 5명 이상 300명 이하
사회복지법인, 법인·단체 등 어린이집	사회복지 법인 또는 각종 법인	상시 영유아 21명 이상 300명 이하
가정 어린이집	개인	상시 영유아 5명 이상 20명 이하
협동 어린이집	조합(보호자, 보호자+보육직원 설립)	상시 영유아 11명 이상 300명 이하
민간 어린이집	기타	상시 영유아 21명 이상 300명 이하

영유아 대상 시설인 만큼 보육 수요·교통편의 등을 충분히 고려하여 부지를 선정하여야 한다. 또한 이 법 시행규칙 별표 1에서는 위험시설 (주유소, 충전소) 로부터 50m 이상 떨어진 곳에 위치, 보육실, 조리실, 목욕실 등 각 시설별 기준을 정하고 있다.

특히 보육실은 시설면적(놀이터 제외)이 영유아 1명당 4.29㎡이상이 되어야 하며 층수와 관계없이 해당 층 4면이 80%이상 지상에 노출되고 해당층 주 출입구의 하단이 지표면으로부터 1미터 이내인 층에만 설치하는 것을 원칙으로 하고 있다.

또한 응급상황에 대비해 비상재해 대비시설과 급배수시설, CCTV 등을 구비하도록 하고 있다. 이 시설을 사용하는 대상이 영유아인 만큼 안전 및 피난 등을 감안해 1층이 아닌 2층 이상의 어린이집의 시설 기준은 더 까다롭다. 특히 4층~5층에 설치되는 어린이집은 2개소 이상의 직통계단(1개소 외부계단 가능)이 설치되어야 하니 어린이집 신설을 위한 건물의 매매·임대시에는 시설 기준 적합 여부를 꼭 확인하여야 한다.

최초 보육시설(탁아소) <출처: 태화복지재단>

어린이집 <출처: 서울특별시>

❸ 아동복지시설의 종류

아동복지시설은 특히 사회 취약계층 등을 위한 사회적 보호 시설로서 아동이 행복한 삶을 누릴 수 있는 기본적인 여건을 조성하고 조화롭게 성장·발달할 수 있도록 경제적·사회적·정서적 지원을 해주는 시설을 말한다. 이 시설과 관련된 법령은 「아동복지법」(이하 "이 법")으로 여기서 아동은 18세 미만의 사람이라고 정의하고 있다.

이 법에 따른 아동복지시설의 종류는 다음의 표와 같이 다양한 시설들이 여기에 해당한다. 이들 시설 중 공동생활가정은 실제 단독 또는 공동주택 내에 설치되어 주택 용도에 속하고, 지역아동센터는 제1종 근생시설에 속한다. 이외의 나머지 시설은 노유자 시설에 속하지만, 경우에 따라 단순 행정 업무만을 담당하는 상담소나, 지원센터 등은 노유자시설이 아닌 3)제1종 근생시설 또는 14)업무시설에 속할 수 있다.

이 시설들은 아동을 대상으로 하는 시설인 만큼 보건·위생·급수·안전·환경 및 교통편의 등을 충분히 고려해야 하며, 시설 50미터 주위에 청소년 유해업소가 없는 부지를 선정해야 한다.

또한 각 시설에 대해서는 설치 목적에 따른 필요 공간 및 기타 사무실, 상담실, 교육실 등의 시설 기준을 이 법에서 정하고 있다. 특히 아동을 30명 이상 수용하는 시설의 경우 거실의 실제 면적은 아동 1명당 6.6㎡ 이상으로 침실 1개의 정원은 3명 이하로 정하고 있고 7세 이상의 아동 수용 거실은 남녀별로 설치하도록 하는 등을 이 법 시행규칙 별표2에서 정하고 있다.

■ 아동복지시설의 종류

구 분	내 용	용 도
아동양육시설	보호대상아동을 입소시켜 보호, 양육 및 취업훈련, 자립지원 서비스 등을 제공하는 것을 목적 으로 하는 시설	노유자 시설
아동일시보호시설	보호대상아동을 일시보호하고 아동에 대한 향후의 양육대책수립 및 보호조치를 행하는 것을 목적으로 하는 시설	
아동보호치료시설	아동에게 보호 및 치료 서비스를 제공하는 다음의 시설 가. 불량행위를 하거나 할 우려가 있는 아동을 입소시켜 치료와 선도, 건전한 사회인 육성을 목적으로 하는 시설 (보호자가 없거나 친권자나 후견인이 입소를 신청한 아동 또는 가정법원, 지방법원 소년 부지원에서 보호 위탁된 19세 미만인 사람 대상) 나. 정서적·행동적 장애 아동 또는 학대로 인한 부모로부터 일시 격리·치료받을 필요가 있는 아동을 보호·치료하는 시설	
자립지원시설	아동복지시설에서 퇴소한 사람에게 취업준비기간 또는 취업 후 일정 기간 동안 보호함으로써 자립을 지원하는 것을 목적으로 하는 시설	
아동전용시설	어린이공원, 어린이놀이터, 아동회관, 체육·연극·영화·과학실험전시 시설, 아동휴게숙박시설, 야영장 등 아동에게 건전한 놀이·오락, 그 밖의 각종 편의를 제공하여 심신의 건강유지와 복지증진에 필요한 서비스를 제공하는 것을 목적으로 하는 시설	
아동상담소	아동과 그 가족의 문제에 관한 상담, 치료, 예방 및 연구 등을 목적으로 하는 시설	제1종 근생바목 / 업무시설
아동보호전문기관	학대받은 아동의 발견, 보호, 치료 신속처리 및 아동학대예방을 담당하는 시설	
가정위탁지원센터	보호대상아동에 대한 가정위탁사업을 활성화를 목적으로 하는 시설	
아동권리보장원	아동정책에 대한 종합적인 수행과 아동복지 관련 사업의 효과적인 추진을 위하여 필요한 정책의 수립을 지원하고 사업평가 등의 업무를 수행하는 시설	
공동생활가정	보호대상아동에게 가정과 같은 주거여건과 보호, 양육, 자립지원 서비스를 제공하는 것을 목적으로 하는 시설	주 택
지역아동센터	지역사회 아동의 보호·교육, 건전한 놀이와 오락의 제공, 보호자와 지역사회의 연계 등 아동의 건전육성을 위하여 종합적인 아동복지서비스를 제공하는 시설	제1종 근생사목

김해아동보호시설

상록아동양육시설

❹ 단독주택, 공동주택 및 제1종 근린생활시설에 해당하지 아니하는 것

앞서 단독주택이나 공동주택에서 언급했던 내용을 다시 설명해 보겠다. 건축물은 하나의 공간이 단일 목적이 아닌 복수의 용도와 역할로 사용되는 경우가 많다. 예를 들어 어린이집은 「영유아 보육법」에서 보호자의 위탁을 받아 영유아를 보육하는 기관으로 운영 주체에 따라 일곱 종류의 어린이집으로 분류되며, 이 중 개인이 가정이나 그에 준하는 곳에 설치·운영을 하고 있는 가정어린이집의 경우 노유자시설이 아닌 본래 용도인 주택으로 본다는 것이다.

마찬가지로 공동생활가정의 경우 모두 가정과 같은 주거 여건에서 급식, 그 밖에 일상생활에 필요한 편의를 제공하는 것을 목적으로 하고 있고 실제 주택에서 이루어지는 경우가 대부분이다. 따라서 노유자시설이 아닌 해당 주택의 용도에 속하는 것이다.

또한 아동복지시설 중 지역아동센터는 지역사회의 저소득 계층 가정의 자녀들을 대상으로 보호, 교육의 역할을 하는 곳으로 주거지역과 밀접하게 설치되어야 하기 때문에 규모와 관계없이 3)제1종 근린생활시설 또는 주택에 설치된다. 이렇게 주택 내에 설치되는 복지시설이나 지역아동센터는 「아동복지법」에 따른 아동 복지시설이지만 노유자 시설에서 제외된다. 결국 해당 시설의 설치 장소, 환경, 목적 등에 따라 건축물의 용도가 분류 된다는 점을 유념해야 할 것이다.

나. 노인복지시설(단독주택과 공동주택에 해당하지 아니하는 것을 말한다)

❶ 노인복지시설의 종류

우리나라는 2000년 초 고령화 사회에 돌입해 매우 빠른 속도로 진행되면서 자연스럽게 노인 인구와 복지시설에 관심이 모아지고 있다. 노인 복지시설은 「노인복지법」(이하 “이 법”)에서 그 종류를 표와 같이 노인 주거·의료·여가·재가노인 복지시설과 노인보호 전문기관, 노인 일자리 지원기관, 학대피해노인 전용 쉼터로 크게 분류하고 있다.

■ 노인 복지시설의 종류

구 분	내 용
노인주거 복지시설	양로시설, 노인공동 생활가정, 노인 복지주택
노인의료 복지시설	노인요양시설, 노인요양 공동생활가정
노인여가 복지시설	노인복지관, 경로당, 노인교실
노인보호 전문기관	학대받는 노인의 발견·보호·치료 등을 신속히 처리하고 노인학대를 예방하기 위한 업무를 담당하는 시설
노인 일자리 지원기관	노인인력개발기관, 노인일자리 지원기관, 노인취업알선기관
학대피해노인 전용 쉼터	학대 피해를 입은 노인을 일정기간 보호하고 심신 치유 프로그램 제공 시설
재가노인 복지시설	방문요양 서비스, 주·야간보호 서비스, 단기보호 서비스, 방문목욕 서비스

❷ 단독주택, 공동주택에 해당하지 아니하는 것

아동복지시설과 마찬가지로 모든 시설이 11)노유자 시설에 속하지는 않는다.

가목의 아동관련 복지시설과 같이 노인 복지시설 중 아파트 단지 내에 경로당의 용도는 노유자시설이 아닌 공동주택의 부대복리시설이다. 또한 노인복지시설 중 재가노인복지시설, 노인공동생활가정 및 노인요양 공동 생활가정은 「노인복지법」(이하 "이 법")에서 건축법 특례로 단독주택 또는 공동주택에 설치할 수 있다고 규정하고 있다.(제55조) 따라서 주택에 설치된 이들 시설의 용도는 단독주택 또는 공동주택에 해당하며, 주택 내에 설치되지 않는 시설에 한하여 노유자 시설에 속한다는 의미이다. 또한 노인 일자리 지원기관처럼 근생이나 업무시설에 설치되어 지원기관처럼 관련 업무를 맡아보는 시설의 경우는 노유자 시설이 아닌 해당 건축물의 주 용도를 따른다.

❸ 실버타운은 노유자 시설이다.

노인 복지 시설 중에서 일반인들에게 가장 관심을 받았던 시설이 '실버타운'일 것이다. 여기서 실버타운은 '유료노인복지주택'을 말하며, '실버 산업'의 붐이 시작된 것도 이 주택이 대체 주거상품으로 분양되면서 관심이 높아졌기 때문이다.

하지만 실버타운은 1가구 1주택, 증여·상속, 부실한 운영 등 여러 가지 사회적 문제를 일으켰다. 이에 정부는 근본적인 문제 해결을 위해 관련 법을 개정하게 되고, 결국 기존에는 분양 및 임대가 가능했던 것이 지금은 임대만 가능하도록 개정되었다.

이외에도 노인복지주택 설치 및 임대 등에 대한 조건으로 입소대상을 단독취사 등 독립된 주거생활을 하는 데 지장이 없는 60세 이상의 자로 정하고 있으며, 입소자격자의 배우자나 부양을 책임지고 있는 19세 미만의 자녀·손자녀에 해당하는 경우에만 입소자격자와 함께 입소가 가능하다. 또한 이 시설은 「노인복지법」(이하 "이 법") 시행규칙 별표2에서 정하는 시설기준을 만족하여야 한다.

이처럼 설치 조건 등을 통해 아파트 등 일반 주거 상품과는 구분을 하고 있다. 그리고 이 법에서 '노인복지주택의 건축물의 용도는 건축 관계 법령에 불구하고 노유자시설로 본다'고 까지 명시함으로써 주거 용도가 아님을 다시 한번 강조하고 있다.

그럼에도 입주자가 24시간 거주하는 시설인 만큼 「주택법」에서 노인복지주택을 준주택의 한 종류에 포함하고 있으며, 노인복지주택의 설치·관리 및 공급 등에 관해서는 이 법에서 규정된 사항을 제외하고는 「주택법」 및 「공동주택관리법의 관련 규정」을 준용하도록 하고 있다. 특히 노인복지주택을 건설할 경우 「주택건설기준 등에 관한 규정」의 일부 항목만을 제외하고 이 규정을 준수하도록 함으로써 주거로서의 기능과 역할을 최대한 보장하고 있는 것이 특징이다.

■ 노인복지주택 관련 시설기준

구 분	내 용
시설의 규모	30세대 이상
주요 시설	가. 침실 (1) 독신용·동거용 침실의 면적은 20㎡ 이상 (2) 취사할 수 있는 설비 (3) 목욕실, 화장실 등 입소자의 생활편의를 위한 설비 (4) 채광·조명 및 방습설비 나. 프로그램실 : 적당한 문화시설과 오락기구 구비 다. 체력단련실 : 적절한 운동기구 구비 라. 의료 및 간호사실 : 진료 및 간호에 필요한 상용의약품·위생재료 또는 의료기구 비치 마. 경보장치 : 거실, 화장실, 욕실, 복도 등 필요한 곳에 설치 바. 경사로 : 침실이 2층 이상인 경우 경사로 설치 〈승강기 설치시 제외〉

〈출처: 삼성노블카운티〉

〈출처: 노인요양시설 자광원〉

다. 그 밖에 다른 용도로 분류되지 아니한 사회복지시설 및 근로복지시설

❶ 사회복지시설

사회복지시설은 「사회복지사업법」(이하 "이 법")에서 사회복지사업을 할 목적으로 설치된 시설이라고 정의하고 있다. 그럼 사회복지사업은 무엇일까? 이 법에서는 20여가지 이상의 법률에 따른 보호·선도 또는 복지에 관한 사업과 사회복지상담, 직업지원, 무료 숙박, 지역사회복지, 의료복지, 재가복지, 사회복지관 운영, 정신질환자 및 한센병력자의 사회복귀에 관한 사업 등 각종 복지사업과 이와 관련된 자원봉사활동 및 복지시설의 운영 또는 지원을 목적으로 하는 사업이라고 말한다.

따라서 위의 가목의 아동 및 나목의 노인을 대상으로 하는 시설을 제외한 대부분의 복지 사업과 관련된 기능을 하는 시설(주택 및 업무 관련 용도 제외)은 모두 다목에 포함된다. 특히 이들 시설 중 주변에서 가장 쉽게 접할 수 있는 대표적 시설이 사회복지관이다.

사회복지관은 지역사회를 기반으로 일정한 시설과 전문인력을 갖추고 지역주민의 참여와 협력을 통하여 지역사회의 복지문제를 예방하고 해결하기 위하여 종합적인 복지서비스를 제공하는 시설을 말한다. 지역사회의 특성과 지역주민의 복지 욕구를 고려하여 이 법에 근거하여 설치되며, 모든 지역주민을 대상으로 사회복지 서비스를 실시하되 기초 수급자나 장애인, 다문화 가족 등 사회 소외계층 지역주민에 우선 제공된다. 이 시설을 설치하기 위해서는 이 법에서 정하는 강당 또는 회의실과 방음설비를 갖춘 상담실, 그리고 관련 업무수행에 필요한 공간을 확보해야 한다.

❷ 근로복지시설

「근로복지기본법」(이하 "이 법")에 따라 설치되는 근로복지시설은 근로자의 여가, 복리후생 등을 지원하여 균형된 삶을 살 수 있도록 지원하는 시설로 기숙사, 사내구판장, 보육시설, 근로자를 위한 콘도미니엄, 복지회관, 사택 등이 여기에 속한다. 보통 정부나 지자체에서 근로복지회관 등을 건립 운영하기도 하지만 일반 기업의 사업주 등에게 이를 설치 권고하도록 하고 있다. 이렇게 건립된 근로복지시설은 사업주 등에게 설치·운영에 대한 지원을 할 수 있도록 이 법에서 정하고 있다.

위에서 열거한 복지시설의 종류 중 근로복지회관을 제외한 시설은 이 법의 적용을 위한 근로복지시설의 범위에 속할 뿐이고 지원센터, 기숙사, 콘도미니엄처럼 명확하게 건축물의 주 용도가 있는 경우에는 각각의 용도에 해당하고, 이외의 근로복지관련 기능을 하는 시설에 대해서만 노유자시설에 포함된다.

사회복지시설 〈출처: 창동종합복지관〉

근로복지시설 〈출처: 군포시노동종합복지관〉

12. 수련시설

가. 생활권 수련시설(「청소년활동진흥법」에 따른 청소년수련관, 청소년문화의집, 청소년특화시설, 그 밖에 이와 비슷한 것을 말한다)
나. 자연권 수련시설(「청소년활동진흥법」에 따른 청소년수련원, 청소년야영장, 그 밖에 이와 비슷한 것을 말한다)
다. 「청소년활동진흥법」에 따른 유스호스텔
라. 「관광진흥법」에 따른 야영장 시설로서 제29호에 해당하지 아니하는 시설

■ 용도지역 내 건축물의 용도 제한

건축물의 용도	도시지역																관리지역(4층 이하)			농림지역	자연환경보전지역
	주거지역						상업지역				공업지역			녹지지역(4층 이하)							
	1종전용	2종전용	1종일반	2종일반	3종일반	준주거	중심	일반	근린	유통	전용	일반	준	자연	생산	보전	계획	생산	보전		
가. 생활권 수련시설	×	×	○	○	○	●	○	○	●	○	×	○	●	●	●	×	●	○	×	○	×
나. 자연권 수련시설	×	×	○	○	○	●	○	○	●	○	×	○	●	●	●	×	●	○	×	○	×
다. 유스호스텔	×	×	△	△	△	●	○	○	●	○	×	○	●	●	●	×	●	○	×	○	×
라. 야영장 시설(29호 해당하지 않는 시설)	×	×	○	○	○	●	○	○	●	○	×	○	●	●	●	×	●	○	×	○	×

(× : 금지, ● : 법령 허용, ○ : 조례 허용, ▲ : 법령 부분·제한적 허용, △ : 조례 부분·제한적 허용) ※제1종 일반주거지역: 4층 이하

❶ 구(舊)법에 따른 생활권과 자연권 수련시설 분류

「청소년활동진흥법」(이하 "이 법")에서는 청소년수련활동, 청소년교류활동, 청소년문화활동 등 청소년 활동에 제공되는 시설을 청소년 활동시설이라고 정의하고 있고 그 종류에는 청소년 수련시설과 청소년 이용시설이 있다.

참고로 두 시설 중 청소년이용시설은 청소년 활동의 실시와 청소년의 건전한 이용 등에 제공할 수 있는 시설을 말한다. 그 종류로 문화시설, 어린이회관, 과학관, 체육시설, 자연휴향림 등이 있고 이들 시설은 수련시설이 아닌 각 개별 용도에 속하는 건축물로서 청소년 수련활동에 이용될 수 있다는 의미이다.

수련시설과 관련있는 청소년 수련시설은 수련 활동에 필요한 시설과 여러 프로그램 등을 갖추고 체계적이고 조직적인 수련 활동을 실시하는 시설을 말한다. 2004년까지는 가목과 나목처럼 「청소년기본법상」에서 생활권 수련시설(청소년수련관, 청소년문화의집), 자연권 수련시설(청소년수련원, 청소년야영장), 유스호스텔로 구분하였다. 하지만 2005년 이 법이 시행되면서 청소년수련관, 청소년수련원, 청소년문화의집, 청소년특화시설, 청소년야영장, 유스호스텔 종류로만 구분하고 있지만 아직까지 건축법에서는 이 법 개정 내용이 반영되지 못하고 기존대로 생활권과 자연권으로 나뉘어져 있는 상태이다.

■ 청소년활동 시설의 종류

<table>
<tr><th>구 분</th><th colspan="2">내 용</th><th>용 도</th></tr>
<tr><td rowspan="6">청소년
수련시설</td><td>청소년
수련관</td><td>다양한 청소년수련거리를 실시할 수 있는 각종 시설 및 설비를 갖춘 종합 수련시설</td><td rowspan="6">수련
시설</td></tr>
<tr><td>청소년
수련원</td><td>숙박기능을 갖춘 생활관과 다양한 청소년수련거리를 실시할 수 있는 각종 시설과 설비를 갖춘 종합수련시설</td></tr>
<tr><td>청소년
문화의 집</td><td>간단한 청소년수련활동을 실시할 수 있는 시설 및 설비를 갖춘 정보·문화·예술 중심의 수련시설</td></tr>
<tr><td>청소년
특화시설</td><td>청소년의 직업체험, 문화예술, 과학정보, 환경 등 특정 목적의 청소년활동을 전문적으로 실시할 수 있는 시설과 설비를 갖춘 수련시설</td></tr>
<tr><td>청소년
야영장</td><td>야영에 적합한 시설 및 설비를 갖추고, 청소년수련거리 또는 야영편의를 제공하는 수련시설</td></tr>
<tr><td>유스
호스텔</td><td>청소년의 숙박 및 체류에 적합한 시설·설비와 부대·편익시설을 갖추고, 숙식편의 제공, 여행청소년의 활동지원(청소년수련활동 지원은 제11조에 따라 허가된 시설·설비의 범위에 한정한다)을 기능으로 하는 시설</td></tr>
<tr><td rowspan="2">청소년
이용시설</td><td>정의</td><td>수련시설이 아닌 시설로서 그 설치 목적의 범위에서 청소년활동의 실시와 청소년의 건전한 이용 등에 제공할 수 있는 시설</td><td rowspan="2">개별
용도</td></tr>
<tr><td>종류</td><td>문화시설, 과학관, 체육시설, 평생교육기관, 자연휴양림, 수목원, 사회복지관, 시민회관, 어린이회관, 공원·광장·둔치, 그 밖에 이와 유사한 공공용시설 및 기타 청소년활동과 관련된 시설</td></tr>
</table>

서부청소년수련관 〈출처: 울주군 시설관리공단〉

구로청소년수련관 〈출처: 구로청소년수련관〉

가. 생활권 수련시설(「청소년활동진흥법」에 따른 청소년수련관, 청소년문화의집, 청소년특화시설, 그 밖에 이와 비슷한 것을 말한다)

❶ 숙박기능이 없는 생활권 수련시설

생활권 수련시설의 특징은 별도의 숙박기능이 있지 않고 수련 기능만을 갖추고 있다는 것으로 「청소년활동진흥법」(이하 "이 법") 시행규칙 별표3에서 수련시설의 기준을 정하고 있다. 먼저 '청소년 수련관'은 다양한 청소년 수련거리를 실시할 수 있는 각종 시설 및 설비를 갖춘 종합 수련 시설을 말한다. 연면적 1,500㎡ 이상으로 150인 이상을 수용할 수 있는 실내 집회장과 체육활동장으로 연면적 150㎡ 이상 실내체육시설 설치하여야 하며 자치활동실, 특성화 수련 활동장, 상담실, 휴게실 등의 시설을 구비하여야 한다.

'청소년 문화의집'은 수련관 보다는 기능이나 규모면에서 보다 간소한 시설 정도로 이해하면 되겠다. 청소년 수련활동을 실시할 수 있는 시설 및 설비를 갖춘 정보·문화·예술 중심의 수련시설로서 수용정원은 활동시설인 특성화수련장, 자치활동실, 강의실 등의 일시 사용 적정 인원으로 정하고 있다.

'청소년 특화시설'은 청소년의 직업체험, 문화예술, 과학정보, 환경 등 특정 목적의 청소년 활동을 전문적으로 실시할 수 있는 시설과 설비를 갖춘 수련시설이다. 동아리방, 연구실 등의 활동시설과 휴게실, 지도자실 등으로 구성되며 수용정원은 활동시설에 일시 수용 적정인원을 기준으로 한다.

■ 생활권 수련시설의 시설기준

구분		내용
청소년 수련관	정의	다양한 청소년수련거리를 실시할 수 있는 각종 시설 및 설비를 갖춘 종합 수련시설
	주요 시설	실내집회장, 체육활동장, 자치활동실, 특성화수련활동장, 상담실, 휴게실, 위생시설, 지도자실
청소년 문화의집	정의	간단한 청소년수련활동을 실시할 수 있는 시설 및 설비를 갖춘 정보·문화·예술 중심의 수련시설
	주요 시설	활동시설, 휴게시설, 위생시설, 물품보관시설
청소년 특화시설	정의	청소년의 직업체험, 문화예술, 과학정보, 환경 등 특정 목적의 청소년활동을 전문적으로 실시할 수 있는 시설과 설비를 갖춘 수련시설
	주요 시설	활동시설, 휴게실, 지도자실, 물품보관시설

나. 자연권 수련시설(「청소년활동진흥법」에 따른 청소년수련원, 청소년야영장, 그 밖에 이와 비슷한 것을 말한다)

❶ 숙박기능이 포함된 자연권 수련시설

생활권 수련시설과 자연권 수련시설의 가장 큰 차이는 숙박 기능이 있느냐 없느냐의 차이이다. 결국 일정 기간 숙박을 하며 수련 활동을 할 수 있는 시설들이기 때문에 도심보다는 야외에 설치되는 경우가 많아 '자연권'이라는 구분 명칭이 붙여진 것으로 보인다. 나목의 시설로는 청소년 수련원과 청소년야영장이 있으며, 이들 시설은 숙박이 가능한 생활관과 야영장이 각각 설치되고, 마찬가지로 「청소년활동진흥법」(이하 "이 법") 시행규칙 별표3에서 수련시설의 기준을 정하고 있다.

'청소년 수련원'은 이 법에서 숙박기능을 갖춘 생활관과 다양한 청소년 수련거리를 실시할 수 있는 각종 시설과 설비를 갖춘 종합 수련시설이라고 정의한다. 생활관은 100명 이상이 숙박이 가능하고 숙박실은 4인실 이상 10인실 이하의 규모로 설치된다. 이외에도 식당과 실내·외 집회장, 강의실, 특성화 수련 활동장, 연면적 1,000㎡ 이상의 수련의 숲과 연면적 100㎡ 이상의 실내체육시설 또는 연면적 1,500㎡ 이상의 실외체육시설 등이 그 기준에 따라 설치되어야 한다.

'청소년야영장'은 야영에 적합한 시설 및 설비를 갖추고, 청소년 수련거리 또는 야영 편의를 제공하는 수련시설로 100인 이상의 인원이 동시에 야영이 가능한 시설이어야 한다. 주요 시설로는 야외집회장과 재해에 대비한 대피시설, 연면적 1,000㎡ 이상의 실외 체육활동장 등으로 구성된다. 생활관을 설치하는 경우에는 숙박정원을 100명 미만으로 할 수 있다. 요즈음 시골 폐교 등을 이용한 야영장 이용이 늘고 있는데, 이를 이용하는 경우에는 그 시설 기준을 완화하여 설치할 수 있다.

■ 자연권 수련시설의 시설기준

구 분		내 용
청소년 수련원	정의	숙박기능을 갖춘 생활관과 다양한 청소년수련거리를 실시할 수 있는 각종 시설과 설비를 갖춘 종합수련시설
	주요 시설	생활관, 식당, 실내집회장, 야외집회장, 체육활동장, 수련의 숲, 강의실, 특성화수련활동장, 지도자실, 휴게실, 양호실, 물품보관실
청소년 야영장	정의	야영에 적합한 시설 및 설비를 갖추고, 청소년수련거리 또는 야영편의를 제공하는 수련시설
	주요 시설	야영지, 야외집회장, 대피시설, 체육활동장, 야양정원

〈출처:임실청소년수련원〉

〈출처:곡성군청소년야영장〉

다.「청소년활동진흥법」에 따른 유스호스텔

❶ 유스호스텔은 숙박시설이 아니다.

유스호스텔은 여행 중인 청소년의 숙박 등을 돕고자 만들어진 곳이다. 여러 명이 한꺼번에 체류하는 공간으로 회원증만 있으면 국내뿐만 아니라 해외에서도 유스호스텔을 저렴한 비용에 이용할 수 있다.

숙박과 취사 등을 할 수 있는 콘도미니엄 등과 비슷하여 자칫 숙박시설로 혼동될 수 있지만 수련시설에 속한다. 일반 숙박시설과 다른 점은 대화·정보실, 휴게실 이외에 자가 취사장이 있어 개인이 체류하면서 숙박과 식사를 동시에 해결할 수 있다는 것이다.

주요 시설인 숙박실은 각 실이 10명 이하의 규모로 하되, 2인실 이하의 숙박정원의 합계는 전체 숙박정원의 40% 이하이여야 한다. 이 시설이 꼭 청소년만을 대상으로 하고 있지는 않다. 청소년을 동반한 가족 등에게 제공하기 위한 가족실(숙박정원의 30% 이하 범위)도 설치 가능하다. 하지만 가족실 운영이 가능하다는 규정을 악용해 청소년을 위한 시설이 아닌 일반 숙박업처럼 일반인을 대상으로 운영을 하는 곳도 있어 그 설립 취지를 무색하게 하는 경우도 있다고 한다.

구 분		내 용
유스호스텔	정의	청소년의 숙박 및 체류에 적합한 시설·설비와 부대·편익시설을 갖추고, 숙식편의 제공, 여행청소년의 활동지원을 기능으로 하는 시설
	주요 시설	숙박실, 대화·정보실, 자가취사장, 휴게실, 지도자실, 난방시설, 물품보관시설 등

라.「관광진흥법」에 따른 야영장 시설로서 제29호에 해당하지 아니하는 시설

❶ 관리시설 면적에 따른 12)수련시설과 29)야영장 시설 구분

「관광진흥법」(이하 “이 법”)에 의해 설치되는 ‘야영장업’은 관광객 이용 시설업 중 하나로서 일반 야영장과 자동차야영장으로 구분되며, 나목에 따른 청소년야영장은 제외된다.

일반 야영장은 야영 장비 등을 설치할 수 있는 공간을 갖추고 야영에 적합한 시설을 함께 갖추어 관광객에게 이용하게 하는 시설을 말한다. 반면 오토 캠핑장이라는 이름으로 더 많이 알려져진 자동차 야영장업은 자동차를 주차하고 그 옆에 야영장비 등을 설치할 수 있는 공간을 갖추고 취사 등에 적합한 시설을 함께 갖추어진 시설을 말한다. 주요 시설의 종류는 다음 장의 표와 같으며 불특정 다수가 사용하는 시설인 만큼 안전과 위생을 위한 기준에 대해서도 이 법 시행규칙 별표7에서 정하고 있다.

2016년 이전에는 면적에 관계 없이 야영장은 수련시설로만 분류되었다. 하지만 이 법의 내용이 개정되면서 건축법 시행령도 29)야영장 시설을 신설하게 되었고 면적 기준에 따라 구분하도록 하였다. 바닥면적이 300㎡ 기준으로 그 이상의 규모는 수련시설 라목에 속하고 그 미만은 29)야영장시설에 속한다.

여기서 바닥면적은 야영장 시설로서 관리동, 화장실, 샤워실, 대피소, 취사시설 등의 용도로 쓰이는 건축물의 면적을 말한다.

이렇게 분류하는 이유는 캠핑장 인구가 급격하게 증가하는 동시에 야영장에서 화재로 인한 인명 피해 등 크고 작은 사건·사고가 많이 발생하였다. 이에 따라 설치 건립에 대한 인·허가 세부 기준을 정하고 관련 규제 등이 강화된 것이다. 하지만 소규모 야영장의 경우 이런 규정을 다 적용하기 어렵고, 추가 설치가 어려워졌다. 이에 야영장의 규모별로 용도를 구분하게 된 것인데 이에 대한 보다 자세한 내용은 이 책의 29)야영장 시설을 참고하기 바란다.

■ 야영장 시설의 종류

구분	시설의 종류
1. 기본시설	야영데크를 포함한 일반야영장 및 자동차야영장 등
2. 편익시설	바닥의 기초와 기둥을 갖추고 지면에 고정된 야영시설·야영용 트레일러·관리실·방문자안내소·매점·바비큐장·문화예술체험장·야외쉼터·야외공연장 및 주차장 등
3. 위생시설	취사장·오물처리장·화장실·개수대·배수시설·오수정화시설 및 샤워장 등
4. 체육시설	실외에 설치되는 철봉·평행봉·그네·족구장·배드민턴장·어린이놀이터·놀이형시설·수영장 및 운동장 등
5. 안전·전기·가스시설	소방시설·전기시설·가스시설·잔불처리시설·재해방지시설·조명시설·폐쇄회로텔레비전시설·긴급방송시설 및 대피소 등

■ 야영장시설 용도 구분

구 분	내 용
12)수련시설	라. 「관광진흥법」에 따른 야영장 시설로서 제29호에 해당하지 아니하는 시설
29)야영장시설	「관광진흥법」에 따른 야영장 시설로서 관리동, 화장실, 샤워실, 대피소, 취사시설 등의 용도로 쓰는바닥면적의 합계가 300㎡ 미만인 것

〈출처: 경기도청소년 야영장〉

〈출처: 당항포 오토캠핑장〉

13. 운동시설

가. 탁구장, 체육도장, 테니스장, 체력단련장, 에어로빅장, 볼링장, 당구장, 실내낚시터, 골프연습장, 놀이형시설, 그 밖에 이와 비슷한 것으로서 제1종 근린생활시설 및 제2종 근린생활시설에 해당하지 아니하는 것

나. 체육관으로서 관람석이 없거나 관람석의 바닥면적이 1천제곱미터 미만인 것

다. 운동장(육상장, 구기장, 볼링장, 수영장, 스케이트장, 롤러스케이트장, 승마장, 사격장, 궁도장, 골프장 등과 이에 딸린 건축물을 말한다)으로서 관람석이 없거나 관람석의 바닥면적이 1천 제곱미터 미만인 것

■ 용도지역 내 건축물의 용도 제한

건축물의 용도	도시지역																관리지역(4층 이하)			농림지역	자연환경보전지역
	주거지역						상업지역				공업지역			녹지지역(4층 이하)							
	1종전용	2종전용	1종일반	2종일반	3종일반	준주거	중심	일반	근린	유통	전용	일반	준	자연	생산	보전	계획	생산	보전		
가. 탁구장, 체력단련장, 에어로빅장, 볼링장, 실내낚시터, 골프연습장, 놀이형시설 등	×	×	△	○	○	●	●	●	●	○	×	×	○	●	○	×	○	×	×	×	×
나. 체육관(관람석 1천제곱미터 미만)	×	×	○	○	○	●	●	●	●	○	×	×	○	●	○	×	○	×	×	×	×
다. 운동장(육상장, 수영장, 롤러스케이트장, 골프장 등)관람석 1천 제곱미터 미만	×	×	○	○	○	●	●	●	●	○	×	×	○	●	●	×	●	●	×	×	×

(× : 금지, ● : 법령 허용, ○ : 조례 허용, ▲ : 법령 부분·제한적 허용, △ : 조례 부분·제한적 허용) ※제1종 일반주거지역: 4층 이하

가. 탁구장, 체육도장, 테니스장, 체력단련장, 에어로빅장, 볼링장, 당구장, 실내낚시터, 골프연습장, 놀이형시설, 그 밖에 이와 비슷한 것으로서 제1종 근린생활시설 및 제2종 근린생활시설에 해당하지 아니하는 것

❶ 바닥면적 기준(500㎡)에 따라 제1,2종 근생과 운동시설로 구분된다.

같은 체육활동 시설도 바닥면적 및 종목에 따라 제1,2종 근린생활시설과 운동시설로 분류된다. 위 항목 중 바닥면적 500㎡ 미만의 탁구장, 체육도장은 제1종 근린생활시설에 속하고, 테니스장 이하 시설은 제2종 근린생활시설에 분류된다. 가목의 세부 시설에 대한 설명은 이 책의 제1, 2종 근린생활시설의 내용을 참조하기 바란다.

용 도	내 용
3)제1종 근린생활시설	마. 탁구장, 체육도장으로서 같은 건축물에 해당 용도로 쓰는 바닥면적 합계 500㎡ 미만
4)제2종 근린생활시설	파. 테니스장, 체력단련장, 에어로빅장, 볼링장, 당구장, 실내낚시터, 골프연습장, 놀이형시설 등 주민의 체육 활동을 위한 시설로 바닥면적 합계 500㎡ 미만
13)운동시설	가. 탁구장, 체육도장, 테니스장, 체력단련장, 에어로빅장, 볼링장, 당구장, 실내낚시터, 골프연습장, 놀이형시설, 그 밖에 이와 비슷한 것으로서 제1종 근린생활시설 및 제2종 근린생활시설에 해당하지 아니하는 것

❷ 키즈카페가 위락시설인 적이 있었다.

가목의 '놀이형 시설'은 제2종 근생시설 파목에서와 같이 「관광진흥법」(이하 "이 법")의 기타유원시설 (안전성 검사 대상이 아닌 유기시설 또는 유기기구를 설치하는 것)을 말한다. 이 시설은 그 규모가 500㎡ 이상이 되는 놀이형 시설은 13)운동시설에 해당하고 그 미만은 제2종 근생에 해당된다. 이 놀이형 시설의 대표적인 업종이 어린 아이들을 대상으로 일정 시간 사용료를 받고 실내에서 놀이 기구 등을 이용하는 시설인 '키즈카페'이다.

처음 키즈카페가 도입된 시기에는 보통 내부에 음식점 또는 카페 등의 시설을 겸업하고 있어 「식품위생법」에 의한 휴게음식점 등으로 등록 영업해 왔다. 하지만 신종 사업인 키즈카페 중 실내에 미니기차, 미니 에어바운스, 붕붕뜀틀 등 유원 시설을 설치하는 경우가 많아졌다. 그렇다 보니 안전 등의 관리가 되지 않아 많은 문제를 야기하면서 관련 시설 기준과 용도 분류가 명확해 질 필요가 있었다.

또한 건축물의 용도 분류에서도 불합리한 부분이 있었다. 제2종 근생이나 운동시설의 세부 시설에 '물놀이형 시설'만 국한되어 있었다. 현실적으로 물놀이형이 아닌 일반적인 놀이 시설이 대부분이지만 이런 분류 때문에 일반적인 키즈카페는 근생이나 운동시설이 아닌 유원시설업이 속해있는 16)위락시설에 해당되어야 했다.

■ 관광진흥법 유원시설업 분류

구 분	내 용	용 도
종합유원시설업	유기시설이나 유기기구를 갖추어 관광객에게 이용하게 하는 업으로서 대규모의 대지 또는 실내에서 법 제33조에 따른 안전성검사 대상 유기시설 또는 유기기구 여섯 종류 이상을 설치하여 운영하는 업	위락시설
일반유원시설업	유기시설이나 유기기구를 갖추어 관광객에게 이용하게 하는 업으로서 법 제33조에 따른 안전성검사 대상 유기시설 또는 유기기구 한 종류 이상을 설치하여 운영하는 업	
기타유원시설업	유기시설이나 유기기구를 갖추어 관광객에게 이용하게 하는 업으로서 법 제33조에 따른 안전성검사 대상이 아닌 유기시설 또는 유기기구를 설치하여 운영하는 업	제2종 근생 또는 운동시설

이렇게 위락시설에 분류되어 설치하려고 보니 법적 제약이 더 많이 따르게 되어 업계에서는 관련 법령의 개정을 요구해 왔다. 이에 2014년 건축물 용도 분류상 제2종 근생과 운동시설 중 물놀이형 시설에 국한되었던 것을 지금의 놀이형시설로 개정한 것이다. 이로써 기타유원시설업에 속하는 놀이형 시설은 규모에 따라 제2종 근생 또는 운동시설로만 분류될 수 있게 되었다.

이제는 관광진흥법의 적용을 받고 관련 시설 기준(관광진흥법 시행규칙 별표 1의 2)을 아래와 같이 정하고 있으며 다양한 유사 시설의 설치가 가능토록 하였다. 이를 통해 사각지대에 놓여 있었던 키즈카페의 용도 분류와 시설 기준을 마련한 것이며 추가 내용은 이 책의 제2종 근생시설 파목의 내용을 참조하기 바란다.

■ 기타 유원시설업의 시설 및 설비기준

구분	시설 및 설비기준
기타유원시설업	- 실내 설치한 유원시설업의 경우 독립된 건축물이거나 다른 용도의 시설과 분리, 구획 또는 구분 - 대지 면적(실내에 설치한 유원시설업의 경우에는 건축물 연면적)은 40제곱미터 이상 다만, 최초 확인검사 이후 정기 확인검사를 받아야 하는 유기시설 또는 유기기구를 설치하는 경우는 제외 - 안전성검사 대상이 아닌 유기시설 또는 유기기구 1종 이상 설치 - 구급약품 비치

〈출처: 합천군〉

〈출처: 원더볼즈플레이파크〉

나. 체육관으로서 관람석이 없거나 관람석의 바닥면적이 1천제곱미터 미만인 것

❶ 체육관은 관람석이 클수록 문화 및 집회시설에 속한다.

체육관이 운동시설에 속한다는 것은 의심의 여지가 없는데 '왜 관람석의 바닥면적이 1천제곱미터 이상이 아니고 미만일까?' 하는 의문이 든다. 가목의 체육 관련 시설만 보더라도 면적이 클수록 13)운동시설에 속하듯이 체육관도 본연의 기능이 체육 관련 시설이기 때문에 경기를 할 수 있는 코트뿐만 아니라 관람석이 차지하는 면적도 커야 하는 것 아니냐는 것이다.

하지만 우리의 생각과는 다르게 2015년에 구로구에 세워진 '고척 스카이돔'을 보더라도 이 시설의 목적은 야구 경기를 하는 운동 관련 시설이지만 관람석의 규모가 워낙 커서 건축물대장에 그 용도가 운동시설이 아닌 5)문화 및 집회시설의 관람장으로 분류되어 있다.

구 분	용 도	관람석 바닥면적
체육관 및 운동장	문화 및 집회시설	1,000㎡ 이상
	운동시설	1,000㎡ 미만

그 이유를 간단히 살펴보면 다음과 같다. 우선 체육관의 사용 범위를 생각해 보면, 코트에서 단지 운동경기뿐만 아니라 각종 문화행사, 콘서트, 집회 등 다양한 용도로 활용된다. 따라서 관람석의 규모가 작은 경우에는 운동경기의 기능을 충실히 할 수 있다고 보는 것이다. 반면, 관람석 규모가 큰 체육관의 경우에는 운동경기뿐만 아니라 보다 많은 사람들이 와서 관람할 수 있는 다양한 용도로 활용될 수 있다는 것이 그 이유이다. 이에 대한 보다 구체적인 설명은 이 책의 5)문화 및 집회시설의 내용을 참조하기 바란다.

운동시설 〈출처: 강동구도시관리공단〉

문화 및 집회시설 〈출처: 고척스카이돔〉

다. 운동장(육상장, 구기장, 볼링장, 수영장, 스케이트장, 롤러스케이트장, 승마장, 사격장, 궁도장, 골프장 등과 이에 딸린 건축물을 말한다)으로서 관람석이 없거나 관람석의 바닥면적이 1천 제곱미터 미만인 것

❶ 체육관과 운동장의 차이_ 가설 1

나목의 체육관과 다목의 운동장은 어떤 차이가 있는지 고민해 봄으로써 이 두 시설을 알아보려 한다.

보통 옥외 체육시설을 운동장, 실내 체육시설을 체육관으로 보는 것이 일반적인 견해이다. 용도지역 내 건축물의 용도 제한을 보더라도 '운동장'은 '체육관'에 비해 녹지지역이나 관리지역 내 설치가 상대적으로 자유롭다. 대규모 건축물인 실내 체육관 보다 옥외 운동장의 설치가 이들 지역에 더 적합하기 때문이다.

하지만 다목의 운동장에 대한 내용을 보면 사실 혼란스럽다. 육상장, 구기장, 승마장, 궁도장 등은 실외 스포츠로서 당연히 운동장의 범주에 포함 되지만 수영장, 스케이트장이 지금은 실내 스포츠인 만큼 운동장이 아니라 체육관에 속해야 하지 않을까?

아마 처음 건축물의 용도를 분류할 당시에는 수영장이나 스케이트장 등도 실외에 설치되는 경우가 많았기 때문에 당시의 실정에 맞게 분류하였을 것이다. 결국 세월이 흘러 시설의 수준이 많이 변하였음에도 현실에 맞게 건축물의 용도 분류가 개정되지 못했기 때문이지 아닐까 생각한다.

아래의 1980년에 개정된 건축법 시행령 별표1의 내용부터 보자. 이전까지 체육관과 경마장, 수영장, 사격장, 골프장이 따로 분류되어 있다가 80년 11월 개정되면서 이들 시설들이 지금과 유사하게 운동장이라는 대분류에 포함되게 되었다.

그 당시에는 수영, 스케이트장도 실외에 많이 설치되었던 시절이었기 때문에 운동장에 포함되었을 것이다. 하지만 앞의 다른 건축물의 용도 사례에서도 보았듯이 건축물 용도의 분류가 시대가 바뀌어도 그 내용이 개정되지 않았기 때문이라고 생각된다. 여기까지가 필자가 생각하는 첫 번째 가설이다.

구 분	내 용
개정 이전	26〉 운동시설 1. 체육관 2. 경마장 3. 수영장 4. 사격장 5. 골프장
1980.11.12. 개정	⑩운동시설 근린생활시설에 해당하지 아니하는 것으로서 다음 각호의 1에 게기하는 것. 1. 체육관으로서 관람석의 바닥면적이 1,000평방미터 미만인 것. 2. 운동장(육상·구기·수영·스케이트·승마·사격·궁도·골프 등의 운동장을 말한다)으로서 관람석의 바닥면적이 1,000평방 미터 미만인 것.

❷ 체육관과 운동장의 차이_ 가설 2

그럼 수영장, 스케이트장, 롤러스케이트장, 승마장, 사격장 등은 그렇다 쳐도 볼링장은 어떻게 설명할 수 있을까? 우리나라 최초 볼링장이 들어온 게 50년대 미군부대이고 일반인들이 사용할 수 있었던 것인 60년대 중반부터라고 한다. 그런데 어디에도 옥외에 볼링장이 있었다는 자료를 찾아볼 수 없었고 왜 볼링장이 운동장에 속하는지에 대한 해답을 찾기 어려웠다. 단지 처음 볼링장의 용도는 당구장, 슬롯머신장과 함께 위락시설에 분류되었다가 국민의 여가 및 체육시설로 인정되어 운동시설로 변경되었다는 사실 뿐이었다.

그럼 실내·외를 기준으로 구분할 수 없다면 어떻게 나름의 정의를 내릴 수 있을까?

체육관은 보통 배구, 농구, 핸드볼 등은 '코트'에서 할 수 있는 종목들 위주로 분류되어 있다. 그리고 이런 종목은 실내에서 많이 하는 운동이기 때문에 실내 경기를 할 수 있는 곳을 '체육관'으로 통칭했던 것은 아닐까?

반면 '운동장'은 축구, 야구 등 실내체육관에서 하기 어려운 구기종목을 위한 체육시설이다. 이들 종목과 더불어 다목의 나머지 종목도 역시 코트가 아닌 트랙이나 코스를 정해 놓고 하는 모든 운동을 할 수 있는 종목이라고 생각된다.

결국 실내·외 구분이 아닌 '코트'에서 하는 운동은 체육관, 코트 이외의 '트랙과 코스'에서 하는 운동시설은 운동장으로 굳이 구분할 수 있겠다. 이것이 필자 나름의 두 번째 가설이다.

〈출처: 문화체육관광부〉

〈출처: 대학야구연맹〉

❸ 운동장과 체육관의 구분이 필요한가?

지금까지 어렵게 논리와 가설을 만들어 분류해서 설명해 보려고 노력했지만, 허점이 많고 어려웠던 점은 결국 해당 종목에 의해 '체육관과 운동장이 분류되어 있기 때문에 문제가 있다는 생각이 떠나질 않았다. 이러한 생각을 뒷받침해주는 것이 2018년 12월에 개정된「도시·군계획시설의 결정·구조 및 설치기준에 관한 규칙」의 내용이다.

개정 전에는 '운동장'과 '체육시설'이 분리되어 별도의 시설로 규정되어 있었으나 두 시설의 분리가 모호하고 중복된다는 의견을 수렴하여 지금은 운동장이 '체육시설'에 통합되었다. 그리고 종목에 따라 시설을 분리하는 것이 아니라 다음 장의 표와 같이 관련 종목과 별개로 시설 형태를 운동장(실외), 체육관(실내), 종합체육시설로 따로 분류하고 있는 것이 건축법과의 차이점이다.

지금의 시대는 한가지 기능에만 만족하기보다 여러 가지 기능과 역할을 원하는 융복합의 시대이다. 따라서 일부 용도에 대해서는 오히려 건축법처럼 세분화해서 분리하기보다「체육시설의 설치·이용에 관한 법률」시행령(별표1)과 같이 그 범위를 체육시설로 통합하는 것이 관리 측면에서는 더 유리하다는 생각이 든다.

■ 체육시설의 종류

구분	체육시설 종류
운동 종목	골프장, 골프연습장, 궁도장, 게이트볼장, 농구장, 당구장, 라켓볼장, 럭비풋볼장, 롤러스케이트장, 배구장, 배드민턴장, 벨로드롬, 볼링장, 봅슬레이장, 빙상장, 사격장, 세팍타크로장, 수상스키장, 수영장, 무도학원, 무도장, 스쿼시장, 스키장, 승마장, 썰매장, 씨름장, 아이스하키장, 야구장, 양궁장, 역도장, 에어로빅장, 요트장, 육상장, 자동차경주장, 조정장, 체력단련장, 체육도장, 체조장, 축구장, 카누장, 탁구장, 테니스장, 펜싱장, 하키장, 핸드볼장, 그 밖에 국내 또는 국제적으로 치러지는 운동 종목의 시설로서 문화체육관광부장관이 정하는 것
시설 형태	운동장, 체육관, 종합 체육시설

❹ 옥외 관람석은 건축물의 바닥 면적에 산입될까?

체육관과 운동장의 관람석 면적에 따라 문화 및 집회시설 또는 운동시설로 분류되며, 건축법 시행령 제56조 내화구조 대상 적용의 경우에도 옥외관람석 면적에 따라 적용 여부가 결정이 된다.

실내 체육관의 경우에는 관람석 상부에 지붕이 설치되는 구조이기 때문에 당연히 관람석은 바닥면적에 산입된다. 건축물의 요건인 지붕과 기둥 또는 벽이 있고, 바닥면적도 이런 건축물의 벽·기둥으로 구획된 부분을 기준으로 산정하기 때문이다.

그런데 옥외 관람장 시설은 건축물의 바닥면적에 포함될까? 물론 건축물의 정의에서 건축물과 여기에 딸린 시설물을 포함하고 있기 때문에 옥외 관람석 역시 건축물에 속한다. 하지만 건축물의 면적 산정시 지붕이 없는 경우에는 바닥면적에 산입 될 필요는 없어 보인다.

하지만 다음의 관련 질의회신을 살펴보면 건축물의 형태나 조건 등에 따라 다르겠지만, 지붕의 설치 여부에 관계 없이 관람석은 바닥면적에 산정되어야 한다는 것이 관련 부처의 답변이다.

왜 그런지에 대한 명확한 답변은 없다. 하지만 서두에 설명했듯이 예외적으로 옥외 관람석 면적이 건축물 용도 분류와 건축물의 내화구조 적용 대상의 기준이 되기 때문으로 해석이 될 뿐이지만 여전히 의문이 남는다.

옥내 관람석

옥외 관람석

|질의|

운동장의 관람석은 일부 시설을 제외하고는 지붕이 없는 구조인 경우가 있는데 이 경우 바닥면적에 산입되는지?

〔관람석〕체육관·운동장(수영장, 빙상장 등)의 관람석의 정의(건교부 참여마당 신문고/고객만족센타 - 2007.10.25)

체육관·운동장(수영장, 빙상장 등)을 관람석 바닥면적의 합계에 따라 운동시설 및 문화 및 집회시설(관람장)로 용도를 구분함에 있어 관람석의 정의는 무엇인지?

"관람석의 바닥면적의 합계 1천㎡"에는 건축물의 공유부분인 기계실, 복도, 화장실, 계단, 로비 등의 면적이 포함 되는지?

|회신|

관람석은 관람을 위한 좌석 등의 시설을 의미하는 것으로 볼 수 있으며, 관람석의 형태는 설계자의 의도에 따라 다소 달라질 수 있으나 허가권자가 판단할 때 건축물이거나 그에 부수되는 시설물에 해당하는 경우라면 <u>그 면적은 지붕의 설치 여부에 관계없이 산정되어야 할 것으로 사료되며</u>, 또한 계단, 통로 등 공용부분 등이 관람석에 부속된 경우라면 그 면적 또한 합계하여야 할 것으로 사료되는바, 당해 건축물의 용도판단 또는 면적산정은 허가권자가 그 건축물의 구조·기능·이용형태 등을 종합적으로 검토하여 판단하여야 할 사항으로 사료됨

14. 업무시설

가. 공공업무시설: 국가 또는 지방자치단체의 청사와 외국공관의 건축물로서 제1종 근린생활시설에 해당하지 아니하는 것

나. 일반업무시설: 다음 요건을 갖춘 업무시설을 말한다.

1) 금융업소, 사무소, 결혼상담소 등 소개업소, 출판사, 신문사, 그 밖에 이와 비슷한 것으로서 제1종 근린생활시설 및 제2종 근린생활시설에 해당하지 않는 것

2) 오피스텔(업무를 주로 하며, 분양하거나 임대하는 구획 중 일부 구획에서 숙식을 할 수 있도록 한 건축물로서 국토교통부장관이 고시하는 기준에 적합한 것을 말한다)

■ 용도지역 내 건축물의 용도 제한

건축물의 용도		도시지역																관리지역(4층 이하)			농림지역	자연환경보전지역
		주거지역						상업지역				공업지역			녹지지역(4층 이하)							
		1종전용	2종전용	1종일반	2종일반	3종일반	준주거	중심	일반	근린	유통	전용	일반	준	자연	생산	보전	계획	생산	보전		
가. 공공업무시설		×	×	×	△	△	●	●	●	●	●	×	×	●	×	×	×	×	×	×	×	×
나. 일반업무시설	금융업소, 사무소, 결혼상담소 등 소개업소, 출판사, 신문사	×	×	×	△	△	●	●	●	●	●	×	△	●	×	×	×	×	×	×	×	×
	오피스텔	×	×	△	△	△	●	●	●	●	●	×	△	●	×	×	×	×	×	×	×	×

(× : 금지, ● : 법령 허용, ○ : 조례 허용, ▲ : 법령 부분·제한적 허용, △ : 조례 부분·제한적 허용) ※제1종 일반주거지역: 4층 이하

가. 공공업무시설: 국가 또는 지방자치단체의 청사와 외국공관의 건축물로서 제1종 근린생활시설에 해당하지 아니하는 것

❶ 공공업무시설은 제1종 근생과 업무시설로 구분된다.

업무시설은 크게 공공업무시설과 일반업무시설로 나뉜다. 이 중 공공업무시설은 면적 기준(1,000㎡)에 따라 제1종 근생과 업무시설로 구분된다.

공공업무시설과 관련된 정의를 찾아 볼 수 있는 법령이 「도시·군계획시설의 결정·구조 및 설치기준에 관한 규칙」으로 공공청사를 아래와 같이 정의하고 있다.

1. 공공업무를 수행하기 위하여 설치·관리하는 국가 또는 지방자치단체의 청사
2. 우리나라와 외교관계를 수립한 나라의 외교업무수행을 위하여 정부가 설치하여 주한 외교관에게 빌려주는 공관
3. 교정시설(교도소·구치소·소년원 및 소년분류심사원에 한한다)

다만, 이 중 3의 시설은 도시·군 시설 규칙에서는 공공청사에 속하지만, 건축법의 용도 분류상 23)교정 및 군사시설에 속하며, 나머지 시설만 가목에 속한다.

제1종 근생은 지역자치센터, 파출소, 지구대, 소방서, 우체국 등과 같이 지역주민의 편의를 위해 주거지역에 설치되는 소규모(1,000㎡미만) 생활밀착형 시설이다. 반면 가목의 시설들은 제1종 공공 시설들(파출소, 지역자치센터 등)을 총체적으로 관리하는 경찰서, 시청, 국가기관 등의 청사를 말한다. 규모면에서 제1종 근생에 비해 훨씬 크고 본연의 기능 수행만을 위해 만들어진 건축물이다.

구 분	용 도	면적 기준
지역자치센터, 파출소, 지구대, 소방서, 우체국, 방송국, 보건소, 공공도서관, 건강보험공단 사무소 등 공공업무시설	제1종 근린생활시설	1,000㎡ 미만
국가 또는 지방자치단체의 청사와 외국공관의 건축물	업무시설	1,000㎡ 이상

❷ 재외공관과 주한공관

공관은 대사관·영사관처럼 그 나라를 대표해서 자국민 보호, 비자 발급, 문화교류, 정보수집, 각종 국제 분쟁 해결 등의 역할과 업무를 수행하는 곳을 말한다. 외교는 쌍방의 국가간의 관계이기 때문에 공관도 재외공관과 주한공관으로 나뉘는데, 외국의 각 나라를 대표해 우리나라에 세워진 주한공관은 약 150여개가 설치되어 있다고 한다.

재외공관에 관한 법령은 많지만 주한(외국)공관과 관련된 해당 법령은 찾기 어렵다. 그래도 (주한)공관에 대한 정의를 간접적으로 찾아볼 수 있는 것이 「대한민국에 상주하는 외국 공관과 공관원 자동차의 관리에 관한 예규」로서 '공관'을 아래의 각 호의 어느 하나에 해당하는 기관이라고 정의하고 있다.

가. 「외교관계에 관한 비엔나 협약」에 따라 대한민국에 설치된 상설 외교공관

나. 「영사관계에 관한 비엔나 협약」에 따라 대한민국에 설치된 상설 영사기관
(명예영사관원을 장으로 하는 영사기관은 제외)

다. 국제연합과 이에 준하는 국제기구(조약과 그 밖의 국내법령에 따라 특권과 면제를 부여받는 경우에 한함) 또는 그 밖의 대외 합의에 의해 특권과 면제를 부여받을 수 있는 대한민국에 설치된 상설 기관

참고로 대사관과 영사관의 차이는 무엇일까?

위 공관에 대한 정의 중 가목에 해당하는 대사관은 자국을 대표한 정부의 역할을 대신해서 파견국과 각종 문화, 경제, 정보수집 등의 외교업무를 담당하는 곳을 말한다. 대신 나목의 영사관은 자국민이 범죄 등에 휘말리거나 각종 사고 등의 처리 등 자국민 보호의 역할과 파견국에서 해당 국가로 여행 등을 위해 필요한 비자 발급 같은 업무를 하는 곳으로 정부를 대표하는 협상 및 외교권한은 없다는 것이 차이점이다.

각 나라에서 파견되어 한국에서 해당 업무를 하는 대사관 및 영사관 이외에도 아세안, UN, OECD, UNESCO 등 국제협력기구 등도 가목의 공공업무시설(공관)에 해당한다.

서울지방경찰청 〈출처: 서울시〉

주한미국대사관 〈출처: 위키백과〉

나. 일반업무시설: 다음 요건을 갖춘 업무시설을 말한다.

1) 금융업소, 사무소, 결혼상담소 등 소개업소, 출판사, 신문사, 그 밖에 이와 비슷한 것으로서 제1종 근린생활시설 및 제2종 근린생활시설에 해당하지 않는 것

❶ 부동산 중개사무소는 근생, 신문사는 업무시설

공공업무 이외의 일반 업무시설은 다음의 표와 같이 면적 기준에 따라 제1,2종 근린생활시설과 업무시설로 구분된다. 오피스텔을 제외한 기타 세부 시설에 대한 내용은 제1종 근린생활시설 항목을 참조하기 바란다.

여기서 특이한 점은 제1, 2종 근생에서는 포함되어 있는 '부동산중개사무소'가 나목의 일반 업무시설의 예시에서는 삭제되었다는 것이다. 일반적으로 부동산 중개사무소는 중개대상의 물건이 대부분 아파트나 빌라 등이기 때문에 주거지역 내에 대부분 설치되어 있다. 또한 공인중개사법에 따라 건축물대장(가설건축물대장 제외)에 기재된 건물에 중개사무소를 확보하는 것 이외에는 별도의 개설 조건이 없어 특수한 경우를 제외하고 대부분 해당 규모(500㎡)을 넘는 경우가 드물기 때문에 14)업무시설에서 제외된 것으로 보인다.

■ 일반업무시설 구분

구 분	용 도	면적 기준
금융업소, 사무소, 부동산중개사무소, 결혼상담소 등 소개업소, 출판사 등	제1종 근린생활시설	30㎡ 미만
	제2종 근린생활시설	30㎡ 이상 500㎡ 미만
금융업소, 사무소, 결혼상담소 등 소개업소, 출판사, 신문사, 그 밖에이와 비슷한 것	일반업무시설	500㎡ 이상

대신 근생의 일반업무시설과 다르게 나목에 추가된 업종이 '신문사'이다. 신문은 「신문 등의 진흥에 관한 법률」(이하 "이 법")에서 정치·경제·사회·문화·산업·과학·종교·교육·체육 등 전체 분야 또는 특정 분야에 관한 보도·논평·여론 및 정보 등을 전파하기 위하여 같은 명칭으로 월 2회 이상 발행하는 간행물이라고 정의하고 있다. 신문의 종류도 다양해 일반일간, 특수일간, 일반주간, 특수주간 신문이 있으며, 요즈음은 지면을 활용한 신문 보다 각종 매체의 발달에 따른 인터넷 신문이 더 활성화 되어가는 추세이다. 신문사는 이 법에 따라 신문사로 등록하기 위한 조건을 만족해야 하며, 특히 인터넷 신문을 제외한 신문을 지면으로 발간하는 경우에는 별도의 인쇄사까지 확보해야 한다.

건축법 시행령 별표1에 각 용도마다 예시된 시설들은 대게 관련 법령이 있는 시설들을 대표적으로 선별한 것들이어서 이 책도 해당 법령을 중심으로 각 시설들을 설명하고 있는 것이다. 하지만 일반 업무시설의 특성상 입주 회사의 업종의 특성과 관계없이 거의 유사하게 사무공간으로 사용한다는 점에서 관련된 법령을 찾기 힘들다. 그나마 결혼상담소 등의 소개업소와 출판사처럼 관계 법령이 있는 업종(제2종 하목 참조)을 예로 든 것이고, 신문사가 나목에 포함된 이유도 이 업종과 관련하여 관련 법령이 있는 시설이기 때문으로 보인다.

여기서 유념해야할 점은 부동산 중개사무소든 신문사든 업종에 따라 근생과 업무시설로 분류되기 보다는 면적(규모)에 의해 결정된다는 것이다. 예를 들어 요즈음은 부동산 중개사무소가 대규모 기업화되고 있는데 이런 기업형 중개사무소가 무조건 근생에 속하는 것이 아니라 해당 규모(500㎡)를 넘게 되면 당연히 업무시설에 속해야 하는 것이다.

결국 업무시설은 사용자의 업종에 관계 없이 사무시설로 사용되면서 별도의 특정 시설이나 유해 장비 등이 설치되지 않고 다른 건축물의 용도 분류에 속하지 않는다면 업무시설에 포함될 것이다.

여의도 금융가 〈출처: 한경닷컴〉

〈출처: PD저널〉

2) 오피스텔(업무를 주로 하며, 분양하거나 임대하는 구획 중 일부 구획에서 숙식을 할 수 있도록 한 건축물로서 국토교통부장관이 고시하는 기준에 적합한 것을 말한다)

❶ 오피스텔은 준주택에 속한다.

오피스텔은 사무실(Office)과 호텔(Hotel)의 합성어로서 업무와 거주를 동시에 할 수 있다는 취지로 만들어졌다. 특히 도시적 관점에서도 주거와 상업지역 분리에 따른 교통, 도심 공동화 등 도시문제를 해소하고 다양한 업무 형태에 대응할 수 있는 장점이 있다. 하지만 현실은 업무시설에 속하기 때문에 주거지역이 아닌 상업지역 등에 건설되어 열악한 주거 여건과 협소한 주차공간 등(지금은 주차대수에 대한 규제도 강화되었지만)의 문제는 뒷전에 두고 고밀도로 개발이 되어 왔다.

위의 정의처럼 오피스텔은 '업무를 주로하고 일부 숙식을 할 수 있는 건축물'이다. 하지만 현실은 업무가 주 기능이라기 보다 '아파텔'로 불릴 만큼 주거용 상품으로서 분양·거주 및 임대사업 대상으로 여겨지고 있다. 그래서 일반인들은 오피스텔이 업무시설에 속하는지도 모르는 경우가 많고, 심지어 아파트나 빌라와 같은 주택으로 생각하는 경우가 많다.

오피스텔은 아파트와 건축물의 용도뿐만 아니라 관련 법령의 적용 내용도 다르다. 아파트는 주택법에 따른 사업계획승인 대상이지만, 오피스텔은 주택이 아니기 때문에 건축법에 따라 건축허가 대상인 것이 큰 차이점이다.

예전에는 지금과 다르게 오피스텔에 대한 주택 전용으로 사용되는 것을 막기 위한 규제가 많았다. 당시에도 실제 많은 1~2인 가구의 주택 수요를 감당해 내고 있었음에도 업무시설이기 때문에 주택공급률 등에서 누락 되기도 했었다. 하지만 2000년 말 금융위기 등으로 주택 전세난이 문제가 되어 주거 안정화 방안으로 바닥난방 규제를 전용면적 60㎡에서 85㎡로 상향시켰고 이후에는 욕조설치 금지 조항을 삭제하였다. 이렇게 완전한 주택상품으로 자리잡게 되면서 주택법에서도 오피스텔을 준주택으로 분류하고 있으며, 주택의 공급 확대를 위해 2021년 9월에는 바닥난방 면적 규제를 120㎡로 완화 발표를 함으로써 아파트 전용 85㎡의 실사용 면적과 비슷한 규모까지 건설이 가능하게 되었다.

구 분	오피스텔	아파트
용 도	업무시설	공동주택
법 적용	건축법 / 건축허가	30세대 미만: 건축법/건축허가 30세대 이상: 주택법/사업승인
발 코 니	설치 불가	설치 가능
주차장 (서울시)	「주택건설기준 등에 관한 규정」적용, 세대당 1대에 미달 시 세대당(호실당) 1대(전용 30제곱미터이하: 0.5대, 60제곱미터이하:0.8대)이상	좌 동

❷ 오피스텔 건축기준

다시 한번 강조하지만 오피스텔은 주로 업무를 하기 위한 용도로 만들어졌기 때문에 예전에는 아파트 등 주택과의 차별을 두려고 했고 당연히 건축기준도 까다로웠다. 이후 시대적 상황을 반영하면서 업무시설이지만 준주택으로 분류되고 오피스텔의 건축기준도 많이 간소화되었다. 하지만 여전히 주택 용도와 차별을 두기 위한 내용은 남아 있다.

요즈음 주거형 오피스텔 분양 상품을 보면 오피스텔과 아파트를 구분하기 어려울 정도로 동일하다. 하지만 두 상품의 가장 큰 차이점은 바로 '발코니 설치' 여부이다. 아파트의 경우 면적에 산입되지 않는 발코니(서비스 면적)설치가 가능하고 그 공간을 확장해서 전용면적처럼 사용할 수 있다. 하지만 오피스텔은 아파트와 동일한 전용면적이라 하더라도 발코니 설치가 불가해서 발코니가 확장된 아파트와 실사용면적에서 차이가 난다. 결국 발코니 확장면적 차이 때문에 오피스텔의 바닥난방 규제 면적 제한을 전용 120㎡로 확대하면 아파트 85㎡와 규모가 동일하다는 것이다.

하지만 그림처럼 오피스텔에도 안방 전면이나 주방 다용도실 발코니 설치가 되어 있는데, 이것은 오피스텔 건축기준을 위반한 것이 아니다. 아파트처럼 서비스 공간이 아니고 기존 아파트의 발코니와 같은 기능만을 할 뿐 전용면적에 포함되는 공간이다. 무조건 오피스텔은 이런 발코니 기능을 하는 공간을 만들지 말라는 의미보다는 면적에 산입되지 않고 서비스 면적으로 제공되는 발코니를 설치하지 말라는 취지이다.

반면 꼭 아파트와 차별화를 두는 조건만 있는 것은 아니다. 아파트와 동일한 전용면적의 산정 방법, 타 용도와의 출입구 분리, 차음성능 및 내화구조 설치 등은 오히려 주거 용도로서의 거주환경과 안전을 고려한 내용도 같이 담겨 있다.

〈출처: 가야 센트레벨 아파트〉

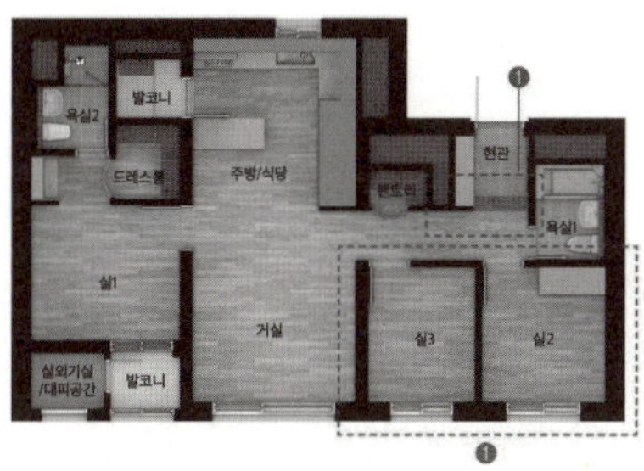

〈출처: 부천중동힐스테이트 오피스텔〉

■ 오피스텔 건축기준

<table>
<tr><th>구 분</th><th>내 용</th></tr>
<tr><td rowspan="4">건축기준</td><td>1. 각 사무구획별 노대(발코니)를 설치 금지</td></tr>
<tr><td>2. 다른 용도와 복합으로 건축하는 경우(지상층 연면적 3,000㎡ 이하 건축물 제외)
- 오피스텔의 전용출입구 별도 설치.
- 다만, 단독주택 및 공동주택을 복합으로 건축하는 경우 예외 가능</td></tr>
<tr><td>3. 사무구획별 전용면적이 120㎡ 를 초과하는 경우
: 온돌·온수온돌 또는 전열기 등을 사용한 바닥난방을 설치 금지</td></tr>
<tr><td>4. 전용면적의 산정방법
- 건축물의 외벽의 내부선 기준 산정
- 2세대 이상이 공동으로 사용하는 부분으로서 다음 각목의 어느 하나에 해당하는공용면적 제외
가. 복도·계단·현관 등 오피스텔의 지상층에 있는 공용면적
나. 가목의 공용면적을 제외한 지하층·관리사무소 등 그 밖의 공용면적
- 바닥면적에서 전용면적을 제외하고 남는 외벽면적은 공용면적에 가산</td></tr>
<tr><td rowspan="2">피난 및 설비기준 (화재 등 유사시 피난 대비)</td><td>1. 주요구조부가 내화구조 또는 불연재료로 된 16층 이상인 오피스텔
: 피난층 외의 층에서는 피난층 또는 지상으로 통하는 직통계단을 거실의 각 부분으로부터 계단에 이르는 보행거리가 40미터 이하 설치</td></tr>
<tr><td>2. 각 사무구획별 경계벽
- 내화구조
- 「건축물의 피난·방화구조 등의 기준에 관한 규칙」제19조제2항에 따른 벽두께 이상 또는 45dB 이상의 차음성능 확보</td></tr>
</table>

15. 숙박시설

가. 일반숙박시설 및 생활숙박시설(「공중위생관리법」 제3조제1항 전단에 따라 숙박업 신고를 해야 하는 시설을 말한다)

나. 관광숙박시설(관광호텔, 수상관광호텔, 한국전통호텔, 가족호텔, 호스텔, 소형호텔, 의료관광호텔 및 휴양 콘도미니엄)

다. 다중생활시설(제2종 근린생활시설에 해당하지 아니하는 것을 말한다)

라. 그 밖에 가목부터 다목까지의 시설과 비슷한 것

■ 용도지역 내 건축물의 용도 제한

건축물의 용도		도시지역																관리지역(4층 이하)			농림지역	자연환경보전지역
		주거지역						상업지역				공업지역			녹지지역(4층 이하)							
		1종전용	2종전용	1종일반	2종일반	3종일반	준주거	중심	일반	근린	유통	전용	일반	준	자연	생산	보전	계획	생산	보전		
가.	일반숙박시설	×	×	×	×	×	×	▲	▲	▲	△	×	×	○	△	×	×	△	×	×	×	×
	생활숙박시설	×	×	×	×	×	△	▲	▲	▲	△	×	×	○	△	×	×	△	×	×	×	×
나. 관광숙박시설(관광호텔, 가족호텔, 콘도미니엄 등)		×	×	×	×	×	×	●	●	●	○	×	×	○	△	×	×	△	×	×	×	×
다. 다중생활시설		×	×	×	×	×	×	●	●	●	○	×	×	○	×	×	×	△	×	×	×	×

(× : 금지, ● : 법령 허용, ○ : 조례 허용, ▲ : 법령 부분·제한적 허용, △ : 조례 부분·제한적 허용)

가. 일반숙박시설 및 생활숙박시설(「공중위생관리법」 제3조제1항 전단에 따라 숙박업 신고를 해야 하는 시설을 말한다)

❶ 취사가 가능한 숙박시설

숙박시설과 관련된 법은 크게 「공중위생 관리법」과 「관광진흥법」이 있다. 가목의 일반숙박과 생활숙박시설은 「공중위생 관리법」(이하 "이 법")에만 적용되는 것으로 숙박시설의 위생관리 등에 관한 규제가 핵심이고, 「관광진흥법」과 달리 별도의 지원 정책을 두지 않는 것이 특징이다.

이 법에서는 일반 숙박업을 손님이 잠을 자고 머물 수 있도록 시설(취사시설은 제외) 및 설비 등의 서비스를 제공하는 영업이라고 정의하고 있다. 일반호텔, 모텔, 여관, 여인숙 등과 같이 주변에서 흔히 볼 수 있는 친숙한 숙박시설이 여기에 해당하며, 민박이나 숙박이 가능한 수련시설은 여기서 제외된다.

반면 생활 숙박시설은 좀 생소하다. 손님이 잠을 자고 머물 수 있는 시설 및 설비 등의 서비스가 제공된다는 것은 동일하지만 취사 시설 설치가 가능하다는 것이 큰 차이점이다.

2000년 초반부터 '레지던스 호텔'라고 해서 단기간 머무는 숙박 형태가 아닌 중·장기 체류를 원하는 외국인 등을 대상으로 생겨났다. 하지만 숙박시설 취지와 다르게 일부 취사와 임대수익 목적으로 활용되면서 법적 논란이 되어 왔지만 지속적인 업계의 요구가 반영되어 2012년 이 법에서 생활형 숙박업이 신설되었다. 결국 취사시설 설치의 가능 여부에 따라 일반숙박시설과 생활숙박시설로 구분되는 것이다.

❷ 생활숙박시설, 주거로 사용할 수 없다.

법령 개정 이후 생활형 숙박시설은 단순 취사가 가능한 숙박 용도를 넘어 유니트 형태, 각종 편의시설 등이 일반 아파트와 거의 흡사한 주거 대체 상품으로까지 발전되었다. 소비자의 선호도에 따라 유니트 타입도 원룸의 오피스텔형에서부터 일반 주상복합 아파트 타입까지 다양하며, 일부 지역에서는 '분양 완판'이라는 이슈를 일으키기도 했다.

이렇게 생활숙박시설이 두각을 나타낸 배경은 이 시설이 분양, 세금, 건축규제 등의 사각지대에 놓여 있었기 때문이다. 부동산 가격이 급등하면서 아파트나 오피스텔에 대한 건축 및 부동산 관련 각종 규제 등이 강화되었다. 대신 이 시설은 주택법 적용이 아닌 건축법 적용 대상이다 보니 개별등기 가능, 청약통장 불필요, 분양권 전매 가능과 각종 부동산 관련 세금 등의 대상에서 제외되는 혜택을 누릴 수 있기 때문에 투자상품으로 인기를 누려왔다.

또한 건축허가 시 오피스텔과 비교해 훨씬 작은 지하 주차장 면적만 확보해도 되기 때문에 사업성이 월등히 좋아질 수 밖에 없다. 이렇다 보니 도심의 상업지역에 오피스텔이나 주상복합 아파트 대신 생활형 숙박시설로 사업추진 방향을 선회하는 경우도 많았다.

하지만 분양 과정에서 원래 용도가 숙박시설이라는 점은 숨기고 주거상품으로 과대 포장해 분양하는 경우가 많이 발생했다. 또한 건축관련 법령 적용에 있어서도 숙박시설 관련 규제만 받다보니 전용면적 산정기준, 주차대수 등 각종 편의시설, 구조 및 소방 등 안전시설 측면에서 아파트나 오피스텔에 못 미치는데 이런 내용을 모른채 분양를 받는 경우가 많아 소비자와 시행자 사이에 분쟁이 끊이질 않았다. (이 내용과 아래 이미지는 무관함.)

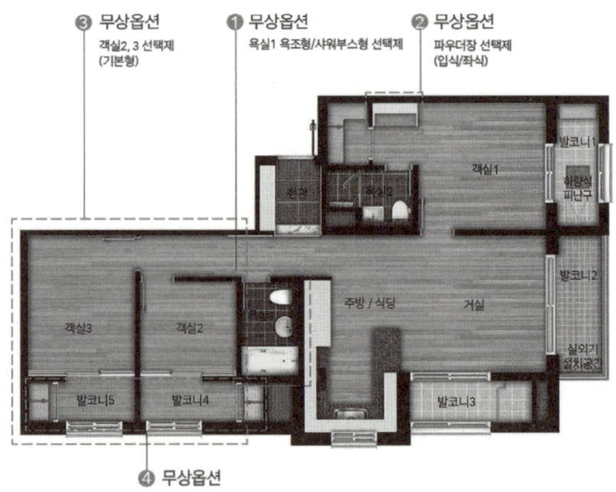

생활숙박시설 〈출처: 현대건설 힐스테이트 홈페이지〉

이처럼 생활숙박시설에 대해 잘 모르는 소비자를 현혹시켜 분양 피해를 보는 사례가 늘어나자 관련 부처에서는 관련법 개정을 통해 주택으로의 사용을 금지시켰다. 그 내용을 살펴보면 「건축법」에서는 가목과 같이 생활숙박시설은 무조건 「공중위생관리법」에 따라 '숙박업 신고를 하여야 하는 시설'로 정해 놓았다. 또한 「건축물의 분양에 관한 법률」에서는 분양 단계에서부터 주거용으로 사용할 수 없음을 안내하고 수분양자에게 이를 확인하는 증명서를 받도록 함으로써 주거상품으로 분양과 투자를 법적으로 차단하고 강력히 규제한 것이다. 그리고 기존 분양이 끝난 생활숙발시설에 대해서도 주택사용에 대한 불법 이행강제금 부과 대상 안내와 함께 주거용 오피스텔 등으로 용도 변경을 추진하도록 유도하고 있는 실정이다.

❸ 분양형 호텔

호텔도 분양이 가능할까? 「관광진흥법」에 따른 관광호텔과 달리 「공중위생 관리법」에 따른 호텔은 분양이 가능하다. 보통 분양형 호텔은 투자자들이 호텔의 객실을 분양받아서 대행사에게 운영 일체를 맡기고 투자수익을 얻는 구조로서 레지던스 호텔이나, 여행, 출장 등의 목적으로 중저가로 이용할 수 있는 비즈니스 호텔 등 유형도 다양하다.

분양형 호텔은 2010년 초반 제주도에 중국인 관광객이 몰리면서 집중적으로 분양·건설되었다. 또한 동계올림픽과 KTX 계통을 계기로 평창, 속초 등 강원도와 삼성전자 공장 건설, 미군기지 이전 등의 호재가 있었던 평택 등 산업단지 주변을 중심으로 호텔을 많이 분양했었다.

여기에 경기 침체와 저금리로 분양이 가능한 일반호텔로 투자자들이 몰리면서 한때 반짝 호황을 누리기도 했다. 하지만 중국과의 정치·군사적 마찰과 공급과잉, 코로나 팬데믹 등으로 예전 만큼 객실을 채우지 못해 실제 기대수익에 미치지 못하는 경우가 많았다. 그리고 식당 등의 부대시설 운영에 따른 관련 수익을 얻을 수 있다고 홍보하는 등 분양 과정에서도 문제가 되면서 투자자들의 피해 발생이 속출하기도 했다. 또한 아파트와는 달리 별다른 법적인 보호 장치가 없다. 따라서 분양형 호텔은 이런 점들을 감안하여 투자 시 옥석 가리기가 필요하다.

〈출처: KBS〉

나. 관광숙박시설(관광호텔, 수상관광호텔, 한국전통호텔, 가족호텔, 호스텔, 소형호텔, 의료관광호텔 및 휴양 콘도미니엄)

❶ 관광진흥법의 적용을 받는 관광숙박시설

가목에서도 언급했지만 숙박시설은 가목의 「공중위생 관리법」의 적용을 받는 숙박시설과 「관광진흥법」(이하 "이 법")의 적용을 받는 나목의 관광숙박시설로 분류된다. 기존에는 숙박시설 관리에 대한 법령이 「공중위생 관리법」만이었지만, 국내 및 해외 관광객에게 보다 나은 양질의 시설과 서비스를 제공하고 이들 시설을 장려하기 위해 이 법이 추가로 신설·적용된 것이다.

이 법은 관광숙박업 이외에 유원시설업, 카지노업, 국제회의업 등의 관광사업을 육성하여 관광 진흥에 이바지하는 것을 목적으로 한다. 그래서 관광 숙박 시설은 이 법의 목적에 따라 해당 사업계획을 제출하여 심의 등 관련 절차를 통해 승인 후 관광숙박시설업 등록이 가능하다. 이렇게 등록된 숙박시설은 국가에서 운용하는 관광진흥 개발 기금을 지원 받아 운영이 가능하며, 이렇게 설치된 관광숙박시설 설치 현황은 아래 표와 같다.

■ 전국 관광숙박업 등록현황(2019.12.31.기준)

구 분	관광 호텔업	수상 관광 호텔업	전통 호텔업	가족 호텔업	호스 텔업	소형 호텔업	의료 관광 호텔업	휴양 콘도업	계
업체수	1,044	-	9	159	638	33	-	228	2,111
객실수	126,422	-	283	14,078	11,875	850	-	47,001	200,509

그리고 이들 시설은 건축허가 절차를 거치는 일반·생활 숙박시설과 달리 이 법에 따른 관련 규제와 사업계획승인을 통해 건축되는 것이 특징이다. 또한 이 법에 따라 사업계획승인을 거친 관광숙박시설에 대해서는 「국토의 계획 및 이용에 관한 법률」에서 지정된 용도지역에서의 건축물의 용도제한과 별개로 건축이 가능토록 하고 있다.

구 분	관광 숙박시설	일반·생활 숙박시설
관련법	관광진흥법	공중위생 관리법
건축인허가	사업계획승인	건축허가
건축가능지역	「관광진흥법」에 따른 건축 제한 적용(일반주거지역, 준주거지역상업지역, 준공업지역, 자연녹지지역 가능)	「국토의 계획 및 이용에 관한 법률」에 따른 건축 제한 적용
분양	휴양콘도미니엄만 가능	가능

예를 들어 일반 및 생활 숙박시설이 주거지역에서 설치가 어렵지만, 이 법에 따른 사업승인 조건인 도로연접기준 준수, 건물의 높이, 수림대 조성 등을 조건으로 건축이 허용된다. 대신 분양에 대해서는 일반·생활 숙박시설과 달리 제한을 받는다는 차이가 있다.

■ 사업계획 승인 기준 (○: 적용, X: 미적용)

<table>
<tr><th colspan="2">구 분</th><th>관광호텔업, 수상관광호텔업, 한국전통호텔업, 가족호텔업, 의료관광호텔업 및 휴양 콘도미니엄업</th><th>호스텔업</th><th>소형 호텔업</th></tr>
<tr><td colspan="2">사업계획의 내용이 관계 법령의 규정에 적합할 것</td><td rowspan="2">○</td><td rowspan="2">○</td><td rowspan="2">○</td></tr>
<tr><td colspan="2">사업계획의 시행에 필요한 자금을 조달할 능력 및 방안이 있을 것</td></tr>
<tr><td rowspan="5">일반 주거</td><td>대지가 폭 12미터 이상의 도로에 4미터 이상 연접할 것</td><td>○</td><td>X</td><td>X</td></tr>
<tr><td>대지가 폭 8미터이상의 도로에 4미터 이상 연접</td><td>X</td><td>○
(20실 이하 폭 4M도로)</td><td>○</td></tr>
<tr><td>높이는 채광창 벽면으로부터 인접대지까지 수평거리 2배 이하</td><td>○</td><td>○</td><td>○</td></tr>
<tr><td>조경은 대지면적의 15퍼센트이상, 대지 경계선 주위 수림대 조성</td><td>○</td><td>X</td><td>○</td></tr>
<tr><td>소음 공해 유발 시설 지하층 설치 등 조치</td><td>○</td><td>○</td><td>○</td></tr>
<tr><td>준주거</td><td>소음 공해 유발 시설 지하층 설치 등 조치</td><td>○</td><td>○</td><td>○</td></tr>
</table>

❷ 무궁화 등급에서 별 등급으로

「관광진흥법」(이하 "이 법")에서는 호텔 등급 결정을 신청하도록 되어 있으며, 그 대상은 호텔업 중 가족호텔, 관광호텔, 수상관광호텔, 한국전통호텔, 소형호텔, 의료관광호텔이다. 호텔 출입구 한 켠 명판에 별이 몇 개 세겨져 있느냐에 따라 호텔의 등급이 매겨지는데, 기존 등급방식은 별이 아니라 무궁화 표식 방식이 사용되었다.

무궁화 등급은 1986년 서울 아시아경기대회 때부터 특급호텔의 개수를 부풀리기 위해 만들어 졌다고 한다. 하지만 실제 호텔을 많이 이용하는 외국인에게 무궁화 표기 방식이 애매하다는 지적이 많았고, 특급호텔도 다시 1급과 2급으로 구분되다 보니 혼란을 야기시킨다는 점 때문에 개정하게 된 것이다. 이에 이 법의 개정을 통해 2014년부터 별 5등급(Star Rating)인 1성급부터 5성급으로 구분하게 되었다.

❸ 관광호텔의 허가

관광호텔은 「관광진흥법」(이하 "이 법")에서 관광객의 숙박에 적합한 시설과 이에 딸린 음식·운동·오락·휴양·공연 또는 연수에 적합한 시설 등을 함께 갖춘 호텔이라고 정의하고 있다. 호텔 등 숙박시설이 흔치 않았던 70~80년대 신혼여행지로 유명한 온양에 세워진 '온양관광호텔'이 우리나라 최초 1호라고 한다.

도심에서 많이 접할 수 있는 호텔로서 관광사업 등록을 하기 위한 조건으로 욕실이나 샤워시설을 갖춘 객실을 30실 이상 설치해야 한다. 또한 외국인을 위한 서비스 제공 체제 구축과 대지 및 건물의 소유권 또는 사용권을 확보해야 하는 (회원 모집시 소유권 확보) 조건을 갖추도록 하고 있다. 이런 조건과 더불어 건축허가 절차를 거치는 일반호텔과 다르게 「관광진흥법」 (이하 "이 법")에 의한 사업계획 승인(건축허가 의제처리)을 거쳐 착공할 수 있으며, 관광숙박업 등록 및 등급심사를 통해 영업할 수 있게 된다.

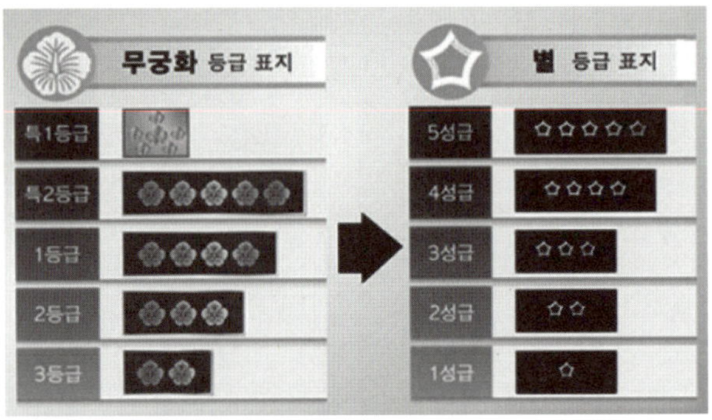

〈출처: 한국관광공사〉

온양관광호텔 〈출처: 국가기록원〉

❹ 관광호텔의 분양 가능 여부

외관상으로 일반호텔과 관광호텔의 차이를 구분하기 힘들다. 하지만 이 두 호텔의 가장 큰 차이는 분양 여부이다. 앞서 일반호텔은 분양이 가능하기 때문에 다양한 파생상품으로 변질되고 있다고 설명했다. 하지만 관광호텔을 포함한 호텔업은 이 법에서 분양을 원칙적으로 금지하고 있는데 이는 분양을 하게 되면 수 분양자에 의한 특정인만 사용하는 시설이 되어 외국인 유치 등 이 법의 취지와 목적에도 맞지 않아서이며, 대신 회원 모집은 허용하고 있다.

❺ 관광호텔 장려정책

2010년 초반 급격하게 증가한 중국인 관광객들 수요로 인한 부족한 숙박시설을 확충하기 위해 정부는 관광호텔 영업 장려를 위한 특별법 신설이나 관련 법령을 개정했다. 「관광숙박 시설 확충을 위한 특별법」(2016년 12월 31일까지 효력 한시법)을 만들어 관광호텔 건축시 용적률 상향, 주차대수 완화, 사업계획승인 조건 완화, 각종 세재 혜택 등을 주었다. 또한 2011년 「주택건설기준에 관한 규정」개정을 통해 상업지역 내에서 주택과 관광호텔의 복합 건축을 허용하고, 이후 13년에는 준주거, 준공업지역까지 확대하였다. 하지만 정치·경제적 영향과 코로나 팬데믹으로 관광객이 급감하면서 일반숙박시설과 마찬가지로 관광호텔도 그 영향을 피하지는 못했다. 이렇게 영업이 사실상 불가능한 지경에 이르자 정부에서는 이 시설들을 청년 등을 위한 소규모 주택으로 용도 변경해 공급하는 방안을 내 놓기도 했다.

그랜드하얏트 인천 〈출처: 인천관광공사〉

파라다이스시티 〈출처: 인천관광공사〉

❻ 현재 운영 중인 곳이 없는 수상관광호텔

수상관광호텔은 「관광진흥법」(이하 "이 법")에서 수상에 구조물 또는 선박을 고정하거나 매어 놓고 숙박시설 또는 숙박과 부대시설을 함께 갖춘 호텔이라고 정의하고 있다. 수상관광호텔업을 하기 위해서는 객실이 30실 이상이고, 호텔이 위치하는 수면은 점용허가를 받아야 한다. 또한 해상오염을 방지를 위한 오수 저장·처리시설과 폐기물처리시설 설치와 구조물 및 선박의 소유권 또는 사용권을 확보(회원모집시 경우 소유권 확보)하여야 한다.

외국에는 크루즈를 이용하는 등 수상호텔 사례가 다수 있고 국내에서도 운영되었던 적이 있다. 7천 8백톤급 러시아 호화 유람선을 개조해 만든 '페리스 플로텔'이 부산에서 최초 수상호텔로 운영을 한 적이 있으나 '태풍 매미'로 좌초되어 지금은 운영하지 않고 있다. 역시 지금은 운영하지 않고 있는 북한 금강산 내 현대아산 소유의 '해금강 호텔'이 수상관광호텔의 사례이다.

페리스 플로텔 〈출처: e영상역사관〉

해금강 호텔 〈출처: NK 뉴스〉

이처럼 선박을 활용하는 이유는 호텔을 짓기 위한 부지 및 자금 확보에 대한 부담을 많이 해소 할 수 있다는 큰 장점이 있다. 또한 선박 내부에서 숙박할 수 있다는 차별화와 기본적인 대형 선박을 사용하기 때문에 그 규모 면에서 숙박객을 많이 유치할 수 있기 때문이다. 하지만 문화체육 관광부 자료에 따르면 아직까지 수상관광호텔업을 등록한 곳은 한 곳도 없으나 일부 지역에서 수상호텔을 여전히 추진 진행 중이라는 보도를 간혹 접할 수 있다.

❼ 수면 위의 구조물은 건축물일까, 선박일까?

수상관광호텔은 구조물 또는 선박 두 가지 유형이 있으며, 실제 운영되었거나 검토되었던 수상관광호텔은 유람선 등의 선박이 대부분이었다. 그럼 선박의 형상을 한 수상관광호텔은 건축물일까, 선박일까?

선박뿐만 아니라 유사 구조물이 건축물로서의 역할을 한 사례는 많았지만 건축법에 명확한 근거가 없었고 이 구조물의 고정 방식 및 형태 등에 따라 인허가 관련 기관마다 다른 해석을 내놓았었다. 그래서 이들 구조물은 대부분 건축물이 아닌 선박으로 등기가 되어왔다.

이들 시설은 「부유식 해상구조물의 구조 및 설비 등에 관한 기준」 4조에 따라 상부 구조물 설치 기준을 충족해왔으며 기타 시설에 대해서는 일반 건축물에 준하는 법을 준용해 설치되었다.

■ 부유식 해상구조물의 구조 및 설비 등에 관한 기준

구 분	내 용
제2편 수상호텔 등 부유식 해상구조물제4조(기준적용의 특례)	부유식 해상구조물의 설치와 관련하여 건축법, 소방시설설치유지 및 안전관리에 관한법률, 식품위생법 등 다른 법률에서 규정하는 것에 대하여는 이 기준의 규정에 적합한 것으로 본다.

❽ 부유 건축물

이처럼 수면 하부 구조물 고정 방식만으로 선박이냐 건축물이냐로 구분할 수 있는 기준도 명확하지 않았다. 하지만 2016년 이런 점을 보완하기 위해 부유식 건축물에 관한 건축법 내용이 표와 같이 보완·개정 되었다. 특히 부유 건축물의 정의와 함께 수면 위에 건축되는 만큼 현실적으로 적용하기 어려운 건축법규에 대해 특례로서 조경, 도로, 공개공지 등 토지와 관련된 항목이 완화되어 적용 받지 않도록 하였다.

■ 부유건축물 관련 건축법 내용

구 분	내 용	
정의	「공유수면 관리 및 매립에 관한 법률」 제8조에 따른 공유수면 위에 고정된 인공대지("대지"로 본다)를 설치하고 그 위에 설치한 건축물	
건축법 특례 (법 6조의 3)	법 40조 대지의 안전	오수의 배출 및 처리에 관한 부분만 적용
	법 41조 토지 굴착 부분에 대한 조치 등	미 적용
	법 42조 대지의 조경	
	법 43조 공개 공지 등의 확보	
	법 44조 대지와 도로의 관계	건축물의 출입에 지장이 없다고 인정하는 경우 미 적용
	법 46조 건축선의 지정	미 적용
	법 47조 건축선에 따른 건축제한	
예외	건축조례에서 지역별 특성 등을 고려하여 그 기준을 달리 정한 경우에는 그 기준에 따름	

'부유 건축물'로 인정받기 위해서는 1. 공유수면 위 2. 고정된 인공대지라는 두 가지의 조건이 있다. 첫째, 부유건축물은 '공유수면 위'에 서 있어야 한다. 여기서 공유수면은 바다, 바닷가 그리고 기타 국유의 하천, 구거 등을 말한다. 따라서 수면 위에 있다고 다 부유건축물로 인정되는 것은 아니고 바다(가) 또는 내륙의 경우 국가 소유의 공공용의 수면 또는 수류 위에 있는 것만 부유 건축물로 인정된다. 또한 「관광진흥법」에서도 마찬가지로 수상관광호텔업의 설치를 위해서는 「공유수면 관리 및 매립에 관한 법률」(이하 "이 법") 또는 「하천법」 에 따라 관리청으로부터 점용허가를 받도록 하고 있다.

■ 공유수면 관리 및 매립에 관한 법률 내용

구 분	내 용	
공유수면 정의	가. 바다	해안선으로부터 배타적 경제수역 외측 한계까지의 사이
	나. 바닷가	해안선으로부터 지적공부에 등록된 지역까지의 사이
	다. 하천·호소(湖沼)·구거(溝渠), 그 밖에 공공용으로 사용되는 수면 또는 수류(水流)로서 국유인 것	
공유수면의 점용·사용 허가가능 건축물 범위	건축물의 신축·개축 및 증축을 위한 허가 가능 건축물 1. 항만 및 어항의 운영에 필요한 건축물 2. 「관광진흥법」에 따른 관광숙박업에 필요한 건축물 3. 연안통합관리계획, 연안관리지역계획 또는 연안정비기본계획에 적합하고 공유수면관리청이 공유수면의 관리에 지장이 없다고 인정하는 건축물 4. 「신에너지 및 재생에너지 개발·이용·보급 촉진법」에 따른 신·재생에너지 설비 중 풍력설비 5. 「전기사업법」에 따른 전기설비 중 송전선로 및 그 부대설비	

또한 공유수면 위에 건축이 가능하도록 이 법에서도 앞 장의 표와 같이 공유수면의 점용 및 사용허가 가능한 건축물의 하나로 '관광숙박업에 필요한 건축물'이 가능하도록 명시하고 있다.

두 번째 조건은 '고정된 인공대지'이다. 여기서 인공대지라는 부분에 대해 구체적으로 건축법에서 명시하고 있지 않으나 선박의 엔진이 장착되어 있지 않아 이동이 불가능하고, 정착은 파일 등으로 고정이 되어 있다면 '부유건축물'로 인정될 수 있다. 그래서 이 부분이 선박과 건축물을 구분하는 가장 큰 기준이 되는 것이다.

선박으로 분류된 대표적 사례가 한강에 설치된 유사 구조물인 '세빛섬(플로팅 아일랜드)'이다. 이 시설은 상부 시설을 뛰우는 부체가 수면 아래 지면과 앵커와 체인으로 연결되어 있다. 다시말해 이들 시설을 제거하면 배처럼 움직일 수 있어 '선박'으로 허가를 받은 것이다. 반면 같은 한강에 설치된 '서울마리나 클럽'은 세빛섬처럼 계류체인 방식이 아닌 기초 파일을 수면 아래까지 시공한 방식으로 건축되었다. 따라서 건물과 지면이 하나의 구조체로 온전하게 만들어졌기 때문에 건축물로 인정될 수 있었다.

이처럼 건축법에 따른 건축물로 인정되어 재산권 행사가 가능해져 점차적으로 다양한 형태의 부유건축물이 실현될 것으로 기대된다. 하지만 건축법 이외의 다른 법과의 충돌되는 부분의 조율과 건축물로서의 구조, 설비, 소방 등 구체적 관련 기준을 정해야 하는 숙제는 여전히 남아있다.

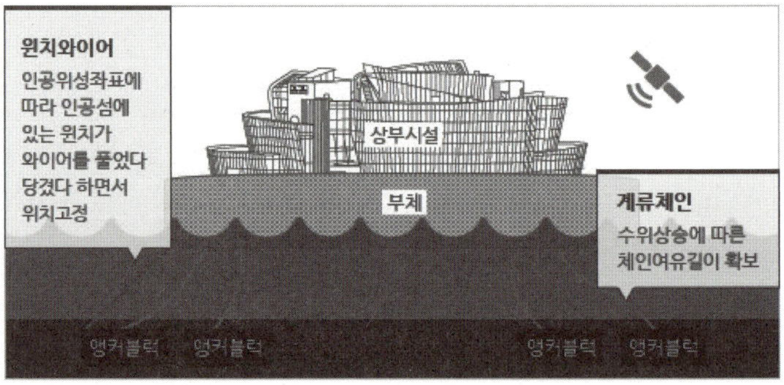

〈출처: 세빛섬 홈페이지〉

⑨ 한국 전통호텔

오랜 역사를 가진 중세의 성을 활용한 유럽의 호텔이나 일본의 온천 주변 '료칸'을 일부러 찾아가 숙박을 하는 경우가 많다. 오래된 건물인 만큼 숙박을 하는 동안의 불편함을 감수하고서라도 그 나라와 지역의 전통을 제대로 체험하고자 하는 것인데, 국내에서도 이런 숙박객 수요를 감안해 관광숙박시설의 한 종류로 도입한 호텔이 바로 '한국 전통호텔'이다.

더욱이 드라마를 통한 한류 열풍과 더불어 한옥에 대한 관심이 더 높아지다 보니 정부에서도 해외관광객의 한옥에서의 숙박에 대한 수요 증대를 감안해 전통호텔을 더욱 육성하겠다고 발표를 하기도 했다. 「관광진흥법」(이하 "이 법")에서 한국 전통호텔은 건축물의 외관은 전통가옥의 형태를 갖추고, 욕실이나 샤워시설 설치, 외국인에게 서비스 제공 체제 구비가 되어야 한다고 규정하고 있으며 이 법에 따른 관광편의시설업 중 한옥체험업과는 구분되는 시설이다.

■ 한옥관련 관광사업

구 분	사업 종류	정의
한국전통호텔업	호텔업	한국전통의 건축물에 관광객의 숙박에 적합한 시설을 갖추거나 부대시설을 함께 갖추어 관광객에게 이용하게 하는 업
한옥체험업	관광편의 시설업	한옥(주요 구조부가 목조구조로서 한식기와 등을 사용한 건축물 중 고유의 전통미를 간직하고 있는 건축물과 그 부속시설)에 숙박 체험에 적합한 시설을 갖추어 관광객에게 이용하게 하거나, 숙박 체험에 딸린 식사 체험 등 그 밖의 전통문화 체험에 적합한 시설을 함께 갖추어 관광객에게 이용하게 하는 업

기존 한옥 가옥을 활용한 숙박형태는 많지만 관광호텔로 운영되는 곳은 많지 않다. 국내에는 건축물의 특성상 경주 라궁, 영암 영산재, 여수 오동재 등 7개 정도가 운영되고 있고, 장충동 신라호텔 부지 내에 한국전통 호텔 건립 계획안을 내놓으면서 많은 관심을 받기도 했다.

〈출처: 라궁 홈페이지〉

〈출처: 여수 오동재 홈페이지〉

⑩ 가족호텔

가족호텔은 그 명칭에서도 알 수 있듯이 가족 단위 숙박객을 위한 호텔이다. 가족호텔이 만들어진 배경은 관광호텔이나 콘도를 가족 단위 숙박객이 이용하기에 가격, 객실 구조 및 규모, 위치 등이 더 적합하도록 모텔 등 일반 숙박시설과 관광호텔 사이의 중간급 숙박시설을 만든 것이다.

「관광진흥법」(이하 "이 법")에서 가족호텔을 가족단위 관광객의 숙박시설 및 취사도구를 갖추어 관광객에게 이용하게 하거나 숙박에 딸린 음식·운동·휴양 또는 연수에 적합한 시설을 함께 갖춘 호텔이라고 정의하고 있고 가족호텔의 등록요건은 아래와 같다.

- 취사시설이 객실별 또는 층별로 공동취사장 설치
- 욕실이나 샤워시설 갖춘 객실 30실 이상 설치
- 객실별 면적 19㎡ 이상
- 외국인에게 서비스 제공 체제 구비
- 대지 및 건물의 소유권 또는 사용권 확보(회원 모집시 소유권 확보)

가족 단위의 관광객이다 보니 콘도미니엄처럼 숙식과 함께 취사 가능 시설을 필요로 한다. 따라서 관광숙박시설 중에는 호스텔처럼 공동취사만 가능한 시설이 있는 반면, 가족호텔은 의료관광호텔과 함께 공동취사뿐만 아니라 객실 내 취사 시설 구비가 가능하다. 이런 취지로 만들어지다 보니 도심에 설치된 가족호텔은 생활형 숙박시설처럼 중·장기 체류자를 타킷으로 운영되고, 제주나 국립공원 등의 근처에 설치되는 가족호텔은 콘도처럼 활용되는 경우가 많다고 한다.

⑪ 호스텔

호스텔은 숙박시설이 아닌 12)수련시설에 포함되는 「청소년활동진흥법」에 따른 유스호스텔과 구분되는 시설로서 「관광진흥법」(이하 "이 법")에서는 배낭여행객 등 개별 관광객의 숙박에 적합한 시설로서 샤워장, 취사장 등의 편의시설과 외국인 및 내국인 관광객을 위한 문화·정보 교류시설 등을 함께 갖춘 시설이라고 정의하고 있다.

주택 형태의 '게스트 하우스'라고 불리기도 하며 화장실, 샤워장, 취사장 등의 편의시설을 공동으로 이용한다. 일반 객실 타입부터 한 실에 여러 명이 한꺼번에 투숙할 수 있는 2층 침대형까지 다양한 숙박 형태를 선보이고 있다.

2000년에 들어와서 부쩍이나 늘어난 외국 관광객에 대한 국내 숙박시설이 모자라자 앞서 설명하였듯이 관광숙박시설의 확충을 위한 특별법과 관련 법령 개정을 했다. 여러 방안 중 호텔보다는 적은 비용으로 여행을 원하는 숙박객을 위해 2009년 이 법에 관광숙박업 중 '호스텔'이 추가로 신설된 것이다.

숙박시설에 대한 추가 확보를 위해 신설된 업종이기는 하지만 신설 초기에는 이 법에서 호스텔업을 하기 위한 사업승인 조건으로 주거지역의 경우 8미터 도로에 4m이상 연접하여야 했다. 하지만 호스텔업을 가장 많이 할 수 있는 주거지역 내의 건축물의 경우 4~6m 도로에 접해있는 경우가 많아서 호스텔업의 신청이 불가해 실제 등록률이 저조했다고 한다. 이후 이 업의 등록률을 높이기 위해 호스텔이 20실 이하인 경우에는 4미터 이상의 도로에 4미터 이상 연접하기만 하면 되는 것으로 개정되었다.

〈출처: 한방가족호텔〉

〈출처: 선인장 호스텔〉

⑫ 호스텔 vs 외국인관광 도시민박 vs 농어촌 민박

그럼 이 호스텔 및 다른 유사 민박 시설들을 간단히 비교해보자

호스텔은 민박처럼 기존 일반 주택을 활용하는 것이 아니라 숙박업을 위한 별도의 건물이다. 따라서 건축물 용도 분류도 호스텔은 숙박시설로, 민박은 해당 주택 용도에 속하는 것이다. 또한 관련 법령에 따라 호스텔을 신축하기 위한 사업승인 조건 등을 만족해야 하는 등 그 조건이 민박보다 더 까다롭다.

민박은 도시 민박과 농어촌 민박으로 구분되며 다른 숙박시설과 가장 큰 차이점은 투숙객의 자격과 관련 법령이 다르다. 아직까지 내국인의 민박이 허용되는 곳은 농어촌 민박에서만 가능하고 도심에서는 외국인만 가능하다. 따라서 도심의 주택에서 내국인이 단기간 숙박하는 '게스트 하우스'는 사실상 불법인 것이다. 물론 공유제도 활성화를 위해 도심 내에서도 내국인을 위한 공유숙박제도가 논의되고 있지만, 아직까지 법제화 되지는 않고 있다.

구 분		호스텔업	외국인 관광도시민박업	농어촌 민박사업
관련 법령		관광진흥법	관광진흥법	농어촌 정비법
		관광숙박업	관광객 이용시설업	농어촌관광휴양사업
설치 지역		일반주거지역, 준주거지역 준공업지역, 자연녹지지역	도시지역 (농어촌, 준농어촌지역 제외)	농어촌지역, 준농어촌지역
조건	규모	-	주택 연면적 230㎡ 미만 1) 단독주택 또는 다가구주택 2) 아파트, 연립주택 또는 다세대주택	주택 연면적 230㎡ 미만 〈예외:문화재지정 주택〉
	시설	화장실,샤워장,취사장 등 공동 편의시설 설치	-소화기 1개이상 구비 -객실 단동경보형 감지기 설치 등	-수동식 소화기 구비 -객실 단독경보형감지기 설치 등
	외국인 서비스	외국인·내국인 서비스 제공 문화·정보 교류시설 구비	외국어 안내서비스 체제 구비	없음
	이용 대상	내·외국인	외국인 우선, 내국인 가능 (외국인 이용 지장 없는 범위)	내·외국인
건축물의 용도		숙박시설	단독 또는 공동주택	단독주택

⑬ 소형호텔

소형호텔 역시 호스텔과 같이 당시 한류열풍 등의 영향으로 외국 관광객을 위한 숙박시설 부족을 해결하기 위해 공급 활성화 차원에서 2013년 신설되었다. 소규모의 숙박시설로 기존 모텔 등이 있기는 하지만 외국인 등을 유치하기에는 현실적으로 어려움이 많았고, 비싼 호텔비의 부담을 덜고 유럽처럼 개성 있고 차별화된 다양한 소규모 부티끄 호텔을 활성화하기 위함이었다.

또한 「관광진흥법」(이하 "이 법") 의한 관광호텔의 규모가 30실 이상으로 규제되어 있어 더 작은 규모의 소형 숙박시설을 더욱 확충하기 위한 대안이 필요하기도 했다. 이 법에서 소형호텔업을 등록하기 위해서는 아래와 같이 규모나 부대시설 등의 조건을 충족하여야 하는데 유사 숙박시설인 「공중위생법」의 적용을 받는 모텔 등의 시설과 가장 큰 차이점이기도 하다.

(1) 욕실이나 샤워시설을 갖춘 객실 20실 이상 30실 미만

(2) 부대시설의 면적 합계가 건축 연면적의 50퍼센트 이하

(3) 두 종류 이상의 부대시설 설치. 다만, 단란주점영업, 유흥주점영업 및 사행행위 시설 불가

(4) 조식 제공, 외국어 구사인력 고용 등 외국인에게 서비스 제공 체제 구비

(5) 대지 및 건물의 소유권 또는 사용권 확보. 다만, 회원 모집하는 경우 소유권 확보

⑭ 의료관광호텔

'메디텔'이라고도 (medicine + hotel) 불리는 의료관광호텔업은 소형호텔업과 같이 2013년 관광진흥법에 신설된 관광숙박업이다. 높은 의료기술에 비해 상대적으로 비용이 저렴하다는 장점때문에 성형 관광 등을 위해 우리나라를 찾는 외국인이 늘어나면서 의료 관광산업을 성장시키기 위해 만들어졌다.

외국인 유치를 위해 생긴 호텔인 만큼 다른 관광숙박업과 다르게 「관광진흥법」(이하 "이 법")에서는 의료관광호텔에 한하여 연간 내국인 투숙객 수가 객실의 연간 수용 가능 총인원의 40퍼센트를 초과하지 아니하도록 규정하고 있다는 것이 특징이다.

의료관광호텔은 이 법에서는 취사시설이 객실별 또는 층별 공동취사장에 설치 가능하다고 규정하고 있다. 성형 수술 후 회복을 위해 일정 기간 체류해야 하는 숙소인 만큼 관광숙박업 중 가족호텔과 함께 객실에서 취사가 가능한 호텔이다. 이 규정 이외에도 욕실이나 샤워시설을 갖춘 객실이 20실 이상 설치하도록 하고 있고, 객실별 면적은 19㎡ 이상이어야 한다. 기타 외국인 서비스 체제 구비, 대지·소유권 확보 등과 함께 의료관광호텔 개설자 등은 이 법에서 정하는 사업실적 (연 환자수) 이상을 갖추어야 등록이 가능하도록 하고 있다.

소형호텔 〈출처: 야놀자〉

차병원 역삼 의료관광호텔 〈출처: 쌍용건설〉

2021년 현재 의료관광호텔로 등록된 곳은 없으나 서울 등에서 대형 병원과 연계하여 건립 사업을 추진 중이라고 하니 조만간 의료관광 호텔을 접할 수 있을 것이다.

⑮ 휴양콘도미니엄 분양제도

「관광진흥법」(이하 "이 법")에서 관광숙박업을 위에서 설명한 호텔업과 휴양 콘도미니엄업 두 종류로 구분하고 있다.

휴양콘도미니엄은 관광객의 숙박과 취사에 적합한 시설을 갖추어 이를 그 시설의 회원이나 공유자, 그 밖의 관광객에게 제공하거나 숙박에 딸리는 음식·운동·오락·휴양·공연 또는 연수에 적합한 시설 등을 함께 갖추어 이를 이용하게 하는 업이라고 정의하고 있다. 1980년대 이후 여가 생활, 레저 산업의 발달로 국내 도입되었고, 지금도 많은 여행객 등이 이용을 하고 있는 시설이다.

관광숙박업 중 유일하게 객실 단위로 분양이 가능해 분양자가 사용하지 않는 기간 중에는 관리회사를 통해 임대료의 수익을 거둘 수도 있어 투자 상품으로 여겨지기도 한다. 2008년 이전 이 법 시행령에 따르면 분양 인원이 2명 이상으로만 규제되어 있었다. 따라서 가족 2인이 분양을 받을 경우 본래의 숙박 용도가 아닌 주거상품으로 변질되어 1가구 2주택 규제에서 벗어나는 등의 사회적 문제를 야기 시켰다.

이에 2008년 11월 이후 1실 5구좌로만 분양이 가능해졌고, 수 분양자 조건에 가족은 제외시키도록 하였다. 또한 주거형태로 분양·회원 모집이 불가하다는 조항까지 추가하여 이 법 시행령을 개정함으로써 숙박시설의 주거시설로의 변질을 원칙적으로 차단하였다. 대신 외국인의 국내 부동산 투자가 늘어나면서 관련법에서 고시한 투자지역 건설 휴양 콘도미니엄의 외국인 분양에 대해서는 예외를 두고 있다.

⑯ 휴양콘도미니엄 취사시설 의무규정

「관광진흥법」(이하 "이 법")에서 휴양콘도미니엄은 같은 대지 안에 객실이 30실 이상이고 관광객의 취사, 체류 및 숙박에 필요한 설비를 갖추도록 하고 있다. 이 중 취사시설의 경우 의무 규정에 대한 변화도 있었다. 가목에서 설명했듯이 취사행위가 어려웠던 일반 숙박시설에서 취사행위가 가능하도록(생활숙박시설)한 것과는 반대로 2015년 이 법의 개정을 통해 휴양 콘도미니엄은 취사시설의 의무설치 조항을 삭제하고 공동취사장이 있는 경우에는 객실의 30%미만의 범위에서 미 취사시설 설치 객실을 허용하고 있다.

원래 휴양콘도미니엄은 휴양지 근처에 주로 위치하며 각 객실 내에서 취사를 할 수 있다는 장점이 있어 가족 단위 여행객들이 많이 이용하는 대표적인 숙박시설이었다. 하지만 식사를 외부에서 해결하는 숙박객들이 많이 늘어나는 등 숙박객의 취향과 스타일이 많이 변했기 때문이다. 또한 취사시설을 도입하지 않는 '호텔형 객실'을 도입함으로써 휴양지의 다른 호텔과 경쟁력을 갖을 수 있도록 하기 위한 취지로 이 조항을 삭제한 것이다.

〈출처: 고성군〉

〈출처: 부안군〉

다. 다중생활시설(제2종 근린생활시설에 해당하지 아니하는 것을 말한다)

'다중생활시설'의 본래 명칭은 '고시원'으로 「다중이용업소의 안전관리에 관한 특별법」에서는 고시원업을 구획된 실(室) 안에 학습자가 공부할 수 있는 시설을 갖추고 숙박 또는 숙식을 제공하는 형태의 영업이라고 정의하고 있다. 바닥면적 500㎡를 기준으로 그 미만의 시설은 4)제2종 근린생활시설에 속하고 그 이상은 15)숙박시설에 속한다. 이 시설에 대한 보다 자세한 내용은 이 책의 제2종 근생 거목을 참조하기 바란다.

■ 다중생활시설 용도 구분

용 도	내 용
4)제2종 근린생활시설	거. 다중생활시설(「다중이용업소의 안전관리에 관한 특별법」에 따른 다중이용업 중 고시원업의 시설로서 국토교통부장관이 고시하는 기준과 그 기준에 위배되지 않는 범위에서 적정한 주거환경을 조성하기 위하여 건축조례로 정하는 실별 최소 면적, 창문의 설치 및 크기 등의 기준에 적합한 것을 말한다. 이하 같다)로서 같은 건축물에 해당 용도로 쓰는 바닥면적의 합계가 500제곱미터 미만인 것
15)숙박시설	다. 다중생활시설(제2종 근린생활시설에 해당하지 아니하는 것을 말한다)

16. 위락시설

가. 단란주점으로서 제2종 근린생활시설에 해당하지 아니하는 것

나. 유흥주점이나 그 밖에 이와 비슷한 것

다. 「관광진흥법」에 따른 유원시설업의 시설, 그 밖에 이와 비슷한 시설(제2종 근린생활시설과 운동시설에 해당하는 것은 제외한다)

라. 삭제 〈2010.2.18〉

마. 무도장, 무도학원

바. 카지노영업소

■ 용도지역 내 건축물의 용도 제한

건축물의 용도	도시지역																관리지역(4층 이하)			농림지역	자연환경보전지역
	주거지역						상업지역				공업지역			녹지지역(4층 이하)							
	1종전용	2종전용	1종일반	2종일반	3종일반	준주거	중심	일반	근린	유통	전용	일반	준	자연	생산	보전	계획	생산	보전		
가. 단란주점	×	×	×	×	×	×	▲	▲	△	△	×	×	×	×	×	×	×	×	×	×	×
나. 유흥주점	×	×	×	×	×	×	▲	▲	△	△	×	×	×	×	×	×	×	×	×	×	×
다. 「관광진흥법」에 따른 유원시설업의 시설	×	×	×	×	×	×	▲	▲	△	△	×	×	×	×	×	×	×	×	×	×	×
마. 무도장, 무도학원	×	×	×	×	×	×	▲	▲	△	△	×	×	×	×	×	×	×	×	×	×	×
바. 카지노영업소	×	×	×	×	×	×	▲	▲	△	△	×	×	×	×	×	×	×	×	×	×	×

(× : 금지, ● : 법령 허용, ○ : 조례 허용, ▲ : 법령 부분·제한적 허용, △ : 조례 부분·제한적 허용)

가. 단란주점으로서 제2종 근린생활시설에 해당하지 아니하는 것

❶ 단란주점

노래만 부를 수 있는 노래연습장과 달리 단란주점은 유흥종사자 또는 유흥시설 없이 술을 마시며 노래를 부를 수 있는 시설이다. 이 시설은「식품위생법」(이하 "이 법")의 적용을 받으며, 바닥면적이 150㎡을 기준으로 미만은 제2종 근린생활시설에, 그 이상인 경우에는 위락시설에 해당한다.

단란주점이 생기게 된 배경 등에 대한 보다 자세한 내용은 이 책 제2종 근린생활시설 더목을 참조하기 바란다. 단란주점은 유흥종사자가 없이 운영되어야 하지만 일부에서는 이를 어기고 불법 영업 등을 하는 경우가 많아 이 법 시행규칙 별표 14에서는 객실을 설치 시에 아래와 같은 제한사항을 두고 있다.

- 중앙에서 객실 내부가 전체적으로 보일 수 있도록 설비
- 통로형태 또는 복도형태로 설비 금지
- 객실 면적은 객석면적의 2분의 1 미만
- 주된 객장 안에서는 높이 1.5미터 미만의 칸막이(이동식 또는 고정식)를 설치 가능
  이 경우 2면 이상을 완전히 차단하지 않고, 다른 객석에서 내부가 서로 보이도록 하여야 함

또한 객실은 잠금장치를 할 수 없으며 불특정 다수인이 이용하는 영업장으로 과거에도 화재 등 재난 발생으로 인명 피해가 많이 발생한 시설이다. 따라서 관련법(다중이용업소의 안전관리에 관한 특별법)에 따라 소방시설 등 및 영업장 내부 피난통로, 그 밖의 안전시설을 설치하여야 한다.

나. 유흥주점이나 그 밖에 이와 비슷한 것

❶ 단란주점과 유흥주점의 구분은 술값 차이?

단란주점과 유흥주점의 대표 격인 룸살롱의 차이가 '술값'이라고 생각하기 쉽다. 하지만 이 두 시설의 가장 큰 차이는 '접객원의 고용'과 '가무 가능 여부'이다. 하지만 현실은 그렇지 못하다는 것은 그만큼 단란주점의 불법 영업이 많았다는 것이다.(노래방의 도우미 고용도 문제지만)

유흥주점은 「식품위생법」(이하 "이 법")에서 주로 주류를 조리·판매하는 영업으로서 유흥종사자를 두거나 유흥시설을 설치할 수 있고 손님이 노래를 부르거나 춤을 추는 행위가 허용되는 영업이라고 정의하고 있다. 여기서 유흥종사자란 손님과 함께 술을 마시거나 노래 또는 춤으로 손님의 유흥을 돋우는 부녀자인 유흥접객원을 말한다.

여기서 '유흥시설'은 유흥종사자 또는 손님이 춤을 출 수 있도록 설치한 무도장으로 술과 노래 그리고 춤을 출 수 있도록 하는 시설을 말한다. 이런 시설은 모두 이 법 시행규칙 별표 14기준에 따라 건전한 영업을 위해 객실에는 잠금장치 설치 불가하며 단란주점과 동일하게 소방시설등 및 영업장 내부 피난통로 그 밖의 안전시설 설치하여야 한다.

■ 단란주점 vs 유흥주점

영업 종류	허용 기준				용 도
	음주·노래	춤	객실면적	접객원	
단란주점	○	X	객석면적의 1/2	X	제2종근린생활/위락시설(150㎡ 구분)
유흥주점	○	유흥시설(무도장)설치 가능	제한 없음	○	위락시설

유흥주점의 종류로는 7·80년대의 요정이나 룸살롱, 그리고 카바레, 나이트 클럽 등이 여기에 해당하며, 특히 요정, 룸상롱은 예전만큼 경기가 좋지 않아 유흥주점에 속하지만 중저가의 주점으로 연상이 되는 노래주점, 노래장, 노래빠 등으로 상호를 변경해 운영하고 있는 곳도 많다. 이는 이들의 상호가 노래방으로 혼동되도록 간판 디자인을 하고, 유흥주점 표시를 일부러 하지 않아 손님을 끌어드리려는 의도가 숨어있기 때문이다.

단란주점 불법영업 〈출처: KBS〉

유흥주점 안전점검 〈출처: 강남구청〉

❷ 홍대 클럽도 유흥주점?

그럼 홍대 등에 즐비한 클럽은 어디에 속할까? 음주 가무를 할 수 있다는 점에서 유흥주점에 속하지만 접객원 등을 고용하지 않고 별도의 춤추는 공간(무도장)을 설치하지 않는다는 점에서 업종 분류에 있어 그동안 논란이 많았다. 이렇다 보니 일부 클럽들은 일반음식점으로 영업허가를 받고 영업한 곳들도 있었는데 이들은 '무허가 유흥주점'으로 낙인찍혀 왔었다.

하지만 이제는 접객원과 춤추는 공간을 두지 않는다는 조건하에 일반음식점으로 등록하고 클럽 운영이 가능해 졌다. 「식품위생법 시행규칙」 별표 17 에서는 일반음식점에서 음향시설을 갖추고 춤을 추는 행위를 금지하고 있지만, 지자체 조례로 별도의 안전기준과 시간 등을 정하여 별도의 춤을 추는 공간이 아닌 객석에서 춤을 추는 행위은 제외하도록 하였다. 이에 일부 지자체에서는 「객석에서 춤을 추는 행위가 허용되는 일반음식점 운영에 관한 조례」를 만들어 운영하고 있으며, 이런 지자체의 경우 클럽이나 감성포차 등은 위락시설이 아닌 제2종 근생의 일반음식점으로 등록하여 음주와 춤을 추는 행위가 가능토록 하였다.

다. 「관광진흥법」에 따른 유원시설업의 시설, 그 밖에 이와 비슷한 시설(제2종 근린생활시설과 운동시설에 해당하는 것은 제외한다)

❶ 종합유원시설과 일반유원시설

해마다 놀이공원에서 발생하는 안전사고와 관련된 뉴스를 끊이지 않고 접하게 된다. 이런 시설들은 빠른 속도로 주행을 하거나 고정되어 회전하기 때문에 각별한 주의와 지속적인 관리가 필요한 시설들이다. 이런 사고를 방지하기 위해 실시하는 검사대상이 종합, 일반 유원시설업이다.

「관광진흥법」(이하 "이 법")에 따른 유원시설업은 종합유원, 일반유원 그리고 기타유원 시설업으로 구분된다. 이 중 종합, 일반 유원시설은 위락시설로 분류되고, 안전성 검사 대상이 아닌 기타유원 시설업은 4)제2종 근생 또는 13)운동시설로 분류된다.

종합유원시설은 유기시설이나 유기기구를 갖추어 관광객에게 이용하게 하는 업으로서 대규모의 대지 또는 실내에서 안전성검사 대상 유기시설 또는 유기기구 6 종류 이상을 설치하여 운영하는 업을 말한다. 이른바 테마파크로 불리는 시설로서 국내에는 약 40개의 종합유원시설이 영업 등록되어 있다.

일반유원시설은 전국에 약 280여개 정도가 등록되어 있는 상태이며, 종합유원시설보다 규모가 작은 시설이다. 안전성검사 대상 유기시설 또는 유기기구 한 종류 이상을 설치하여 운영하는 것으로 이 법 시행규칙 별표1의2에서 정하는 종합 및 일반 유원시설을 설치하기 위한 시설 및 설비 기준은 아래 표와 같다.

■ 유원시설업의 시설 기준

구 분		내 용
공통기준	종합·일반 유원시설업	(1) 방송시설 및 휴식시설(의자 또는 차양시설 등을 갖춘 것)을 설치 (2) 화장실(100미터 이내에 공동화장실을 갖춘 경우 제외)을 설치 (3) 필요시 비상시에 이용객을 안전하게 대피시킬 수 있는 시설(예비전원설비, 사다리, 계단시설, 윈치, 로프 등 적합한 시설)구비 (4) 물놀이형 유기시설 또는 유기기구를 설치한 경우 다음 각 호의 시설을 갖추어야 함 ① 수질검사장비 비치 ② 수상인명구조장비(구명구, 구명조끼, 구명로프 등)구비 ③ 물놀이 후 씻을 수 있는 시설(100미터 이내에 공동시설을 갖춘 경우 제외)
개별기준	종합유원 시설업	(1) 대지 면적(실내 유원시설업의 경우 건축물 연면적)은 1만제곱미터 이상 (2) 안전성검사 대상 유기시설 또는 유기기구 6종 이상 설치 (3) 예비전원시설과 의무 시설 및 안내소 설치 (4) 음식점 시설 또는 매점 설치
	일반유원 시설업	(1) 안전성검사 대상 유기시설 또는 유기기구 1종 이상 설치 (2) 안내소를 설치하고, 구급약품을 비치

마. 무도장, 무도학원

❶ 댄스스포츠 학원도 위락시설?

「체육시설의 설치 이용에 관한 법률」(이하 "이 법")에서 무도장은 입장료 등을 받고 국제표준무도(볼룸댄스)를 할 수 있는 장소를 제공하는 업으로 정의하고 있다. 또 무도학원은 수강료 등을 받고 국제표준무도 과정을 교습하는 업(교양강좌와 학원은 제외)이라고 정의하고 있으며 이 두 시설 모두 이 법 시행규칙 별표 4에서 규모 및 시설에 관한 세부 기준을 표와 같이 규정하고 있다.

■ 무도학원 및 무도장업의 시설 기준

무도학원 및 무도장업 시설기준	- 무도학원업은 바닥면적이 66제곱미터 이상, 무도장업은 특별시와 광역시의 경우에는 330제곱미터 이상, 그 외의 지역의 경우에는 231제곱미터 이상 설치 - 소음 방지에 적합한 방음시설 설치 - 바닥은 목재마루로 하고, 마루 밑에 받침을 두어 탄력성 확보 - 무도학원업과 무도장업으로 사용되고 있는 건축물의 용도가 「건축법 시행령」 별표 1의 용도별 건축물의 종류에 적합하여야 하고, 그 밖에 「건축법」 및 「국토의 계획 및 이용에 관한 법률」에 적합 - 운동시설은 사무실 등 다른 용도의 시설과 완전히 구획 - 업소 내의 조도는 무도학원업은 100럭스 이상, 무도장업은 30럭스 이상, 조명의 밝기를 조절하는 장치를 설치 불가

여기서 볼룸댄스는 댄스스포츠로 더욱 잘 알려져 있다. 댄스스포츠 종목 및 경기는 왈츠, 탱고, 빈왈츠, 폭스트롯, 퀵스텝이라는 스탠다드댄스와 라틴계열 춤으로 분류되는 삼바, 차차차, 룸바, 파소도블레, 자이브라는 '라틴댄스 5종목 경기'가 국제선수권대회의 경기종목으로 지정되어 있다.

하지만 과거 무도장과 무도학원은 이런 댄스 스포츠보다는 지루박 등 사교댄스를 추는 곳이 더 많았고 풍속을 저해하는 일도 많아 「풍속영업의 규제에 관한 법률」(풍속법)에 의거해 경찰청에서 관리될 정도로 그 이미지가 좋지 않았다. 그 이후 무도장과 무도학원은 이 법으로 전환했음에도 불구하고, 다른 체육시설업과는 달리 청소년 출입금지업소로 간주되고 있다. 이는 무도장과 무도학원이 무분별하게 설치될 경우 변종 영업 등을 통해 풍속을 저해할 우려가 있어서였다.

하지만 이런 볼룸댄스를 배울 수 있는 무도학원이 일반인뿐만 아니라 어린 학생들까지 수강 인구가 늘어나고 학교 교양수업으로까지 확대되면서 관리·감독 기관은 고민에 빠지게 되었다. 지금은 국제대회가 열리고 교양, 예술의 의미로 배우는 사람이 많은 만큼 인식도 많이 바뀌었지만 건축법에서는 여전히 무도장과 무도학원을 위락시설로 분류하고 있다는 것이다. 이렇다보니 근생시설에 분류되는 일반학원과 달리 용도 제한에 막히거나 교육환경보호에 따라 학교 근처에 설치가 어려웠다.

❷ 댄스스포츠는 유흥이 아닌 예능

하지만 최근 대법원 판례에서도 볼룸댄스 학원은 체육시설법이 아닌 학원설립법상 등록대상"이라고 판결하였다. 이유는 "국제 표준 무도인 볼룸댄스는 예능의 속성을 지니고 있다"며 "일정한 시설을 설립·운영하면서 볼룸댄스를 교습할 경우엔 체육시설법이 아닌 학원 설립법에 따라 등록의 의무가 따른다"고 판결했다.

관련 법령에 근거하여 설명하면 다음의 표와 같다. 기존에는 이런 볼룸댄스 강습 학원은 ②에 따른 학원의 용도로 검토되기 전에 무조건 ①에 따른 무도학원에 해당되어 건축물의 용도 역시 위락시설로 분류되었다. 하지만 판례에서와 같이 이러한 법률 적용이 현실과 동떨어진다는 이유에서 학원의 성립 요건을 갖춘 경우 ②에 따른 관련 법률 적용을 받아 학원으로 운영이 가능하게 된 것이다.

관련법령 및 분류		내 용	용 도
① 체육시설의 설치 이용에 관한 법률	무도학원	수강료 등을 받고 국제표준무도(볼룸댄스) 과정을 교습하는 업(기타 법률에 따라 허가·등록·신고 등을 마치고 교양강좌로 설치·운영하는 경우와 학원은 제외)	위락시설
② 학원의 설립·운영 및 과외교습에 관한 법률	기예	댄스(「체육시설의 설치·이용에 관한 법률」에 따른 무도학원업 제외)	제2종근생 또는 교육연구시설

무도장과 무도학원이 위락시설로 분류되는 이유는 앞에서도 이야기했지만 지루박 등 사교댄스를 기반으로 과거 카바레 문화가 풍속을 저해한다고 생각했기 때문이다. 하지만 한편으로는 일반인 특히 노인들 사이에서 건강과 취미를 위해 사교댄스를 배우려는 사람이 많고 실제 노인대학, 경로당에서는 교양강좌 중 한 과목으로 지정될 만큼 호응이 좋다고 한다. 어디까지가 예술이고 어디까지가 유흥인지 불분명한 상황에서 그냥 저급 문화라고 치부해서 음지로만 몰기보다는 풍속을 저해하는 내용은 사전에 차단하면서 건전한 문화형성을 위해 관련 용도에 대한 확실한 정의와 관련법 개정이 필요해 보인다.

❸ 콜라텍의 건축물 용도는?

콜라텍은 업소 명칭에서도 알 수 있듯이 술을 팔지 않고 콜라(음료수)가 제공된다는 점에서 음주가무가 동시에 가능한 나이트클럽이나 카바레와는 다르다. 현재 이들 시설은 대부분 '자유업종'으로 등록해 영업 중에 있다. 체육시설법에서 무도장업을 볼룸댄스에 한정하고 있으나 콜라텍은 주요 종목(?)이 지루박 등 사교댄스라는 것과 술을 팔지 않는다는 점에서 식품위생법이나 체육시설법 등에 적용이 되지 않고 관련 법령도 없기 때문이다.

하지만 용도관련 판례에서는 콜라텍이 무도장에 해당한다고 판결한 경우도 있다.(서울행법 2007. 7. 16., 선고, 2007구단3810) 무도는 '춤을 춤'이라는 뜻이므로 무도장은 디스코텍이나 콜라텍을 포함하여 널리 춤을 출 수 있는 시설을 갖춘 장소를 지칭하고 있다. 또한 무도장업은 유료로 무도장을 제공하는 영업을 말하기 때문이다는 것이 판결 이유이다.

대부분 자유업종이 이런 논란의 소지를 안고 있는데, 항상 우려되는 부분이 법의 사각지대를 이용해 불법적인 행위나 소방 및 안전 시설의 설치 미비 등으로 인명사고로 이어지는 것에 대한 우려 때문이다. 따라서 관련 법령이 없는 업종들을 한꺼번에 자유업종으로 분류만 할 것이 아니라 명확한 분류 기준과 자유업종 내에서의 세분화 작업이 필요하다.

〈출처: 대한댄스스포츠협회〉

콜라텍

바. 카지노영업소

❶ 외화획득 목적으로 시작된 카지노

우리나라에 처음 카지노가 도입된 시기는 1960년 인천의 오림포스호텔이라고 한다. 이후 외국인을 상대로 한 외화 획득 목적의 관련 법이 만들어져 여러 곳의 카지노가 영업을 시작했고, 현재 국내에는 외국인을 위한 카지노 17개가 운영 중이다.

카지노영업소와 관련 법령은 「관광진흥법」(이하 "이 법")으로 전문 영업장을 갖추고 주사위·트럼프·슬롯머신 등 특정한 기구 등을 이용하여 우연의 결과에 따라 특정인에게 재산상의 이익을 주고 다른 참가자에게 손실을 주는 행위 등을 하는 업이라고 정의하고 있다. 또한 이 법에서는 카지노업의 허가를 받으려는 자는 다음의 시설 및 기구를 갖추어야 한다.

1. 330제곱미터 이상의 전용 영업장
2. 1개 이상의 외국환 환전소
3. 카지노업의 영업종류 중 네 종류 이상의 영업을 할 수 있는 게임기구 및 시설
4. 문화체육관광부장관이 정하여 고시하는 기준에 적합한 카지노 전산시설

외국인을 위한 카지노 이외에 95년 '폐광지역 활성화'를 위해 관련 법이 제정되고, 내국인 출입 카지노를 설치 할 수 있는 법적 근거가 마련되어 국내 유일의 내·외국인 출입가능 강원랜드 카지노가 문을 열게 되었다. 외국을 나가지 않아도 카지노를 국내에서 즐길 수 있는 기회가 우리에게도 생긴 것이다.

하지만 강원랜드 카지노를 제외한 국내 다른 카지노는 물론이고 해외 카지노를 출입하는 것도 역시 불법이라고 한다. 형법 제246조에 따라 도박 자체를 불법으로 규정하고 있기 때문에 해외의 카지노를 출입하는 한국인에게는 불법 도박으로 분류되기 때문이다. 물론 여행에서 한 번쯤 호기심에 들려보는 것까지 경찰에서 문제를 삼지는 않는다고 하지만 유명인의 해외 원정 도박은 이런 이유 때문에 구속이 되는 것이다.

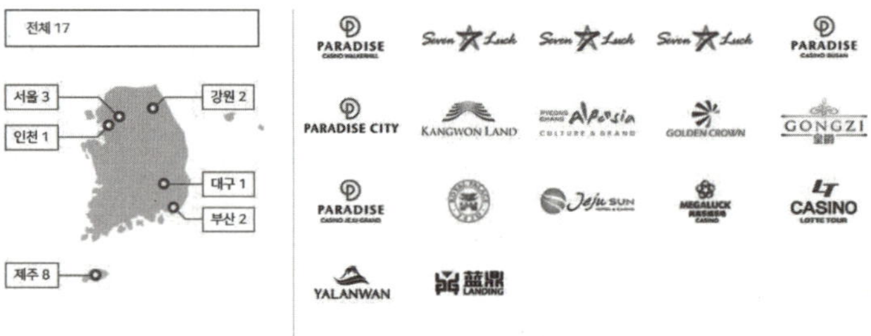

〈출처: 한국카지노업관광협회〉

〈출처: 강원랜드〉

❷ 위락시설의 자연녹지 설치 가능 여부

「국토의 계획 및 이용에 관한 법률」(이하 "이 법")에서는 용도지역에 따라 건축 가능한 용도를 분류하고 있다. 이 법에서 위락시설의 설치 가능 용도지역을 상업지역에 국한하고 있는데, 단란주점, 유흥주점, 무도장 등은 그 이름만 봐도 상업지역의 번화가에나 위치해야 할 시설들이니 이해가 쉽다.

그럼 다목의 유원시설업과 바목의 카지노영업소은 어떨까?

유원시설업의 특성상 상업지역에 위치하기는 좀 어려워 보이며, 카지노 영업소의 경우도 서울 삼성동 상업지역에 위치한 곳도 있지만 정선 카지노처럼 도심과 떨어진 관광지에 위치하고 있는 곳도 많다.

2009년 이전까지는 이런 위락시설들이 상업지역이 아닌 지역, 특히 관광단지가 많이 위치하는 자연녹지지역에 설치함에 있어 이 법에 따른 용도지역 제한으로 지·자체마다 해석도 다르다 보니 혼란스러웠다. 이에 2009년에 「관광진흥법」(이하 "이 법") 개정을 통해 상업지역 이외의 지역에서도 설치가 가능토록 명시 함으로써 설치 근거를 명확히 하였다.

이 법에 따라 사업계획승인을 받은 관광숙박시설뿐만 아니라 그 시설 안의 위락시설에 대해서는 아래의 용도지역에 설치하는 시설에 한해서는 「국토의 계획 및 이용에 관한 법률」 제76조(용도지역 및 용도지구에서의 건축물의 건축 제한 등)을 적용하지 않도록 한 것이다.

물론 주거지역에 대해서는 '주거환경 보호를 위한 사업계획승인 기준에 적합할 경우에 한한다'는 단서가 포함된다.

1. 상업지역　2. 일반주거지역　3. 준주거지역　4. 준공업지역　5. 자연녹지지역

17. 공장

물품의 제조·가공[염색·도장(塗裝)·표백·재봉·건조·인쇄 등을 포함한다] 또는 수리에 계속적으로 이용되는 건축물로서 제1종 근린생활시설, 제2종 근린생활시설, 위험물저장 및 처리시설, 자동차 관련시설, 자원순환 관련 시설 등으로 따로 분류되지 아니한 것

■ 용도지역 내 건축물의 용도 제한

건축물의 용도	도시지역																관리지역(4층 이하)			농림지역	자연환경보전지역
	주거지역						상업지역				공업지역			녹지지역(4층 이하)							
	1종전용	2종전용	1종일반	2종일반	3종일반	준주거	중심	일반	근린	유통	전용	일반	준	자연	생산	보전	계획	생산	보전		
공 장	×	×	△	△	△	△	△	△	△	×	●	●	△	△	△	×	△	△	×	×	×

(× : 금지, ● : 법령 허용, ○ : 조례 허용, ▲ : 법령 부분·제한적 허용, △ : 조례 부분·제한적 허용) ※제1종 일반주거지역: 4층 이하

❶ 제조·가공관련 시설의 용도별 분류

제조·가공과 관련된 업종에 대한 용도 분류는 다음 장의 표처럼 제1종 근생시설부터 자원순환 관련 시설까지 다양하다. 바닥면적 300㎡미만의 제조시설은 근생시설에 속하며 이 중에서도 식음 제조 시설은 제1종에, 물품 제조 시설은 제2종 근생시설에 속한다.

하지만 바닥면적이 300㎡ 이하인 제2종 근생시설 대상인 제조·가공 시설이라 하더라도 대기, 수질·수생태계, 소음·진동 관련 허가·신고대상인 경우에는 공장에 해당한다. 근생시설인 만큼 주거지역과 인접하기 때문에 주거환경을 저해할 수 있는 공해 유발 시설을 사전에 차단하겠다는 것이다.

기타 근생 이외의 거의 모든 제조·가공 시설이 공장에 속하겠지만 공장과 유사한 시설 등을 갖추었음에도 위험물, 자동차, 폐기물과 관련된 제조, 정비 등의 시설은 공장이 아닌 해당 시설용도에 속하게 된다. 공장 이외의 용도에 속하는 업종에 대해서는 해당 용도의 내용을 참조하기 바란다.

이들 용도 중 공장에 대한 관련 대표 법령은 「산업집적활성화 및 공장설립에 관한 법률」(이하 "이 법")로서 공장을 건축물 또는 공작물, 물품 제조 공정을 형성하는 기계·장치 등 제조시설과 그 부대시설을 갖추고 제조업을 하기 위한 사업장이라고 정의하고 있다. 여기서 제조업은 통계청장이 고시하는 표준산업분류에 따른 것을 말하며, 공장의 범위를 제조시설(물품의 가공·조립·수리) 및 시험생산시설, 부대시설, 관계 법령에 따라 설치가 의무화된 시설 그리고 공장부지 까지를 포함하고 있다.

이 법 이외에 공장의 등록과 관련된 법령을 살펴보면 「수도권정비계획법」에서는 이 법에 의한 공장으로서 건축물의 연면적(제조시설로 사용되는 기계·장치를 설치하기 위한 건축물 및 사업장 각층의 바닥면적의 합계)이 500㎡ 이상인 것을 말한다. 또 「지방세법」에서는 시행규칙 별표 2에 규정된 업종의 공장으로서 생산설비를 갖춘 건축물의 연면적(옥외에 기계장치 또는 저장시설이 있는 경우에는 그 시

설물의 수평투영면적을 포함)이 500㎡ 이상인 것이라고 정의하고 있다.

이들 법령은 건축법의 용도 분류와 별개로 입법 목적과 내용이 각각 다르기 때문에 각각의 법 취지에 맞는 곳에 적용될 뿐이고, 규모에 따르는 공장의 용도 분류는 「건축법」에 맞게 해석되어야 한다.

■ 제조 관련 시설 용도 분류

구 분	내 용	비 고
제1종 근생시설(나목) 제2종 근생시설(아목)	- 휴게음식점, 제과점 등 음료·차(茶)·음식·빵·떡·과자 등을 조리하거나 제조하여 판매하는 시설	300㎡ 기준 제1/2종 근생 구분
제2종 근생시설	너목 - 제조업소, 수리점 등 물품의 제조·가공·수리 등을 위한 시설 - 바닥면적 합계 300㎡ 미만	대기, 수질·수생태계, 소음·진동 관련 허가·신고대상 제외
공 장	물품의 제조·가공[염색·도장(塗裝)·표백·재봉·건조·인쇄 등 포함] 또는 수리에 계속적으로 이용되는 건축물	
위험물 저장 및 처리 시설	위험물 제조소, 도시가스 제조시설 등	
자동차 관련 시설	정비공장	
자원순환 관련 시설	폐기물재활용시설	

❷ 도시형 공장 & 지식산업센터

일반적으로 우리가 알고 있는 제조업 기반의 시설인 공장 이외에도 특수한 형태의 공장이 있는데 바로 「산업집적활성화 및 공장설립에 관한 법률」(이하 "이 법")에 근거한 '도시형 공장'과 '지식산업센터'(舊 아파트형공장)이다.

여기서 '산업집적'은 기업, 연구소, 대학 및 기업지원시설이 일정 지역에 집중됨으로써 상호연계를 통하여 상승효과를 만들어 내는 집합체를 형성하는 것을 말한다. 따라서 공장 및 관련 시설이 서로 시너지효과를 낼 수 있다는 것으로, 기존 재래식 공장의 형태를 벗어난 현대화된 산업집적시설이 '도시형 공장'과 '지식산업센터'이다.

도시형 공장은 첨단산업의 공장, 공해 발생정도가 낮은 공장 및 도시민 생활과 밀접한 관계가 있는 공장을 말한다. 당연히 대기오염물질배출시설, 특정수질유해물질배출시설, 폐수배출시설 등을 설치하는 공장이 아니어야 하며, 전자, 컴퓨터, 방송, 통신, 영상기기, 항공관련 제조업이 입주할 수 있는 공장을 말한다. 또한 수도권의 과밀 방지와 전 국토의 균형있는 발전을 위하여 「수도권정비계획법」에 따른 과밀억제권역에서는 공장의 신설이 어려운데 조건에 따라 도시형공장은 완화하여 건축할 수 있는 공장이다.

지식산업센터는 1980년대부터 수도권 내 특히 도심에서 공장 건립의 어려움을 극복하고자 초기에는 「공업 배치 및 공장 설립에 관한 법률」에 근거한 '아파트형 공장'이라는 이름으로 공업지역에 생기기 시작한 건축물이다. 기존에는 제조업에 한정되어 입주가 가능했지만 지식 및 정보통신산업의 수요가 증가하자 이들 관련 시설도 수용하면서 2010년에는 관련 법 명칭도 변경되고 아파트형 공장도 '지식산업센터'로 명칭이 변경되었다. 또한 공장설립에 대한 제한이 있는 과밀억제권역 안에서도 허용 용도에 따라 신설·증설이 가능한 것이 특징이다.

이 법에서는 지식산업센터를 동일 건축물에 제조업, 지식산업 및 정보통신산업을 영위하는 자와 지원시설이 복합적으로 입주 할 수 있는 다층형 집합건축물로 정의하고 있고 다음의 여건을 모두 갖추어야 한다. 서울 가산디지털역 주변에 높은 빌딩들이 대부분 지식산업센터로서 외관만 봐서는 일반 오피스 건물과 그 차이를 알 수 없는 것도 입주 업체가 대부분 지식산업 및 정보통신 관련 업체이기 때문이다.

1. 지상 3층 이상의 집합건축물일 것
2. 공장, 지식산업의 사업장 또는 같은 조 제3항에 따른 정보통신산업의 사업장이 6개이상 입주할 수 있을 것
3. 바닥면적(지상층만 해당한다)의 합계가 건축면적의 300퍼센트 이상일 것.

   다만, 다음 각 목의 어느 하나에 해당하여 바닥면적의 합계가 건축면적의 300퍼센트 이상이 되기 어려운 경우에는 해당 법령이 허용하는 최대 비율로 한다.

   가. 용적률을 조례로 따로 정한 경우

   나. 「산업기술단지 지원에 관한 특례법」 제8조에 따른 면적을 준수하기 위한 경우

❸ 지원시설 중 기숙사 및 오피스텔 설치도 가능하다.

지식산업센터 내에는 입주시설뿐만 아니라 업무 편의를 위한 지원시설 설치가 가능하며 그 종류는 제품 판매, 물류시설, 어린이집, 근생시설, 문화 및 집회시설 또는 운동시설까지 다양하다. 이런 지원시설 이외에도 취사 시설까지 있는 기숙사와 오피스텔 설치도 가능하다.

먼저 기숙사는 재직 중인 직원의 복리후생 차원의 지원시설로서 지식산업센터 내부에 설치 가능하도록 한 것이다. 하지만 지식산업센터를 분양하면서 일부에서는 기숙사가 오피스텔인 것처럼 분양 광고해 분양자의 불이익이 발생하는 경우도 있었다. (첨부 이미지의 사업장과는 관련이 없습니다.)

또한 기숙사는 지원시설의 일부이기 때문에 이 건물에 근무하는 임·직원을 대상으로 기숙사를 운영해야 한다. 다시 말해 기숙사 분양을 받는 자는 공장주이고 사용자도 공장주 소속 근로자여야 한다. 하지만 건물에 근무하는 입주자와 상관없는 일반인에게 임대를 하는 경우 위법의 문제가 발생하는 만큼 분양자 및 임대자는 꼭 관련 내용을 확인할 필요가 있다.

반면 오피스텔은 기숙사에 비해 분양자나 입주자의 제약조건 없이 분양 및 입주가 가능하다. 오피스텔이 지원시설로 가능하게 된 배경은 많은 산업단지가 도심에서 떨어져 있고 주변 시설들이 대부분 생산시설(공장 등) 위주로 조성되어 있다. 이러다 보니 출·퇴근 교통여건과 정주환경이 열악해 근로자 특히 청년들을 위한 산업단지 내 오피스텔과 같은 주거시설 확대가 요구되어 왔기 때문이다.

이에 2018년 관련 부처에서 '청년 친화형 산업단지 추진방안'에 따른 제도개선 조치로서 산업단지 내 지식산업센터에 오피스텔 설치를 허용했으며, 전국 27개 국가산업단지의 「관리기본계획」을 변경·고시하면서 설치가 가능해 졌다. 물론 모든 지식산업센터에 오피스텔을 설치할 수 있는 것은 아니고 산업단지 안에 설치되는 지식산업센터로서 산업단지 관리기본계획에서 허용되는 경우에 한하고 있다.

〈출처: 에이스 건설〉

18. 창고시설
(위험물 저장 및 처리 시설 또는 그 부속용도에 해당하는 것은 제외한다)

가. 창고(물품저장시설로서 「물류정책기본법」에 따른 일반창고와 냉장 및 냉동 창고를 포함한다)

나. 하역장

다. 「물류시설의 개발 및 운영에 관한 법률」에 따른 물류터미널

라. 집배송 시설

■ 용도지역 내 건축물의 용도 제한

건축물의 용도	도시지역																관리지역(4층 이하)			농림지역	자연환경보전지역
	주거지역						상업지역				공업지역			녹지지역(4층 이하)							
	1종전용	2종전용	1종일반	2종일반	3종일반	준주거	중심	일반	근린	유통	전용	일반	준	자연	생산	보전	계획	생산	보전		
가. 창고	×	×	○	○	○	○	○	●	○	●	●	●	●	○	○	▲	○	▲	△	▲	×
나. 하역장	×	×	○	○	○	○	○	●	○	●	●	●	●	×	×	×	○	×	×	×	×
다. 물류터미널	×	×	○	○	○	○	○	●	○	●	●	●	●	×	×	×	○	×	×	×	×
라. 집배송시설	×	×	○	○	○	○	○	●	○	●	●	●	●	○	×	×	○	×	×	×	×

(× : 금지, ● : 법령 허용, ○ : 조례 허용, ▲ : 법령 부분·제한적 허용, △ : 조례 부분·제한적 허용) ※제1종 일반주거지역: 4층 이하

※ 물류와 유통의 차이

창고시설은 물류와 유통 산업에 있어 정말 중요한 역할을 하는 시설이다. 그래서 창고시설을 설명하기 전에 물류와 유통개념을 먼저 알아보고 세부 시설을 살펴보자.

먼저 물류는 「물류정책기본법」에서

① 재화가 공급자로부터 조달·생산되어 수요자에게 전달되거나 소비자로부터 회수되어 폐기될 때까지 이루어지는 운송·보관·하역(荷役) 등과

② 이에 부가되어 가치를 창출하는 가공·조립·분류·수리·포장·상표부착·판매·정보통신 등이라고 정의하고 있다.

다음, 유통은 「유통산업발전법」에서

① 농산물·임산물·축산물·수산물 및 공산품의 도매·소매와

② 이를 경영하기 위한 보관·배송·포장과 이와 관련된 정보·용역의 제공하는 활동이라고 정의하고 있다.

정리하면 '물류'가 제품 또는 재화를 효과적으로 옮겨주는 기능이나 활동을 의미하는 물적유통을 말한다면 '유통'은 상거래의 모든 행위를 말하는 상적유통(상류)과 물자를 이동시키는 과정의 물적유통(물류)을 모두 포함하는 큰 개념인 것이다.

가. 창고(물품저장시설로서「물류정책기본법」에 따른 일반창고와 냉장 및 냉동 창고를 포함한다)

❶ 물류창고

창고는 물건을 저장하거나 보관하는 시설을 말하는데, 건축물의 부속 용도로서 창고의 의미가 아닌 저장 및 보관이 주 용도인 건축물을 말한다. 이런 시설은 다량의 물건을 장기간 보관하기 때문에 보관면적이 일정 규모 이상 요구되며, 보관 물품에 따른 관련 설비 시설이 필요하기도 한다.

「물류시설의 개발 및 운영에 관한 법률」(이하 "이 법")은「물류정책기본법」에 따라 물류시설을 합리적으로 배치·운영하고 물류시설 용지를 원활히 공급하여 물류산업의 발전을 촉진함을 목적으로 하는 법령이다.

이 법에서는 물류창고를 화물의 저장·관리, 집화·배송 및 수급조정 등을 위한 보관시설·보관장소 또는 이와 관련된 하역·분류·포장·상표부착 등에 필요한 기능을 갖춘 시설 정의하고 있다. 물류창고 등록을 위해서는 바닥면적 1천㎡ 이상 보관시설 또는 4,500㎡ 이상인 보관장소를 확보하여야 하며, 물류창고로 등록하는 경우에는「물류창고업 등록에 관한 규칙」에 따라 아래의 조건을 갖추도록 하고 있다.

① 화물을 쌓아 놓는 행위가 가능할 것

②「건축법 시행령」 별표 1 제18호에 따른 창고시설일 것(보관시설을 갖춘 경우만 해당)

이렇게 이 법에 등록된 창고인 일반창고와 냉장 및 냉동창고가 대표적인 가목의 창고에 속하며, 이 외에도 보관 종류 및 방법에 따른 다른 법률에 의한 저장시설도 물류창고에 속한다.

■ 창고의 종류

<table>
<tr><th rowspan="3">구 분</th><th colspan="4">물류시설법률 창고종류(창고 동수)</th><th colspan="7">타법률 창고종류(업체수)</th></tr>
<tr><th rowspan="2">합계</th><th colspan="2">보관시설</th><th rowspan="2">보관 장소</th><th rowspan="2">합계</th><th>항만법</th><th>관세법</th><th>유해 화학법</th><th>식품 위생법</th><th>축산물 위생법</th><th>식품산업 진흥법</th></tr>
<tr><th>일반 창고</th><th>냉동 냉장</th><th>항만 창고</th><th>보세 창고</th><th>보관 저장업</th><th>냉동 냉장</th><th>축산물 보관</th><th>냉동</th></tr>
<tr><td>전국 합계</td><td>2,648</td><td>1,845</td><td>420</td><td>383</td><td>2,324</td><td>210</td><td>602</td><td>153</td><td>514</td><td>519</td><td>326</td></tr>
</table>

〈물류창고업 통계 - 출처:국가물류통합정보센터 홈페이지〉

나. 하역장

❶ 물류의 시작과 끝을 담당하는 하역

하역장은 물건을 싣고 내리는 공간으로 하역만을 목적으로 하기보다는 하역된 물건을 보관, 이송하기 위한 중간 과정의 역할을 담당한다. 따라서 하역장이 단일 용도의 건축물보다는 터미널이나 창고 시설과 복합용도 또는 부속용도로 설치되는 경우가 대부분이다. 「물류시설의 개발 및 운영에 관한 법률」(이하 "이 법")에서 정하는 물류단지시설, 물류터미널, 물류창고의 시설에서도 이들 시설의 역할을 하기 위한 여러 가지 기능 중의 하나가 하역장이다.

하역장의 설치에 있어 가장 크게 고려해야 할 사항은 해당 시설을 이용하는 운송차량의 종류, 운송물품, 동시 하역 가능 용량 등이다. 특히 하역을 하는 공간을 도크라고 하는데 해당 운송차량이 접안 시에 쉽게 화물을 상·하차 하기 위한 도크의 높이, 가변조절설비, 화물 부피 등을 고려하여 설치하여야 한다.

물류창고 〈출처: 글로리아로지스〉

〈하역장〉

다. 「물류시설의 개발 및 운영에 관한 법률」에 따른 물류터미널

❶ 물류를 최대한 빨리 처리하기 위한 시설

택배를 주문한 뒤 배송 추적을 확인하다 보면 군포, 칠곡 등을 거쳐 각 지역으로 이송되는 과정을 볼 수 있다. 바로 물류터미널을 통해 물동량이 처리되는 과정으로, 각 지역별로 물류망을 연계해 지역 단위로 공급된 물류를 처리하는 것이다. 언뜻 터미널이라는 명칭만 보아서는 8)운수시설의 한 종류로 생각되기 쉽다.

하지만 물류터미널은 화물이 단지 운송된다는 것보다는 화물이 모이고 분류된 후 보관되다가 다시 다른 지역거점으로 옮겨지는 역할을 목적으로 하는 시설이다. 한 예로 군포 물류터미널의 시설 구성을 보면 화물취급장, 집배송센터, 복합창고, 컨테이너 야적장 등으로 구성됨에서 알 수 있듯이 화물이 각 지역으로 옮겨지기 전 거쳐야 하는 '창고' 역할에 가까운 것이다.

물류터미널은 「물류시설의 개발 및 운영에 관한 법률」에서 화물의 집화·하역 및 이와 관련된 분류·포장·보관·가공·조립 또는 통관 등에 필요한 기능을 갖춘 시설물을 말한다. 주 역할이 물류와 관련된 시설인 만큼 가공·조립 시설은 물류터미널의 전체 바닥면적 합계의 4분의 1 이하로 제한하고 있다.

물류터미널은 복합물류터미널과 일반물류터미널로 구분된다. 도로와 철도 등 두 종류 이상의 운송수단간의 연계운송을 할 수 있는 규모 및 시설을 갖춘 복합물류터미널이라 하는데, 부지 면적이 3만 3천㎡이상이고 주차장, 화물취급장, 창고 또는 배송센터 시설을 설치하여야 한다. 현재 복합물류터미널은 국내에 수도권(군포,의왕), 부산권(양산), 호남권(장성), 중부권(세종), 영남권(칠곡)에서 각각의 권역별로 설치 운영 중이다.

이 터미널을 제외한 나머지를 일반 물류터미널로 분류하고 있다. 전국에 일반물류 터미널은 화물터미널 또는 트럭터미널 등의 명칭으로 30여 개소가 운영 중에 있다. 이외에 개별 운송수단을 이용하는 항만시설, 공항시설, 철도시설에 화물 운송·보관과 관련된 시설은 창고시설이 아닌 운송시설의 부속용도에 포함된다고 보아야 할 것이다.

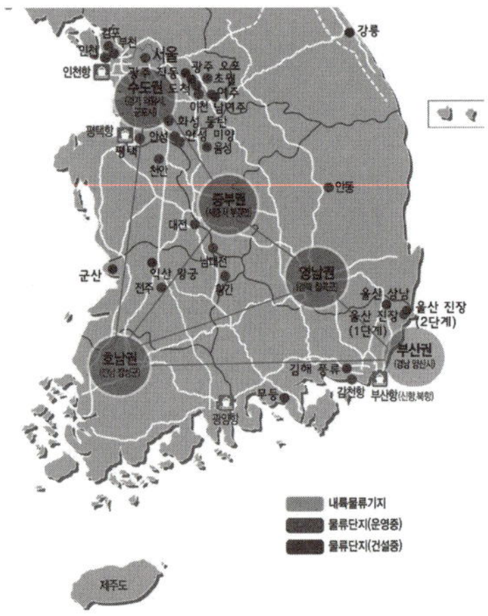

〈출처: 국가물류통합정보센터〉

군포복합물류터미널 〈출처: 한국복합물류〉

라. 집배송 시설

❶ 최소 단위 물류시설

디지털·스마트폰 기술의 발달로 소비자들은 사고자 하는 물건을 더욱 영리하게 비교한다. 그리고 가성비 높은 물건을 구매하는데 그치지 않고 그것을 편하고 빠르게 배달되는 것을 요구하고 있다. 이런 욕구에 맞추어 '소셜 커머스'라는 플랫폼 기반의 업체들이 성황 중에 있고, 기존 오프라인 중심의 백화점이나 대형마트 등 유통업체들도 온라인과 오프라인을 넘나들며 생존에 힘쓰고 있다.

이러한 유통구조의 변화와 더불어 코로나 팬데믹까지 겪으면서 가장 바빠지고 사업 영역도 넓어진 분야가 바로 '택배회사'일 것이다. 택배를 기다리는 마음이 급한(?) 소비자의 욕구를 충족하기 위해 배송추적 시스템, 집·배송 시간 단축, 집하 네트워크 다변화 등을 내세워 고객의 만족을 위해 분주히 움직이고 있다. 그 중에서도 이러한 시대적, 구조적 변화에 맞추어 역할이 더욱 중요시 되는 시설이 바로 '집배송시설'이다.

집배송 시설 〈출처: CJ대한통운〉

〈출처: 롯데택배〉

「유통산업발전법」(이하 "이 법")에서 집배송 시설을 상품의 주문처리·재고관리·수송·보관·하역·포장·가공 등 집하 및 배송에 관한 활동과 이를 유기적으로 조정하거나 지원하는 정보처리 활동에 사용되는 기계·장치 등 일련의 시설이라고 정의하고 있다.

다른 물류시설과 비교하자면 다목의 물류터미널은 관련업체가 지역별로 제품을 분류하고 물류망 내의 해당 지역으로 움직이는 집적물류(Cluster)시설이다. 반면 집배송시설은 상품의 주문처리 부터 포장 후 배송까지 소비자를 연결하기 위한 최소 단위 물류시설로서 물류터미널 내의 구성 용도이기도 하다.

또한 이 법에서는 일반 집배송시설 이외에 물류시설 공동화를 위해 '공동집배송 센터' 설치도 규정하고 있는데 여러 유통사업자 또는 제조업자가 공동으로 사용할 수 있도록 집배송시설 및 부대업무 시설이 설치되어 있는 지역 및 시설물이라고 정의하고 있다. 앞서 이야기한 바와 같이 유통구조가 다변화하는 시대에 회사 독자적인 물류시스템만으로는 한계가 있기 때문에 동종업체 등 관련 기업들이 시설과 시스템을 공동으로 이용·관리 함으로써 최소의 비용으로 최대의 효과와 이익을 도모하기 위한 시설이다.

공동집배송 센터는 부지면적이 3만㎡ 이상(상업·공업지역 2만㎡이상)이고, 집배송시설 면적이 1만㎡이상으로 구성되며 집배송기능이 효율적으로 이루어질 수 있는 지역 및 시설(보관·하역, 분류·포장 및 가공, 수송·배송, 정보 및 주문처리시설)의 요건을 갖추도록 이 법에서 정하고 있다. 이런 대규모 시설을 공동으로 이용하기 때문에 업체들은 수송비 절감, 납품작업 합리화 등의 효과를, 소비자는 보다 빠르고 정확한 제품을 받아볼 수 있는 것이다.

구 분	내 용
집배송시설	상품의 주문처리·재고관리·수송·보관·하역·포장·가공 등 집하(集荷) 및 배송에 관한 활동과 이를 유기적으로 조정하거나 지원하는 정보처리활동에 사용되는 기계·장치 등의 일련의 시설
공동집배송 센터	여러 유통사업자 또는 제조업자가 공동으로 사용할 수 있도록 집배송시설 및 부대업무시설이 설치되어 있는 지역 및 시설물

19. 위험물 저장 및 처리시설

「위험물안전관리법」, 「석유 및 석유대체연료 사업법」, 「도시가스사업법」, 「고압가스 안전관리법」, 「액화석유가스의 안전관리 및 사업법」, 「총포·도검·화약류 등 단속법」, 「화학물질 관리법」 등에 따라 설치 또는 영업의 허가를 받아야 하는 건축물로서 다음 각 목의 어느 하나에 해당하는 것. 다만, 자가난방, 자가발전, 그 밖에 이와 비슷한 목적으로 쓰는 저장시설은 제외한다.

가. 주유소(기계식 세차설비를 포함한다) 및 석유 판매소

나. 액화석유가스 충전소·판매소·저장소(기계식 세차설비를 포함한다)

다. 위험물 제조소·저장소·취급소

라. 액화가스 취급소·판매소

마. 유독물 보관·저장·판매시설

바. 고압가스 충전소·판매소·저장소

사. 도료류 판매소

아. 도시가스 제조시설

자. 화약류 저장소

차. 그 밖에 가목부터 자목까지의 시설과 비슷한 것

■ 용도지역 내 건축물의 용도 제한

건축물의 용도		도시지역																관리지역(4층 이하)			농림지역	자연환경보전지역
		주거지역						상업지역				공업지역			녹지지역(4층 이하)							
		1종전용	2종전용	1종일반	2종일반	3종일반	준주거	중심	일반	근린	유통	전용	일반	준	자연	생산	보전	계획	생산	보전		
가. 주유소 및 석유 판매소		×	×	○	○	○	○	○	○	○	○	●	●	●	○	○	×	○	○	○	×	×
나. 액화석유가스	충전소	×	×	△	△	△	△	△	△	△	△	●	●	●	○	●	○	○	○	○	○	×
	판매소·저장소	×	×	×	×	×	○	○	○	○	○	●	●	●	○	○	×	○	○	○	×	×
다. 위험물 제조소·저장소·취급소		×	×	×	×	×	○	○	○	○	○	●	●	●	○	○	×	○	○	○	×	×
라. 액화가스 취급소·판매소		×	×	○	○	○	○	○	○	○	○	●	●	●	○	○	×	○	○	○	×	×
마. 유독물 보관·저장·판매시설		×	×	×	×	×	○	○	○	○	○	●	●	●	○	○	×	○	○	○	×	×
바. 고압가스	충전소·저장소	×	×	△	△	△	△	△	△	△	△	●	●	●	○	●	○	○	○	○	○	△
	판매소	×	×	×	×	×	○	○	○	○	○	●	●	●	○	○	×	○	○	○	×	△
사. 도료류 판매소		×	×	○	○	○	○	○	○	○	○	●	●	●	○	○	×	○	○	○	×	×
아. 도시가스 제조시설		×	×	×	×	×	○	○	○	○	○	●	●	●	○	○	×	○	○	○	×	×
자. 화약류 저장소		×	×	×	×	×	○	○	○	○	○	●	●	●	○	○	×	○	○	○	×	×

(× : 금지, ● : 법령 허용, ○ : 조례 허용, ▲ : 법령 부분·제한적 허용, △ : 조례 부분·제한적 허용) ※제1종 일반주거지역: 4층 이하

※ 관련법에 따른 설치 또는 영업의 허가를 받아야 하는 건축물 대상

위험물, 석유, 도시가스, 총포류, 유해 화학 등 단어만 들어도 왠지 섬뜩하기만 한 시설로서 위의 법령에 의해 설치되거나 허가를 받는 시설은 모두 19) 위험물 저장 및 처리 시설에 포함된다. 화학 관련 시설이 대부분이다 보니 제조 등의 과정에서 생기는 부산물 등으로 주변 지역의 공기·수질 등에 영향을 줄 수 있다. 뿐만 아니라 화재 등 재난 상황이 발생할 경우 다른 건축물의 용도에 비해 피해 발생 정도 및 주변 영향 정도가 훨씬 클 수밖에 없다.

따라서 이들 시설은 용도지역 관련 건축물의 설치 제한이 클 수밖에 없어 해당 용도를 설치하기 위해서는 관련 법령 및 조례·지구단위계획 등을 확인하여야 한다. 또한 이런 시설 주변에 아파트 등 다른 용도의 건출물을 신축할 경우 관련법에 따라 이들 시설과의 이격거리, 건축물 배치 제한 등을 규정하고 있기 때문에 이 시설의 설치 유무를 잘 따져봐야 한다.

가. 주유소(기계식 세차설비를 포함한다) 및 석유 판매소

❶ 주유소 vs 일반 판매소

모든 위험물 관련 시설이 우리 생활과는 직접적으로 관계가 없을 것처럼 생각되지만 그래도 밀접한 시설이 바로 주유소이다. 주유소 설치에 관해서는 석유 수급과 가격 안정, 품질 확보를 목적으로 하는 「석유 및 석유대체연료 사업법」(이하 "이 법")의 적용을 받는다.

이 법에서는 다음의 표처럼 석유사업을 크게 석유정제업, 석유 수출입업, 석유판매업으로 구분하고 있다. 석유판매업 중 대표적인 시설인 주유소는 석유정제업자, 석유수출입업자 등으로부터 휘발유, 등유, 경유를 공급받아 점포에서 고정된 주유설비를 이용하여 다른 주유소나 실소비자에게 직접 판매하는 소매업자를 말한다.

반면 지금은 가끔 동네 주변이나 시골을 가다 보면 주유소는 아닌데 소규모 건물 등에서 석유를 파는 시설을 가끔 보게 된다. 바로 이 시설을 '일반판매소'라고 하는데, 시설·규모 등에서 주유소보다 작고 등록대상인 주유소와 다르게 신고 대상으로 고정된 주유설비가 없이 등유 또는 경유만 판매(농협운영, 주유소가 없는 면단위 제외)한다는 것이 큰 차이점이다.

예전보다 일반판매소가 많이 줄어들어든 이유가 기존에는 주택의 난방유 등의 공급처로 많이 이용해 왔으나 도시가스가 일반 주택가까지도 공급이 확대되면서 그만큼 수요도 줄었기 때문이다.

그럼 가목에서는 석유판매소라는 명칭은 바로 일반판매소를 의미하고 있는 것일까? 결론부터 말하면 석유판매소는 일반판매소를 포함한 석유 판매와 관련된 모든 업종을 말한다. 주유소는 석유판매업의 한 종류이지만 우리에게 친근한 시설이기에 가목에 대표 시설로 표기된 것이고, 주유소와 일반판매소를 포함한 나머지 석유판매업에 속하는 시설들이 여기에 해당한다.

이 법 이외에도 「위험물안전관리법」에 따라 주유소는 위험물 취급소 중 주유취급소로 분류되며, 고정된 주유설비가 아닌 용기에 담아 판매하는 시설은 판매취급소 또는 일반취급소에 해당한다. 아무래도 위험물을 취급하는 곳이고 주거지역이나 빌딩 등이 인접한 도심 속에 위치하는 경우가 많기 때문에 이 법에 따라 설치하도록 하고 있다.

■ 석유 관련 산업

구 분		내 용
석유정제업		석유를 정제하여 석유제품(부산물인 석유제품은 제외한다)을 제조하는 사업
석유수출입업		석유를 수출하거나 수입하는 사업
석유판매업	등록대상	일반대리점, 용제대리점, 주유소, 용제판매소부산물인 석유제품 생산판매업, 부생연료유판매소
	신고대상	일반판매소, 항공유판매업, 특수판매소

❷ 기계식 세차설비

우리는 보통 주유소를 찾는 목적이 주유를 하기 위함이기도 하지만 동시에 기계식(자동) 세차설비(이하 “이 시설”)를 이용하기 위해서이다. 이 두 가지를 동시에 이용할 수 있기 때문에 바쁜 운전자들의 시간 절약과 편의를 도모하고 있어 거의 모든 주유소(액화천연가스 충전소 포함)에 세차 시설이 구비되어 있다.

하지만 이 시설은 주유소의 석유 판매라는 본연의 목적과는 전혀 다른 시설이고 서비스 차원에서 만들어졌기 때문에 용도 분류상 애매해질 수 있다. 그렇다고 거의 모든 주유소에 설치된 이 시설을 별도의 용도로 분류하거나 설치를 못하게 할 수도 없다. 그래서 건축법상 건축물의 정의에서도 건축물에 딸린 시설물을 포함한다는 정의를 근거로 가목의 주유소에 아예 기계식 세차설비를 포함한다고 규정해 놓은 것이다.

또한 이 시설이 주유소의 필수 시설인 만큼 「위험물안전관리법」(이하 “이 법”) 시행규칙 별표13 주유취급소의 위치·구조 및 설비의 기준에서도 다음과 같이 세차 설비에 대한 기준을 명시하고 있다.

■ 자동차 등의 세정을 행하는 설비 기준

1) 증기세차기 설치의 경우

- 그 주위의 불연재료로 된 높이 1m 이상의 담을 설치
- 출입구가 고정주유설비에 면하지 아니하도록 할 것.
- 담은 고정주유설비로부터 4m 이상 이격

2) 증기세차기 외의 세차기 설치의 경우

- 고정주유설비로부터 4m이상, 도로경계선으로부터 2m 이상 이격
- 바닥 및 벽으로 구획된 (자동차 간이 정비용)옥내 작업장에 설치하는 경우는 예외

그리고 이 시설은 가목에서 '기계식' 세차설비라고 명시되어 있는 만큼 직접 사람이 세차를 하는 손세차, 셀프 세차 등은 20)자동차 관련 시설의 '세차장'과는 구분되어야 할 것이다.

❸ 기타 시설 기준

주유소 내에는 주유기가 주요 시설이지만 이외에도 사무실, 자동차 세정설비 등 여러 시설들이 설치되어 있다. 「위험물안전관리법」(이하 "이 법")에서는 자동차 세정설비를 포함하여 건축물, 창·출입구의 구조, 사무실 등의 유리사양, 주유원 간이대기실 등에 대한 세부 기준을 정하고 있다. 이외에도 아래와 같이 주유취급소 및 의 위치·구조 및 설비의 기준을 정하고 있으니 주유소의 설계·시공시에는 이 법 시행규칙 별표 13의 내용을 확인해야 한다.

구 분	내 용
주유취급소의 위치·구조 및 설비의 기준	1. 주유공지 및 급유공지 2. 표지 및 게시판 3. 탱크 4. 고정주유설비 등 5. 건축물 등의 제한 등 6. 건축물 등의 구조 7.담 또는 벽 8. 캐노피 9. 펌프실 등의 구조

나. 액화석유가스 충전소·판매소·저장소(기계식 세차설비를 포함한다)

❶ 주유 VS 충전

액화석유가스는 「액화석유 가스의 안전관리 및 사업법」(이하 "이 법")에서 프로판이나 부탄을 주성분으로 한 가스를 액화한 것(기화된 것 포함)이라고 정의하고 있다. '액화석유가스'라는 명칭보다 'LPG'가 우리에게는 더욱 익숙하다. 도시가스가 많이 보급되기 전인 90년대 까지도 가스통을 배달하는 오토바이를 거리에서 많이 볼 수 있을 만큼 가정용, 업소용으로도 많이 사용되었다.

뿐만 아니라 이를 자동차의 원료로 사용하는데, 기존에는 택시나 영업용 차량, 렌터카 이외에 장애

인 등 특정 자격이 주어지는 운전자만 이용할 수 있었으나, 이제는 관련법 개정에 따라 일반인들도 이용할 수 있다. 이 차량의 원료를 넣기 위해 찾는 곳이 바로 액화석유가스 충전소인데 주유소가 아닌 충전소라 부르는 이유는 가스를 밀어 넣는 형식이기 때문이다.

외관만 봐서는 충전설비 등만 다를 뿐 기타 시설이나 기계식 세차설비까지 가목의 주유소와 동일하다. 하지만 공급되는 연료가 다르고 위험 소지가 더 많기 때문에 가목의 주유소와 다르게 셀프 충전시설이 없었다. 이에 외국에서는 셀프 충전을 허용하고 있고 충전소 운영비용 측면 등을 감안해 업계에서의 지속적으로 요구하였고, 2021년 규제 특례 승인 등이 이루어져 향후 셀프 충전이 보편화 될 것이라고 한다.

터키, 러시아 등 일부 국가를 제외하고 LPG를 차량 연료로 쓰는 곳이 많지는 않지만 그래도 우리나라는 LPG 차량 비중이 높은 편에 속한다. 물론 우리가 느끼기에 충전소 인프라 설치가 충분하지는 않다고 생각하지만 다른 나라에 비해 비교적 높은 수준이라고 한다.

이 법에서 충전시설(설비)을 아래와 같이 정의하고 있으며, 충전소의 종류에는 용기충전사업, 자동차 용기충전사업, 소형용기충전사업, 가스난방기 용기충전사업, 자동차 탱크충전사업, 배관을 통한 저장탱크 충전사업장이 여기에 해당한다. 저장소와 판매사업 역시 일정량 이상을 용기 또는 저장 탱크에 저장하고 이를 판매하는 시설들이며, 요구되는 세부 시설기준은 이 법 시행규칙 별표를 참조하기 바란다.

이 법에 따른 액화석유 가스 취급시설은 충전시설, 저장소, 판매소 이외에도 가스용품 제조사업, 집단공급시설 시설이 있으며 모두 19) 위험물 저장 및 처리 시설에 속한다.

■ 액화석유가스 취급시설

구 분	종 류
충전사업	저장시설에 저장된 액화석유가스를 용기(容器)에 충전(배관을 통하여 다른 저장 탱크에 이송하는 것을 포함한다. 이하 같다)하거나 자동차에 고정된 탱크에 충전하여 공급하는 사업
저장소	아래와 같이 일정량 이상의 액화석유가스를 용기 또는 저장 탱크에 저장하는 일정한 장소 1. 내용적 1리터 미만의 용기에 충전하는 경우 500킬로그램 예외)이동식 부탁연소기용 접합용기의 경우 1톤 2. 제1호 외의 저장설비(공동주택 제외)의 경우 저장능력 5톤
판매사업	용기에 충전된 액화석유가스를 판매하거나 자동차에 고정된 탱크에 충전된 액화석유가스를 10톤 이하의 저장 설비에 공급하는 사업

다. 위험물 제조소·저장소·취급소

❶ 위험물의 종류

필자가 군 복무 시절 군수물자 관리를 담당했었다. 당시 상급부대 점검 때 보급창고 내에 위험물을 보관했다고 지적을 받았고, 보관 물질들이 워낙 소량이라 그냥 부대 울타리 밖에 생각 없이 버렸다. 그런데 두 물질이 화학반응을 일으켜 화재가 발생했다. 다행히 주변에 있던 동료들이 울타리를 넘어 불을 진화하면서 그렇게 마무리 되었지만 지금 생각해도 정말 아찔했던 순간이었다. 또한 왜 위험물의 저장 및 취급이 중요한지를 뼈저리게 느꼈던 경험이었다.

바로 이런 위험한 물질들을 「위험물 안전관리법」(이하 "이 법")에서 아래 표와 같이 종류에 따라 여섯가지 류의 산화성 고체/ 가연성 고체/ 자연 발화성 및 금수성 물질/ 인화성 액체/ 자기 반응성 물질/ 산화성 액체로 분류하고 있으며 보관을 위한 각각의 지정 수량 등을 기준으로 정하고 있다.

■ 위험물의 분류

구 분	성 질	종 류
제 1 류	산화성 고체	아염소산염류, 염소산염류, 과염소산염류, 무기과산화물, 브롬산염류, 질산염류, 요오드산염류, 과망간산염류, 중크롬산염류, 기타
제 2 류	가연성 고체	황화린, 적린, 유황, 철분, 금손분, 마그네슘, 인화성고체, 기타
제 3 류	자연 발화성 물질 및 금수성물질	칼륨, 나트륨, 알킬알루미늄, 알킬리튬, 황린, 알칼리금속 및 알칼리토금속, 유기금속화합물, 금속의 수소화물, 금속의 인화물, 칼슘 또는 알루미늄의 탄화물, 기타
제 4 류	인화성 액체	특수인화물, 제1석유류, 알코올류, 제2석유류, 제3석유류, 제4석유류, 동식물유류
제 5 류	자기반응성 물질	유기과산화물, 질산에스테르류, 니트로화합물, 니트로소화합물, 아조화합물,디아조화합물, 히드라진 유도체, 히드록실아민, 히드록실아민염류, 기타
제 6 류	산화성 액체	과염소산, 과산화수소, 질산, 기타

인화성 액체인 석유류를 포함해 가연성, 자연 발화성, 자기 반응성 등 이름만 들어도 위험할 것 같은 이런 물질은 제조, 저장, 취급 모든 단계에서 그 관리가 중요하다. 특히 각각의 위험물마다 지정 수량이 정해져 있어 해당 수량 이하로 보관·관리해야 하며 일정 자격을 갖춘 자만이 관리가 가능하다.

이 법에서는 이들 위험물과 연관된 제조, 저장, 취급과 관련된 시설을 표와 같이 구분하고 있으며 이 법 시행규칙 별표에서 건축구조 등 세부 기준을 정하고 있다. 물론 가목의 주유소도 취급소의 한 종류

■ 위험물 관련 시설

구 분	내 용
제 조 소	위험물을 제조할 목적으로 지정수량 이상의 위험물을 취급하기 위하여 관련 규정에 따라 허가를 받은 장소
저 장 소	옥내저장소, 옥외저장소, 옥외탱크저장소, 옥내탱크저장소, 지하탱크저장소, 간이탱크저장소, 이동탱크저장소, 암반탱크저장소
취 급 소	주유취급소, 판매취급소, 이송취급소, 일반취급소

에 해당하는 것으로 이 법에 따른 위험물 관련 시설 중 19)위험물 저장 및 처리 시설의 다른 시설에 속하지 않는 시설은 모두 다목에 속한다.

위험물은 그 자체 시설보다는 주변 시설에 크게 영향을 주는 시설이다. 특히 설치 기준 중에는 병원, 학교 등 노약자 밀집 시설과 주거지역, 가스시설, 고압전선 등으로부터 이격거리를 정하고 있으니 설치 시 유의하여야 한다.

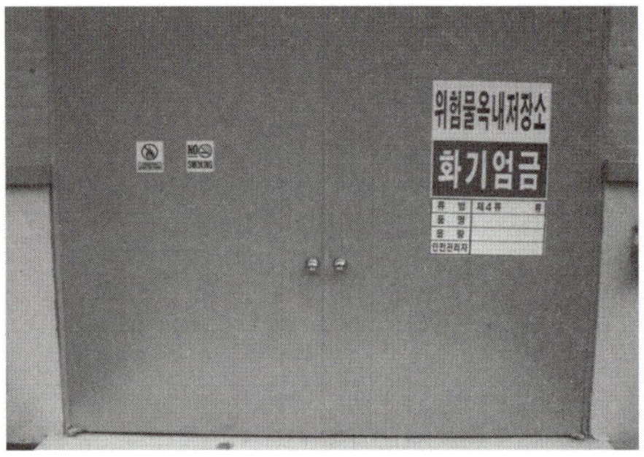

옥내 저장소

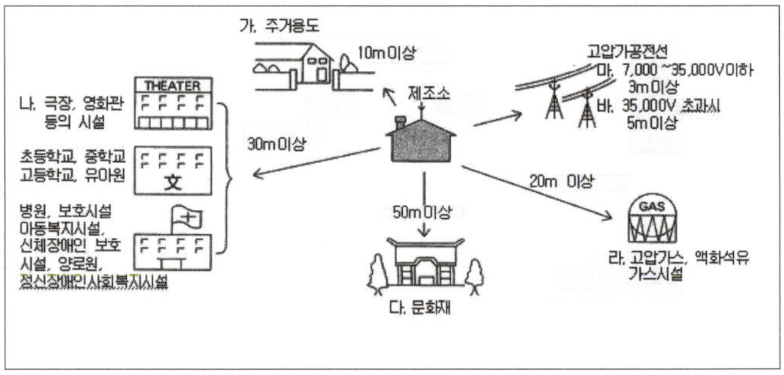

제조소 이격 거리 〈출처: 서울소방재난본부〉

라. 액화가스 취급소·판매소

❶ 가스의 저장상태에 따른 분류

가스의 분류는 가스의 성질이나 위험 여부에 따라 구분하기도 하며, 저장상태에 따라 압축, 액화, 용해 가스 3가지로 나뉘기도 한다.

압축, 액화, 용해 가스 분류는 보통 가스 고유의 성질에 따라 분류되기 보다는 저장·취급 상태에 따라 분류된다. 특히 프로판, 염소, 암모니아, 탄산가스 등은 상온에서 압축할 경우 임계온도가 상온보다 높아 비교적 쉽게 액화되기 때문에 액체상태로 용기에 충전하는 것이다.

고압으로 압축된 액체가스로 채워져 있다는 것은 동일한 크기의 용기보다 많은 물질의 양으로 밀도가 높게 채워져 있다는 것이다. 따라서 액화된 물체는 가열되면 팽창을 하게 되는데 액화가스는 작은 온도 증가로도 팽창에 의해 큰 압력을 생성하기 때문에 화재에 의해 증기 폭발로 이어질 수 있어 대단히 위험한 것이다.

액화가스의 종류는 나목의 LPG를 포함하여 도시가스 원료로 쓰이는 LNG, 드라이아이스(CO_2), 액화산소(LO_2), 액화질소(LN_2) 등이 여기에 해당한다.

「도시가스사업법」과 「고압가스 안전관리법」에 따른 액화가스는 상용 온도 또는 섭씨 35도의 온도에서 압력이 0.2메가파스칼 이상인 것으로서 액화가스이면서 고압가스에 해당한다. 따라서 라목의 액화가스 시설이 바목 고압가스에도 속하기도 한다. 하지만 다른 특수 목적의 고압가스와 달리 액화가스는 음료나 아이스크림, 과자의 식품첨가 등의 활용성이 넓어 라목으로 별도 분류한 것이다. 용도지역 내 건축물의 용도 제한 표에서도 볼 수 있듯이 다른 가스관련 시설에 비해 이 시설의 설치 제한 정도가 보다 느슨한 것도 이런 이유 때문이다.

마. 유독물 보관·저장·판매시설

❶ 유독물 제조시설은 공장용도가 아니다.

신문, 뉴스 등에서 화학 유독물질을 생산, 보관하는 공장에서 화재가 발생해 큰 피해를 주었다는 기사를 가끔 접한다. 일반적인 화재 사고 보다 그 피해가 큰 이유는 여기에 많은 화학물질이 보관되어 있어 이들이 화재의 확산을 더욱 돕기 때문에 화재 진압이 더욱 어렵다고 한다.

또한 이때 발생하는 유독가스 등으로 2차 피해가 발생하는데, 몇 해 전 중국 화학공장에서 대규모 화재가 발생해 그 피해가 컸을 뿐 아니라 이때 발생한 유독가스가 바람을 타고 우리나라까지 넘어올 수 있다는 경고에 불안했던 기억이 있다.

19) 위험물 저장 및 처리 시설이 모두 그렇지만 특히 유독물질에 대한 그 관리와 사용은 철저해야 한다. 그래서 기존 유독물과 관련된 「유해화학물질 관리법」과 「잔류성 유기오염물질 관리법」을 통·폐합하여 「화학물질 관리법」(이하 "이 법")이 신설되었다.

이 법에서 유독물질은 유해성이 있는 화학물질로서 대통령령으로 정하는 기준에 따라 환경부장관이 정하여 고시한 것을 말한다. 그 종류는 유독물질뿐만 아니라 허가물질, 제한물질 또는 금지물질, 사고대비물질, 그 밖에 유해성 또는 위해성이 있거나 그러할 우려가 있는 화학물질이 유해화학물질에 속한다.

■ 유해 화학물질 취급 업종

구 분	내 용
유해화학물질 제조업	판매할 목적으로 유해화학물질 중 허가물질 및 금지물질을 제외한 나머지 물질을 제조하는 영업
유해화학물질 판매업	유해화학물질 중 허가물질 및 금지물질을 제외한 나머지 물질을 상업적으로 판매하는 영업
유해화학물질 보관·저장업	유해화학물질 중 허가물질 및 금지물질을 제외한 나머지 물질을 제조, 사용, 판매 및 운반할 목적으로 일정한 시설에 보관·저장하는 영업
유해화학물질 운반업	유해화학물질 중 허가물질 및 금지물질을 제외한 나머지 물질을 운반(항공기·선박·철도를 이용한 운반은 제외한다)하는 영업
유해화학물질 사용업	유해화학물질 중 허가물질 및 금지물질을 제외한 나머지 물질을 사용하여 제품을 제조하거나 세척(洗滌)·도장(塗裝) 등 작업 과정 중에 이들 물질을 사용하는 영업
설치 기준	- 유해화학물질 취급시설은 그 외벽부터 건축물의 경계 또는 생태·경관보호지역의 경계까지 환경부장관이 정하여 고시하는 안전거리를 유지하도록 배치 - 세부 기준: 시행규칙 별표5 참조

특히 제조부터 판매·사용까지 모든 단계에서 주의해야 하는 만큼 유해화학물질 중 위해성이 있다고 우려되는 허가물질과 위해성이 큰 화학물질은 모든 용도로의 제조, 수입, 판매, 보관·저장, 운반 또는 사용을 금지하는 물질을 구분하여 정하고 있다. 또한 이외의 허가 및 금지 물질의 취급은 이 법에서 별도의 조건 및 허가 등의 절차를 만족해야 한다.

이 법에서 유독물을 포함한 유해화학물질과 관련된 시설은 앞 장의 표와 같이 제조업/ 판매업/ 저장업/ 운반업/ 사용업으로 나뉜다. 하지만 마목에서는 유독물의 보관·저장·판매 관련 시설로만 표현되어 있고 제조시설은 누락되어 있다. 그렇다고 제조시설이 17)공장 용도는 아니며, 이런 유독 화학물질의 제조 시설 역시 19) 위험물 저장 및 처리 시설에 포함되어야 한다.

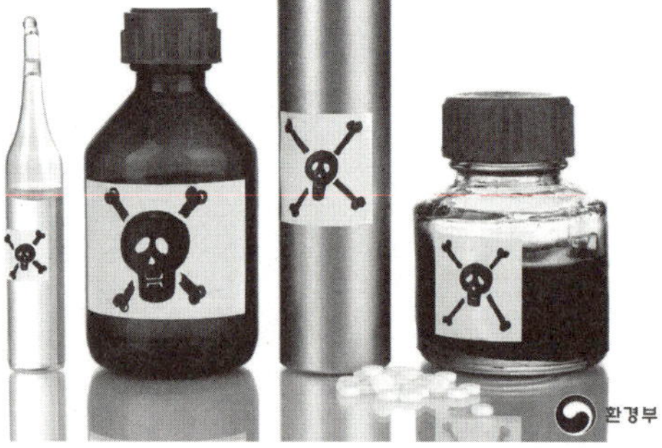

〈출처: 환경부〉

유해화학물질 취급시설 〈출처: 컨슈머포스트〉

바. 고압가스 충전소·판매소·저장소

❶ 친환경 자동차 연료 CNG와 수소가스

고압가스는 높은 압력을 가하여 압축시킨 가스로서 그 종류와 범위는 「고압가스 안전관리법」(이하 "이 법")에서 아래와 같이 정의하고 있다.

1. 압축가스: 상용 온도 또는 섭씨 35도의 온도에서 압력이 1메가파스칼 이상인 것(아세틸렌가스 제외)
2. 아세틸렌가스: 섭씨 15도의 온도에서 압력이 0파스칼을 초과하는 것
3. 액화가스: 상용 온도 또는 섭씨 35도의 온도에서 압력이 0.2메가파스칼 이상인 것
4. 섭씨 35도의 온도에서 압력이 0파스칼을 초과하는 액화가스 중 액화시안화수소·액화브롬화메탄 및 액화산화에틸렌가스

이 기준 이상의 고압으로 저장되는 가스는 취급에 있어서 위험이 크기 때문에 이 법의 적용을 받는 것이다. 다만 이 기준을 미달하는 저압가스나 독성이 아닌 가스는 「화학물질 관리법」이나 「위험물 안전관리법」 등 다른 법의 적용을 받도록 되어 있다.

고압가스의 사용은 취사·건조 등의 가정용, 수송·냉난방 등의 산업용, 그리고 발전용 등으로 널리 사용되고 있으며, 우리 주위에서 쉽게 접하는 대표적인 고압가스가 CNG이다.

CNG는 메탄을 주성분으로 하는 가스를 기체 상태에서 고압으로 압축한 압축천연가스로서 시내버스의 연료로 많이 활용된다. CNG차량은 매연과 CO_2 배출을 줄일 수 있다는 장점 때문에 2000년도부터 월드컵 개최도시를 중심으로 보급되기 시작해 운행을 꾸준히 늘리고 있다. 이와 관련된 시설로는 고압가스를 용기나 차량 고정 탱크에 충전하는 시설과 충전소 등이 있다.

CNG뿐만 아니라 수소가스 관련 시설 역시 바목에 속한다. 전기차 만큼이나 국내 한 자동차회사가 사활을 걸고 수소자동차 개발에 힘쓰고 있어 관심이 높은 분야이다. 수소가스 충전소가 아직까지 많이 구축된 것은 아니지만 2022년까지 300여 곳 이상으로 늘려갈 예정이라고 한다. 이런 고압가스 충전소 이외에 판매 및 저장소에 대해서는 일정량 이상을 취급할 경우 이 법에 따라 판매 및 저장 허가를 받아 설치하도록 하고 있다.

사. 도료류 판매소

❶ 소규모 위험물 저장 및 처리시설

도료란 페인트나 에나멜과 같이 고체 물질의 표면에 칠하면 고체막을 만들어 표면을 보호하고 아름답게 하는 유동성 물질을 말하며, 이러한 도료를 일정량 점포 내에서 저장·취급하고 실소비자에게 판매하는 업소를 도료류 판매소라고 한다.

현재 시장에 유통되는 위험물 가운데 가장 쉽게 접할 수 있는 물질이 인화성 액체인데 이 중에서 사용량이 많은 혼합위험물 중 하나가 바로 페인트이다. 페인트는 제4류 위험물 중 석유류에 속하며 특히 유성페인트는 화재나 폭발의 위험이 크기 때문에 도장 작업 및 페인트 보관 시에도 더욱 각별한 주의가 요구된다.

따라서 인화성이 강한 페인트와 시너 등을 지정 수량 이상 다량 저장하는 페인트 판매 점포(도료류 판매소)는 화공약품 상회와 더불어 화재 등의 예방을 위해 「위험물 안전관리법」(이하 "이 법")의 적용을 받으며 취급소 중 판매취급소에 해당한다.(다목 참조) 이 법 시행규칙 별표에서는 저장 또는 취급하는 위험물의 수량에 따라 1종과 2종 판매취급소로 구분하며 각 판매취급소의 위치·구조 및 설비의 기준을 정하고 있다.

대신 도료류 판매취급소는 다른 위험물 취급소, 저장소와 달리 안전거리 및 보유 공지에 대한 제한에서 상대적으로 자유롭기 때문에 주변에서도 쉽게 접할 수 있는 시설이다. 특히 소규모의 영세한 사업장이 주거지역 인근까지 침투해 있기 때문에 각 지자체 및 소방서 마다 도료류 판매소에 대한 화재 예방에 힘쓰고 있으며, 서울시의 경우 아래와 같이 「도료류판매소의 허가업무지침」을 별도로 만들어 운영 중이다.

도료류 판매소

도료류 판매소 화재 〈출처: KBS〉

아. 도시가스 제조시설

❶ 도시가스, 지역난방 연료 LNG 전성시대

현재 국내 도시지역 특히 가정에서 취사와 난방용으로 사용되는 도시가스의 원료로 LNG(천연가스)가 쓰이고 있으며, 2020년 제주지역도 LNG 도시가스가 공급되었다고 한다. 또한 지역난방의 열원으로도 역시 LNG가 사용되고 있으나 지역난방관련 시설은 집단에너지 공급시설을 포함해 25)발전시설에 속한다.

처음부터 도시가스 연료로 LNG가 사용된 것은 아니다. 보편적 재료인 석탄을 이용해 가스를 제조했으나 1960년대 석탄에서 LPG로 옮겨가게 되면서 연료의 현대화가 이루어졌다고 한다. 이런 과정을 통해 LPG가 도시가스 효시가 되었고 이후 석유파동 등을 거치면서 국가 정책상 에너지 다변화로 지금의 도시가스 연료로 LNG가 자리매김하고 있다.

LNG는 지하에서 자연적으로 생성되는 가연성 가스로서 메탄을 주성분으로 하는 가스를 말한다. LNG가 이렇게 도시가스로 쓰이고 있는 여러 이유 중 하나는 친환경 에너지원으로 주목받고 있기 때문인데 액화과정에서 분진이나 황과 같은 물질이 제거되고 연소시에도 공해물질이 다른 화석연료에 비해 적고 재가 남지 않기 때문이다.

도시가스 제조시설은 도시가스를 제조하거나 공급하기 위한 가스 공급 시설 중 하나로서 「도시가스사업법」(이하 "이 법")에서는 도시가스의 하역·저장·기화·송출 시설 및 그 부속설비로 정의하고 있다. 가스제조시설 이외에도 가스배관시설, 가스 충전시설, 나프타부생가스·바이오가스 제조시설 및 합성천연가스 제조시설이 여기에 해당한다.

아목의 대표시설인 LNG 제조시설은 세계 각지의 생산국에서 천연가스를 배로 이송한 후 국내 생산기지로 하역되어 저장·기화처리 후 전국 배관망을 통해 송출되며 국내에는 평택 등 총 네 곳의 생산기지가 있다.

도시가스의 종류는 LNG 이외에도 배관을 통하여 공급되는 석유가스, 나프타부생가스, 바이오가스 또는 합성천연가스도 포함하고 있다. LNG 이외의 대체 연료에 대한 연구가 활발히 이루어지고 있으며, 특히 쓰레기 처리 과정에서 생산되는 바이오가스는 현재도 지역난방의 대체 연료로 적극 활용되고 있다. 이미 일본 등 선진국에서는 바이오가스를 도시가스로 활용하는 기술력을 확보하고 있어 국내에서도 바이오가스 등을 활용할 수 있도록 근거를 마련하기 위해 이 법에 따른 도시가스 종류에 포함되어 있는 것이다.

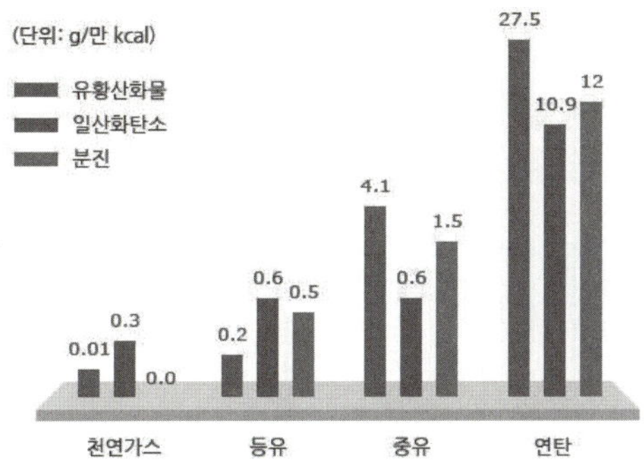

〈출처: 서라벌도시가스〉

종합통제실 〈출처: 경동도시가스〉

■ 석유 및 천연가스 종류

구 분	내 용	사용 용도	분 류
LPG (Liquefied Petrolium Gas) 액화석유가스	프로판·부탄을 주성분으로 한 가스를 액화한 것	충전, 저장 및 취사·난방용	액화석유 가스
LNG (Liquefied Natural Gas) 액화천연가스	메탄을 주성분으로 한 가스를 저온(-161℃)의 상태로 액화한 것	취사·난방용	도시가스
CNG (Compressed Natural Gas) 압축천연가스	메탄을 주성분으로 한 가스를 고압(200kg/cm^{2}이상)의 기체상태로 압축한 것	CNG버스 연료용	고압가스

자. 화약류 저장소

❶ 화약과 폭약의 차이

화약은 중국의 3대 발명품 중 하나로서 우리나라에서는 고려 후기 최무선에 의해 우리나라에 최초로 보급되었으며, 현재 군사 분야부터 건설 현장 발파용 그리고 장남감 폭죽 등에 이르기까지 사용범위가 상당히 넓다.

화약은 종류도 다양하고 그 위험성도 높다. 2019년 대전의 한 화약제조 대표기업의 공장에서 화재로 근로자가 숨지는 사고가 발생했는데, 화재 발생 원인조차 파악하기 어려울 정도였다고 하니 얼마나 화약이 보관, 취급에 있어 상당이 유의해야 하는 위험 물질인지를 여실히 보여준다.

「총포·도검·화약류 등의 안전관리에 관한 법률」(이하 "이 법")에서는 화약류를 아래와 같이 화약, 폭약 및 화공품(화약 및 폭약을 써서 만든 공작물) 3가지 종류로 구분하고 있다. 이 중에서 화약과 폭약은 동일어처럼 보이지만 엄밀히 따지면 구별되어 있다.

폭약(explosive)은 폭발 성질이 강해서 충격파를 일으키는 폭발 가능성이 높은 것을 말한다. 반면 화약은 충격파를 일으키지 않는다는 것이 큰 차이점으로 대표적인 예가 바로 불꽃놀이이다. 불꽃놀이에 사용되는 화약은 흑색화약으로 폭탄 등에 사용되는 폭약에 비해 폭발속도도 느리고 폭음이나 폭굉이 적다는 것이 큰 차이이다.

구 분	내 용
화약	가. 흑색화약 또는 질산염을 주성분으로 하는 화약 나. 무연화약 또는 질산에스테르를 주성분으로 하는 화약 다. 그 밖에 가목 및 나목의 화약과 비슷한 추진적 폭발에 사용될 수 있는 것으로서 대통령령으로 정하는 것
폭약	가. 뇌홍(雷汞)·아지화연·로단염류·테트라센 등의 기폭제 나. 초안폭약, 염소산칼리폭약, 카리트, 그 밖에 질산염·염소산염 또는 과염소산염을 주성분으로 하는 폭약 다. 니트로글리세린, 니트로글리콜, 그 밖에 폭약으로 사용되는 질산에스테르 라. 다이너마이트, 그 밖에 질산에스테르를 주성분으로 하는 폭약 마. 폭발에 쓰이는 트리니트로벤젠, 트리니트로톨루엔, 피크린산, 트리니트로클로로벤젠, 테트릴, 트리니트로아니졸, 핵사니트로디페닐아민, 트리메틸렌트리니트라민, 펜트리트, 그 밖에 니트로기 3 이상이 들어 있는 니트로화합물과 이들을 주성분으로 하는 폭약 바. 액체산소폭약, 그 밖의 액체폭약 사. 그 밖에 가목부터 바목까지의 폭약과 비슷한 파괴적 폭발에 사용될 수 있는 것으로서 대통령령으로 정하는 것
화공품	가. 공업용뇌관·전기뇌관·비전기뇌관·전자뇌관·총용뇌관·신호뇌관 및 그 밖에 대통령령으로 정하는 뇌관류(시그널튜브 등 부품류를 포함한다) 나. 실탄(산탄 포함) 및 공포탄 다. 신관 및 화관 라. 도폭선, 미진동파쇄기, 도화선 및 전기도화선 마. 신호염관, 신호화전 및 신호용 화공품 바. 시동약 사. 꽃불 아. 장난감용 꽃불 등으로서 행정안전부령으로 정하는 것 자. 자동차 긴급신호용 불꽃신호기 차. 자동차 에어백용 가스발생기 카. 그 밖에 화약이나 폭약을 사용한 화공품으로 대통령령으로 정하는 것

또한 이 법에서는 화약류별 종류에 따라 저장소를 아래와 같이 구분하고 있으며, 저장 위치 및 종류에 따라 지상, 지하, 수중 저장소 등으로 나뉘는데 각 저장소는 화약류 저장량, 개별 시설 기준, 보안 물건(화약류의 취급상의 위해로부터 보호가 요구되는 장비·시설 등)과의 이격 거리 등을 이 법에서 규정하고 있다.

이 법에서는 저장소 이외에도 제조시설, 판매시설, 취급소에 대해서도 해당 시설에 대한 기준을 정하고 있다. 이들 시설 중 총포판매업과 예술품 총포 등의 임대업에 해당하는 시설은 제2종 근생 마목 총포판매소에 속하며, 화약류 저장소와 비슷한 나머지 시설은 19)위험물 저장 및 처리시설에 속한다.

구 분	종 류
화약류 저장소	1급 저장소, 2급 저장소, 3급 저장소 수중 저장소, 실탄 저장소, 불꽃류 저장소, 장난감용 꽃불류저장소, 도화선저장소, 간이 저장소

화약류 저장소 〈출처: 보령신문〉

차. 그 밖에 가목부터 자목까지의 시설과 비슷한 것

❶ 위험물의 분류 및 표지에 관한 기준

다목의 「위험물안전관리법」에 따른 위험물의 종류가 있지만 이외에도 어떤 물질을 위험물이라고 하며 그 범위는 어디까지일까?

「위험물의 분류 및 표지에 관한 기준」에 따르면 위험물의 용기에 표시하는 사항을 UN에서 규정한 GHS(Globally Harmonized System of Classification and Labelling of Chemicals, 화학물질 분류 및 표지에 관한 세계조화 시스템, 이하 "GHS"라 한다)에 따라 분류 및 표지 방법을 사용하고 있다.

GHS분류에 따르면 화학물질 유해위험성 분류를 물리적 위험성, 건강 유해성, 환경 유해성으로 크게 3가지로 구분하고 있으며, 각각의 유해 및 위험성에 따른 물질을 표와 같이 분류하고 있다. 이러한 GHS 분류 및 국내 관련법령 이외에도 국민의 건강을 해칠 수 있는 유해·위험성이 있는 물질을 다루는 유사시설(위험물 제조공장 포함)은 모두 19) 위험물 저장 및 처리 시설 차목에 속한다.

■ GHS분류

구 분	내 용	비 고
물리적 위험성	가. 폭발성 물질 나. 인화성 가스 다. 에어로졸 라. 산화성 가스 마. 고압가스 바. 인화성 액체 사. 인화성 고체 아. 자기반응성 물질 및 혼합물 자. 자연발화성 액체 차. 자연발화성 고체 카. 자기발열성 물질 및 혼합물 타. 물반응성 물질 및 혼합물 파. 산화성 액체 하. 산화성 고체 거. 유기과산화물 너. 금속부식성 물질 및 혼합물 더. 둔감화된 폭발성 물질	
건강 유해성	가. 급성 독성 물질 나. 피부 부식성 또는 자극성 물질 다. 심한 눈 손상 또는 눈 자극성 물질 라. 호흡기 또는 피부 과민성 물질 마. 생식세포 변이원성 물질 바. 발암성 물질 사. 생식독성 물질 아. 특정 표적장기 독성 물질 - 1회 노출 자. 특정 표적장기 독성 물질 - 반복 노출 차. 흡인 유해성 물질	
환경 유해성	가. 수생환경 유해성 물질 나. 오존층에 대한 유해성 물질	

20. 자동차 관련 시설
(건설기계 관련 시설을 포함한다)

가. 주차장
나. 세차장
다. 폐차장
라. 검사장
마. 매매장
바. 정비공장
사. 운전학원 및 정비학원(운전 및 정비 관련 직업훈련시설을 포함한다)
아. 「여객자동차 운수사업법」, 「화물자동차 운수사업법」 및 「건설기계관리법」에 따른 차고 및 주기장(駐機場)
자. 전기자동차 충전소로서 제1종 근린생활시설에 해당하지 않는 것

■ 용도지역 내 건축물의 용도 제한

건축물의 용도	도시지역																관리지역(4층 이하)			농림지역	자연환경보전지역
	주거지역						상업지역				공업지역			녹지지역(4층 이하)							
	1종전용	2종전용	1종일반	2종일반	3종일반	준주거	중심	일반	근린	유통	전용	일반	준	자연	생산	보전	계획	생산	보전		
가. 주차장	○	○	○	○	○	○	●	●	●	●	●	●	●	○	×	×	○	×	×	×	×
나. 세차장	×	×	○	○	○	○	○	●	●	●	●	●	●	○	×	×	○	×	×	×	×
다. 폐차장	×	×	×	×	×	×	×	×	×	○	●	●	●	○	×	×	○	×	×	×	×
라. 검사장	×	×	×	×	×	○	○	○	×	○	●	●	●	○	×	×	○	×	×	×	×
마. 매매장	×	×	×	×	×	○	○	○	×	○	●	●	●	○	×	×	○	×	×	×	×
바. 정비공장	×	×	×	×	×	○	○	○	×	○	●	●	●	○	×	×	○	×	×	×	×
사. 운전학원 및 정비학원	×	×	×	×	×	○	○	○	×	○	●	●	●	○	○	×	○	○	×	×	×
아. 차고 및 주기장	×	×	×	○	○	○	○	○	○	○	●	●	●	○	○	×	○	○	×	×	×
자. 전기자동차 충전소 (제1종 근생시설이 아닌 것)	×	×	×	×	×	○	●	●	●	○	●	●	●	○	×	×	○	×	×	×	×

(× : 금지, ● : 법령 허용, ○ : 조례 허용, ▲ : 법령 부분·제한적 허용, △ : 조례 부분·제한적 허용) ※제1종 일반주거지역: 4층 이하

가. 주차장

❶ 노외, 노상, 부설 주차장의 차이는?

자동차는 의식주와 더불어 우리 생활의 중요한 일부분이 되어버렸다. 또한 자동차 만큼이나 주차장

역시 그 기능과 공간에 있어 건축물의 많은 부분을 차지하고 있는데 관련법에서는 주차장을 3종류로 구분한다.

「주차장법」(이하 "이 법")에서는 주차장을 노상·노외 주차장과 부설주차장으로 구분하고 있다. 큰 도로변(교통광장 포함)에 주차구획이 그려져 있는 공용주차장을 한 번쯤은 이용을 해 보았을텐데 이런 주차장을 도로 위 즉 노상(路上) 주차장이라고 한다. 도로는 개인의 소유가 아닌 정부나 지자체 관할이다 보니 노상주차장은 보통 산하 시설공단 등에 위탁하여 관리·운영한다.

반면 설치 위치가 도로 위가 아닌 별도의 대지에 설치되어 공용주차장처럼 일반에게 제공되는 주차장을 노외주차장이라고 한다. 공원 등 공공시설 주변의 지상주차장, 그 하부의 지하공간을 활용한 지하주차장, 별도의 주차장 전용 건물 등 그 종류도 다양하며 역시 지자체가 운영한다. 국가·지자체 등이 관리·운영하는 공용 노외주차장 이외에도 나대지 등 개인 사유지를 활용한 민영주차장도 등록 운영되고 있다.

마지막으로 부설주차장은 대지 내 또는 건물 내 주차장이 설치되는 것을 말한다. 건축물의 용도에 따라 각 지자체 조례에 따른 법적 주차대수를 설치하는 것이며 건축물이나 해당 시설 이용자와 일반의 이용에 제공되는 것을 말한다.

구분	내용
노상주차장	도로의 노면 또는 교통광장(교차점광장만 해당한다. 이하 같다)의 일정한 구역에 설치된 주차장으로서 일반의 이용에 제공되는 것
노외주차장	도로의 노면 및 교통광장 외의 장소에 설치된 주차장으로서 일반의 이용에 제공되는 것
부설주차장	건축물, 골프연습장, 그 밖에 주차수요를 유발하는 시설에 부대하여 설치된 주차장으로서 해당 건축물·시설의 이용자 또는 일반의 이용에 제공되는 것

노상주차장

노외주차장 〈출처: 광명도시공사〉

그럼 주차장의 종류 중 부설주차장은 건축물의 용도 중 20)자동차관련 시설 가목 주차장에 해당할까? 부설주차장은 건축물의 주 용도에 따라 조례에서 정하는 주차대수를 설치하는 것이다. 이 책 첫 장에서도 설명했듯이 부속용도는 건축물의 주된 용도의 기능에 필수적인 용도로서 사무, 작업, 집회,

물품저장, 주차, 그 밖에 이와 비슷한 시설의 용도를 말한다. 따라서 부설주차장은 해당 건물의 부속용도이지 별도의 자동차관련 시설로 분류되지 않는다.

❷ 주차전용 건축물

그럼 어떤 경우가 가목의 주차장에 해당할까? 가목의 주차장 시설의 대표적인 예가 바로 노외주차장 건축물이다. 지하나 지상에 건축되는 주차장 전용의 시설로서 '공용주차장'으로 사용되는 경우가 대부분이다.

이런 공공의 편의를 위한 주차장 시설뿐만 아니라 일반 건축물에서도 그 사례를 찾을 수 있다. 상업지역의 번화가에서 저층부는 상가 등의 시설이 위치하고 2~3층 이상부터는 주차장으로 이루어진 건물을 본 적이 있을 것이다. 비싼 땅에 건물을 지으면서 상가나 오피스, 오피스텔 등으로 지으면 그 개발가치가 더 올라갈 텐데 왜 그 공간을 주차장으로 계획했는지 의문을 가진 분도 있을 것이다. 보통 이런 건물은 특히 신도시 택지지구 등에서 많이 볼 수 있는데 그 대지의 지목이 주차장이거나 지구단위계획에서 건축물의 용도가 가목의 주차장 용도에 한정되어 있기 때문이다.

주차장 용지는 주차전용 건축물의 건축이 가능하다. 「주차장법」(이하 "이 법")에서 '주차전용건축물'이란 건축물의 연면적 중 주차장으로 사용되는 부분의 비율이 95퍼센트 이상인 건축물이라고 정의하고 있다. 다만 주 용도인 주차장 외의 용도로 사용되는 부분이 아래 표와 같을 경우 30% 미만까지 허용하고 있어 저층부는 근생 등 다른 건축물 용도와 상부층의 주차장으로 복합 설치가 가능한 것이다.

구 분	내 용	비 율
주차전용 건축물 주차면적 비율 (시행령 1조2)	주차장 사용 건축물	70% 이상
	단독주택, 공동주택, 제1종 근린생활시설, 제2종 근린생활시설, 문화 및 집회시설, 종교시설, 판매시설, 운수시설, 운동시설, 업무시설, 창고시설 또는 자동차 관련 시설	30% 미만

이런 노외주차장인 주차전용 건축물은 이 법에 따라 「국토의 계획 및 이용에 관한 법률」에서 정하는 건폐율, 용적률과 「건축법」에서 정하는 대지면적의 최소한도 및 높이 제한 등 건축 제한에 대하여 아래와 같이 완화가 가능하다. 대신 아래 4번 항목은 기존 건축법에서 '도로사선제한'이 있던 시절에 완화가 가능한 항목으로 지금은 도로사선제한이 없어졌기 때문에 이 부분은 개정이 필요하다.

1. 건폐율: 100분의 90 이하
2. 용적률: 1천500퍼센트 이하
3. 대지면적의 최소한도: 45제곱미터 이상
4. 높이 제한: 다음 각 목의 배율 이하

   가. 12미터 미만의 도로에 접하는 경우: 도로의 반대쪽 경계선까지의 수평거리의 3배

나. 2미터 이상의 도로에 접하는 경우: 도로의 반대쪽 경계선까지의 수평거리의 36/도로의 너비(미터 단위)배. 다만, 배율이 1.8배 미만인 경우 1.8배

이렇다 보니 주차장 부지의 주차전용 건축물이 틈새 투자처로 주목받은 적도 있었다. 지목이 주차장이어서 상대적으로 대지 비용이 저렴한 대신에 이런 용지가 상업지역 등 번화가에 인접한 경우가 많기 때문이다. 위에서도 설명했지만 주차장용도뿐만 아니라 30%정도를 저층에 근생용도 등으로 계획할 수 있어 땅값 대비 높은 수익률을 올릴 수 있기 때문이다. 하지만 택지지구 등 지구단위계획 구역에 위치하는 경우 주변 필자와 비교해 실제 용적률 및 높이는 이보다 낮게 지정되는 경우도 많으니 꼭 확인이 필요하다.

서울시공영주차장 〈출처: 서울시설공단〉

주차전용건축물 〈출처: 명인건축〉

나. 세차장

❶ 세차장은 폐수처리시설이 중요

개인소유 자동차 보유 비율이 계속 증가하면서 관련 산업 비중도 상당히 커졌다. 관련 산업 중 자동차 관리를 위한 세차장은 자가용 보유자라면 정기적으로 찾는 곳이 되어 버렸다. 세차장 중 편리하고 시간을 절약할 수 있어서 가장 많이 찾는 곳이 기계식 세차시설인데 이런 시설은 별도의 세차장으로 설치되는 경우는 드물고 보통 주유소의 부속 시설로 설치되는 경우가 대부분이다. 이런 시설은 나목의 세차장에 속하는 것이 아니라 19)위험물 저장 및 처리 시설 중 주유소에 속한다. 이런 시설을 제외한 도심에서 흔히 볼 수 있는 셀프, 손 세차장 등이 나목 세차장에 해당한다.

이 시설과 관련해 중요한 사항은 세차 시 발생 되는 폐수 처리이다. 「물환경 보전법」(이하 "이 법")에서는 폐수 처리기를 설치하여 세차 시 발생하는 폐수를 정화하도록 정하고 있다. 따라서 세차장은 이 법에 따라 폐수처리 시설 등의 설치 계획 수립 후 신고 또는 허가를 얻어 건립할 수 있다.

또한 세차장은 해당 용도지역·지구 등의 설치 제한 검토 이외에도 「교육환경 보호에 관한 법률」에 따른 제한이 있다. 이 법에 따른 배출허용기준을 초과하여 수질오염물질을 배출하는 세차시설의 경우에는 학교 출입문으로부터 직선거리 50m 이내인 절대보호구역에는 설치가 금지되며, 학교 경계로부터 직선거리 200m까지의 상대보호구역에는 심의를 통해 설치가 가능하니 위치 선정에도 각별히 유의하여야 한다.

다. 폐차장

❶ 폐 차량의 재사용·재활용

자동차 보유 대수가 늘어날수록 그 수명이 다하면 폐차 처리되는 차량도 많아진다. 한국자동차 해체재활용협회(구·한국폐차업협회) 자료에 따르면 화물, 특수 자동차를 포함해 2019년 한해 95만여대를 처리했다고 한다.

폐차장 하면 떠오르는 이미지는 자동차를 부수고 고철 덩어리로 압축시켜 모아놓는 곳이 연상된다. 하지만 실제 폐차장의 역할은 단순히 수명이 다한 차를 처리하는 곳이 아니라 재생의 의미를 담고 있다. 다시 말해 폐차 예정인 차량의 부속품이나 차체 일부를 분리해 카센터 등으로 보내져 다시 재사용하거나, 자체 등의 고철을 재가공하여 다른 제품으로 재활용하는 것이다. 이런 내용을 아는 소비자들은 직접 폐차장을 방문하여 해당 부품이나 차체 등을 교환하기도 한다고 한다.

이런 이유로 2010년 「자동차관리법」(이하 "이 법")이 개정되어 '폐차업(장)'에서 '자동차 해체 재활용업'으로 업종 명칭도 변경되었다. 이는 단순히 고물차를 처분한다는 개념에서 한 걸음 더 나아가 자동차 부품을 재활용하고 또 이 과정에서 발생하는 폐기물까지 적정 관리를 통해 환경을 보호한다는 취지이다.

자동차 해체 재활용업은 이 법에서 폐차 요청된 자동차(이륜자동차 제외)의 인수, 재사용 가능한 부품의 회수, 폐차 및 그 말소등록신청의 대행을 하는 업으로 정의하고 있으며 갖추어야 할 시설기준은 아래와 같다.

■ 자동차 해체 재활용업 시설 기준

구 분	면 적
시설 면적(해체작업장, 보관창고, 사무실 등을 포함)	4,500㎡ 이상
해체작업장	600㎡ 이상
부품보관창고	600㎡ 이상

일반 승용차나 영업용 차량 이외에 건설 관련 차량도 당연히 그 수명을 다하게 되면 폐차장으로 보내지게 된다. 관련 법령인 「건설기계관리법」(이하 "이 법")에서는 불도저, 굴삭기, 지게차, 덤프트럭 등을 건설 건설기계라고 부른다. 건설기계사업 중 폐기 요청된 건설기계의 인수, 재사용 가능한 부품의 회수, 폐기 및 그 등록말소 신청의 대행을 하는 건설기계 재활용업이 여기에 해당한다. 역시 자동차관리법과 동일하게 이 법에서도 기존에는 건설기계 '폐기업'이었던 것을 '재활용업'으로 명칭이 변경되었으며, 업종 등록을 하기 위한 요건으로 대지면적(작업장·야적장·사무실 등의 총면적)이 2,500㎡ 이상을 확보하도록 하고 있다.

〈출처: 경인폐차산업〉

자동차 재사용부품 쇼핑몰 〈출처: 한국자동차해체재활용협동조합〉

❷ 왜 자원순환 관련시설이 아닌 자동차 관련 시설일까?

다목 폐차장은 현재 사용이 되고 있는 자동차가 아닌 수명을 다한 자동차 처리를 목적으로하는 시설이라는 점에서 다른 자동차관련 시설과 다르다. 어쩌면 폐차장 관련 적용 법령을 보더라도 22)자원순환 관련시설에 속하는 것이 맞아 보인다.

하지만 일반 폐기물 재활용 시설과 폐차장은 몇 가지 다른 점이 있다.

일반 폐기물 재활용 시설은 다양한 제품 및 분야에서 만들어지는 폐기물을 한꺼번에 처리한다는 점과 단순히 재질에 의해 분리가 되어 전혀 다른 제품으로 재활용된다. 반면 폐차장(이하 "이 시설)은 일반 폐기물처럼 쉽게 파기·재활용할 수 있는 것이 아니고 폐차시 적법한 절차를 거쳐야 한다는 점에서 이 시설에 대한 특수성이 분명 있다.

또한 이 시설은 모든 폐기물을 다루는 곳이 아니고 자동차 단일 품목만을 취급하는 곳이다. 그리고 현장에서 재활용되는 부품이 동일한 자동차에 재사용되고, 현장 판매가 이루어지는 곳도 많은 만큼 자동차 관련 시설로 분류되었다고 이해된다.

라. 검사장

❶ 자동차 검사소는 직영검사소와 출장 검사소로 구분

자동차 소유자는 누구나 일정 기간마다 지정 자동차 검사장을 방문한 경험이 있을 것이다. 이는 자동차의 안전, 환경오염, 불법구조 변경방지 및 자동차 사고 등을 방지하기 위해 관련 법으로 정해놓은 것이다.

참고로 「자동차관리법」(이하 "이 법") 따라 해당 자동차에 대하여 다음 각 호의 구분에 따라 아래와 같이 실시하는 검사를 받아야 한다.

1. 신규검사: 신규등록을 하려는 경우 실시하는 검사
2. 정기검사: 신규등록 후 일정 기간마다 정기적으로 실시하는 검사
3. 튜닝검사: 이 법 제34조에 따라 자동차를 튜닝한 경우에 실시하는 검사
4. 임시검사: 이 법 또는 이 법에 따른 명령이나 자동차 소유자의 신청을 받아 비정기적 으로 실시하는 검사
5. 수리검사: 전손 처리 자동차를 수리한 후 운행하려는 경우에 실시하는 검사

자동차의 검사는 자동차 검사 대행자 및 지정 정비 사업자가 시설·장비·기술 인력 및 기타 필요한 설비를 갖춘 곳에서 실시하는데, 이곳을 자동차 검사 시설 (검사장)이라 한다.

검사 시설은 교통안전공단이 직접 운영하는 직영 검사소와 사설 자동차 정비소에 검사 시설을 갖추고 직원이 출장을 나와 검사하는 출장 검사소로 나뉜다. 공공기관이 운영하는 직영 검사소의 경우 자동차 검사 목적으로 만들어진 건축물인 만큼 라목의 검사장에 포함된다. 반면 원래 카센터나 자동차 정비공장 등의 용도로 만들어진 곳에서 출장 검사소를 겸하고 있는 경우에는 라목보다는 면적에 따라 본래의 용도인 제2종 근생의 너목 수리점이나 아래 바목 정비공장으로 분류되어야 할 것이다.

직영검사소 〈출처: 세종시〉

출장검사소 〈출처: 안양시〉

마. 매매장

❶ 자동차 매매장은 변신 중

자동차 매매업을 「자동차관리법」(이하 “이 법”)에서 자동차[신조차(新造車)와 이륜자동차 제외]의 매매 또는 매매 알선 및 그 등록 신청의 대행 업이라고 정의하고 있다. 모든 차량의 매매가 여기에 해당하는 것은 아니고 보통 중고 자동차에 대한 매매 행위를 일컫는 것으로 신조차와 이륜자동차는 제외된다.

여기서 신조차라는 용어가 생소한데, 한자의 의미를 보면 ‘새롭게(처음으로) 만들어진 자동차’라는 것으로 공장에서 생산되어 최초 유통단계에 놓이는 신차를 말한다. 다시 말해 이 법에 따른 자동차 매매업은 신차를 제외한 중고차를 대상으로 이루어지는 매매업인 것이고 이런 행위가 이뤄지는 곳이 바로 마목 메매장에 해당한다.

중고차 매매장이 20)자동차 관련 시설에 속한다면 신차를 판매하는 곳은 어디에 속할까? 앞에서 신차를 판매하는 자동차 영업소에 대해 설명 했었지만, 다시 정리하면 해당 용도의 바닥면적 합계가 1천 제곱미터 미만의 경우는 2종 근생에 속하고, 그 이상의 규모는 판매시설에 분류되니 다음의 〈질의회신〉을 참고하여 혼동하지 않도록 하자.

다시 본론으로 돌아와 중고차 매매에 대해 좀 더 알아보자. 우리나라의 근대 역사가 시작되고 경제 개념이 도입되면서 산업화의 시작과 국내 자동차의 역사는 그 맥락을 같이 했다. 한국전쟁 이후 자동차의 등록 대수와 관련 산업도 같이 성장하면서 중고차 매매라는 새로운 시장도 생기게 되었다. 우후죽순 중고차 매매시장이 생기고 관리가 어려워지자 1979년 정부에서는 서울 곳곳의 소규모 중고차 시장을 한데 모아 개장한 곳이 바로 ‘장안평 중고차시장’이라고 한다.

당시 매매장은 대규모 공간에 중고 차량을 모아 놓고 매매만 하던 것이 1세대 버전이었다. 하지만 지금은 시스템이 더 체계적이고, 집단화, 고급화, 백화점화 되어가는 추세이다. 차량 정보 검색부터 시승, 튜닝, 경매, 정비 등을 한 자리에서 모두 처리할 수 있는 곳으로 거듭나고 있다. 또한 수입차를 이용

〈출처: 서울오토갤러리〉

하는 운전자가 늘면서 수입 중고차 시장도 성장해 수입 중고차만 취급하는 매매장이 있을 정도이다. 이렇듯 앞으로도 중고차 시장은 신차의 생산·판매와 더불어 같이 성장할 것이며 이와 관련된 매매장도 계속해서 진화할 것으로 예상된다.

일반차량 이외에도 건설기계 역시 중고 매매시장이 형성되어 있다. 중고 건설기계 매매에 대해서는 관련 법령인 「건설기계관리법」(이하 "이 법")에서 중고 건설기계의 매매 또는 그 매매의 알선과 그에 따른 등록사항에 관한 변경 신고의 대행을 하는 건설기계 매매업으로 관리하고 있다. 특히 건설기계 장비의 크기를 고려하여 이 매매업을 등록하기 위해서는 이 법에서 사무실과 건설기계를 주기하기에 적합한 165㎡이상의 대지를 확보해야 하는 것으로 규정하고 있다.

|질의|
〔자동차영업소〕다수의 자동차영업소를 집단화할 경우 용도분류((건교부건축 58070－190. 96. 1. 19))
자동차의 전시와 판매를 목적으로 하는 자동차영업소는 전시시설에 해당한다고 한 바, 다수의 자동차영업소를 집단화 할 경우 전시시설인지 또는 자동차관련시설인지?

|회신|
개정 건축법시행령('95. 12. 30) 별표 1 제4호 나목 ⑿에 의하여 자동차영업소로서 당해 용도에 쓰이는 바닥면적의 합계가 1천m 미만인 것은 제2종 근린생활시설에 해당하고 그 이상의 규모는 판매시설로 보는 것이나, 그 영업의 행태가 자동차매매업에 해당하는 경우에는 이를 자동차관련시설로 보아야 할 것이므로, 용도에 관한 구체적인 사실판단은 당해 허가권자가 그 규모·기능 및 이용행태 등을 종합 검토하여야 할 것임.

바. 정비공장

❶ 카센터 vs 공업사

자동차 정비소를 보면 등급이 적혀 있는 곳을 종종 볼 수 있는데, 예전에는 자동차 정비소가 1급, 2급, 3급으로 분류되었었기 때문이다. 또한 공업사나 카센터라는 명칭을 사용하는 곳도 있다. 규모로 보면 보통 공업사는 정비소 1~2급, 카센터는 3급 정도로 생각하면 된다.

이렇게 등급으로 분류되던 자동차 정비소가 지금은 「자동차관리법」(이하 "이 법")에 의해 표와 같이 자동차종합정비업, 소형 자동차정비업, 자동차전문정비업, 원동기 전문정비업으로 명칭이 바뀌었으며 각 사업장에 따라 해당 시설면적을 확보해야 한다. 이중 자동차전문정비업의 기존 명칭은 자동차 부분정비업(카센터)이었으나 '부분'이라는 어감이 소비자에게 부정적으로 인식돼 업계 발전을 저해한다는 건의 사항을 받아들여져 그 명칭이 변경된 것이다.

제2종 근생에서도 소개했지만 자동차 정비업이 모두 자동차 관련 시설에 속하는 것은 아니고 소규모(바닥면적 500㎡이하)의 카센터 등은 2종 근생의 세부 분류인 "너"목의 수리점에 속한다. 그리고 보통 공업사로 불리는 것으로 바닥면적 500㎡를 넘는 경우에는 20)자동차 관련 시설 바목의 정비공장에 속하며, 17)공장에 속하지 않음을 유의해야 한다.

그리고 이 법 시행규칙 제132조에서는 자동차 정비업으로 등록하지 않고 정비할 수 있는 항목을 다음과 같이 정하고 있다.

①오일의 보충·교환 및 세차 ②에어크리너 엘리먼트 및 휠터류의 교환

③밧데리·전기배선·전구교환(전조등 및 속도표시등을 제외한다) 기타 전기장치의 점검·정비 ④냉각장치의 점검·정비 ⑤타이어의 점검·정비 ⑥판금, 도장, 용접이 수반되지 않는 차내설비 및 차체의 점검·정비 (범퍼·본넷트·문짝·휀다 및 트렁크리드의 교환은 제외)

따라서 이 항목에 한해서 정비를 담당하는 소규모 수리점은 2종 근생 수리점에 속하거나 이런 서비스를 겸업하는 다른 유사업종에 속하기도 한다.

■ 자동차 정비업 종류

구 분	내 용	시설면적
자동차 종합정비업	모든 종류의 자동차에 대한 점검·정비 및 튜닝작업	1,000㎡ 이상
소형자동차 종합정비업	승용자동차·경형 및 소형의 승합·화물·특수자동차에 대한 점검·정비 및 튜닝작업	400㎡ 이상
자동차 전문정비업	자동차전문정비업의 작업제한 범위에 속하지 아니하는 구조·장치에 대한 점검·정비 및 튜닝	50㎡ 이상
원동기 전문정비업	자동차원동기의 재생정비 및 튜닝	300㎡이상

건설기계 정비업은「건설기계관리법」에서 건설기계를 분해·조립 또는 수리하고 그 부품을 가공제작·교체하는 등 건설기계를 원활하게 사용하기 위한 모든 행위를 하는 업이라고 정의하고 있다. 세부적으로 종합건설 기계정비업, 부분건설 기계정비업, 전문건설 기계정비업으로 분류되며 표와 같이 정비업에 따라 해당 작업장 면적을 확보해야 한다.

■ 건설기계 정비업 시설 기준

구 분		옥내 작업장 면적〈사무실, 작업장, 공작실, 부속창고 등〉	옥외작업장 면적〈작업장, 주기장 등〉	비 고
종합건설 기계정비업	전기종	1,000㎡이상	1,460㎡ 이상	시행규칙 별표15
	굴삭기, 지게차 등	300㎡이상	670㎡ 이상	
부분건설 기계정비업		300㎡이상	670㎡ 이상	
전문건설 기계정비업	원동기	495㎡이상	330㎡ 이상	
	유압	230㎡이상	430㎡ 이상	
	타워크레인	40㎡이상	-	

사. 운전학원 및 정비학원(운전 및 정비 관련 직업훈련시설을 포함한다)

❶ 모든 학원이 교육연구시설은 아니다.

가장 많이 혼동하는 건축물의 용도 중의 하나가 바로 운전학원과 정비학원이 아닐까 생각된다. 일반적인 학원의 경우 규모에 따라 4)제2종 근생 카목 또는 10)교육연구시설 라목에 속하기 때문에 운전·정비 학원도 마찬가지로 이들 시설에 포함 될 것이라고 혼동하기 쉽다. 하지만 이들 시설은 자동차 관련 시설에 속한다.

'가르치고 배우는 목적과 용도'만 보면 일반 학원과 동일하지만 교육 시 실제 자동차나 건설기계 등을 운용해야 하는 과목의 특수성이 있다. 또한 일반 학원과는 달리 실내 및 실외 교육장과 주차·정비 등 자동차 관련 시설을 보유하고 있어야 하기 때문이다.

자동차 운전학원은 「도로교통법」(이하 "이 법")에서 학교·사업장 내의 연수시설, 모의 연습시설, 장애인 운전교육시설, 비 대가의 운전 교육, 운전 경험을 위한 시설 등을 제외한 자동차 등의 운전에 관한 지식·기능을 교육하는 시설로 정의하고 있다.

이 법에서는 자동차 운전학원을 등록하기 위한 기준을 정하고 있는데, 다음 표에 해당하는 시설 및 설비를 설치하여야 한다. 여기서 기능교육장, 정비장 및 주차시설, 조명시설, 방음시설 등의 시설들만 보아도 왜 자동차 운전학원이 일반 학원과 달리 자동차 관련 시설에 포함되는지 이해할 수 있다.

그럼 자동차 정비학원은 어떨까? 정비학원과 관련하여 운전학원처럼 시설 기준 등을 정하고 있는 법령은 없다. 다만 학원의 설립 목적이 자동차 정비관련 기능인을 양성하기 위한 곳이라면 자동차 운전학원처럼 정비학원도 20)자동차관련 시설에 속한다. 학원뿐만 아니라 10)교육연구시설 다목 직업훈련소에 속하는 직업훈련시설 중 자동차 정비관련 시설도 모두 자동차관련 시설에 속한다.

■ 자동차 운전학원 시설 기준

구 분	내 용	비 고
시설 및 설비 기준	강의실, 사무실, 화장실 및 급수시설, 채광시설, 환기시설, 냉난방시설 및 조명시설방음시설 및 소방시설, 휴게실 및 양호실, 기능교육장, 정비장 및 주차시설 교육용 자동차, 학사관리 전산시스템 시설 및 설비, 전자 채점기	시행령 별표5

〈출처: 부천자동차운전학원 홈페이지〉

〈출처: 대덕자동차 직업전문학교 홈페이지〉

아. 「여객자동차 운수사업법」, 「화물자동차 운수사업법」 및 「건설기계관리법」에 따른 차고 및 주기장(駐機場)

❶ 차량·중기계 관련업 등록을 위해서는 차고 및 주기장 면적을 확보하여야 한다.

「여객자동차 운수사업법」은 원활한 여객 운송을, 「화물자동차 운수사업법」은 화물의 원활한 수송을, 그리고 「건설기계관리법」은 건설기계의 효율적 관리와 건설기계의 안전 확보를 목적으로 하고 있다. 이와 관련된 자동차 및 건설기계는 작은 차종인 택시부터 대형 중기계까지를 포함한다.

이들 차량 및 건설기계와 관련된 시설 중 가장 넓은 면적을 차지하는 시설이 차고나 주기장으로 이들 시설은 실내도 있지만 대부분이 옥외 공간에 설치되는 경우가 많다. 따라서 이런 옥외 공간만은 건축물이 아니기 때문에 건축물의 용도를 구분 짓기 어렵고, 이와 밀접한 정비, 사무, 창고, 부품 보관 등의 관련 시설들까지를 포함한 것이 아목에 해당한다.

「여객자동차 운수사업법」에 해당하는 자동차는 택시를 포함한 시내·외버스, 마을버스, 전세버스 등이 모두 해당된다. 이중 시외버스 운송사업은 보통 차고지가 여객터미널 내에 있기 때문에 자동차관련 시설이 아닌 8)운수시설 중 가목인 여객자동차터미널의 부속용도에 해당한다. 시외버스 이외의 버스·택시 차고지에서 차량의 대기, 정비 등을 위한 시설이 아목에 해당하며, 관련 사업에 따른 차고의 면적을 이 법 시행규칙 별표3에서 정하고 있다.

■ 여객자동차 운수사업법에 따른 차고면적 기준

업종		대당 면적(최저)
전세버스운송사업	1) 대형 2) 중형	36㎡~40㎡ 23㎡~26㎡
특수여객자동차운송사업	1) 대형승합자동차 2) 중형승합자동차 3) 소형승합자동차 4) 승용자동차	36㎡~40㎡ 23㎡~26㎡ 15㎡~17㎡ 13㎡~16㎡
마을버스운송사업	1) 대형 2) 중형	36㎡~40㎡ 23㎡~26㎡

화물자동차 역시 「화물자동차 운수사업법」(이하 "이 법")에 따라 운송사업의 허가를 받으려면 주 사무소 또는 영업소가 있는 곳에 차고지를 설치해야 하며, 그 면적 기준은 아래 표와 같이 이 법 시행규칙 별표1에서 정하고 있다.

■ 화물자동차 운수사업법에 따른 차고면적 기준

구 분	최저 보유차고 면적
일반화물자동차 운송사업	화물자동차 1대당 해당 화물자동차의 길이와 너비를 곱한 면적
개인화물자동차 운송사업	해당 화물자동차의 길이와 너비를 곱한 면적. 예외〉1.5톤 이하 화물자동차 조례로 차고지 설치 제외 가능

주기장(駐機場)이라는 명칭은 참으로 생소하기도 하며 쓰이는 분야에 따라 의미가 조금씩 다르다. 자동차 관련 시설에서는 자동차를 주차 보관하기 위한 장소를 주차장(駐車場)이라고 한다면, 불도저, 굴삭기, 기중기 등 건설기계(중기-重機)를 보관하기 위한 장소를 주기장이라고 한다.

「건설기계관리법」에서는 건설기계 정비업·대여업·매매업을 등록하기 위해 주기장의 면적을 확보하도록 하고 있다. 물론 주기장은 관련 기계를 보관하는 장소이고, 기계의 크기를 감안해 보통 옥외 공간에 마련되어 있기 때문에 건축물은 아니다. 하지만 동일 부지 내에 관련 실내 작업장, 공작실, 사무실 등이 아목에 해당한다.

버스 등의 차고지와 달리 건설기계 장비의 주기장은 장비의 크기와 특성상 보통 도시 외곽의 이동거리가 먼 곳에 위치하는 것이 특징이다. 또한 전용 주기장도 많지 않을뿐더러 이동거리가 먼 공사 현장에 투입되다보니 보통 갓길이나 공터 등을 무단 점유하고 있는 경우가 많아 주변 민원 등 문제가 많이 발생하기도 한다.

버스공영차고지 〈출처: 서울시설공단〉

건설기계 공영주기장 〈출처: 여수시〉

자. 전기자동차 충전소로서 제1종 근린생활시설에 해당하지 않는 것

이 시설은 2021년 건축법 시행령 별표1 '용도별 건축물의 종류'에 개정을 통해 도입되었다. 전기자동차를 「환경친화적 자동차의 개발 및 보급 촉진에 관한 법률」에서 전기 공급원으로부터 충전받은 전기에너지를 동력원으로 사용하는 자동차를 말하는데 이 차를 충전하기 위한 시설이 자목에 속한다.

이 시설은 바닥면적 1,000㎡를 기준으로 그 미만의 시설은 4)제1종 근린생활시설에 속하고, 그 이상은 20)자동차 관련 시설에 속한다. 이 시설에 대한 보다 자세한 내용은 이 책의 제1종 근생 차목을 참조하기 바란다.

건축물의 용도	내 용
3)제1종 근린생활시설	차. 전기자동차 충전소 (해당 용도로 쓰는 바닥면적의 합계가 1천제곱미터 미만인 것으로 한정한다)
20)자동차 관련 시설	자. 전기자동차 충전소로서 제1종 근린생활시설에 해당하지 않는 것

21. 동물 및 식물 관련 시설

가. 축사(양잠·양봉·양어·양돈·양계·곤충사육 시설 및 부화장 등을 포함한다)
나. 가축시설[가축용 운동시설, 인공수정센터, 관리사(管理舍), 가축용 창고, 가축시장, 동물검역소, 실험동물 사육시설, 그 밖에 이와 비슷한 것을 말한다]
다. 도축장
라. 도계장
마. 작물 재배사
바. 종묘배양시설
사. 화초 및 분재 등의 온실
아. 동물 또는 식물과 관련된 마목부터 사목까지의 시설과 비슷한 것(동·식물원은 제외한다)

■ 용도지역 내 건축물의 용도 제한

건축물의 용도	도시지역																관리지역 (4층 이하)			농림지역	자연환경보전지역
	주거지역						상업지역				공업지역			녹지지역 (4층 이하)							
	1종 전용	2종 전용	1종 일반	2종 일반	3종 일반	준주거	중심	일반	근린	유통	전용	일반	준	자연	생산	보전	계획	생산	보전		
가. 축사 (양봉, 양어, 양돈, 양계, 곤충사육 시설 등)	×	×	×	×	×	×	×	×	×	×	×	○	○	●	●	○	●	○	○	○	△
나. 가축시설 (가축용 창고, 가축시장, 동물검역소, 실험동물 사육시설 등)	×	×	×	×	×	○	×	×	×	×	×	○	○	●	●	○	●	○	×	○	×
다. 도축장	×	×	×	×	×	×	×	×	×	×	×	○	○	●	○	×	●	○	×	○	×
라. 도계장	×	×	×	×	×	×	×	×	×	×	×	○	○	●	○	×	●	○	×	○	×
마. 작물 재배사	×	×	×	○	○	○	×	○	○	×	×	○	○	●	●	○	●	●	○	●	○
바. 종묘배양시설	×	×	×	○	○	○	×	○	○	×	×	○	○	●	●	○	●	●	○	●	○
사. 화초 및 분재 등의 온실	×	×	○	○	○	○	×	○	○	×	×	○	○	●	●	○	●	●	○	●	○
아. 동·식물 관련 유사 시설(동·식물원 제외)	×	×	×	△	△	△	×	△	△	×	×	○	○	●	○	△	●	○	△	○	△

(×: 금지, ● : 법령 허용, ○ : 조례 허용, ▲ : 법령 부분·제한적 허용, △ : 조례 부분·제한적 허용) ※제1종 일반주거지역: 4층 이하

가. 축사(양잠·양봉·양어·양돈·양계·곤충사육 시설 및 부화장 등을 포함한다)

❶ 축사도 건축물이다.

축사는 소(우사), 돼지(돈사), 닭(양계장) 등 가축을 사육하는 시설로서 농림 축산업을 위해 설치되는 건축물이나 이와 유사한 것을 말한다. 여기서 가축은 「축산법」(이하 "이 법")에서 사육하는 소, 말, 면

양, 염소(유산양 포함), 돼지, 사슴, 닭, 오리, 거위, 칠면조, 메추리, 타조, 꿩, 기러기, 노새, 당나귀, 토끼, 개, 그 밖에 농가 소득증대 기여 동물이다.

축사는 가축을 기르는 곳이기 때문에 그 형태가 가설건축물이나 농작물 재배용 비닐하우스 정도로만 생각하기 쉽다. 하지만 축사는 이렇게 건축물의 용도 중 하나로 분류가 되고 일정 규모에 따라 건축허가도 받아야 하는 건축물이다. 또한 축사에서 발생하는 각종 오·폐수가 주변 환경에 영향을 미치기 때문에 지역·지구에 따라 건축 제한을 받기 한다.

대신 시설물의 구조, 규모 등의 특성을 감안하거나, 표준설계도에 의해 건축되는 축사의 경우 일반 건축물과 달리 건축법 일부 적용이 완화된다. 또한 읍·면지역에서 규모가 작은 연면적 400제곱미터 이하의 축사는 건축신고로 가능하다. 이외에도 건축사 설계도서작성 의무, 도로(6m이상 도로 4m이상 연접), 공사감리자 지정 등이 세부 조건에 따라 완화되는데 이는 농가의 부담을 덜기 위해 관련 건축법령이 반영된 것이다.

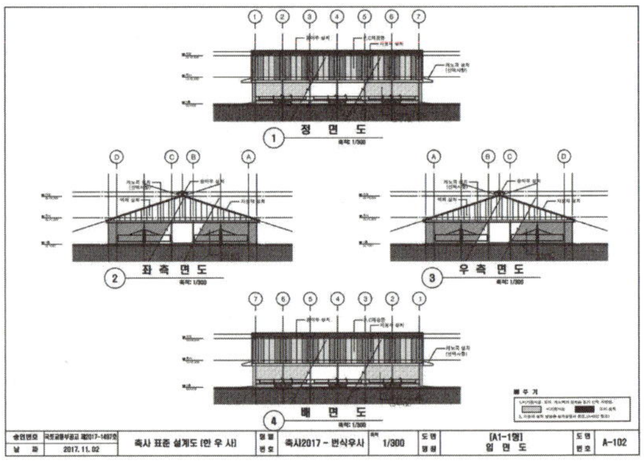

축사 표준설계도 〈출처: 농협축산정보센터〉

❷ 입는 양잠에서 먹는 양잠으로

인간이 누에를 길러 실을 뽑아 사용하던 역사는 기원전 3,000년 전으로 거슬러 올라갈 만큼 상당히 오래 되었으며, 우리나라는 고조선 시대부터 양잠을 했다는 기록이 있다. 벌을 키우는 양봉과 같이 양잠을 위한 사육시설은 가목 축사에 속하는데, 누에는 벌과 같은 곤충이지만 조금 다른 점이 있다.

벌은 가축의 범위에 포함되는 반면 누에는 가축이 아니다. 따라서 양봉은 축산으로 분류되지만 양잠은 농업으로 분류 적용되어 「농업·농촌 및 식품산업 기본법」에서 농업의 범위 중 농작물 재배업에 속한다.

또한 양잠하면 떠오르는 것이 누에에서 실을 뽑아 옷을 만드는 정도라고 생각하겠지만 1990년 중반 국내 양잠업계가 누에와 관련된 건강식품(동충하초, 누에가루 등) 생산 쪽으로 전환하면서 농업 분야에 더 가까워졌다. 하지만 건축법에서 용도 분류는 농업이냐 축산업이냐의 구분보다는 그를 위한 시설 설치 및 사용 용도에 국한되어 있기 때문에 모두 동일한 가목 축사에 포함되는 것이다.

❸ 양봉

「축산법」(이하 "이 법")에서 가축사육업은 가축을 사육하여 판매하거나 젖·알·꿀을 생산하는 업을 말한다. 이들 범위 중 꿀에 해당하는 것이 바로 양봉이다. 꿀을 채집하는 역사는 선사시대부터라고 하며, 우리나라는 고구려시대에 중국으로부터 꿀벌을 들여와 기르기 시작했다고 한다.

위에서 언급했듯이 벌은 가축에 속하며 양봉 역시 이 법에서 가축 사육업으로 분류된다. 양봉을 하기 위해 벌통만 있으면 가능할 것 같지만 비가림 시설 등이 필요하다. 또한 기존 재래식의 방법에서 벗어나 첨단장비와 시설을 갖춘 스마트팜 시스템의 양봉시설도 도입이 되고 있어 이런 시설을 갖춘 건축물이 가목(축사)에 해당한다.

❹ 곤충사육시설

곤충관련 산업 중 특히 식용 곤충에 대한 관심이 높아지고 있다고 한다. 소고기의 3배에 달하는 고 단백질에 불포화지방산이 높다는 점과 사육하는데 있어 사료비용 대비 단위 면적당 생산량이 높다는 것이 이유이다. 따라서 농가의 소득 증대와 미래 먹거리에 대한 기대가 크다보니 이 시설의 설치가 급격히 늘어났고 이에 2019년 건축법 시행령 별표1 21)동물 및 식물 관련 시설 가목에 추가되었다.

관계 법령은 곤충산업을 육성·지원하고 그 발전 기반을 마련해 농가의 소득증대 등을 목적으로 하는 「곤충산업의 육성 및 지원에 관한 법률」(이하 "이 법")이다. 여러 곤충과 관련된 업종 중에서 식·약용이나 사료용, 학습 및 애완용으로 유통이나 판매가 가능한 곤충의 종류와 사육기준을 정하고 있으며, 이 법 시행령 별표 3에서는 유통 또는 판매 가능한 곤충의 사육시설 기준을 표와 같이 정하고 있다.

■ 곤충사육(시설) 기준

구분	시설 및 장비
사육관리	- 곤충의 종류, 크기, 특성 및 생육상태 등을 고려한 적정한 사육시설 또는 관리시설과 그에 알맞은 환경을 조성·제공 - 사육·관리하는 곤충이 공포감을 조성하거나 소리, 냄새 등으로 인하여 피해를 주지 않도록 조치
사육시설 기준	- 곤충의 사육에 적합하도록 온도 및 습도조절 가능 - 사육실은 식용, 학습·애완 곤충, 사료용 곤충 등 다른 용도로 사용되는 곤충의 사육실과 공간적으로 구분되고, 주변에 오염원이 없어야 함 - 사육실과 사육도구의 세척 및 소독은 정기적으로 이루어지고 청결하게 관리 - 곤충의 먹이는 격리된 실내공간에 별도로 청결하게 보관

❺ 부화장

「축산법」(이하 "이 법")에서는 축산업을 다시 종축업·부화업·정액등 처리업 및 가축사육업으로 분류하고 있다. 이 중 우리가 많이 소비하는 식품 중에 하나인 닭과 오리를 사육하는 것은 가축사육업에 속하고 가축이 아닌 알을 부화 시키는 업종은 부화업에 속한다.

부화장은 양계장처럼 닭 또는 오리를 사육하는 시설이 아닌 알을 인공 부화시켜 판매하기 위해 만든 시설로서 사육업과 다른 시설이다. 부화업을 하기 위해서는 이 법 시행령 별표1에 따라 아래와 같이 부화시설 이외에도 소독시설, 방역 시설 등을 구비하여 허가를 득해야 하며 이런 시설들도 역시 가목 축사에 속한다.

■ 부화장 시설 기준

구분	시설 및 장비
부화 시설	가) 부화장을 갖추고 부화기(발육기 및 발생기를 말함)를 설치할 것 (1) 부화장에는 부화실과 병아리방을 설치할 것 (2) 부화실과 병아리방은 견고한 내구성 재료를 사용할 것 (3) 부화실과 병아리방에는 배수시설 및 환기시설을 설치할 것 나) 부화업을 하는 자가 종계업 또는 종오리업을 함께하는 경우에는 부화장을 사육시설과 격리된 다른 건물에 설치하고 별도로 구획할 것 다) 종란 보관시설을 별도로 설치할 것 라) 종란 보관시설에 온도·습도를 유지할 수 있는 시설을 설치할 것

〈출처: 용늪 양봉장〉

〈출처: 보금부화장〉

❻ 양어장도 축사에 포함된다.

「양식산업발전법」(이하 "이 법")에서 '양식'을 수산동식물을 인공적인 방법으로 길러서 거두어들이는 행위와 이를 목적으로 어선·어구를 사용하거나 양식 시설물을 설치·운영하는 행위라고 말하며 이와 관련된 시설이 양식장이다. 가목에서는 양어(養魚)시설라고 표기 되어 있어 양식 대상이 동물에만 한정된 시설이라고 볼 수 있으나 21호의 시설이 동물과 식물을 모두 포함하는 시설인 만큼 어류, 패류, 갑각류, 해삼 등을 키우는 시설도 여기에 포함된다. 역시 「공간정보의 구축 및 관리 등에 관한 법률」〈구·지적법〉에서도 지목 중 하나인 양어장의 정의를 수산생물의 번식 또는 양식을 위한 시설이라고 한 만큼 양어장의 범위는 동물과 식물을 모두 포함한다는 의미로 해석된다.

크게 양식관련 시설은 수상과 육상 중 어디에 설치되는지로 구분되는데 수상보다는 육상에 설치되는 양식장 대부분이 건축물의 형식을 띄고 있어 이 시설들이 가목(축사)에 해당한다. 그 형식도 수조식과 웅덩이를 크게 파서 만든 축제식 등으로 구분되며 외형은 외부 기후 영향을 최소화하기 위해 축사 형태로 만들어진다. 뿐만 아니라 이들 시설은 많은 양의 물을 사용하기 때문에 이 법에 따라 수질오염 방지시설과 월동시설 등을 설치하여야 한다.

나. 가축시설[가축용 운동시설, 인공수정센터, 관리사(管理舍), 가축용 창고, 가축시장, 동물검역소, 실험동물 사육시설, 그 밖에 이와 비슷한 것을 말한다]

가목의 시설이 식용 등을 목적으로 가축을 기르기 위한 시설이라면 나목의 가축시설은 사육 이외의 가축의 번식, 위생, 연구, 관리 등과 관련된 목적의 시설을 말한다.

❶ 가축을 위한 운동시설

기존에는 가축을 울타리에 가두어 놓고 사육했던 방식이었다면 지금은 '동물 복지'라는 개념으로 특히 (젖)소나 닭의 사육시설을 중심으로 동물의 사육환경이 많이 개선되고 있으며 이런 취지로 생겨난 시설이 바로 가축 운동시설이다.

구체적인 용어의 정의를 찾아 볼 수 있는 법령은 「가축분뇨의 관리 및 이용에 관한 법률」로서 신고 또는 허가 배출시설 기준에서 소·젖소 사육시설로서 운동장의 면적을 정하고 있다. 또한 좋은 품질의 우유나 고기를 생산하기 위한 개념으로 「동물보호법」에 따른 동물복지축산농장의 인증제도를 실시하고 있는데 「동물복지축산농장 인증기준 및 인증 등에 관한 세부실시요령」에서 가축별 농장 인증기준 중 하나로 이런 운동시설을 정하고 있다.

여기서 운동장을 휴식이나 운동을 목적으로 소·젖소가 일시적으로 머무르는 곳이라고 정의하고 있으며 대신 소·젖소가 운동장에서 1일 8시간 이상 상시적으로 머무르는 경우에는 축사에 해당하는 것으로 두 시설을 구분하고 있다. 운동장은 해당 가축을 일정 공간이나 체인에 묶어 두는 형태의 계류식 방식이 아닌 여러 마리를 자유롭게 풀어 머무르게 하는 시설로서 실외 자유 방목장처럼 방사식 사육시설뿐만 아니라 실내에도 이런 시설을 마련하고 있는데 이런 건축물이 나목의 가축용 운동시설에 해당한다.

일반 가축을 위한 운동시설 이외에도 경마장에 속하지 않은 시설로서 승마용 말을 위한 운동시설도 여기에 해당할 것이다.

❷ 인공수정센터

인공수정센터는 「축산법」(이하 "이 법")에 따른 축산업 중 '정액 등 처리업' 관련 시설로서 정액 또는 수정란을 암가축에 주입 또는 이식하는 업을 영위하기 위한 곳을 말한다.

전국에 약 1,700여개의 인공수정소가 운영되고 있으며, 이 법에 따른 가축 인공수정사 면허제도를 운영하고 있다. 이 시설을 이용하는 가축은 대부분 육우나 젖소가 많은 비율을 차지하고 돼지도 여기에 포함된다. 특히 소의 경우에는 국내에서는 직접 교배가 아닌 엄선된 씨수소가 전국의 암소에게 정자를 공급하는 방식으로 수정이 이루어 지는 것으로 좋은 육질의 품종을 보급한다는 점에서 인공수정센터의 역할이 크다고 할 수 있다.

가축용운동시설 〈출처: 한아테크〉

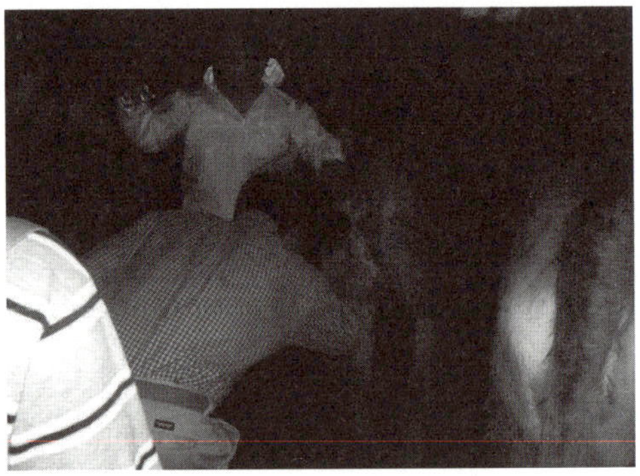
인공수정센터 〈출처:남양주시〉

❸ 축산업 유통의 안정을 위해 만들어진 가축경매제도

기존에는 소나 돼지의 가격이 한 지역 내에서도 천차만별이어서 정확한 시세를 알 수 없었고, 유통과정에서 가격의 변동 폭이 심했다고 한다. 이에 정부에서는 가축 경매제도를 만들어 시장의 수요와 공급에 맞게 가격을 결정하고, 수급 조절도 잘 이루어져 투명한 가격으로 소비자가 이용할 수 있도록 하였다. 이런 경매제도가 이루어지는 곳이 바로 '가축시장'이다.

가축시장은 축산유통종합정보센터에 따르면 현재 전국의 75개 조합에서 80여개의 가축시장이 개설되어 있다. 안정적이고 투명한 축산 유통산업을 만들기 위해 「축산법」(이하 "이 법")에 의해 등록된 축산업협동조합이나 축산관련 법인만이 가축시장을 개설·관리할 수 있으며 가축거래 상인도 이 법에 따라 등록하여야 거래에 참여 할 수 있다.

이 법에서는 가축시장을 운영하기 위해서는 아래와 같은 시설을 갖추도록 하고 있으며, 이들 시설이 나목 가축시설에 해당한다.

1. 면적이 150제곱미터 이상이고 50마리 이상의 가축을 수용할 수 있는 계류시설
2. 「가축전염병 예방법」 제17조제1항에 따른 소독설비 및 방역시설
3. 출하하는 가축의 체중을 측정할 수 있는 체중계
4. 관리 사무실

❹ 수출입 동물은 검역 시행장을 거쳐야 한다.

국내에서 구제역 등이 발생해 가축들을 살처분하는 뉴스를 종종 보게 되는데 이런 가축전염병이 수

입 동물을 통해 국내로 유입되는 것을 막고자 동물검역소를 운영하고 있으며 이는 수출되는 동물까지 포함하고 있다.

동물검역소는 검역 시행장(수출입 검역물에 대하여 검역하는 장소)이라는 명칭으로 「가축전염병예방법」(이하 "이 법")에 의해 관리·운영되고 있다. 검역물은 다음 중 어느 하나에 해당하는 물건으로서 농림축산식품부령으로 정하는 물건이 여기에 해당한다.

1. 동물과 그 사체
2. 뼈·살·가죽·알·털·발굽·뿔 등 동물의 생산물과 그 용기 또는 포장
3. 그 밖에 가축 전염성 질병의 병원체를 퍼뜨릴 우려가 있는 사료, 사료원료, 기구, 건초, 깔짚, 그 밖에 이에 준하는 물건

■ 검역시행장 시설 기준

구 분	주 요 시 설 기 준
수입 동물 검역시행장	검역준비실, 계류시설, 격리축사, 분뇨 및 오물처리장, 출입구 소독조, 보정시설, 종업원탈의실
수출 동물 검역시행장	검역준비실, 계류시설, 격리축사, 출입구 차단시설,보정시설, 종업원탈의실
야생조수류 검역시행장	검역준비실, 계류시설, 격리축사, 분뇨 및 오물처리장, 출입구 차단시설, 종업원탈의실 및 세면장
초생추(병아리, 오리, 타조 등) 검역시행장	검역준비실, 계류시설, 계류사, 오물처리장, 소각장, 출입구 차단시설, 전임관리인 숙소
실험동물(SPF) 검역시행장	검역준비실, 계류시설, 사육시설, 분뇨 및 오물처리장, 보정시설, 출입구 차단시설
식용 축산물보관장 검역시행장	검역준비실 또는 관리수의사실, 보관시설, 종업원탈의실, 세면장 및 화장실
원피 및 동물의 털 보관장 검역시행장	관리수의사실, 차량소독조, 보관시설, 폐기물처리시설, 배수시설, 출입구 차단시설, 종업원탈의실, 세면장 및 화장실 등
수입 원피 및 모피 가공장 검역시행장	검역관리인실, 차량소독조, 검역시설, 폐기물 처리시설, 배수시설, 출입제한시설, 종업원탈의실, 세면장 및 화장실 등
수출 원피류 및 동물의 털 가공장 검역시행장	검역준비실, 검역시설, 출입구 차단시설
식육가공장 검역시행장	관리수의사실, 검역시설, 탈의실, 화장실
수입 수모류(깃털 포함) 가공장 검역시행장	검역관리인실, 차량소독조, 검역시설, 작업통로시설, 폐기물처리시설, 배수시설, 정화조, 종업원탈의실, 세면장 및 화장실 등
수출·입 종란 검역시행장	검역준비실, 검역계류시설, 폐기물처리시설, 부화장 출입통제 시설
천연케이싱 검역시행장	관리수의사실, 검역시설, 출입구 차단시설, 배수시설, 정화조,종업원탈의실, 세면장 및 화장실 등
수입 돼지 검역시행장	소독시설, 검역시설, 관리인 숙소
수출돼지 부산물 중 비식용 돈피 스크랩의 보관장 검역시행장	검역준비실, 보관시설
수입 애완동물사료 보관장 검역시행장	검역준비실, 보관시설, 종업원 탈의실, 세면장 및 화장실

수출입 검역 대상이 다양하다 보니 동일한 검역 시행장에서 검역을 하는 것이 아니라 이 법에 따라 표와 같이 수출입 동물별 검역 시행장을 구분 운영하고 있다. 또한 검역대상물에 따라 각 검역시행장별 주요 시설기준을 정하고 있으며 이런 시설들이 나목 동물검역소에 해당한다.

참고로 동물뿐만 아니라 수·출입이 되는 식물을 통해 유입될 수 있는 각종 병해충 등을 막기 위해 식물 검역이 「식물방역법」에 의해 이뤄지고 있으며, 이런 시설도 동물검역소와 유사시설로 동물 및 식물 관련 시설에 포함된다.

❺ 실험동물도 생명윤리가 존중되어야 한다.

TV 등에서 흰 쥐를 가지고 여러 가지 실험을 하는 장면을 볼 수 있는데, 실험 용도를 위한 동물들도 원활한 연구를 위해서는 지속적으로 공급될 필요가 있다. 따라서 식품, 의약품, 의료기기, 화장품 등의 개발 및 안전·품질 관리를 위해 이용되는 실험동물을 별도로 생산·사육하는 곳이 '실험동물 사육시설'이다.

하지만 아무리 실험대상 동물이라 할지라도 생명윤리를 존중할 필요가 있어 「실험동물에 관한 법률」(이하 "이 법")이 만들어졌다. 이 법은 실험동물 및 동물실험의 적절한 관리를 통해 동물실험에 대한 윤리성 및 신뢰성을 높여 생명과학 발전과 국민보건 향상에 이바지한다는 목적으로 한다.

나목의 실험동물 사육시설을 포함한 동물실험시설을 설치하고자 하는 자는 이 법에 따라 등록하여야 하며, 이 법 시행규칙 별표1의 시설기준을 만족하여야 한다.

■ 동물실험시설 등록기준

구분	주요시설기준
사육실	1) 실험동물의 종류별로 사육실을 분리 또는 구획 2) 개별 동물 사육공간이 확보될 수 있는 적절한 재질의 사육상자 또는 사육장 3) 내벽과 바닥은 청소와 소독이 편리한 마감재를 사용, 균열이 없어야 함 4) 바닥은 요철이나 이음매가 없고 표면이 매끄러워야 함 5) 천정은 이물이 쌓이지 않는 구조 6) 온도와 습도를 조절할 수 있는 장치나 설비 구비
실험실 (동물의 부검 또는 수술이 필요한 경우만 해당)	1) 부검이나 수술에 사용하는 물품, 기구, 시약 등을 보관할 수 있는 장치 구비 2) 부검대 등의 실험동물 부검이나 수술에 필요한 장비 구비
부대시설	1) 사료 및 사육물품을 보관할 수 있는 구획 또는 구분된 공간 2) 소독제, 청소도구 등을 보관할 수 있는 구획 또는 구분된 공간

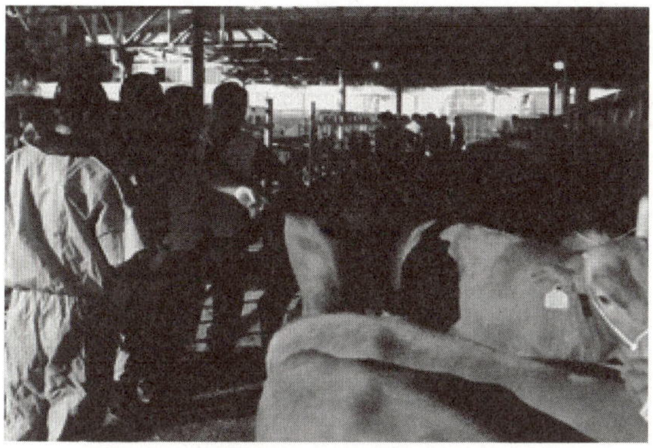

가축시장 〈출처: 순천농협〉

실험동물센터 〈출처: 카이스트〉

기타 시설로서 관리사, 가축용 창고 등이 축산업을 위한 관련 시설에 속한다. 「축산법」에 따른 축산업의 허가 및 등록 기준에서 이들 시설에 대한 기준을 정하고 있으며, 이런 시설들이 모두 다목에 포함된다.

다. 도축장
라. 도계장

❶ 자가(自家)도살은 불법이다.

다목과 라목 시설들은 보통 도살장이라고 부르는 곳으로 식용에 제공할 목적으로 가축을 도살·처리하는 곳이다. 대상에 따라 돼지, 소 등을 도살·처리하는 시설을 도축장이라고 하고, 닭을 도살·처리하는 시설을 도계장으로 구분하고 있다. 이러한 식용으로 사용되는 축산물의 가공·유통뿐만 아니라 그 이전 단계인 사육·도살·처리하는 시설 및 과정을 위생적으로 관리하겠다는 취지로 만들어진 법령이 「축산물 위생관리법」(이하 "이 법")이다.

이 법에서는 도축업을 포유류 도축업과 가금류 도축업으로 분류하고 있다. 포유류 도축업은 소, 말, 당나귀, 양, 돼지, 사슴·토끼를, 가금류 도축업은 닭, 거위, 오리, 메추리 등을 도축하는 것이다.

도축을 통한 위생적이고 좋은 품질의 축산물을 얻기 위해 가축별로 도축 · 도계장의 규모 및 계류장 · 생체검사장 · 격리장 · 작업실 · 검사시험실 · 소독준비실 · 폐수처리시설 · 폐기물처리시설 · 가축수송차량의 세척 및 소독시설 등의 시설 세부 기준을 이 법 시행규칙 별표 10에서는 정하고 있으며, 이들 시설이 모두 다 및 라목의 시설에 속한다.

과거에는 시골에서 마을 경조사가 있으면 소나 돼지를 잡는 '자가 도살' 광경을 쉽게 볼 수 있었지만, 지금은 일부 경우를 제외하고는 모두 불법이며, 반드시 도축장 또는 도계장을 이용해야 한다. 하지만 여기에서 논란이 일고 있다. 바로 식용 개(犬)와 관련된 것인데 축산법에는 개가 가축으로 분류되어 있지만, 이 법에서는 개가 도살 대상인 가축의 범위에서 제외되어 있다. 따라서 개의 도살은 불법이며 다목 시설에서 제외된다.

이렇게 개를 합법적으로 도살할 수 없다는 관련 법을 근거로 현재도 각 지자체와 동물보호단체는 전통시장에서의 개 도살 행위와 개고기 판매를 근절하려고 한다. 반면, 육견(肉犬)관련 종사자, 식당 업주 등은 여기에 크게 반발하고 나서는 등 마찰이 심해지고 있으며 일부 국회의원들은 아예 식용금지 법안(안)까지 마련하고 있는 등 혼란을 겪고 있는 실정이다.

마. 작물 재배사

❶ 버섯 재배사에서 작물재배사로 명칭이 변경되다.

작물 재배사는 버섯재배사를 포함해 여러 음지 식물 등을 재배하는 시설을 말한다. 재배사는 채소 등을 키우기 위해 만들어진 일반적인 농업용 비닐하우스와는 조금 다른 것으로 유리, 판넬, 조적 및 콘크리트 구조의 건축물에 해당하는 경우 마목에 속한다.

이와 관련된 법령은 「농지법」(이하 "이 법")으로 농지에 설치하는 농축산물 생산시설 중 하나로서 작물 재배사 대신 '버섯재배사'로 명시되어 있다.

보통 건축법 시행령 별표1의 분류는 관련 법령을 근거한 시설들로 구성되어 있다. 따라서 이 법에 근거하여 21)동물 및 식물 관련 시설 마목에도 작물재배사가 아닌 버섯재배사로 표기되어 왔었다. 그러다가 2009년 건축법시행령 개정을 통해 마목의 명칭도 버섯에만 머무르지 않고 다양한 품종의 재배사도 포함할 수 있는 작물재배사로 변경되었다. 건축물의 용도를 분류하는 건축법에서 볼 때 버섯재배사 이외의 다른 재배시설들도 동물 및 식물관련 시설에 포함되어야 하기 때문에 그 명칭이 변경된 것이다.

또한 「개발제한구역의 지정 및 관리에 관한 특별조치법 시행령」(이하 "이 법")에서도 역시 2015년 개정으로 콩나물재배사 등을 포함한 버섯재배사와 새싹재배사 등이 작물재배사로 통합되었다. 개발제한구역 내에서 품종별로 구분했던 재배사를 작물 재배사로 그 명칭을 변경하여 개발 제한구역 내 행위 제한이 완화된 것이다.

결국 개별 법령에 따른 시설 분류와 상관없이 건축물의 용도 분류 취지로 보았을 때 버섯재배사나 작물재배사나 같은 시설일 뿐이어서 모두 21)동물 및 식물 관련 시설 마목에 속하는 것이다.

버섯재배사 〈출처: 농촌진흥청〉

작물재배사 〈출처: 경남농업기술원〉

바. 종묘배양시설

❶ 농업, 임업용 종묘배양시설

종묘라는 단어는 기존 「종묘 관리법」에 근거해서 발췌된 명칭으로 이 법은 1995년 폐지되고 현재 「종자산업법」(이하 "이 법")으로 대체되었다.

이 법에서는 관련 업종을 종자업·육묘업으로 구분하고 있다. 원래 종자업만 있던 것에 최근 고품질 묘 생산과 유통 활성화를 위해 육모업에 대한 내용이 추가된 것이다. 종자업은 종자를 생산·가공 또는 다시 포장하여 판매하는 행위를 말하며, 육묘업은 묘를 생산하여 판매하는 업을 말한다.

이 두 가지 업의 등록을 위해서는 채소, 과수, 버섯 등 각각의 작물에 대한 배양실, 실험실 등에 대한 기준을 명시하고 있고, 이런 시설들이 바목 종묘배양시설에 해당한다.

❷ 수산업용 종자생산시설

종자를 배양·생산하는 것이 농업에만 국한되는 것은 아니며, 수산업 관련 종사 생산시설도 바목과 유사한 시설로 볼 수 있다. 수산업과 관련된 수산 종자의 보호 육성을 위한 근거 법령은 「수산종자산업 육성법」(이하 "이 법")이다.

수산종자 생산업은 아래와 같은 수면에서 시설물을 설치하여 수산종자를 생산·판매하거나 생산한 수산종자를 일정 기간 동안 중간육성하여 수산종자로 판매하는 사업을 말한다.

가. 바다

나. 바닷가

다. 내수면

라. 인공적으로 해수, 담수 또는 기수(바닷물과 민물이 섞인 물)로 조성한 육상의 수면

수산종자는 수산동물과 수산식물 두 종류의 종자로 크게 나뉘며, 해당 수산물의 종류나 종자 생산방식에 따라 다시 여러 종류로 분류된다. '수산동물종자 생산업'은 동물인 어류의 정액, 알, 치어 등을 다루는 것을 말한다. '수산식물종자 생산업'은 수산식물의 씨앗, 포자, 영양체인 잎·줄기·뿌리 등을 다루는 것을 말하며, 이 법의 시행규칙 별표3에서는 각각의 수산종자생산업에 따른 수조면적, 적조 방지 시설, 항온배양시설 등에 대한 시설기준을 정하고 있다.

사. 화초 및 분재 등의 온실

❶ 온실의 용도에 따라 건축물과 가설건축물로 나뉜다.

보통 분재원은 분재 등을 키우는 동시에 판매도 겸하고 있는 곳이다. 그래서 이들은 보통 비닐하우스와는 달리 유리나 폴리카보네이트 등 비닐보다 견고한 재질로 지어진 온실이 대부분이다.

이 시설을 찾아볼 수 있는 법령으로는 「농어촌정비법」(이하 "이 법")이 있다. 이 법에 따른 농어촌관광사업 중 하나인 관광농원사업은 농어촌의 자연자원과 농림수산 생산기반을 이용하여 여러 가지 편의시설을 제공하는 사업을 말하며, 이런 관광농원사업 중 하나인 영농체험시설에서 유리하우스와 분재원을 찾아볼 수 있다.

그럼 사목의 분재원과 같은 온실은 농어업용 고정식 온실과는 어떤 차이가 있을까?

'온실'에 대한 명확한 기준이 없어 재배하는 작물만으로 구분하기는 어렵고 그 구분을 건축물과 가설건축물의 해당 여부로 구분해 볼 수 있다.

먼저 '농어업용 고정식 온실'은 우리나라의 기후와 초기 투자 비용 등을 감안해 전체 온실 중 99%를 넘는 것들이 모두 비닐 온실 구조이다. 따라서 이 시설은 농작물, 화훼 등의 재배 목적을 하는 것으로서 비 고정식 비닐하우스 (주거지역·상업지역·공업지역 100㎡ 이상)와 함께 건축법 시행령 제15조에 따른 가설건축물의 신고 대상으로 적용하는 시설물이다. '농업용'이라는 조건을 충족하게 되면 신고만으로 쉽게 설치할 수 있어 별도의 건축물 용도 분류에 포함되지 않는다.

반면 '화초 및 분재 등의 온실'은 농어업용 비닐 온실과는 다르게 유리 등의 재료로 지은 건축물을 염두해 둔 것이다. 유리 온실은 비닐구조 온실에 비해 유리 사양과 이를 지탱하는 구조체 등의 구성이 일반 건축물과 다름이 없기 때문에 건축물로 보는 것이며, 무엇보다 농업용이 아니라는 점도 그 이유가 된다. 따라서 이 온실은 건축물의 허가나 신고를 통해서만 건축이 가능하며, 건축물의 용도도 21)동물 및 식물 관련 시설 사목으로 분류된 것이다.

분재 온실

농업용 고정식 온실 〈출처: 농민신문〉

22. 자원순환 관련시설

가. 하수 등 처리시설
나. 고물상
다. 폐기물재활용시설
라. 폐기물 처분시설
마. 폐기물감량화시설

■ 용도지역 내 건축물의 용도 제한

건축물의 용도	도시지역																관리지역(4층 이하)			농림지역	자연환경보전지역
	주거지역						상업지역				공업지역			녹지지역(4층 이하)							
	1종전용	2종전용	1종일반	2종일반	3종일반	준주거	중심	일반	근린	유통	전용	일반	준	자연	생산	보전	계획	생산	보전		
가. 하수 등 처리시설	×	×	×	×	×	×	×	×	×	×	●	●	●	●	○	△	●	○	△	○	△
나. 고물상	×	×	×	×	×	×	×	×	×	×	●	●	●	●	○	×	●	○	×	○	×
다. 폐기물재활용시설	×	×	×	×	×	×	×	×	×	×	●	●	●	●	○	×	●	○	×	○	×
라. 폐기물 처분시설	×	×	×	×	×	×	×	×	×	×	●	●	●	●	○	×	●	○	×	○	×
마. 폐기물감량화시설	×	×	×	×	×	×	×	×	×	×	●	●	●	●	○	×	●	○	×	○	×

(×: 금지, ● : 법령 허용, ○ : 조례 허용, ▲ : 법령 부분·제한적 허용, △ : 조례 부분·제한적 허용)

※ 처리에서 재생·순환으로

2014년 건축법시행령 개정 이전의 '자원순환 관련시설'의 명칭은 '분뇨 및 쓰레기처리 시설'이었다. 이렇게 명칭이 변경된 배경은 두 가지 정도를 이유로 들 수 있다.

첫째는 이전 명칭에서 잘 느껴지듯이 우리는 한국전쟁 이후 산업화를 통해 급격한 성장을 이뤄오면서 그 과정에서 발생하는 폐기물 등을 처리하는 것이 급선무였고 어떻게 해야 하는지에 대한 고민은 많이 하지 않았다.

하지만 이제는 환경보호에 대한 인식이 팽배해지고, 국내뿐만 아니라 국제 환경관련 규제까지 강화되었다. 따라서 자연스럽게 단순 처리, 매립의 개념에서 자원을 순환·재활용한다는 것으로 바뀌었고, 이런 취지에 맞춰 건축법을 포함한 관련 법령들의 명칭도 '자원순환'으로 변경된 것이다.

두 번째는 명칭에서 오는 '혐오'라는 선입견을 없애기 위해서이다. 자원순환 시설들은 우리가 살아가면서 정말 없어서는 안될 시설이지만, 우리가 사는 지역 근처에 들어서는 것은 용납하지 못하는 님비현상(Not In My Back Yard)을 감안한 것이다. 물론 명칭만 바꾼다고 폐기물 시설이 결코 환영받는 시설이 될 수 없지만, 이 시설들의 지하화 등을 통해 지역주민에게 최대한 피해가 가지 않도록 노력하고 있다. 또한 그 지상은 주변 주민들이 쉽게 이용할 수 있는 공원이나 운동시설을 제공함으로써 '협오 시설'에서 '선호 시설'로 인식되도록 시설을 건립하고 있는 추세이다.

〈출처: 수원자원순환센터〉

〈출처: 서남물재생센터〉

※ 환경기초 시설

도시가 그 역할을 다하기 위한 물리적 요소들이 갖추어져야 그 곳에 사는 사람들의 생활과 그 기능을 유지가 가능한데 이러한 시설을 '기반시설'이라고 한다.

기반시설은「국토의 계획 및 이용에 관한 법률」(이하 "이 법")에서 아래와 같은 시설이라고 정의하고 있다.

가. 도로·철도·항만·공항·주차장 등 교통시설

나. 광장·공원·녹지 등 공간시설

다. 유통업무설비, 수도·전기·가스공급설비, 방송·통신시설, 공동구 등 유통·공급시설

라. 학교·공공청사·문화시설 및 공공필요성이 인정되는 체육시설 등 공공·문화체육시설

마. 하천·유수지·방화설비 등 방재시설

바. 장사시설 등 보건위생시설

사. 하수도, 폐기물처리 및 재활용시설, 빗물저장 및 이용시설 등 환경기초시설

이 기반시설 중 하나인 환경기초시설은 국가 및 지역의 발전을 위해 꼭 필요한 시설 중에서 공해·수질오염 등의 방지와 환경 보전을 위해 필요한 시설을 말한다. 바로 이런 시설이 '자원순환 관련시설'에 해당하며, 이 법 시행령에 따르면 이런 시설뿐만 아니라 폐차장도 포함하고 있다.

물론 폐차장은 '자원순환 관련시설'이 아니며 이에 대한 설명은 이 책 20)자동차관련시설 다목 '폐차장' 시설을 참조하기 바란다.

가. 하수 등 처리시설

❶ 하수, 오수, 분뇨, 폐수

가목은 사람이 일상생활과 생산활동을 하면서 발생하는 액체성 물질과 관련된 시설이다. 각 세부 시설을 설명하기 앞서 명칭에 대해 간단히 살펴보자.

먼저 오수는 특히 가정에서 샤워, 세탁, 설거지 등 다양한 행위가 일어나고 거기에서 발생하는 물을 말하며 여기에 화장실 사용으로 발생하는 오염물질까지 포함된다. 이 중 별도로 수거식 화장실에서 나오는 액체성 또는 고체성의 오염물질과 정화조 청소과정에서 발생하는 찌꺼기 등을 분뇨라고 한다.

그럼 폐수는 무엇일까? 폐수와 오수의 차이는 액체성 또는 고체성의 '수질오염 물질'의 포함 여부에 따라 나뉜다. 수질오염 물질이라 하면 인체 등에 유해한 구리, 납 등의 물질과 그 화합물로서 보통 공장에서 많이 발생한다. 따라서 이런 폐수에 대해서는 「수질 및 수생태계 보전에 관한 법률」 등에 따라 폐수처리를 하여야 한다.

이렇게 나온 오수나 폐수 처리된 물이 하수관을 통해 처리시설로 모이게 되는데 이런 물을 통칭해 하수라고 하고 여기에는 하수도에 유입된 빗물과 지하수도 포함된다.

구 분	내 용	비 고
하 수	사람의 생활이나 경제활동으로 인하여 액체성 또는 고체성의 물질이 섞이어 오염된 물과 건물·도로 그 밖의 시설물의 부지로부터 하수도로 유입되는 빗물·지하수	하수도법
오 수	사람의 생활이나 경제활동으로 인하여 액체성 또는 고체성의 물질이 섞이어 오염된 물	
분 뇨	수거식 화장실에서 수거되는 액체성 또는 고체성의 오염물질(개인하수처리시설의 청소과정에서 발생하는 찌꺼기를 포함)	
폐 수	물에 액체성 또는 고체성의 수질오염물질이 섞여 있어 그대로는 사용할 수 없는 물	물환경 보전법

❷ 하수처리 이외에 분뇨, 폐수, 폐광폐수, 빗물이용 관련 시설도 가목에 해당

「하수도법」(이하 "이 법")은 하수와 분뇨를 적정하게 처리하여 공공수역의 수질 보전을 목적으로 한다. 이 법에 따라 여러 종류의 하수는 하수관을 통해 처리시설로 옮겨져 처리되며, 다음 장의 표와 같이 관련 처리시설은 공공하수 처리시설, 하수저류시설, 분뇨처리시설이 있다. 지자체나 지역 등에 따라 그 처리 시설이 다른데, 서울시의 경우 권역별로 총 4개소의 하수처리시설(물재생센터)가 있으며 모두 분뇨처리시설을 겸하고 있다.

이 법에 의한 하수처리시설 이외에도 표와 같이 폐수처리시설, 가축분뇨처리시설, 폐광 폐수처리시설, 빗물이용시설 등이 모두 가목에 해당한다.

〈출처: 익산하수처리장〉

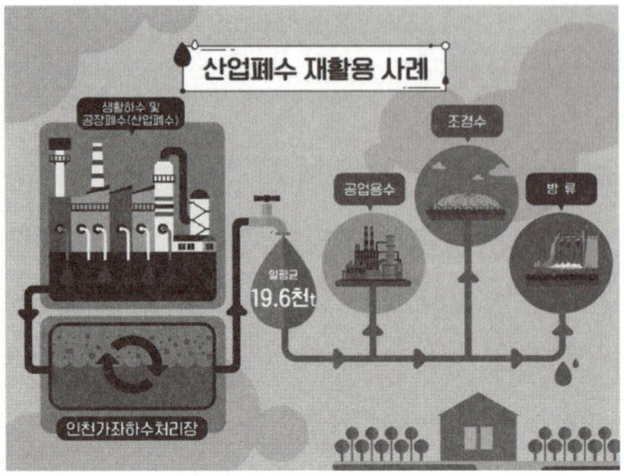

〈출처: 환경부〉

■ 하수 등 처리시설 종류

구 분	내 용	비 고
공공하수 처리시설	하수를 처리하여 하천·바다 그 밖의 공유수면에 방류하기 위하여 지방자치단체가 설치 또는 관리하는 처리시설과 이를 보완하는 시설	하수도법
간이공공 하수처리시설	강우(降雨)로 인하여 공공하수처리시설에 유입되는 하수가 일시적으로 늘어날 경우 하수를 신속히 처리하여 하천·바다, 그 밖의 공유수면에 방류하기 위하여 지방자치단체가 설치 또는 관리하는 처리시설과 이를 보완하는 시설	
하수저류시설	하수관로로 유입된 하수에 포함된 오염물질이 하천·바다, 그 밖의 공유수면으로 방류되는 것을 줄이고 하수가 원활하게 유출될 수 있도록 하수를 일시적으로 저장하거나 오염물질을 제거 또는 감소하게 하는 시설(하천수위 조절 시설 시설과 우수유출저감시설 제외)	
분뇨처리시설	분뇨를 침전·분해 등의 방법으로 처리하는 시설	
공공폐수 처리시설	국가·지방자치단체 및 한국환경공단이 수질오염이 악화되어 환경기준을 유지하기 곤란하거나 물환경 보전에 필요하다고 인정되는 지역의 각 사업장에서 배출되는 수질오염물질을 공동으로 처리하여 배출하기 위하여 설치·운영하는 시설	물환경 보전법
가축분뇨 처리시설	가축분뇨를 자원화시설이나 정화시설을 갖추어 최종적으로 안전하게 처리하는 시설	가축분뇨의 관리 및 이용에 관한 법률

나. 고물상

❶ 시스템화, 기업화 되어가는 고물상

어린 시절 동네에 엿장수가 찾아오면 집 안의 못 쓰는 철로 된 물건이나 빈 병, 그것도 없으면 공사장에 몰래 들어가 철근 조각을 주워다 엿으로 바꾸어 먹던 시절이 있었다. 그때 엿장수가 내가 경험한 고물상이었지 않을까 생각된다.

지금은 엿장수나 넝마주이 대신 리어카를 이용해 동네에서 생계 수단으로 폐지를 줍는 분들을 많이 보게 되는데, 이런 분들이 수집한 폐기물을 들고 가는 곳이 고물상이다. 여전히 폐지, 고철 등 고물을 사고 판다는 측면에서 부정적 선입견을 갖고 있다. 하지만 점차 자원순환 개념으로 바뀌면서 그 상호명도 ○○자원, ○○환경 등으로 바뀌고 관련 업체들도 대형화, 기업화되어 가는 추세이다.

이렇게 고물상으로 폐기물이 수집·운반되어 오면 이 폐기물을 재활용하거나 처분(처리)하는 시설로 옮겨지게 된다. 그리고 이런 과정을 거치고 남은 최종 폐기물은 매립되게 되는데 이런 과정을 담당하는 업종을 표와 같이 정하고 있으며 각 시설들은 다음의 다목과 라목에서 자세히 알아보겠다.

고물상은 1993년 폐지된 「고물 영업법」에 근거한 업종으로 지금은 「폐기물관리법」(이하 "이 법")에 따라 폐기물을 수집·운반·보관·처리하는 자를 말하며, 고물상 설치 시 이 법에 따라 신고하여야 한다. 또한 폐기물을 관리하다 보니 미관 저해 및 악취 발생 등으로「국토의 계획 및 이용에 관한 법률」 따라 고물상을 포함한 자원순환 관련시설은 도시지역 특히 주거 지역 등에서는 설치 제한된다.

하지만 문제는 이 법에 따라 신고 대상 예외(이 법 시행규칙 66조)인 소규모 고물상(특별시·광역시 지역:1,000㎡ 미만, 시·군 지역: 2,000㎡ 미만)은 '자유업종'으로 분류된다. 따라서 별도의 신고 없이 무분별하게 고물상이 들어서고 있는 곳도 있다. 이렇다 보니 관리 감독이 쉽지 않아 주거지역 내의 소규모 고물상 설치에 대해 주변 거주자들과 마찰이 심한 것도 이 때문이다.

■ 폐기물처리업의 종류

구 분	내 용		
폐기물처리업	폐기물 수집·운반업		폐기물을 수집하여 재활용 또는 처분 장소로 운반하거나 폐기물을 수출하기 위하여 수집·운반하는 영업
	처분업	폐기물 중간처분업	폐기물 중간처분시설을 갖추고 폐기물을 소각 처분, 기계적 처분, 화학적 처분, 생물학적 처분, 그 밖에 환경부장관이 폐기물을 안전하게 중간처분할 수 있다고 인정하여 고시하는 방법으로 중간처분하는 영업
		폐기물 최종처분업	폐기물 최종처분시설을 갖추고 폐기물을 매립 등(해역 배출은 제외한다)의 방법으로 최종처분하는 영업
		폐기물 종합처분업	폐기물 중간처분시설 및 최종처분시설을 갖추고 폐기물의 중간처분과 최종처분을 함께 하는 영업
	재활용업	폐기물 중간재활용업	폐기물 재활용시설을 갖추고 중간가공 폐기물을 만드는 영업
		폐기물 최종재활용업	폐기물 재활용시설을 갖추고 중간가공 폐기물을 제13조의2에 따른 폐기물의 재활용 원칙 및 준수사항에 따라 재활용하는 영업
		폐기물 종합재활용업	폐기물 재활용시설을 갖추고 중간재활용업과 최종재활용업을 함께 하는 영업

다. 폐기물재활용시설

❶ 폐기물 재활용시설은 중간재활용, 최종재활용, 종합재활용시설로 구분된다.

산업이 발달하고 소비가 늘어감에 따라 폐기물의 증가는 기하급수적으로 늘어가고 있다. 여기에 환경 문제까지 대두됨으로써 폐기물 재활용에 대한 중요도는 날로 높아만 가고 있어 국가에서는 규제를 통해 폐기물 재활용을 장려하고 있는 실정이다.

그만큼 관련 법령도 「폐기물관리법」 뿐만 아니라 「자원순환기본법」, 「자원의 절약과 재활용 촉진에 관한 법령」, 「전기·전자제품 및 자동차의 자원순환에 관한 법률」 등 그 종류도 다양해졌으며, 재활용은 이제 선택이 아닌 필수가 되었음을 여실히 보여준다.

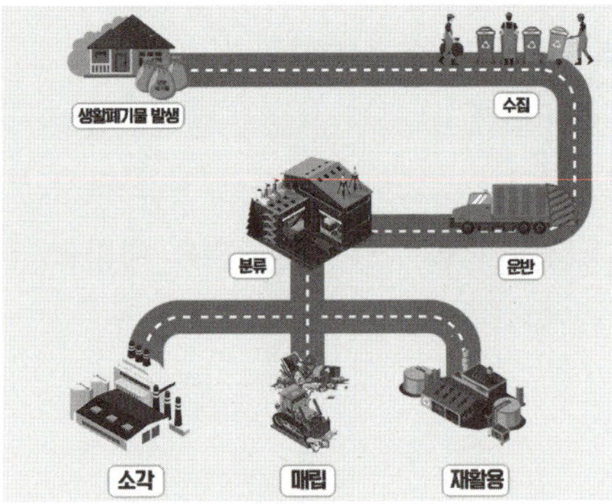

〈출처: 환경부〉

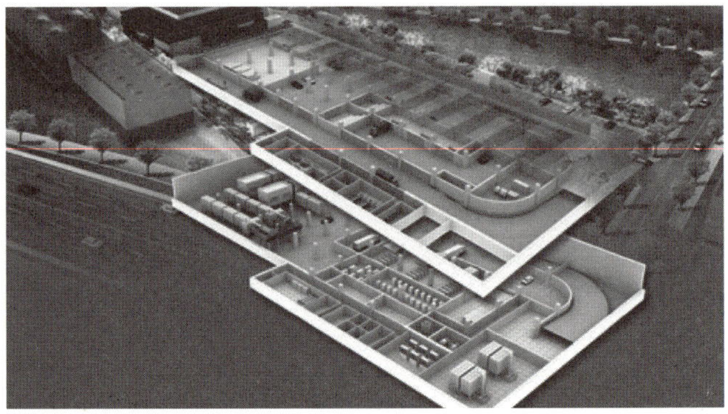

재활용 처리 시설 〈출처: 은평구청〉

앞서 소개한 고물상 등에 의해 재활용 가능한 폐기물이 수집·운반되면 「폐기물관리법」(이 하 "이 법")에 따른 다목 '폐기물 재활용시설'로 옮겨지게 된다.

여기서 '재활용'의 의미는 크게 두 가지로 나누어 볼 수 있다. 첫째는 폐기물을 재사용·재생 이용하거나 재사용·재생 이용할 수 있는 상태로 만드는 활동을 말한다. 둘째는 폐기물로부터 에너지를 회수 또는 회수할 수 있는 상태로 만들거나 폐기물을 연료로 사용하는 활동을 말한다. 폐기물 재료의 속성이 크게 바뀌지 않으면서 재사용·재생 한다는 일반적인 내용뿐만 아니라 폐기물을 처리하면서 발생하는 에너지 또는 연료로 사용하는 것도 포함하고 있는 것이다.

따라서 폐기물은 그 종류와 형태가 다양한 만큼 폐기물의 발생원, 구성성분 및 유해성 등을 고려하여 재활용 유형이 아래와 같이 세부적으로 분류된다.

- 원형 그대로 또는 단순 수리·수선하여 재사용하는 유형
- 재생이용할 수 있는 상태로 만들거나 재생이용하는 유형
- 농업이나 토질개선을 위하여 재활용하는 유형
- 토양이나 공유수면 등에 성토재·복토재·도로기층재·채움재 등으로 재활용하는 유형
- 에너지를 직접 회수하거나 회수할 수 있는 상태로 만드는 유형
- 제품 제조 등을 위한 중간가공폐기물을 만드는 유형

이렇게 분류된 폐기물은 다목 폐기물 재활용시설인 중간가공 폐기물을 만드는 중간 재활용시설, 중간 폐기물을 재활용하는 최종 재활용시설, 그리고 이 두 가지를 모두 다 할 수 있는 종합 재활용시설로 보내져 처리된다. 또한 이들 시설은 이 법에서 정하는 기계적, 화학적, 생물학적 재활용 시설 등을 구비하여 처리하며 이들 시설이 모두 다목의 폐기물재활용시설에 해당한다.

라. 폐기물 처분시설

❶ 폐기물처분시설은 중간처분, 최종처분, 종합처분시설로 구분된다.

발생 되는 폐기물을 모두 재활용할 수 있는 것은 아니다. 폐기물 중 재활용 대상이 아니거나 재활용 과정 등을 거쳐 남는 폐기물은 마지막에 소각하거나, 땅에 매립시켜 처리하는 시설이 폐기물 처분시설이다.

폐기물 처분시설은 「폐기물관리법」(이하 "이 법")에서 아래와 같이 중간처분, 최종처분, 종합처분시설로 구분된다. 중간처분 등을 거쳐 폐기물이 매립되는 곳이 최종처분 시설이고, 중간과 최종처분이 함께 이루어지는 곳이 종합처분시설이다.

우리는 보통 폐기물이 처분된다고 하면 매립되는 최종처분시설만 알고 있지만 모두 매립되는 것이 아니다. '처분'의 과정은 폐기물의 소각·중화·파쇄·고형화 등의 중간처분과 매립하거나 해역으로 배출하는 등의 최종처분이 있다.

중간 처분시설은 소각시설, 기계적 처분시설, 화학적 처분시설, 생물학적 처분시설 등으로 구성되어 다양한 처리가 가능하다. 요즈음 신도시에 설치된 폐기물 중간 처분시설은 불에 타는 폐기물을 고형화 시켜 연료로 사용한다. 그리고 이런 과정에 불에 타지 않는 폐기물과 가스 생산 후 남은 음식물 쓰레기 등은 고화(굳어지게 함)시키는 것이 일반적이다. 이렇게 처리된 폐기물은 매립시설이나 그 밖에 환경부 장관이 고시하는 시설 등 최종 처분시설에서 처리되게 된다.

이 밖에도 건설폐기물과 방사능 폐기물처럼 특수 분야에서 발생하는 폐기물에 대해서는 별도의 법으로 관리하고 있다.

건설폐기물은 「건설폐기물의 재활용촉진에 관한 법률」의 적용을 받아 관리되고 있으며, 수집·운반업과 중간처리업으로 구분된다. 수집·운반되어온 건설폐기물은 각 폐기물의 종류에 따라 파쇄·분쇄·탈수·건조시설의 중간처리과정을 거치게 된다. 이 과정에서 순환골재나 아스팔트 등은 재활용되거나 일반 폐기물과 마찬가지로 최종처리 단계인 매립으로 이어진다.

경주에 세워진 방사능 폐기물 처분시설도 라목에 속하는 것으로서 방사능 관련 특수한 물질을 다루는 만큼 이 법이 아닌 「원자력안전법」에 따라 별도 관리된다.

매립시설 〈출처: 거제시〉

소각시설 〈출처: 거제시〉

마. 폐기물감량화시설

❶ 폐기물 감량화 시설은 사업장 내에서 생산 공정에서 발생하는 폐기물의 양을 줄이는 것.

일반적인 폐기물 관련 시설은 소비자가 생산 제품을 사용한 후 발생하는 폐기물을 수집하여 분류된 폐기물을 처리하는 시설이다. 반면 폐기물 감량화 시설(이하 "이 시설")은 생산 공정에서 발생하는 폐기물의 양을 줄이고, 사업장 내 재활용을 통하여 폐기물 배출을 최소화하는 시설이다. 발생된 폐기물의 소각이나 매립이 갈수록 어렵고, 자연스럽게 폐기물의 처리 비용이 지속적으로 상승하면서 재정의 부담을 줄이기 위한 방법으로 도입된 시설이다.

특히 「폐기물관리법」(이하 "이 법") 시행령 별표5에서는 위의 목적을 위해 이 시설의 설치 대상을 '폐기물 발생 억제 지침 준수의무 대상 배출자'로 별도로 정하고 있다. 음식물쓰레기가 많이 배출되는 식품제조업, 유해물질이 발생되는 화학·의학분야, 전자·기계 등의 제조업으로 아래의 규모의 폐기물을 배출하는 사업장이 여기에 해당한다.

폐기물 감량화 시설의 종류로는 폐기물의 총량을 줄이는 공정개선 시설, 발생되는 폐기물을 (부)원료로 재사용하기 위하여 사업자가 같은 사업장에 설치하는 폐기물 재이용시설, 제조공정에서 발생되는 폐기물을 재활용하기 위해 제조시설과 연속선상에 설치하는 재활용시설 등이 있다. 보통 별도의 감량화 시설을 설치하여 이용하기 보다는 해당 사업장 내부에 감량화 설비를 설치하고 제조과정에서 폐기물을 즉시 감량화하는 것이 일반적이다.

■ 폐기물 발생 억제 지침 준수의무 대상 배출자의 규모

가. 최근 3년간의 연평균 배출량을 기준으로 지정폐기물을 100톤 이상 배출하는 자

나. 최근 3년간의 연평균 배출량을 기준으로 지정폐기물 외의 폐기물(건설폐기물 제외)을 1천톤 이상 배출하는 자

부경 양돈농협 도축폐기물 감량화 시설 〈출처: 부강테크〉

23. 교정 및 군사시설

(제1종 근린생활시설에 해당하는 것은 제외한다)

가. 교정시설(보호감호소, 구치소 및 교도소를 말한다)

나. 갱생보호시설, 그 밖에 범죄자의 갱생·보육·교육·보건 등의 용도로 쓰는 시설

다. 소년원 및 소년분류심사원

라. 국방·군사시설

■ 용도지역 내 건축물의 용도 제한

건축물의 용도	도시지역																관리지역(4층 이하)			농림지역	자연환경보전지역
	주거지역						상업지역				공업지역			녹지지역(4층 이하)							
	1종전용	2종전용	1종일반	2종일반	3종일반	준주거	중심	일반	근린	유통	전용	일반	준	자연	생산	보전	계획	생산	보전		
가. 교정시설(보호감호소, 구치소 및 교도소)	×	×	○	○	○	○	○	○	○	○	○	○	○	●	●	●	●	●	●	○	×
나. 갱생보호시설 등	×	×	○	○	○	○	○	○	○	○	○	○	○	●	●	●	●	●	●	○	×
다. 소년원 및 소년분류심사원	×	×	○	○	○	○	○	○	○	○	○	○	○	●	●	●	●	●	●	○	×
라. 국방·군사시설	×	×	○	○	○	○	●	●	○	○	○	○	○	●	●	●	●	●	●	○	△

(×: 금지, ● : 법령 허용, ○ : 조례 허용, ▲ : 법령 부분·제한적 허용, △ : 조례 부분·제한적 허용) ※제1종 일반주거지역: 4층 이하

가. 교정시설(보호감호소, 구치소 및 교도소를 말한다)

❶ 역사 속으로 사라진 보호감호소

「형의 집행 및 수용자의 처우에 관한 법률」(이하 "이 법")에서 교정시설을 교도소·구치소 및 그 지소라고 정의하고 있으며, 전국에 교도소 39개, 구치소 11개, 지소 3개 등 총 50여개의 교정기관이 있다.

먼저 교정시설의 가장 대표적인 시설인 교도소와 구치소의 차이는 무엇일까? 교도소는 형을 받은 사람이 수감되는 곳이며, 수형자의 형 집행 업무 및 교정교화를 통해 사회복귀 지원에 대한 프로그램이 진행되는 곳이다. 반면 미결수용자(형사피의자 또는 형사피고인으로서 구속영장의 집행을 받은 자)는 구치소에 수용되며 별도의 교정교화 프로그램이 없다. 또한 19세 이상 수형자는 교도소, 19세 미만 수형자는 소년교도소, 사형확정자는 교도소(교도소 수용 중 사형이 확정된 사람) 또는 구치소(구치소 수용 중 사형이 확정된 사람)에 구분 수용한다.

그럼 가목의 시설 중 보호감호소는 어떤 곳일까? 구치소와 교도소는 뉴스 매체, 영화 등을 통해 워낙 많이 접해온 시설이지만, 보호감호소는 일반인에게는 다소 생소한 시설이다. 보호감호소는 동종 또는 유사한 죄를 재범할 위험성이 있다고 인정되는 자를 수용하여 감화·교화, 사회복귀에 필요한 직업훈련과 근로 등을 행하는 시설이었다.

다시 말해 흉악범이나 형기를 다 마치고도 재범할 위험성이 있는 자를 수감하는 시설로 '청송 보호감호소'가 대표적 예이다. 80년대 세워져 대도 조세형이나 김태촌 등 들으면 알만한 제소자들이 거쳐 간 곳이기도 해서 더욱 유명하다.

하지만 80년 신군부가 제정한 보호감호소 설치 근거 법인「사회보호법」이 이중 처벌과 인권 문제가 대두되어 결국 2005년 폐지되었다. 이에 보호감호소 시설도 사라지게 되고, 청송 보호 감호소 역시 경북북부 교도소로 명칭이 변경되었으나 아직 건축법에서는 이런 내용이 반영되지 않고 교정시설 중 하나로 남아있는 것이다.

❷ 민영으로 운영되는 교도소가 있다?

선진국에서는 이미 교정시설을 민간에서 운영하는 사례가 많다고 한다. 하지만 국내 교정시설 대부분 법무부 산하 교정본부에서 관리되고 있고, 유일하게 민영교도소가 한 군데 운영되고 있다. 민영교도소는 교도소 등의 설치·운영에 관한 업무의 일부를 민간에 위탁함으로써 교도소 등의 운영 효율성을 높이고 수용자의 처우 향상과 사회 복귀를 촉진하고자 하는 취지에서 만들어졌으며, 관련 법령인「민영교도소 등의 설치·운영에 관한 법률」(이하 "이 법")에 근거하고 있다.

이 법은 2009년 신설되었으며, 이후 이 법에 따라 한 기독교단체가 2010년 경기도 여주에 '소망교도소'라는 이름으로 개설 운영하고 있다. 비록 민영교도소이지만, 수형자들을 수감하는 시설인 만큼 교정법인이 준수해야 하는 운영, 시설, 직원, 감독 등의 내용을 이 법에서 정하고 있으며, 아래와 같은 시설을 필수로 갖추어야 한다.

1. 거실 및 수용사동
2. 작업장 및 직업훈련시설
3. 접견실 및 그 부대시설
4. 교육·집회시설
5. 위생·의료시설
6. 운동장
7. 취사장 및 그 부대시설
8. 목욕탕, 이발관 등 수용자 후생복지시설
9. 그 밖에 위탁계약으로 정하는 시설

청송보호감호소 〈출처: kbs〉

민영 교도소 〈출처: 소망교도소〉

나. 갱생보호시설, 그 밖에 범죄자의 갱생·보육·교육·보건 등의 용도로 쓰는 시설

❶ 보호관찰소, 갱생보호시설

보호관찰 제도의 근거 법령인 「보호관찰 등에 관한 법률」(이하 "이 법")의 목적은 죄를 지은 사람으로서 재범 방지를 위하여 보호관찰, 사회봉사, 수강 및 갱생보호 등 체계적인 사회 내 처우가 필요하다고 인정되는 사람을 지도하고 보살피며 돕는 데 있다. 이를 통해 건전한 사회 복귀를 촉진하고, 효율적인 범죄예방 활동을 전개하고자 하는 것인데, 대표적인 시설이 바로 보호관찰소와 갱생보호시설이다.

먼저 보호관찰소는 아래의 보호관찰 대상자의 재범을 방지하고 건전한 사회 복귀를 촉진하기 위해 지도·감독을 하는 곳이다. 가끔 성범죄자가 전자팔찌를 끊고 달아나 추적 중이라는 뉴스 보도를 본 적이 있을 텐데 이런 자를 관리·감독하는 곳이다. 실제 보호관찰, 사회봉사, 수강 및 갱생보호에 관한 사무만을 관장하는 곳이기 때문에 2012년 건축법 시행령 개정을 통해 나목에서 보호관찰소는 삭제되었다. 그래서 보호관찰소는 건축물의 용도 분류에 있어서는 교정시설보다는 공공업무시설 등에 속하며 보다 추가적인 내용은 다음의 법제처 해석을 참조하기 바란다.

1. 보호관찰을 조건으로 형의 선고유예를 받은 사람: 1년
2. 보호관찰을 조건으로 형의 집행유예를 선고받은 사람
3. 보호관찰을 조건으로 가석방되거나 임시퇴원된 사람
4. 「소년법」 제32조제1항제4호 및 제5호의 보호처분을 받은 사람
5. 다른 법률에 따라 이 법에서 정한 보호관찰을 받는 사람

갱생보호시설은 이 법에 따라 갱생보호 등 체계적인 사회 내 처우가 필요하다고 인정되는 사람을 지도하고 보살피며 돕는 것을 목적으로 한다. 형을 다 마치고 자립갱생이 필요한 사람에게 숙식 제공, 주거 지원, 창업 지원, 직업훈련 및 취업 지원 등을 하는 시설로서 여기에 필요한 1명당 시설규모, 사무실 및 상담실, 생활관 그리고 필요 시설에 대한 시설 기준을 정하고 있다.

이런 갱생보호사업은 건전한 사회복귀와 함께, 효율적인 범죄예방 활동을 목적으로 공공기관인 한국법무보호복지공단(구 한국갱생보호공단)이 맡고 있다. 뿐만 아니라 일부 종교단체 등 민간 부분에서도 법무부 장관의 허가와 재정지원을 받아 이 사업을 함께 하고 있는 것이 특징이며, 이들 시설이 갱생보호시설에 속한다.

하지만 보호관찰소가 나목에서 제외되었듯이 갱생보호시설도 교정시설에 속하는 것이 적정한지 의문이 든다. 공공과 민간이 함께 갱생보호시설을 관리하고 있는다는 점과 다른 교정 및 군사시설처럼 내·외부로부터의 보호와 관리를 위한 별도의 격리시설이 필요한 것도 아니다. 또한 그 대상이 사회와 격리되어야 하는 사람이 아니라는 점과 다른 교정시설과 달리 사회 복귀를 돕는 일반적인 교육시설과 숙식 공간이라는 점 때문이다.

실제 몇몇 갱생보호시설의 건축물대장을 확인해 보면 적지 않는 곳들이 '교육연구시설'이나 '공공업무시설'로 등재되어 있었다. 따라서 보호관찰소와 마찬가지로 갱생보호시설 역시 공공시설 등 다른 용도로 분류되는 것에 대한 고민이 필요할 거 같다.

|질의|

「보호관찰 등에 관한 법률」에 따른 "보호관찰소"가 「건축법 시행령」 별표 1 제23호의 "교정 및 군사 시설" 중 같은 호 나목에 따른 "갱생보호시설, 그 밖에 범죄자의 갱생·보육·교육·보건 등의 용도로 쓰는 시설"에 해당하는지?

• 질의배경

○○ 혁신도시지구 내에 거주하는 민원인은 "보호관찰소"가 「건축법 시행령」 별표 1의 "공공업무시설"이 아닌 "교정 및 군사 시설(갱생보호시설, 그 밖에 범죄자의 갱생·보육·교육·보건 등의 용도로 쓰는 시설)"에 해당하므로, 혁신도시지구 내에 지어질 수 없다고 국토교통부에 주장하였는데, 국토교통부가 보호관찰소는 공공업무시설에 해당한다는 답변을 하자, 이에 이의가 있어 직접 법제처에 법령해석을 요청함.

|회신|

「보호관찰 등에 관한 법률」에 따른 "보호관찰소"는 「건축법 시행령」 별표 1 제23호의 "교정 및 군사 시설" 중 같은 호 나목에 따른 "갱생보호시설, 그 밖에 범죄자의 갱생·보육·교육·보건 등의 용도로 쓰는 시설"에 해당하지 않습니다.

법제처 법령해석사례 안건번호15-0560

❷ 치료감호소

보통 일반인이 범죄를 저지르면 수감 또는 보호 관찰을 받는 시설이 교정시설이다. 반면 가끔은 정신이상 등 심적 장애가 있는 자가 범죄 행위를 저지르는 경우도 있다. 이런 경우 일반 교정시설에서 형벌을 집행하지 않고 별도의 시설에서 보호와 치료로 재범을 방지하는데 그 시설이 '치료감호소'이다.

치료감호 대상은 「치료감호 등에 관한 법률」(이하 "이 법")에서 벌할 수 없거나 형이 감경되는 심신장애인, 마약·알코올에 중독된 자, 성적 성벽이 있는 성폭력범죄자를 말한다. 신문 지상에서 조현병을 앓고 있는 범죄자에 대한 기사를 많이 보게 되는데, 이들이 정신질환 감정을 받고 및 수용되는 곳이 바로 이 시설이다.

갱생보호시설 〈출처: 한국법무보호복지공단〉

국립법무병원 〈출처: 대한병원협회〉

이 시설은 정신질환 범법자를 수용하는 기능과 동시에 치료도 병행하는 정신병원의 역할도 한다. 따라서 명칭은 병원이지만 치료감호소라는 명칭을 병행해서 사용하는 법무부 소속기관이다. 이 법에 근거해 1987년 공주에 설립된 치료감호소는 '치료감호소'와 '국립법무병원' 명칭을 병행해서 사용하고 있으며, 건축물의 용도 분류에 있어서도 9)의료시설이 아닌 23)교정 및 군사 시설에 속한다.

다. 소년원 및 소년분류심사원

❶ 처벌이 아닌 보호처분 중 하나인 소년원

'소년원'이라는 명칭은 1945년도부터 사용되기 시작했고 범죄자 관련 드라마, 영화에서 많이 언급되어서 우리에게 생소한 시설은 아니다. 소년원은「보호소년 등의 처우에 관한 법률」(이하 "이 법")에 따른 보호처분 중 가장 강력한 처분단계에 해당한는 시설로서 가정법원소년부 또는 지방법원소년부로부터 위탁되거나 송치된 소년을 수용하여 교정교육을 하는 곳이다.

청소년 범죄가 갈수록 잔혹해지고 집단화되면서 이 법이 비판의 중심에 서게 된 이유도 '처벌'이 아닌 '보호처분'이라는 점 때문에 찬반이 갈리는 것이다. 이 법에서는 1호에서 10호까지의 보호처분 종류가 있으며 이 중 5호까지는 보호관찰이고, 6호,7호는 소년보호시설 위탁, 8호부터 10호까지 단기,중기 소년원 송치로 이루어진다.

이 법에서 소년원은 총 4종류의 소년원으로 구분하고 있다. 그 종류에 따라 '소년원'과 더불어 '00중·고등학교' 또는 '00학교' 라는 복수 명칭을 쓰고 있는데, 국내에는 제주를 포함한 총 10개의 소년원이 전국에 설치되어 있다.

■ 소년원의 종류

구 분	내 용
초·중등교육 소년원	초·중등교육이 필요한 소년을 수용·교육하는 소년원
직업능력개발훈련 소년원	직업능력개발훈련이 필요한 소년을 수용·교육하는 소년원
의료·재활교육 소년원	약물 오·남용, 정신·지적발달 장애, 신체질환 등으로 집중치료나 특수교육이 필요한 소년을 수용·교육하는 소년원
인성교육 소년원	정서순화, 품행교정 등 인성교육이 집중적으로 필요한 소년을 수용·교육하는 소년원

❷ 구치소와는 다른 소년분류심사원

성인 관련 사건과 달리「보호소년 등의 처우에 관한 법률」(이하 "이 법") 따라 소년 사건에만 특별히 있는 것이 바로 '소년분류심사원' 제도로서, '법원 소년부'로부터 위탁된 소년과 유치된 소년의 수용과 분류 심사를 하는 제도이다. 아직 성인이 아닌 점을 감안하여 죄질에 대해서만 판단하는 것이 아니라 신체적·심리적·환경적 측면을 종합적으로 조사·판정하는 것이다. 국내에는 서울소년분류 심사원이 있으며, 심사원이 없는 지역에서는 소년원에서 그 업무를 대행한다고 한다.

어찌보면 성인 관련 범죄자가 구속되어 구치소에 수감되는 것과 같은 곳으로 보일 수 있다. 하지만 이곳에서는 소년의 감호뿐만 아니라, 수용시설에서 일정 기간 교육과 조사를 받게 된다. 구치소와 다르게 교도관이 관리하는 곳이 아니라 해당 공무원이 소년들을 관리 감독하며 학교처럼 학급에서 담당 교사가 배정되어 관리하는 것과 비슷하게 운영된다. 해당 기간 동안 생활실에서 취침을 하게 되며, 생활실의 수용정원은 4명 이하이고 심사원 수용 인원은 150인 이내로 정하고 있다.

❸ 소년원과 소년교도소는 같은 시설일까?

'소년원'과 '소년교도소'은 별개의 시설로서 우선 설치 관련 법령부터 다르다. 소년 교도소는 「형의 집행 및 수용자의 처우에 관한 법률」(이하 "이 법") 의해 19세 미만 수형자를 수감하는 곳이고, 소년원은 「보호소년 등의 처우에 관한 법률」에 근거해 설립되는 차이가 있다. 만 19세 미만이라 하더라도 그 범죄가 중대한 범죄이면 법원에서는 보호처분 대신 성인과 같은 형을 살도록 하는 곳이 소년 교도소로서 보호처분의 소년원과 다른 시설인 것이다. 국내 유일의 소년교도소가 김천에 있으며, 형 집행중 만 23세가 되면 성인교도소로 이감된다고 한다.

대전소년원 〈출처: 법무부〉

김천소년교도소 〈출처:법무부〉

라. 국방·군사시설

❶ 국방 · 군사시설 건축 승인권자는 국방부장관이다.

「국방·군사시설 사업에 관한 법률」(이하 "이 법")에서는 국방·군사 시설을 아래와 같이 정의하고 있다.

가. 군사작전, 전투준비, 교육·훈련, 병영생활 등에 필요한 시설

나. 국방·군사에 관한 연구 및 시험 시설

다. 군용 유류 및 폭발물의 저장·처리 시설

라. 진지 구축시설

마. 군사 목적을 위한 장애물 또는 폭발물에 관한 시설

바. 대한민국에 주둔하는 외국군대의 부대시설과 그 구성원·군무원·가족의 거주를 위한 주택시설 등 군사 목적을 위하여 필요한 시설

사. 그 밖에 군부대에 부속된 시설로서 군인의 주거·복지·체육 또는 휴양 등을 위하여 필요한 시설

위의 정의만 보더라도 그 범위는 굉장히 넓은데, 군(軍)과 관련된 모든 시설은 라목에 해당한다고 보면 쉬울 듯 하다.

이 법 이외에도 라목과 관련 있는 법령인「군사기지 및 군사시설 보호법」에서는 군사기지와 군사시설을 세분화해서 정의하고 있다. 군사기지는 군부대의 주둔지·해군기지·항공작전기지·방공기지·군용전기통신기지, 그 밖에 군사작전을 수행하기 위한 근거지로 정의하고 있다. 반면 군사시설은 관련 행위를 직접적으로 하기 위한 전투진지, 군사목적을 위한 장애물, 폭발물 관련 시설, 사격장, 훈련장, 군용전기통신설비, 그 밖에 군사목적에 직접 공용되는 시설이라고 정의하고 있다.

이런 군사 기지와 군사시설의 모든 것들이 보호되어야 하고 작전 수행에 필요하기 때문에 별도 구역으로 지정하여 관리하고 있으며, 이들 시설이 모두 라목에 속한다.

그럼 라목의 시설 내에 건축물을 신축하려는 경우 인허가 승인권자는 누구일까?

이 법 시행령에서는 국방·군사시설의 건축·축조·대수선 또는 용도변경(이하 건축등)을 하려면 국방부장관에게 승인을 신청하도록 하고 있다. 국방·군사시설은 시설 내의 건축물 역시 군사기밀이기 때문에 일반 건축물처럼 허가권자가 해당 지역의 인허가청장이 아닌 국방부장관이 된다.

대신 국방부장관은 건축 등의 승인사항에 대해서는 해당 인허가권자에게 통보하는 절차를 거치도록 하고 있다. 또한 준공검사도 마찬가지로 국방부 장관에게 승인을 신청한 후 준공검사서를 발급하며 이후 해당 인허가권자에게 국방부장관이 통보하도록 하고 있다.

24. 방송통신시설

(제1종 근린생활시설에 해당하는 것은 제외한다)

가. 방송국(방송프로그램 제작시설 및 송신·수신·중계시설을 포함한다)

나. 전신전화국

다. 촬영소

라. 통신용 시설

마. 데이터 센터

바. 그 밖에 가목부터 마목까지의 시설과 비슷한 것

■ 용도지역 내 건축물의 용도 제한

건축물의 용도	도시지역																관리지역(4층 이하)			농림지역	자연환경보전지역
	주거지역						상업지역				공업지역			녹지지역(4층 이하)							
	1종전용	2종전용	1종일반	2종일반	3종일반	준주거	중심	일반	근린	유통	전용	일반	준	자연	생산	보전	계획	생산	보전		
가. 방송국	×	×	○	○	○	●	●	●	●	○	○	○	●	●	●	×	●	○	○	○	×
나. 전신전화국	×	×	○	○	○	●	●	●	●	○	○	○	●	●	●	×	●	○	○	○	×
다. 촬영소	×	×	○	○	○	●	●	●	●	○	○	○	●	●	●	×	●	○	○	○	×
라. 통신용 시설	×	×	○	○	○	●	●	●	●	○	○	○	●	●	●	×	●	○	○	○	×
마. 데이터 센터	×	×	○	○	○	●	●	●	●	○	○	○	●	●	●	×	●	○	○	○	×

(×: 금지, ● : 법령 허용, ○ : 조례 허용, ▲ : 법령 부분·제한적 허용, △ : 조례 부분·제한적 허용) ※제1종 일반주거지역: 4층 이하

가. 방송국(방송프로그램 제작시설 및 송신·수신·중계시설을 포함한다)

❶ "방송사업은 지상파방송, 종합유선방송, 위성방송, 방송채널사용사업으로 나뉜다.

방송국은 T.V나 라디오 프로그램이 제작·편집되고 그 내용을 전파를 통해 내보내는 곳을 말한다. 지금은 스마트폰과 인터넷을 통해 쉽게 각종 뉴스, 정보, 연예, 오락 등을 손쉽게 접할 수 있지만 T.V나 라디오와 같은 방송매체가 전부였던 시절에는 방송국의 역할이 지금보다 훨씬 컸다.

방송국의 역사를 살펴보면, 1920년대 일제 강점기에 우리나라 통치를 위해 일본이 세운 '경성 방송국'이 우리나라 최초의 라디오 방송국이라고 한다. 이렇게 라디오만으로 시작했던 방송은 각종 기술과 관련 인프라 시설이 갖추어지면서 그 종류도 다양해졌다.

방송사업의 범위를 좀 더 자세히 살펴보면 「방송법」(이하 "이 법")에서는 우리나라 대표적 방송인 KBS, MBC, SBS 등 지상의 무선국을 이용하여 방송을 하는 지상파 방송과 케이블TV로 더 잘 알려진

종합유선방송, 인공위성의 무선설비를 이용한 위성방송사업 그리고 이 세 가지의 사업자와 사용계약을 체결하여 그 채널을 사용하는 방송채널사용사업으로 구분된다.

이들 사업의 관련 시설 중 가목의 '방송국'의 범위를 명확히 정의하기는 어렵다. 관련 기술 발달에 따라 워낙 천차만별의 다양한 규모와 분야의 방송사업을 하고 있어 이와 관련된 모든 시설이 방송국 시설이라고 보기 어렵기 때문이다. 이들 사업 중 지상파 방송이나 일부 종합유성방송처럼 방송제작을 위한 시설이 주 용도인 건축물이 가목의 시설에 포함되며, 전파 송·수신을 위한 중계시설 역시 가목의 방송국 시설에 포함한다. 반면 이들 시설 중 규모가 작은 시설(1,000㎡ 미만)은 3)제1종 근생 바목의 공공업무시설에 속한다.

■ 방송사업의 종류

구 분	내 용
지상파방송사업	방송을 목적으로 하는 지상의 무선국을 관리·운영하며 이를 이용하여 방송을 행하는 사업
종합유선방송사업	종합유선방송국(다채널방송을 행하기 위한 유선방송국설비와 그 종사자의 총체)을 관리·운영하며 전송·선로설비를 이용하여 방송을 행하는 사업
위성방송사업	인공위성의 무선설비를 소유 또는 임차하여 무선국을 관리·운영하며 이를 이용하여 방송을 행하는 사업
방송채널사용사업	지상파방송사업자·종합유선방송사업자 또는 위성방송사업자와 특정채널의 전부 또는 일부 시간에 대한 전용사용계약을 체결하여 그 채널을 사용하는 사업

KBS 방송국, 관악산 송신소 〈출처:KBS〉

나. 전신전화국

❶ 전신과 전화

전신전화국은 '전신'과 '전화'의 기능을 담당하는 시설이다. 전화가 음성을 전기신호로 전송해 다시 음성으로 변환해 통화하는 방식인 반면 전신은 음성이 아닌 문자나 사진 전송에 이용되는 기술을 말한다.

전신을 통한 통신매체로 가장 대표적인 것이 '전보'이다. 우리나라에서는 전화국보다는 전신국이 먼저 세워졌고, 전화가 많이 보급되지 않던 시절 전보를 취급했던 곳으로 전화국과 별도로 운영되기도 했다. 전보 이외에도 돈을 전신으로 송금하는 '전신환' 제도와 전화선을 이용하여 문서를 보내는 팩스도 이런 전신을 이용한 통신방식에 해당한다.

이후 전화의 보급 확대로 전화와 전보를 동시에 취급하면서 그 명칭이 ○○전신전화국으로 바뀌게 된 것이다. 독자 중 일부는 생소하게 느껴질 수 있지만 필자도 아주 오래전 연하장이나 축하 전보를 보내본 경험이 있는데, 아직까지도 이용자가 많아 KT에서는 '전보 서비스'를 운영 중에 있다고 한다.

전신국이 먼저 세워지고 10여년 뒤인 1890년대 후반 전화 교환을 위한 전화국이 국내 최초 개설되었다. 이후 전화기의 보급이 늘어감에 따라 「전기통신사업법」에 근거해 국가(체신부)에서 운영하여 전화 교환·무선 송·수신 등을 위한 전화국이 전국 곳곳에 세워지게 되었다.

이렇게 각 집마다 전화기는 필수품이 되었던 적이 있었지만 휴대용 개인 통신기기의 보급 확대로 가정용 전화기 보급률은 더욱 떨어지고 길거리의 공중전화도 대부분 사라지고 없다. 그만큼 전화국은 예전의 중요도와 역할을 잃어버려 그 수도 많이 줄게 되었다.

전화 관련 사업도 체신부에서 공기업인 한국통신을 거쳐 2002년 민영화되면서 지금의 KT로 바뀌게 되었다. 이와 동시에 '전신전화국'이라는 명칭도 ○○지사 또는 ○○지점으로 변경되면서 나목의 이름을 이제는 찾아볼 수 없다. 하지만 명칭만 바뀌었을 뿐 그 기능은 동일하게 수행하고 있어 KT의 관련 시설들이 나목 전신전화국에 해당한다.

다. 촬영소

❶ 가설 야외 세트장도 건축신고·허가 절차를 거쳐야 한다.

미국 헐리우드의 파라마운트나 유니버설 스튜디오는 대규모 실내 스튜니오 및 야외세트장을 갖추고 있으며 테마파크로도 활용하고 있다. 이들 규모에 견줄 바는 아니지만 국내에도 영화 또는 드라마, CF 등의 제작을 위해 '남양주 종합촬영소'를 비롯한 촬영소 및 각 방송국 부설 스튜디오 등이 전국 각지에 설치되어 있다. 또한 2017년 9월에는 국내 최대 규모의 다목적 영상종합시설인 '대전 스튜디오 큐브'가 개관해서 운영 중에 있다.

다목의 촬영소는 작품 촬영을 위해 실·내외 스튜디오, 중·대형 스튜디오, 특수효과·시설 스튜디오, 미술센터 그리고 각종 지원·운영 시설 등으로 구성되며, 이러한 시설들을 단순한 임시 시설이 아닌 지속적인 촬영을 위한 건축물로서 규모에 따라 건축신고 또는 허가 등의 적법 절차를 거쳐 설치되어야 한다.

그렇다면 특정 영화나 드라마를 위해 만들어진 임시 세트장도 여기에 속할까? 시설의 운영 시기와 규모 등에 따라 다르겠지만 촬영만을 위한 임시 시설이라면 건축물인 다목의 촬영장에 속하지 않고 가설건축물에 속한다.

'실미도'라는 영화 역시 야외 세트를 마련해 촬영을 하고 천만 관객 돌파라는 화려한 성적을 거두었다. 하지만 그 촬영 세트장이 불법 토지 형질변경과 산림법, 건축법 위반 등을 들어 세트장 철거와 제작사 고발까지 이어졌다고 한다. 이처럼 야외 세트장의 경우 그 시설이 단기간의 촬영을 위한 가(假)건물 형태라 할지라도 건축법상 가설건축물의 한 종류인 촬영시설로 보아 가설건축물 허가·신고 등을 통해 설치해야 한다.

스튜디오 큐브 〈출처: 한국콘텐츠 진흥원〉

라. 통신용 시설

❶ 4차 산업혁명의 핵심 영역

인간은 문명의 발달과 함께 멀리 떨어져 있는 사람에게 정보를 전달하기를 원했다. 그래서 봉화 등 원시적 방법에서 출발해 각종 과학 기술을 통한 다양하고 고도화된 정보 전달 방법을 개발해 사용해 왔다. 그리고 여기에 단순 정보 전달의 영역을 넘어 4차 산업혁명의 핵심 기술인 가상·증강현실, IoT(사물인터넷), 자율주행 자동차 등의 실현이 빠르게 진행되고 있다.

이런 시스템이 구축되기 위한 통신네트워크의 가장 핵심적인 기술이 '전기통신'이다. 「전기통신사업법」(이하 "이 법")에서 전기통신을 유선·무선·광선 또는 그 밖의 전자적 방식으로 부호·문언·음향 또는 영상을 송신하거나 수신하는 것으로 정의하고 있다. 이 기술은 방송, 육상·해상·항공 통신, 기상관측, 비상통신, 위성통신, 전파천문 등 적용 범위가 넓어 우리 생활의 전부라고 해도 과언이 아니다. 이와 관련된 시설은 다양하고 복잡한 체계로 구성되어 있는데 이들 시설을 운용하기 위한 직·간접 시설로서 통신 송·수신 시설, 통신 중계소, 통신 운영센터, 기지국 등의 건축물이 라목의 통신용 시설에 해당한다.

❷ 인터넷 통신의 99%는 해저광케이블의 덕분이다?!

지금은 인터넷이라는 세계 최대 규모의 컴퓨터 통신망을 내 손 안의 작은 스마트폰을 통해 언제든 접속하고 어디에서든 처리할 수 있다. 이러한 연결·소통을 위해서는 전 세계가 통신 네트워크에 접속되어야 가능한데, 이를 가능케 하는 통신용 시설로 가장 먼저 떠오르는 것이 '위성시설'일 것이다.

하지만 실제 위성의 역할은 1%도 안되며, 대부분의 역할은 '해저광케이블'이 하고 있다. 위성에 의한 전송 용량 및 관련 기술이 더 발전되기 전까지는 광케이블을 이용한 해외 통신망 구축이 아직까지는 대세이다. 실제 서울올릭픽 중계를 대비해 1985년 국내에 개국한 '보은위성센터'는 광케이블에 밀려 폐쇄되기까지 했다.

1851년 영국과 프랑스를 연결하는 해저 통신망시대가 처음 열렸고, 국내에는 1883년 부산~나가사키 해저 전신선이 처음 개설되었다. 이후 우리나라는 아시아 및 태평양 일부 지역의 해저 케이블을 통합 관제하는 역할을 하고 있으며, 2014년에는 '아시아태평양 해저케이블 통합관제센터'도 개설했다. 이 센터는 전 세계 해저 케이블 총 용량의 11%에 달하는 것으로 국가 간 인터넷 트래픽의 부하분산과 안정적 운용의 역할을 담당하고 있다. 이처럼 통신 설비를 위한 시설과 함께 이를 운용하는 관제 센타 등이 나목의 대표적인 시설이다.

국내 최초 위성센터 개국(1970) 〈출처: KT〉

해저케이블 통합관제센터 〈출처: KT〉

마. 데이터 센터

❶ 서버 호텔(Server Hotel)이라 불리는 데이터센터

인공지능(AI), 자율주행차 등 사물 인터넷, 클라우드 컴퓨팅, 빅터이터 등 데이터 기반의 지능정보 기술의 수요는 날이 갈수록 증가하고 있다. 이러한 초연결, 초지능의 신기술들을 작동하기 위한 막대한 양의 데이터 처리가 필요하기 때문에 이러한 수요를 감당하기 위한 '데이터 센터'(이하 "이 시설") 건립이 전 세계적으로 증가하고 있다.

이 시설은 정부·공공기관, 금융기관뿐만 아나리 일반 기업이 보유하고 있는 주요 데이터를 보관하고 해당 정보를 안정적으로 제공하기 위해 설치하는 것을 모두 포함한다. 한국데이터센터연합회에 따르면 이 시설의 수가 매년 꾸준히 증가하고 있으며, 2023년 약 200여개 까지 증가할 것으로 예상한다고 한다.

이 시설과 관련된 법령은 「지능정보화 기본법」(이하 "이 법")으로서 이 법을 통해 공공 및 민간 데이터센터의 구축 및 운영 활성화를 돕고 지원하고 있다. 대신 아래와 같이 전산실·전력시설 등 데이터센터의 정보 처리·가공 및 전력공급에 필수적인 시설에 대해서는 이 법 시행규칙에서 정하는 기준을 만족해야 지원을 받을 수 있다.

2014년 삼성 SDS 과천 데이터 센터 화재 사고로 대규모 데이터를 잃을 뻔한 사고를 통해서도 알 수 있듯이 화재 등 재해를 통해 귀중한 데이터의 손실과 더불어 국가 전체가 마비될 수 있는 더 큰 후폭풍을 맞을 수 있다는 것이다. 따라서 아래의 시설 조건 이외에도 보다 체계적인 방재시설 등이 구비되어야 한다.

■ 데이터센터 시설 기준

구 분	내 용
1. 전산실	가. 서버와 스토리지 등의 정보통신장비를 갖출 것 나. 소방설비와 폐쇄회로텔레비전(CCTV) 등 안전시설을 설치할 것 다. 외부와 공간이 분리되어 외부인의 접근 통제가 가능할 것 라. 시설의 바닥면적이 500㎡ 이상
2. 수·배전 설비 전력공급시설	- 순간적인 정전, 전압 변동 등의 상황에도 안정적인 전력을 공급할 수 있는 수전·배전 설비 - 무정전 전원장치 등 전력공급시설
3. 공기조화시설 또는 냉각시설	전산실 내부의 정보통신장비를 일정한 온도로 유지
4. 비상발전시설	30분 이상 정전이 발생할 경우 전체 부하를 감당할 수 있는 자체 전력공급 능력을 갖춘 비상발전시설
5. 예비설비	2호 ~ 4호시설의 개별 기능을 수행하는 설비에 장애가 발생하는 경우를 대비하여 정상적인 기능 수행 보조

이렇게 이 시설의 수요는 증가하고, 수만 대의 서버 컴퓨터를 관리하는 중요한 시설임에도 몇 해 전까지 건축법상 건축물의 용도 분류가 따로 없었으며, 심지어는 공장이나 업무시설, 교육연구시설 등 제각각 다양한 용도로 분류되어 왔었다. 그렇다보니 건축 및 주차 등 관련 법령에 있어 서로 불필요한 규제를 받는 등 개선이 시급했었다.

이에 2018년 9월 '데이터센터'를 24)방송통신시설에 포함하는 건축법시행령 개정이 되었고 2019년 3월부터 시행되어 오고 있다. 하지만 이 시설의 특성상 건축 관련 법령 적용이 아직도 현실과는 거리가 멀다는 것이 업계의 의견이다. 따라서 국가의 존립과도 연관 있는 특수한 시설인 만큼 이에 걸맞는 별도의 건축물 용도 분류와 방재 및 보안에 대한 규제도 더욱 강화되어야 할 것으로 보여진다.

25. 발전시설

발전소(집단에너지 공급시설을 포함한다)로 사용되는 건축물로서 제1종 근린생활시설에 해당하지 아니하는 것

■ 용도지역 내 건축물의 용도 제한

건축물의 용도	도시지역																관리지역(4층 이하)			농림지역	자연환경보전지역
	주거지역						상업지역				공업지역			녹지지역(4층 이하)							
	1종전용	2종전용	1종일반	2종일반	3종일반	준주거	중심	일반	근린	유통	전용	일반	준	자연	생산	보전	계획	생산	보전		
발전소	×	×	○	○	○	○	●	●	○	○	●	●	●	●	●	×	●	●	○	●	○

(×: 금지, ● : 법령 허용, ○ : 조례 허용, ▲ : 법령 부분·제한적 허용, △ : 조례 부분·제한적 허용) ※제1종 일반주거지역: 4층 이하

❶ 에너지원에 따라 발전소 종류가 구분된다.

우리의 일상생활 중 전기 없이 할 수 있는 일이 과연 얼마나 될까? 이렇게 우리 생활의 전부라고 해도 과언이 아닌 전기는 여러 가지 에너지원에 의해 생산된다. 발전소는「전기사업법」(이하 "이 법")에서 정의하는 여러 종류의 전기사업 중 전기를 생산하여 이를 전력시장을 통해 전기판매사업자에게 공급하는 것을 주된 목적으로 하는 건축물을 말한다.

그 에너지원이 무엇이냐에 따라 발전소가 구분이 되는데 가장 큰 부류가 원자력, 수력, 양수력, 신재생 에너지, 화력 발전소 등으로 나뉜다. 이들 에너지원 중 아직까지는 석탄을 원료로 하는 화력발전의 전기 생산비율이 가장 높고, 그 다음이 원자력이다.

화력발전은 화석연료인 석탄을 사용한다는 점에서 추가 건립 및 가동에 대해 논란이 많은 시설로서 한국전력공사의 자회사인 한국 남동/ 중부/ 서부/ 남부/ 동서 발전(주)에서 운영하고 있다. 흔히 이런 발전시설은 한전 등 공기업에서만 건설·관리하는 것으로 알고 있지만 포스코, GS, SK 등 일반 기업도 민간 자본을 투자해 전국에 약 10개의 발전소를 건립해 전기를 생산하고 있다.

원자력 발전소는 17년 운영을 영구 정지한 고리 1호기를 제외한 고리(기장), 신고리(기장,울주), 월성(경주), 신월성(경주), 한빛(영광), 한울(울진) 원자력 발전소가 가동 중이며, 전기 생산량도 전체 발전량의 약 30%를 차지하고 있다.

하지만 화력발전으로 발생하는 미세먼지로 인한 '탈석탄 정책'과 문재인 정권의 '탈원전 정책'에 따라 천연가스(LNG)를 에너지원으로 하는 발전소로 전환·확대하고 있는 추세이다. 이외에도 태양광, 풍력, 연료전지 등 신재생 에너지원을 기반으로 전기를 만들어 내는 시설도 꾸준히 늘려가고 있다.

이외에도 물의 위치 에너지를 기계 에너지로 바꾸어 전기를 만들면서 가뭄, 홍수 등에도 대비할 수 있는 수력발전소는 화천, 춘천, 의암, 청평, 팔당, 섬진강, 보성강, 괴산, 안흥, 강릉 인근에 운영 중이다.

조금은 생소한 양수발전은 기존의 수력이나 원자력과는 개념이 좀 다른데, 낮에는 전기의 소비가 많아 이용하지 않는다. 대신 심야에 상대적으로 전력수요가 적고 또 비용이 싼 점을 이용하여 높이가 높은 곳과 낮은 곳에 저수지를 만들고 심야 전기를 이용해 높은 곳으로 양수한다. 이후 낮은 곳으로 물을 내려보내는 수력의 원리를 이용하여 전기를 얻는 방식으로 청평, 삼랑진, 청송, 산청, 양양, 무주, 예천 양수발전소가 운영되고 있다.

이처럼 태양광이나 연료전지처럼 타 용도의 건축물에 부착 또는 설치된 에너지원을 제외한 순수 발전용 건축물이 25)발전시설에 속한다. 대신 그 규모가 바닥면적 1천제곱미터 미만인 경우에는 제1종 근생시설 아목에 속한다.

❷ 지역난방, 지역냉방

앞에서 설명한 전기만을 생산하는 발전소들 이외에 집단에너지 공급시설도 발전시설에 포함된다. 여기서 집단에너지는 개별 세대나 건물 등 많은 수의 사용자를 대상으로 공급되는 열 또는 열과 전기를 말한다.

전기를 만들어 내는 발전시설에 집단에너지 시설이 포함되는 이유는 전기 생산을 위한 화력발전을 통해 발생하는 폐열을 이용해서 난방이나 냉방을 위한 에너지원으로 사용하기 때문이다. 이처럼 한 곳에서 전기와 열을 동시에 생산하는 것을 열병합발전이라고 하며, 이 열병합발전을 통해 아파트나 상업시설, 공장 등에 에너지원을 공급하는 것이 집단에너지사업이다.

관련 법령은 「집단에너지사업법」(이하 "이 법")으로 이 사업은 주거지역 등에 난방, 급탕, 냉방용의 열과 전기를 공급하는 '지역 냉난방 사업'과 산업단지에 공정용 열과 전기를 공급하는 '산업단지 집단에너지 사업'으로 구성된다. 버려지는 폐열을 이용하고 개별 세대에서 발생하는 대기 오염물질을 줄일 수 있다는 친환경적인 측면 때문에 신도시나 택지지구를 중심으로 지역 냉·난방을 보급하고 있으며, 구 도심까지 공급 범위를 넓혀가고 있다.

특히 아파트에 공급되는 지역난방의 경우 단지 규모에 따라 차이는 있겠지만 유지보수와 관리비가 절약된다는 점과 환경 보호 등의 측면에서 소비자가 선호하는 방식이다. 또한 택지 지구의 오피스텔, 일반 건축물 등에는 난방과 유사한 방식으로 지역 냉방이 집단 공급되고 있다. 일부 지역에는 아파트에도 지역 냉방 방식을 도입하고 있으며 이런 경우 단지 내에 냉각탑 등 관련 시설이 추가로 설치되어야 한다.

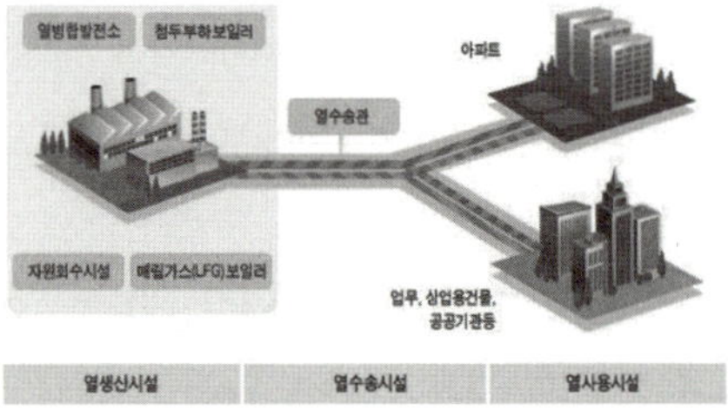

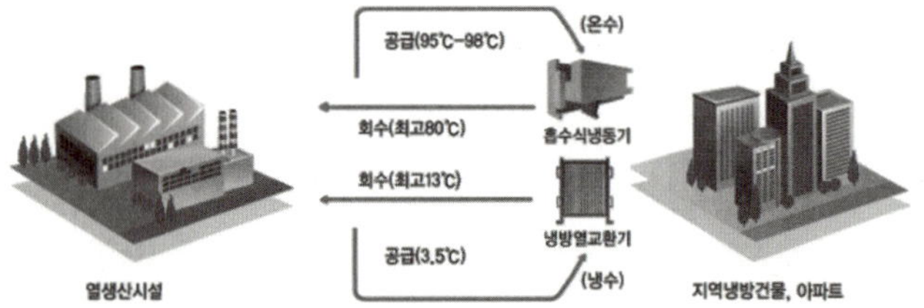

〈출처: 집단에너지협회 홈페이지〉

26. 묘지 관련 시설

가. 화장시설

나. 봉안당(종교시설에 해당하는 것은 제외한다)

다. 묘지와 자연장지에 부수되는 건축물

라. 동물화장시설, 동물건조장(乾燥葬)시설 및 동물 전용의 납골시설

■ 용도지역 내 건축물의 용도 제한

건축물의 용도	도시지역																관리지역(4층 이하)			농림지역	자연환경보전지역
	주거지역						상업지역				공업지역			녹지지역(4층 이하)							
	1종전용	2종전용	1종일반	2종일반	3종일반	준주거	중심	일반	근린	유통	전용	일반	준	자연	생산	보전	계획	생산	보전		
가. 화장시설	×	×	×	×	×	×	×	×	×	×	×	×	×	●	○	○	●	○	○	○	○
나. 봉안당(종교시설 해당 제외)	×	×	×	×	×	×	×	×	×	×	×	×	×	●	○	○	●	○	○	○	○
다. 묘지와 자연장지에 부수되는 건축물	×	×	×	×	×	×	×	×	×	×	×	×	×	●	○	○	●	○	○	○	○
라. 동물화장시설, 동물건조장시설 및 동물 전용의 납골시설	×	×	×	×	×	×	×	×	×	×	×	×	×	●	○	○	●	○	○	○	○

(×: 금지, ● : 법령 허용, ○ : 조례 허용, ▲ : 법령 부분·제한적 허용, △ : 조례 부분·제한적 허용)

가. 화장시설

❶ 화장시설은 공설화장시설과 사설화장시설로 구분된다.

장묘문화에 대한 인식이 많이 바뀌었고, 매장이 줄고 화장에 대한 수요가 증가하면서 서울추모공원 화장장을 비롯해 전국 60여개가 넘는 화장시설이 운영 중이다. 또한 투명성과 보다 효율적인 장사시설 운영을 위해 2010년부터 보건복지부에서 'e하늘 장사정보시스템'을 구축하고 전국의 화장장 예약 창구를 단일화해 화장 예약 편의를 제공하고 있다.

화장시설은 「장사 등에 관한 법률」(이하 "이 법")에서 시신이나 유골을 화장하기 위한 화장로 시설이라고 정의하고 있다. 이 시설은 화장로실 이외에 유족대기실, 시신안치실 및 분향실 등의 부대시설을 포함하고 있으며, 이 법 시행령에서는 이 시설의 세부 시설 기준을 아래와 같이 규정하고 있다.

가. 화장로실, 관리사무실, 유족대기실 및 편의시설, 분향실, 시신안치실, 화장한 유골을 뿌릴 수 있는 시설 및 그 밖의 필요한 시설물과 주차장 마련

나. 화장로실은 시신 또는 유골을 완전히 태울 수 있는 구조/ 외부와 엄격히 구획/ 공해방지시설과 오수처리시설을 설치/ 배출허용기준에 적합하도록 운영/개장 유골 전용 화장로를 설치할 수 있음

다. 시신안치실은 시신의 보건 위생 및 안전한 보관을 위한 설비 구비

라. 유족대기실은 화장로별로 개별 및 공동 유족대기실을 설치하되, 개별 유족대기실은 따로 구획, 화장 진행 상황을 확인할 수 있는 장치를 설치

보통 지자체 등에서 운영하는 공설 화장시설이 대부분이지만 민간이 운영하는 사설 화장시설 역시 이 법을 근거해 설치 가능하다. 그래서 일부 지역에서는 사설 화장시설 건립이 추진이 되고 있지만 허가 관련 과정이 까다롭고 인근 주민의 반발이 만만치 않다. 여전히 묘지 관련 시설이 혐오 시설로 인식되고 있고, 화장시설은 화장하는 과정에서 발생할 수 있는 물질이 바람 등에 의해 주변 지역에 영향을 준다는 민원 등으로 사설 화장시설 설치 확대는 거의 불가능하다는 의견이 지배적이다.

성남시 화장장 <출처:성남시>

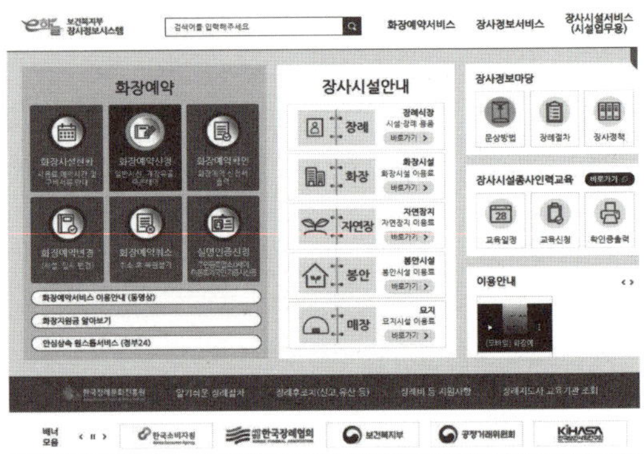

<출처: e하늘 홈페이지>

나. 봉안당(종교시설에 해당하는 것은 제외한다)

❶ 종교단체에서 운영하는 사설봉안당은 6)종교시설에 속한다.

장묘문화의 발전과 인식의 변화에 따라 봉안당 역시 건전한 장묘문화를 이끌어 가고 있으며, 유명 건축가에 의해 설계되어 건축상을 받는 사례도 있다. 사실 우리에게는 '봉안당'이라는 명칭보다는 '납골당'이 더 익숙하다. 건축법 개정 전에는 납골당이라는 명칭을 사용했으나, 이는 일본식 표기여서 우리말로 순화시킨 봉안당으로 개정된 것이다.

「장사 등에 관한 법률」(이하 "이 법")에서 매장을 제외한 유골을 안치하는 시설을 봉안시설이라고 하며, 이 시설의 종류는 봉안당 이외에 화장을 한 후 기존 묘와 유사한 봉안묘, 봉안탑과 봉안담이 있는데, 건축물에 해당하는 봉안당만 나목에 포함된다.

봉안당은 이 법에서 실내에 유골을 안치할 수 있는 시설과 폭 5미터 이상의 진입로, 주차장, 유족편의 등의 시설 기준을 정하고 있으며, 화장시설과 동일하게 운영 주체에 따라 공설 봉안당과 사설 봉안당으로 구분된다.

지자체에서 운영하는 공설 봉안단 이외에 사설 봉안당은 운영 주체에 따라 가족 또는 종중·문중, 종

교 단체, 재단법인이 설치하는 봉안당으로 그 종류가 다양하다. 특히 요즈음 사설 봉안당의 광고를 부쩍 많이 볼 수 있는데, 이 중 하나가 종교단체에서 운영하는 봉안당이다.

죽음이라는 것이 종교와 밀접한 관련 있어 종교시설에 설치하는 봉안당이 부쩍 많이 늘었다. 그래서 교회·성당이나 절 등 종교시설 내부에 별도의 부속 용도로서 운영하는 경우에는 이 봉안당을 26)묘지관련시설이 아닌 6)종교시설에 포함하도록 하고 있다. 하지만 이 점을 악용해 봉안당을 무리하게 건립·운영하다 보니 주변 거주자와 마찰을 빚는 사례도 종종 있다. 봉안당이 아직까지는 혐오시설로 인식되고, 또한 설치가 가능한 지역지구가 한정적이다보니 건립이 쉽지 않다. 하지만 종교시설로 등록하게 되면 설치 범위가 훨씬 넓고 제약조건이 거의 없어 종교시설을 가장한(?) 봉안시설을 설치하려는 사업자들이 생기면서 논란이 된 것이다.

김포공설봉안당 〈출처: 김포시〉

종교시설 봉안당 〈출처: 참회와 속죄의 성당〉

다. 묘지와 자연장지에 부수되는 건축

❶ 묘지와 자연장지 그 자체가 건축물은 아니다.

묘지를 「장사 등에 관한 법률」(이하 "이 법")에서 시신이나 유골을 매장하는 분묘를 설치하는 구역이라고 정의하고 있다. 묘지는 매장방식 중 그 역사가 가장 오래되고 일반적인 방법으로 여전히 면적 및 장사 방식에 있어 26)묘지관련 시설 중 이용 비율이 가장 높다.

묘지 및 봉안당에 고인을 모시는 방식에서 조금 더 변화되어 요즈음은 다양한 형태의 장묘문화가 생겼는데, 그 중 하나가 '수목장'이다. 고인을 화장한 뒤 나무 뿌리에 묻는 방식으로 자연 친화적이라는 이유 등으로 많이 이용하는 장례방식이다.

이러한 방식을 이 법에서는 '자연장지'라고 하며 화장한 유골의 골분(骨粉)을 수목·화초·잔디 등의 밑이나 주변에 묻어 자연장으로 장사할 수 있는 구역이라고 정의하고 있다. 유럽에서 처음으로 도입되어 2000년대 초 우리나라에 보급되었으며, 이 법에서도 관련 법령이 개정되면서 본격적으로 도입되었다.

묘지나 자연장지뿐만 아니라 봉안탑, 봉안담 등을 포함하여 이들 시설은 실외에 위치하는 것으로 그 자체로서는 건축물에 해당이 되지 않는다. 하지만 이들 시설을 이용하기 위한 유족편의시설 등과 유지·관리를 위한 관리실 등 부대시설이 시설 부지 내에 설치되며, 이러한 건축물이 다목의 시설에 해당한다.

라. 동물화장시설, 동물건조장(乾燥葬)시설 및 동물 전용의 납골시설

❶ 폐기물과 같이 처리되었던 동물의 사체

관련 법령 개정 이전에는 동물의 사체가 「폐기물 관리법」에 근거하여 동물병원 등에서 발생하는 사체는 '의료폐기물'로 분류 처리되고, 일반 가정에서 발생하는 사체는 '생활 폐기물'로 분류되었다. 이미 「동물보호법」(이하 "이 법")에 근거하는 동물장묘시설이 운영되고 있었음에도 사랑하는 반려동물이 죽어서 폐기물로 분류되고 처리된다는 규정에 대해 반려동물을 키우는 사람들의 입장에서는 반감이 많았다.

이에 2016년 「폐기물 관리법」에서 동물장묘시설에서 처리되는 동물의 사체는 제외한다는 규정이 생겼고, 17년 초 건축법 시행령 별표1에도 묘지관련시설에 동물화장시설이 추가 신설되었다. 물론 지금도 모든 반려동물이 동물장묘시설에서 사체가 처리되지 않기 때문에 논란이 끊이지 않고 있다.

이 법에서 동물 장묘업은 동물 장례식장, 화장시설, 건조장, 납골시설로 구분되며 이 중 28)장례시설에 속하는 동물 장례식장을 제외한 시설들이 라목에 속한다. 하지만 이들 시설은 보통 동일 업체가 한 장소에서 사체를 일괄 처리 후 장례식까지 치를 수 있는 것이 특징 이어서 28)장례시설의 동물 장례식장을 겸하고 있다.

동물화장시설은 동물의 사체 또는 유골을 불에 태우는 방법으로 처리하는 시설로 규정하고 있으며 이 법에서는 화장로와 냉동시설 등에 대한 시설 기준을 정하고 있다. 이렇게 화장 처리된 사체는 납골함 등에 담겨 납골시설에 보관되게 되며, 유골을 안전하게 보관하고 개별적으로 확인할 수 있도록 표지판 부착 등을 하도록 하고 있다.

동물 건조장 시설은 조금 생소한데 동물의 사체 또는 유골을 건조·멸균분쇄의 방법으로 처리하는 시설을 말한다. 사체를 화장하는 대신 전자파를 이용하여 수분만 제거하는 방식으로 화장과정에서 발생하는 매연, 악취 등이 전혀 없고 매장 시 토양 오염을 방지할 수 있는 친환경적인 방법으로 최근 들어 각광받고 있는 시설이라고 한다.

반려동물 인구 성장에 따라 이들 시설 역시 그 수요가 늘어나고 있으나 묘지관련 시설이다 보니 이런 시설의 보급 확대까지는 인근 주민의 민원이라는 큰 산을 넘어야 하는 실정이다.

동물화장시설 및 봉안당 〈출처:스타펫〉

27. 관광 휴게시설

가. 야외음악당
나. 야외극장
다. 어린이회관
라. 관망탑
마. 휴게소
바. 공원·유원지 또는 관광지에 부수되는 시설

■ 용도지역 내 건축물의 용도 제한

건축물의 용도	도시지역																관리지역(4층 이하)			농림지역	자연환경보전지역
	주거지역						상업지역				공업지역			녹지지역(4층 이하)							
	1종전용	2종전용	1종일반	2종일반	3종일반	준주거	중심	일반	근린	유통	전용	일반	준	자연	생산	보전	계획	생산	보전		
가. 야외음악당	×	×	×	×	×	○	○	●	○	○	×	×	○	●	×	×	○	×	×	×	×
나. 야외극장	×	×	×	×	×	○	○	●	○	○	×	×	○	●	×	×	○	×	×	×	×
다. 어린이회관	×	×	×	×	×	○	○	●	○	○	×	×	○	●	×	×	○	×	×	×	×
라. 관망탑	×	×	×	×	×	○	○	●	○	○	×	×	○	●	×	×	○	×	×	×	×
마. 휴게소	×	×	×	×	×	○	○	●	○	○	×	×	○	●	×	×	○	×	×	×	×
바. 공원·유원지 또는 관광지 부수 시설	×	×	×	×	×	○	○	●	○	○	×	×	○	●	×	×	○	×	×	×	×

(×: 금지, ● : 법령 허용, ○ : 조례 허용, ▲ : 법령 부분·제한적 허용, △ : 조례 부분·제한적 허용)

가. 야외음악당

❶ 야외음악당과 야외공연장의 차이는?

야외음악당은 문화예술을 위한 시설 중 하나로서 실외에 설치되며, 보통 지붕 형태의 구조물이 있는 무대와 관람석 등으로 구성되는 것을 말한다. 이 시설은 다음 장의 표와 같이 「문화예술 진흥법」에 적용을 받는 공연시설 중 연주·연극·무용 등을 공연하는 야외시설로서, 「공연법」에 따른 공연장 이외의 시설이라고 정의하고 있다.

그럼 야외 음악당은 공연장. 특히 야외 공연장과는 어떤 차이가 있을까?

야외 음악당과 야외 공연장은 시설이나 디자인 측면에서 거의 유사해 그 차이점을 찾기 어렵다. 하지만 (야외)공연장은 관련 법령에 의해 공연의 용도로 사용되는 목적 및 용도가 더 뚜렷하다. 「공연법」(이하 “이 법”)의 적용을 받아 등록한 공연장은 연간 90일 이상 또는 계속해서 30일 이상 공연을 제공해야 하기 때문이다.

반면 야외 음악당은 정기적 공연을 위한 목적보다는 공원·유원지 등에 설치되어 비정기적 행사 등의 목적으로 사용되는 것으로서 가장 보편적으로 설치되는 시설이다.

위에서 설명했듯이 두 시설의 차이가 있음에도 외부 형태만으로 두 종류를 구분하기는 어렵고, 실제로도 두 명칭을 구분하지 않고 사용되는 경우가 많아 동일 시설로 보아야 한다. 또한 「공연법」 적용 유무도 건축물 대장에 용도 등재 이후에도 가능한 부분이어서 위의 내용만 가지고 명칭으로 구분하기는 힘들다. 따라서 구분의 의미가 없을 수 있지만 건축물의 용도 분류상 세부 시설들을 관련 법에 근거해 명확히 정의하고자 했기 때문에 두 시설을 위와 같이 설명해 보았다.

■ 공연 시설 종류

공연장	종합공연장, 일반공연장, 소공연장
영화 상영관	영화상영관, 비상설상영장
야외 음악당 등	연주·연극·무용 등을 할 수 있는 야외시설로서 「공연법」에 따른 공연장 외의 시설

나. 야외극장

❶ 야외극장의 대표적 시설은 자동차 영화 상영관이다.

4)제2종 근린생활시설 가목의 공연장의 종류에서 극장과 영화관은 별개로 구분하고 있으며, 극장은 영화 상영을 위한 곳이 아닌 연극, 뮤지컬, 오페라 등을 공연하는 장소를 말한다.

그럼 나목의 야외극장은 실외에 설치되어 연극 등을 관람하는 시설로 보면 될까?

결론부터 이야기하면 나목의 야외극장은 연극 등을 공연하는 시설보다는 영화를 상영하는 '자동차 극장'을 말한다. 야외극장이 연극, 뮤지컬 등을 공연하는 곳이라면 가목의 야외음악당과 명칭만 다를 뿐 시설의 형태나 사용 면에서 별반 차이가 없기 때문에 나목의 시설로 별도 구분할 이유가 없기 때문이다.

다시 정리하면 연극, 뮤지컬, 음악 콘서트 등을 포함한 유사 공연을 담당하는 곳은 가목 야외음악당이고 나목은 영화를 상영하는 야외극장 즉 자동차 전용 극장이 여기에 해당하며, 이와 관련된 질의회신을 참조하기 바란다.

자동차 극장은 주차장 등 넓은 공간에 대형 스크린을 설치하고 자동차를 탄 채로 영화를 관람할 수 있는 영화 상영 시설을 말한다. 관련 법령인 「영화 및 비디오물의 진흥에 관한 법률」에서 야외영화상영관으로서 다음과 같은 시설 기준을 충족하도록 하고 있으며 「도시공원 및 녹지 등에 관한 법률」에서 공원시설의 종류 중 교양시설의 종류 중 하나에 속하는 시설이다.

나. 야외영화상영관(자동차극장)

(1) 주차공간 : 「주차장법」에 따른 노외주차장의 시설기준을 갖출 것

(2) 영사막(고정시설일 경우)

(가) 영사막의 구조내력: 「건축법」 제83조 및 같은 법 시행령 제118조 제1항 및 제3항에 따른 옹벽 등 공작물의 구조내력기준에 맞을 것

(나) 영사막의 위치 : 영사막과 맨 앞 줄 자동차 간의 거리는 영사막의 높이만 큼의 거리 이상을 띄울 것

|질의|

자동차전용극장(300제곱미터미만)의 용도를 제2종 근린생활시설(공연장)로 보아야 하는지 관광휴게시설(야외극장)로 보아야 하는지? -

|회신|

건축물의용도는 「건축법」제2조제1항제2호의2에 따라 건축물의 종류를 유사한 구조·이용목적 및 형태별로 묶어 분류한 것으로서 「건축법시행령」별표1에서 용도별로 건축물종류를 정하고 있는 바, 문의한 자동차전용극장의 경우 이용 형태 등이「건축법시행령」별표1제27호나목의 야외극장과 유사한 것으로 판단되므로 관광휴게시설로 분류되어야할 것으로 보입니다

(국토해양부건축과 - 5060, 2004. 10. 5)

코오롱야외음악당 〈출처: 대구문화예술회관〉

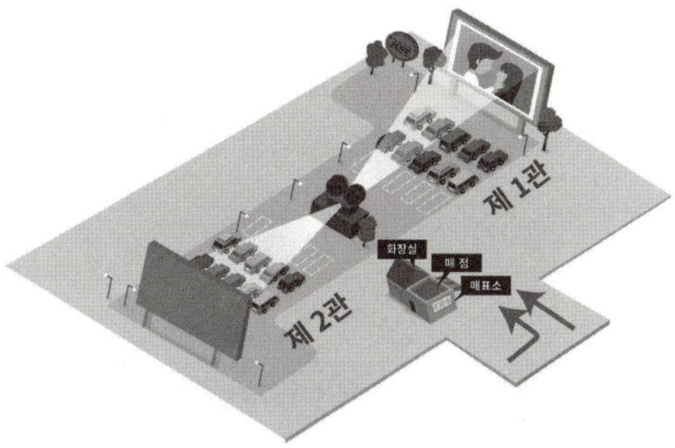

자동차극장 〈출처: 천안자동차 극장〉

다. 어린이회관

❶ 추억의 장소 어린이 회관

어린이들만을 위한 문화시설이 전무했던 1970년대에 박정희 정권이 정책적으로 서울을 비롯한 전국 주요 도시에 '어린이회관'을 세웠다. 그 대표적인 예가 서울 능동 어린이회관으로 아직도 '육영재단'에서 운영하고 있다는 것으로도 설립 배경과 취지를 엿볼 수 있다.

예전에는 각종 전시시설과 어린이날 행사, 소풍 때 많이 찾던 곳이어서 기성세대들에게는 추억의 장소이기도 하다. 하지만 건립된지 오래되어 시설과 제공 컨텐츠 측면에서 모두 노후화되었고, 예전에 비해 어린이 과학관 등 아동 관련 전문 시설이 많이 생겨났기 때문에 이곳을 찾는 이용자 비율은 급격하게 감소되었다.

그래서 기존 전시, 관람, 공연 위주의 시설에서 과학 등 교육 관련 프로그램의 운영 등 다양한 컨텐츠를 제공함으로써 시설 유지에 안간힘을 쏟기도 하고, 저조한 이용률로 인해 일부 어린이회관은 웨딩홀 등 다른 용도로 사용되는 경우도 있다.

이렇게 어린이회관의 시설 목적은 전시 등 문화 행사를 주로 하는 곳이기 때문에 5)문화 및 집회시설에 더 가까울 텐데 27)관광 휴게시설에 속해있는 이유는 무엇일까?

가장 큰 이유는 건립 당시 서울뿐만 아니라 다른 지역의 어린이회관도 대부분 주요 도시의 어린이대공원 내의 동물원 및 유원시설과 더불어 설치되었다는데 있다. 이런 이유로 어린이 회관의 기능이 전시·관람 등의 역할을 하지만 공원 내의 시설이기 때문에 27)관광 휴게시설에 분류된 것이다.

어린이회관의 설치와 관련된 법령은 「청소년활동진흥법」에서 청소년이용시설 중 하나로서 명기되어 있는 정도이고, 일부 지자체에서 「어린이회관 설치 및 운영조례」를 운영하고 있는 정도이다. 아무래도 특정 시절에 지어졌고 더 이상 그 설립 취지에 맞추어 운영을 지속할 필요가 없는 시설이기 때문일 것이다.

유사시설로서 「아동복지법」에서 정하는 아동전용시설 종류 중 '아동회관'이 있으며, 이 법에 근거해 일부 지자체에서는 동일 명칭인 'ㅇㅇ어린이회관'으로 운영 중이다. 하지만 이들 시설들은 27)관광 휴게시설이 아닌 5)문화 및 집회시설 등 다른 건축물의 용도로 분류되어 있다. 따라서 다목의 시설은 특수한 경우로서 27)관광 휴게시설에 속하고, 기타 유사한 시설은 5)문화 및 집회시설 등 관련 용도에 분류되어야 할 것이다.

라. 관망탑

❶ 관망탑이라는 이름 보다는 전망대로 더 친숙한 건축물

관망탑은 자연 경관이 좋은 곳이나 높은 지형 위에서 도시경관을 바라볼 수 있도록 만든 건축물이다. 하지만 이 시설의 명칭보다는 높은 곳에 올라가 먼 곳을 바라볼 수 있는 동일한 의미의 '전망대'가 우리에게 더 친숙하다. 또한 관광휴게시설 관련 법령인 「도시교통정비촉진법」, 「자연공원법」, 「도시공원 및 녹지 등의 관한 법률」에서도 관망탑보다는 전망대라는 시설 명칭을 사용하고 있다. 따라서 이하 내용에서도 편의상 전망대라는 명칭을 사용해 라목을 설명하도록 하겠다.

위의 법령들에서는 전망대가 관련 시설 정도로만 언급되어 있고, 이 시설에 관한 별도 관련 규정은 없다. 대신 「자연공원법」에서만 자원공원 내에 설치 가능한 공원시설 중 하나로서 공원자연보전지구

내에 허용되는 최소한의 공원시설 및 공원사업으로 전망대의 부지면적을 200㎡이하로 규정하고 있는 정도이다.

국내에 설치되어 있는 전망대의 형태나 종류가 다양하며 보통 두 가지로 크게 나눌 수 있다. 첫 번째는 단순히 주변 지역의 자연경관 등을 감상하기 위해 높은 타워를 설치해 먼 곳을 조망하는 목적의 단일 용도의 전망대이다. 다른 하나는 다른 용도와 복합용도로 건축되어 그 최상층을 전망대로 활용한 유형이다.

전망대하면 가장 먼저 떠오르는 '남산 N서울타워'가 대표적인 예로서 방송 통신 기능을 하면서 서울의 전경을 여기서 한눈에 조망할 수 있는 곳이다. 또 다른 사례는 23)자원순환 관련시설의 일부인 폐기물 처리시설의 소각타워나 하수종말 처리장의 배기구를 활용한 전망대로서 '구리타워'나 '용인 아르피아타워' 등이 대표적인 예이다.

특히 이런 시설들은 종래의 협오시설의 이미지를 벗고 각 지역의 랜드마크로 자리매김하고 있다 보니 여러 지자체에서도 유사시설 등에 전망대 설치를 추진 중이거나 현재 운용되고 있다. 하지만 일부 시에서는 기존 계획에도 없었던 소각타워 상부에 전망대를 부랴부랴 시공하다 보니 불법건축물 논란이 되기도 했다. 대신 이들은 주 용도가 아닌 부속용도로 전망대가 건축되어 27)관광휴게시설로 분류되는 경우는 드물다.

달 전망대 <출처: 시화호조력발전소>

고하도 전망대 <출처: 목포시>

마. 휴게소

❶ 고속도로가 건설되면서 생겨난 건축물

장거리 여행을 위해 고속도로를 이용할 때면 항상 이용하는 시설이 바로 휴게소이다. 지금은 고속도로뿐만 아니라 국도, 지방도에도 휴게소가 많이 운영되고 있는데, 마목의 설명에서는 '고속도로 휴게소' 중심으로 설명하고자 한다.

박정희 정권 시설 산업화에 더욱 박차를 가하기 위해 서울과 부산을 잇는 국내 최초의 고속도로인 경부고속도로가 생겨나면서 많은 것을 바꾸어 놓았다. 당시에는 서울부터 부산까지 계속해서 달릴 수 있는 획기적인 도로였지만, 편의시설이 지금처럼 갖추어지지 않았었다. 이때 국내 최초의 휴게소인 '추풍령 휴게소'가 경부고속도로에 생겼고, 그곳에 경부고속도로 개통 기념탑과 기념공원까지 설치되었다.

처음 이 휴게소가 들어설 때와는 다르게 지금의 휴게소는 많은 것이 바뀌었다. 기존의 천편일률적인 모습에서 탈피해 각 휴게소마다 주변 경관을 잘 이용해 건물을 설계함으로써 개성있는 휴게소를 이용할 수 있다. 또한 특별 음식메뉴 발굴, 애완견 놀이 공원 등 다양한 서비스를 제공하는 곳으로 휴게소의 개념이 달라지고 다양해졌다.

휴게소는 「도로법」(이하 "이 법")에서 도로의 부속시설 중 하나에 속하는 것으로 정의하고 있다. 여기서 부속시설은 도로관리청이 도로의 편리한 이용과 안전 및 원활한 도로교통의 확보, 그 밖에 도로의 관리를 위한 시설을 말하며, 휴게소(휴게시설) 이외에 통행료 징수시설, 도로관리사업소, 환승센터와 각종 필요 시설 등이 여기에 속한다.

휴게소는 이 법 시행령에 따라 도로 점용허가를 받아 설치되며, 유료도로에 따른 휴게소는 「한국도로공사법」에 따라 설치와 관리를 한국도로공사가 하고 있다. 고속도로마다 보통 20~40km마다 하나씩 설치되는데, 이는 각 휴게소의 수익확보를 위한 것이다. 휴게소가 많을수록 이용객도 편하고 많아질 것 같지만 오히려 많은 사업장을 만들어 한정된 고속도로 이용객이 분산되면 수익 창출이 줄어들기 때문이다.

❷ 화물자동차 휴게소

일반인이 많이 이용하지 않지만, 또 다른 종류의 휴게소가 바로 '화물자동차 휴게소'이다. 이 시설 역시 「도로법」에서 도로의 부속시설 중 하나에 속하며, 관련 법령은 「화물자동차 운수사업법」(이하 "이 법")이다. 이 휴게소는 화물자동차의 운전자가 화물의 운송 중 휴식을 취하거나 화물의 하역을 위하여 대기할 수 있도록 도로 등 화물의 운송경로나 물류시설 등 물류거점에 휴게시설과 차량의 주차·정비·주유 등 화물운송에 필요한 기능을 제공하기 위하여 건설하는 시설물이다.

일반 휴게소와 달리 이 법에서는 화물 자동차 운행이 많은 항만 또는 산업단지, 물류단지, 고속국도 또는 일반국도 인접 지역에 총 중량 8톤 이상, 화물자동차 일일 평균 교통량이 3천대 이상인 지역을 건설대상 지역으로 지정하고 있다. 또한 대형 화물차가 이용하고, 장시간의 운전자를 위한 시설인 만큼 차도 등의 설치 기준, 휴게·샤워 시설 등에 대한 요건도 이 법 시행규칙 별표 6의2에서 아래와 같이 규정하고 있다.

1. 자동차의 하중(40톤)·지진 그 밖의 진동이나 충격에 대하여 견딜 수 있도록 안전하게 설계할 것
2. 구내차도는 자동차가 후진하지 아니하고 출입구를 향하여 운행할 수 있도록 할 것
3. 구내차도의 너비는 6.5미터 이상으로 할 것. 다만, 일방통행의 구내차도는 3.5미터 이상으로 할 수 있다.
4. 구내차도 또는 조차장소 위에 횡단육교 또는 이와 유사한 구조물을 설치하는 경우에는 그 유효높이를 4.5미터 이상으로 할 것

5. 구내차도 또는 조차장소의 경사부분의 기울기는 10퍼센트 이내로 할 것
6. 조차장소의 형상 및 너비는 해당 복합물류터미널의 규모 및 구조에 적합하게 할 것
7. 주차장, 휴게실, 샤워실, 식당, 주유소 및 정비소를 구비할 것
8. 운전자 편익 증진 시설은 휴게시설(주차장 제외) 면적의 40% 이하로 할 것

〈출처: 경상북도〉

울산화물자동차 휴게소 〈출처: 울산화물협회〉

바. 공원·유원지 또는 관광지에 부수되는 시설

❶ 공원 등의 편의와 유지관리 등을 위한 부수시설

공원이나 유원지라고 하면 외부 시설물이나 조경 시설만을 생각하기 쉽지만, 이곳을 방문하는 사람들의 편의와 유지관리 등을 위한 시설도 필요하다. 이런 부수되는 시설들은 관리사무소부터 각종 유희시설에 이르기까지 다양한 종류의 용도가 설치될 수 있기 때문에 이들의 용도를 총 망라해 바목으로 지정하고 있다.

그럼 바목의 시설들이 들어설 수 있는 공원, 유원지, 관광지가 어떤 곳인지 간단히 알아보자. 공원은 크게 도시공원과 자연공원으로 나뉘며 각각 「도시공원 및 녹지 등에 관한 법률」과 「자연공원법」의 적용을 받는다.

도시공원은 도시지역에서 도시 자연경관을 보호하고 시민의 건강·휴양 및 정서 생활을 향상시키는 데 이바지하기 위하여 설치 또는 지정된 도시·군관리계획으로 결정된 공원 또는 도시자연공원 구역을 말한다. 그리고 도시공원의 효용을 다하기 위해 이 법에 따라 조경, 휴양, 유희, 교양, 편익시설 등의 설치가 가능하다.

반면 자연공원은 국립공원·도립공원·군립공원 및 지질공원이 여기에 해당한다. 도시공원과 마찬가지로 이 자연공원의 보전·관리 또는 이용하기 위한 시설인 관리사무소 매표소 및 관련 시설 등이 자연공원 시설에 해당하며, 이러한 관리 및 편의시설들이 바목에 속한다.

유원지는 기반시설 중 공간시설의 하나로서 도시 및 자연 경관 등을 고려하여 준주거지역·일반상업지역·자연녹지지역 및 계획관리지역에 한하여 설치된다. 「도시·군계획 시설의 결정·구조 및 설치기준에 관한 규칙」에서 유원지를 주민의 복지향상에 기여하기 위하여 설치하는 오락과 휴양을 위한 시설이라고 정의하고 있으며, 유원지 내에 유희, 운동, 휴양, 특수, 위락, 편익시설 등이 설치된다.

관광지는 「관광진흥법」(이하 "이 법")에서 자연적 또는 문화적 관광자원을 갖추고 관광객을 위한 기본적인 편의시설을 설치하는 지역으로 지정된 곳을 말한다. 문화체육관광부 장관이 이 법에 근거하여 관광개발 기본계획을 수립하고 시·도지사가 기본계획에 따라 권역별 관광개발계획을 수립한다. 그리고 이러한 개발계획에 따라 관광지를 지정하는데 관광지 조성계획의 내용에 관광시설 계획으로 공공편익, 관리, 조경, 설비 시설 등에 부수되는 시설들이 바목에 속한다.

다만 보통 공원, 유원지, 관광지 하면 빼놓을 수 없는 것이 놀이동산, 테마파크 등 유원 시설인데, 이 시설은 바목에 속하는 시설이 아닌 16)위락시설에 속하는 점에 유의해야 한다. 물론 공원 내부에도 문화 및 집회시설, 숙박시설, 체육시설 등 해당 법령에 따라 설치가 가능한데 이들 시설은 바목의 부수되는 시설보다는 각각의 건축물 용도에 포함된다.

위천수변테마파크 〈출처: 군위군청〉

뚝섬공원 자벌레 〈출처: 서울시〉

28. 장례시설

가. 장례식장[의료시설의 부수시설(「의료법」 제36조제1호에 따른 의료기관의 종류에 따른 시설을 말한다)에 해당하는 것은 제외한다]

나. 동물 전용의 장례식장

■ 용도지역 내 건축물의 용도 제한

건축물의 용도	도시지역																			관리지역(4층 이하)			농림지역	자연환경보전지역
	주거지역						상업지역				공업지역			녹지지역(4층 이하)							
	1종전용	2종전용	1종일반	2종일반	3종일반	준주거	중심	일반	근린	유통	전용	일반	준	자연	생산	보전	계획	생산	보전		
가. 장례식장	×	×	×	×	×	○	○	●	●	○	×	○	●	●	○	○	●	○	○	○	×
나. 동물 전용의 장례식장	×	×	×	×	×	○	○	●	●	○	×	○	●	●	○	○	●	○	○	○	×

(×: 금지, ● : 법령 허용, ○ : 조례 허용, ▲ : 법령 부분·제한적 허용, △ : 조례 부분·제한적 허용)

가. 장례식장[의료시설의 부수시설(「의료법」 제36조제1호에 따른 의료기관의 종류에 따른 시설을 말한다)에 해당하는 것은 제외한다]

❶ 예식장이 장례식장으로

7·80년대 이전에는 집이나 마을회관 등에서 장례를 치르는 경우도 많았다. 이후 도시 거주 비율이 높아지고 장례 문화도 간소화되면서 병원 내의 장례식장을 이용하는 것이 일반화되었다. 대형 병원에서 치료를 받다가 사망하는 경우가 많아 고인을 다른 시설로 옮기는 것보다는 그 병원의 장례식장에서 장례를 치르는 것이 각종 편의 측면에서 장점이 많기 때문이다.

하지만 고령화 사회로 접어들면서 장례를 치르는 빈도가 높아져 병원 내의 장례식장만으로 그 수요를 감당하기 어려워지면서 전문장례식장이 많이 생겨났다. 특히 지방을 중심으로 병원 내의 장례식장보다 전문장례식장 이용 비율이 더 높아졌으며, 예식장을 장례식장으로 용도 변경하는 사례까지 생겨났다.

이렇게 장례식장은 크게 전문장례식장과 병원 내의 장례식장 두 가지로 구분 지을 수 있다. 하지만 두 시설 중 전문장례식장만이 가목의 장례식장 시설에 해당한다. 병원 내의 장례식장은 28)장례시설이 아닌 9)의료시설에 해당하며, 이에 대해서는 ❷에서 다시 이야기하겠다.

장례와 관련된 법은 「장사 등에 관한 법률」(이하 "이 법")로서 장례식장은 묘지, 화장시설, 봉안시설, 자연장지와 함께 장사시설에 속한다. 일반적인 장례절차는 장례식장에서는 고인을 안치하고 조문과 장례를 치르고 발인 후에 화장시설 및 봉안당이나 묘지 등에 안장하면서 마무리된다. 「건축법」에 따른 건축물의 용도 분류는 이들 시설 중 장례식장만 28)장례시설에 속하고 나머지 시설은 26)묘지관련 시설로 분류된다.

이 법에서 장례식장은 시·도지사 또는 시장·군수 구청장이 설치 운영하는 공설장례식장과 그 이외의 사설장례식장으로 구분된다. 세부 시설로는 시신을 보관하거나 안치·염습·운구 등을 하기 위한 시설과 문상객을 위한 편의시설 및 기타 관리·편의시설 등이 있으며, 시설기준을 이 법 시행규칙 별표1의3에서 정하고 있다.

❷ 병원이 운영하는 장례식장은 불법이다.?

지금은 전문장례식장이 많이 운영되고 있으며 이는 국가에서도 선진장례 문화를 정착하기 위한 일환으로 정책적으로 장려하고 있다. 이런 전문시설들이 생겨나면서 오히려 기존에 이런 전문장례식장을 대신 해왔던 병원 내의 장례식장이 문제가 된 적이 있었다.

기존에는 건축물의 용도의 구분에서 장례식장이 23)장례시설이 아닌 9)의료시설에 포함되어 있었다. 하지만 「국토의 계획 및 이용에 관한 법률」에서 주거지역 내에 의료시설인 병원은 설치가 가능하지만 장례식장은 용도의 특성을 감안해 불가하다는 점이 문제의 발단이었다.

국립대학교 병원을 포함해 대형 병원을 중심으로 병원 내의 장례식장이 보편화되어 있는데, 이들 병원 중 일부가 주거지역에 설치되어 있어 결국 장례식장이 「국토의 계획 및 이용에 관한 법률」을 위반하게 되는 꼴이 된 것이다. 또한 장례식장은 의료행위와 관련 없는 영리를 취할 수 있는 시설인데 당시 병원의 설치와 관련된 「의료법」에서도 병원이 영리 목적의 부대시설의 설치를 제한하고 있었다.

이에 전문 장례업체를 중심으로 주거지역에 설치된 병원을 집단고발하는 등 사회적으로 이슈가 되었던 것이다. 하지만 이런 이슈는 관련 법령이 재빠르게 개정되면서 논란이 잠재워졌다

「건축법」의 건축물의 용도 분류에서는 전문 장례식장은 23)장례시설로, 병원 내의 장례식장(의료시설의 부수시설)은 9)의료시설로 분리함으로써 주거지역 내에서의 병원 장례식장이 합법적으로 운영할 수 있게 되었다. 또한 병원의 영리 목적의 부대시설 설치 제한도 「의료법」을 개정하여 의료법인은 부대사업 중에 하나인 장례식장의 설치·운영으로 수익을 얻을 수 있다고 명시한 것이다. 대신 과도한 장례식장 설치를 막기 위해 해당 의료기관의 연면적 5분의1을 초과하지 못하도록 규정하고 있다.

2007년도 집단 고발사태와 같은 사회적 이슈는 결국 병원의 장례식장 합법화로 결론이 났지만 개인적으로 이런 내용을 공부하면서 한가지 의외였던 점은 이런 해당 법령 개정이 상당히 빠르게 움직였다는 것이다. 병원의 장례식장처럼 건축물 용도와 관련하여 법적 해석이 모호하거나 위법인 경우가 상당히 많지만 해당 법령을 재빠르게 개정하여 합법화시킨 경우는 드물었다. 물론 집단고발이라는 그 파장이 너무나 컸기 때문에 빠른 조치가 필요하기도 했겠지만, 밥그릇을 차지하기 위한 싸움에서 상대방의 이익 집단이 어디이고 그 힘이 얼마나 세냐에 따라 결과가 다름을 여실히 보여줬던 것 같다.

전문장례식장 〈출처: 쉴낙원〉

병원 장례식장 〈출처: 을지대학교 병원〉

나. 동물 전용의 장례식장

❶ 동물 복합 장례시설

사람과 동물의 장례식장은 어떤 차이가 있을까?

가목의 장례식장은 장의차들이 오고 가는 것만 제외하고 장례식장시설 자체만으로 주변에 영향을 줄 만한 점이 적다는 것과 많은 조문객을 맞이하기 위해 일반적으로 도심 또는 그 인근에 위치한다. 그리고 녹지지역이나 관리지역에 설치되는 봉안당이나 묘지 시설과 가까이 있을 필요가 없으며, 장례식장과 묘지 관련 시설의 운영자 자체도 별개이다.

반면 동물 전용의 장례식장은 장례부터 화장 및 봉안까지 원스톱으로 장례를 치르는 복합장례시설로 운영되는 것이 일반적이다. 사람처럼 많은 조문객을 받을 필요도 없고, 장례도 3일 동안 지내지 않기 때문에 화장 등의 절차도 보다 간소하게 진행된다.

또한 반려동물 주인들도 복잡한 절차보다는 동물장묘업체를 통해 운구부터 장례식, 화장, 봉안, 물품제작(스톤)까지 일괄 서비스를 받고 싶어 한다. 따라서 대부분의 동물 전용의 장례식장은 26)묘지 관련 시설 중 라목의 동물 관련 시설과 동일한 시설에서 모든 것이 다 이루어진다. 그래서 동물복합장례시설은 장례시설과 묘지 관련 시설 설치가 모두 가능한 녹지지역이나 관리지역에 위치하는 것이 특징이다.

29. 야영장 시설

「관광진흥법」에 따른 야영장 시설로서 관리동, 화장실, 샤워실, 대피소, 취사시설 등의 용도로 쓰는 바닥면적의 합계가 300제곱미터 미만인 것

■ 용도지역 내 건축물의 용도 제한

건축물의 용도	도시지역																관리지역(4층 이하)			농림지역	자연환경보전지역
	주거지역						상업지역				공업지역			녹지지역(4층 이하)							
	1종전용	2종전용	1종일반	2종일반	3종일반	준주거	중심	일반	근린	유통	전용	일반	준	자연	생산	보전	계획	생산	보전		
야영장 시설로 관리동 등 300제곱미터 미만	×	×	○	○	○	●	○	○	●	○	×	○	●	●	●	○	●	○	○	○	×

(×: 금지, ● : 법령 허용, ○ : 조례 허용, ▲ : 법령 부분·제한적 허용, △ : 조례 부분·제한적 허용) ※제1종 일반주거지역: 4층 이하

❶ 12)수련시설과 분리된 야영장 시설

2000년대에 들어와서 답답한 도심을 떠나 자연으로 캠핑을 떠나고자 하는 인구가 급속히 증가했다. 통계청 자료에 따르면 국내 캠핑 인구는 2020년 기준 600만명으로 추정하고 있으며 캠핑 인구만큼이나 캠핑을 즐길 수 있는 야영장도 많이 늘어났다. 더욱이 워라벨 열풍과 주 52시간 근무 시행, 코로나 팬데믹 등으로 캠핑 관련 산업은 앞으로 더욱 성장할 것으로 보이지만, 문제는 지금까지 많은 야영장이 불법으로 신설·운영되어 왔다는 것이다.

이런 상황에서 2015년 강화도 글램핑 화재사고는 캠핑장 내의 사고가 얼마나 위험한지와 특히 불법 캠핑장이 소방·안전에서 사각지대임을 알게 해준 계기가 되었다. 이는 급격하게 늘어나는 캠핑 수요에 따라 눈앞의 이익을 위해 적법한 절차를 거치지 않고 생겨난 야영장이 원인이었다.

하지만 더 근본적인 이유는 캠핑장 설치에 대한 관련 법령 규제가 과도했다는 것인데, 야영장 시설에 대해 건축물의 용도를 12)수련시설로 적용케 함으로써 용도지역상 설치가 상당히 제한적이다 보니 불법으로 운영된 곳이 많을 수 밖에 없었다.

이런 폐단을 없애기 위해 「관광진흥법」(이하 "이 법")에서는 야영장업의 등록제도가 시행되면서 보전관리지역 또는 보전녹지지역에도 야영장 설치가 가능해졌다. 이 법 시행령 별표1 관광사업의 등록기준에서 야영장에 설치되는 건축물의 바닥면적 합계를 야영장 전체면적의 100분의 10 미만으로 규정하되, 보전관리지역 또는 보전녹지지역에 야영장을 설치하는 경우에는 아래와 같은 규정을 둔 것이다.

1) 야영장 전체면적이 1만제곱미터 미만이고,

2) 야영장에 설치되는 건축물의 바닥면적 합계가 300제곱미터 미만

이러한 관련 법령 개정에 맞추어 2016년 건축법에서도 29)야영장시설을 추가 신설하였다. 시설 면적 기준 300제곱미터 미만의 야영장 시설이 보전관리지역 또는 보전녹지지역에 설치 가능하도록 12)수련

시설 라목의 야영장 시설과 구분하고자 개정된 것이다.

야영장업은 야영에 적합한 시설 및 설비 등을 갖추고 야영 편의를 제공하는 시설을 말하며, 일반야영장업과 자동차야영장업으로 구분된다. 그리고 이 법 시행규칙 별표1에서는 이용객을 위한 야영장 관련 시설의 종류를 아래와 같이 구분하고 있다.

일반야영장업은 우리가 흔히 알고 있는 캠핑장을 말하며, 야영장비 등을 설치할 수 있는 공간을 갖추고 야영에 적합한 시설을 함께 갖추어 관광객에게 이용하는 업이라고 정의하고 있다.

반면 자동차야영장업은 자동차를 주차하고 그 옆에 야영장비 등을 설치할 수 있는 공간과 취사 등에 적합한 시설을 함께 갖추어 자동차를 이용하는 관광객에게 이용할 수 있는 시설로서 오토캠핑장이라는 이름으로 더 알려져 있다.

참고로 자동차야영장업은 개인차량을 가져와 캠핑을 하는 것을 말한다. 하지만 일부 오토캠핑장에서는 캐라반을 미리 가져다 놓고 영업을 하는 곳도 있는데 각 유관기관마다 해석이 달라 이 점에서도 혼선이 있다고 한다. 항상 그렇지만 글램핑 화재 사고처럼 인명피해가 일어나서야 관련 법을 부랴부랴 개정하는 일이 빈번한 만큼 이 역시 세부적인 지침 마련이 필요하다.

■ 야영장 시설의 종류

구분	시설의 종류
1. 기본시설	야영덱(텐트설치 공간)을 포함한 일반야영장 및 자동차야영장 등
2. 편익시설	바닥의 기초와 기둥을 갖추고 지면에 고정된 야영시설·야영용 트레일러·관리실·방문자안내소·매점·바비큐장·문화예술체험장·야외쉼터·야외공연장 및 주차장 등
3. 위생시설	취사장·오물처리장·화장실·개수대·배수시설·오수정화시설 및 샤워장 등
4. 체육시설	실외에 설치되는 철봉·평행봉·그네·족구장·배드민턴장·어린이놀이터·놀이형시설·수영장 및 운동장 등
5. 안전·전기·가스시설	소방시설·전기시설·가스시설·잔불처리시설·재해방지시설·조명시설·폐쇄회로텔레비전시설·긴급방송시설 및 대피소 등

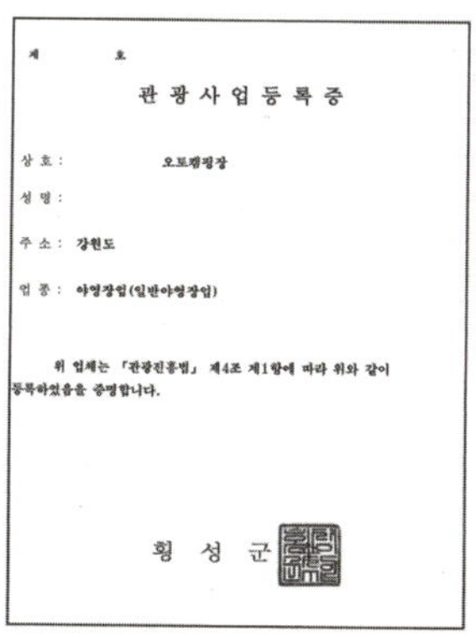

제 호

관 광 사 업 등 록 증

상 호 : 오토캠핑장

성 명 :

주 소 : 강원도

업 종 : 야영장업(일반야영장업)

위 업체는 「관광진흥법」 제4조 제1항에 따라 위와 같이 등록하였음을 증명합니다.

횡 성 군

〈관광사업 등록증. 일반야영장업〉

〈출처: 군산청암산캠핑장〉

30. 비 고

1. 제3호 및 제4호에서 "해당 용도로 쓰는 바닥면적"이란 부설 주차장 면적을 제외한 실(實) 사용면적에 공용부분 면적(복도, 계단, 화장실 등의 면적을 말한다)을 비례 배분한 면적을 합한 면적을 말한다.
2. 비고 제1호에 따라 "해당 용도로 쓰는 바닥면적"을 산정할 때 건축물의 내부를 여러 개의 부분으로 구분하여 독립한 건축물로 사용하는 경우에는 그 구분된 면적 단위로 바닥면적을 산정한다. 다만, 다음 각 목에 해당하는 경우에는 각 목에서 정한 기준에 따른다.
   가. 제4호더목에 해당하는 건축물의 경우에는 내부가 여러 개의 부분으로 구분되어 있더라도 해당 용도로 쓰는 바닥면적을 모두 합산하여 산정한다.
   나. 동일인이 둘 이상의 구분된 건축물을 같은 세부 용도로 사용하는 경우에는 연접되어 있지 않더라도 이를 모두 합산하여 산정한다.
   다. 구분 소유자(임차인을 포함한다)가 다른 경우에도 구분된 건축물을 같은 세부 용도로 연계하여 함께 사용하는 경우(통로, 창고 등을 공동으로 활용하는 경우 또는 명칭의 일부를 동일하게 사용하여 홍보하거나 관리하는 경우 등을 말한다)에는 연접되어 있지 않더라도 연계하여 함께 사용하는 바닥면적을 모두 합산하여 산정한다.
3. 「청소년 보호법」 제2조제5호가목8) 및 9)에 따라 여성가족부장관이 고시하는 청소년 출입·고용금지업의 영업을 위한 시설은 제1종 근린생활시설 및 제2종 근린생활시설에서 제외하되, 위 표에 따른 다른 용도의 시설로 분류되지 않는 경우에는 제16호에 따른 위락시설로 분류한다.
4. 국토교통부장관은 별표 1 각 호의 용도별 건축물의 종류에 관한 구체적인 범위를 정하여 고시할 수 있다.

1. 제3호 및 제4호에서 "해당 용도로 쓰는 바닥면적"이란 부설 주차장 면적을 제외한 실(實) 사용면적에 공용부분 면적(복도, 계단, 화장실 등의 면적을 말한다)을 비례 배분한 면적을 합한 면적을 말한다.

❶ 면적에 따른 용도별 구분

제3, 4호는 제1종, 제2종 근린생활시설을 말한다. 근린은 근(近, 가까울 근), 린(隣, 이웃 린)의 의미로서, 우리가 거주하는 주거지역과 이웃해 있으면서 우리 생활과 밀접한 관계가 있어 왕래가 잦은 시설들이라고 이해하면 쉬울것 같다. 그만큼 우리 일상생활과 밀접하기 때문에 근린생활시설보다 규모가 클 경우 주거지역에 영향을 줄 수 있다.

또한 근린생활시설이 더 큰 규모의 다른 용도로 분류될 경우 건축, 소방, 구조 등의 법령이 추가로 적용된다. 따라서 표와 같이 일정 면적 이상의 시설은 근생 이외의 용도로 결정되는 만큼 "해당 용도로 쓰는 바닥면적"은 신축, 용도 변경 단계에서 검토되어야 할 가장 중요한 요소이다.

건축물의 종류	기준면적(㎡)	용도(미만일 때)	용도(이상일 때)
소매점(서점 제외)	1,000	1종 근생	판매시설
서적 판매 소매점(서점)	1,000	1종 근생	2종 근생
휴게음식점, 제과점 등	300	1종 근생	2종 근생
탁구장, 체육도장	500	1종 근생	운동시설
지역자치센터,지구대, 우체국, 보건소, 공공도서관 등 공공업무시설	1,000	1종 근생	업무시설
방송국, 통신용 시설	1,000	1종 근생	방송통신시설
금융업소, 사무소, 소개업소, 출판사 등 일반업무시설	30	1종 근생	2종 근생(30~500) 업무시설(500~)
에너지 공급 시설	1,000	1종 근생	발전시설
전기 자동차 충전시설	1,000	1종 근생	자동차 관련 시설
공연장(영화장,음악당,비디오물감상실 등),	500	2종 근생	문화 및 집회시설
종교집회장	500	2종 근생	종교시설
자동차 영업소	1,000	2종 근생	판매시설
청소년/복합유통게임제공업소,인터넷게임제공업소등	500	2종 근생	판매시설
학원(자동차,무도학원제외), 교습소, 직업훈련소(운전,정비관련 제외)	500	2종 근생	교육연구시설
테니스장, 체력단련장,에어로빅장,볼링장,당구장, 실내낚시터,골프연습장,놀이형시설	500	2종 근생	운동시설
다중생활시설	500	2종 근생	숙박시설
제조업소, 수리점 등 (배출시설 허가·신고 대상 아닌것, 폐수 위탁시설)	500	2종 근생	공장
단란주점	150	2종 근생	위락시설

참고로 근생과 이외의 시설로 구분되는 기준이 면적뿐만 아니라 '환경 관련 법령' 적용 여부에 따라서도 결정된다. 세탁소가 대량의 세탁물을 처리해서 「물환경보전법」에 따라 허가 또는 신고 대상이 된다면 제1종 근생이 아닌 공장 용도에 해당한다.

제조업소와 수리점 등은 해당 용도로 사용되는 바닥면적이 500㎡ 미만이면 제2종 근생에 속한다. 하지만 500㎡ 미만이라 하더라도 환경 관련 법령에 따라 허가·신고 대상이면 근생이 아닌 공장 용도에 속한다. 이런 종류의 업종은 면적에 관계 없이 주변 지역 특히 주거지역에 영향을 주는 영업활동을 하는 시설로서 근린생활시설의 설치 취지에 맞지 않기 때문이다.

건축물의 종류	기 준	용도	
		적용	미 적용
세탁소	- 공장에 부설되는 것 제외 - 「대기환경보전법」, 「물환경보전법」, 「소음·진동관리법」에 따른 배출시설의 설치 허가 또는 신고의 대상이 아닌것	1종 근생	공장
제조업소, 수리점 등	- 500제곱미터 미만이고 - 「대기환경보전법」, 「물환경보전법」, 「소음·진동관리법」에 따른 배출시설의 설치 허가 또는 신고의 대상이 아닌 것 - 폐수를 전량 위탁처리 하는 것	2종 근생	공장

❷ 해당 용도로 쓰는 바닥면적 = 실 사용면적(전용면적) + 공용 부분 면적(복도, 계단, 화장실 등을 비례 배분, 부설주차장 제외)

상가 건물을 예로 들면 면적은 개별 점포 각각의 실 사용면적(전용면적)과 공동으로 사용하는 복도, 계단실, 화장실, 기타 기능실 등과 부설주차장으로 이루어진 공용면적으로 이루어진다. 이 중에서 부설주차장 면적을 제외한 나머지 공용 부분 면적을 합산해 각 점포의 전용면적 비율로 나눈 면적을 각 점포의 전용면적과 합산한 면적이 '해당 용도로 쓰는 바닥면적'이 된다.

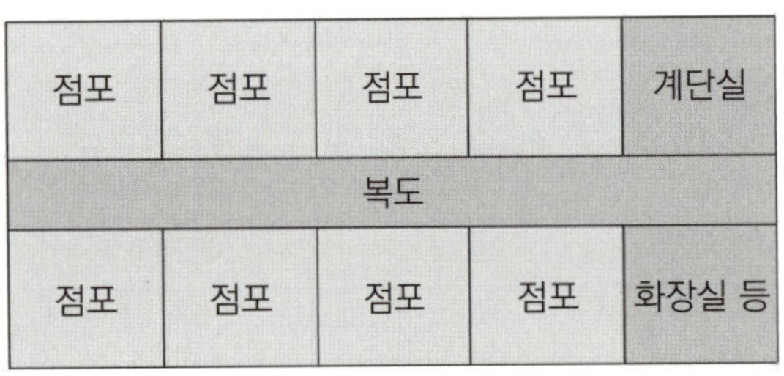

기준층 평면도

지하층 평면도

> 2. 비고 제1호에 따라 "해당 용도로 쓰는 바닥면적"을 산정할 때 건축물의 내부를 여러 개의 부분으로 구분하여 독립한 건축물로 사용하는 경우에는 그 구분된 면적 단위로 바닥면적을 산정한다. 다만, 다음 각 목에 해당하는 경우에는 각 목에서 정한 기준에 따른다.

보통 상가 건물 하나에는 다양한 종류의 시설이 입점해 있고, 이들 각각의 업종 시설도 면적에 따른 용도 구분을 해야 한다. 그럼 이 각각의 시설들은 용도 구분을 위한 면적 산정을 어떻게 할까?

기존 건축법 시행령 개정 이전(2014년 3월)에는 건축물 내 업종별 총량제로 면적을 산정했다. 예를 들어 한 근생 건물에 여러 개의 운동시설이 있는 경우 이들 바닥면적을 모두 합산했다. 그래서 이 면적이 이미 제2종 근생의 기준 면적인 500㎡에 임박해 있는 경우 추가로 운동시설이 입점하려면 면적 제한으로 입점을 못하거나 13)운동시설로 용도 변경을 해야 했다.

하지만 이런 규정이 신규 창업자의 창업 기회를 박탈하는 단점이 있어 기존 '건축물 내 업종별 총량제'에서 '건축물 내 소유자별 총량제'로 관련 항목이 개정된 것이다. '건축물의 내부를 여러 개의 부분으로 구분하여 독립한 건축물로 사용하는 경우에는 그 구분된 면적 단위로 바닥면적을 산정한다.'는 문구의 의미가 바로 동일 용도의 합산이 아니라 구분된 면적 (소유자별)단위로 '해당 용도로 쓰는 바닥면적'을 산정한다는 것이다.

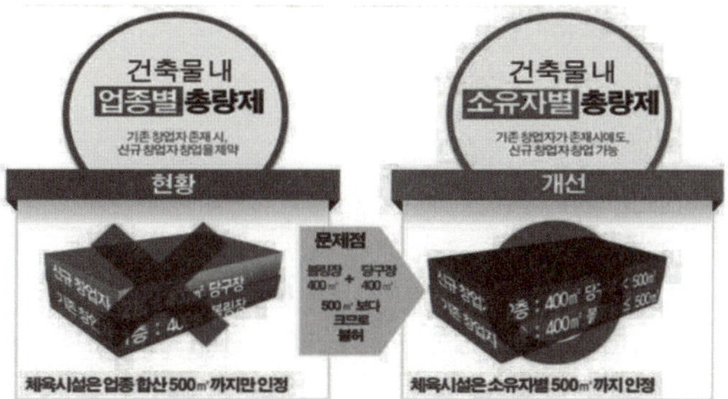

〈출처: 국토교통부〉

> 가. 제4호더목에 해당하는 건축물의 경우에는 내부가 여러 개의 부분으로 구분되어 있더라도 해당 용도로 쓰는 바닥면적을 모두 합산하여 산정한다.

'제4호 더목'은 제2종 근생시설 중 단란주점을 말하며, 제2종 근생시설 용도로 쓰이기 위해서는 바닥면적 합계가 150㎡ 미만이어야 한다. 단란주점은 주류를 조리·판매하는 영업으로 손님이 노래를 부르는 행위까지만 허용되는 영업장을 말한다. 위의 2호 항목에 따르면 각각의 영업장이 구분되어 있고, 각각의 면적이 150㎡ 미만이면 제2종 근생시설로 영업이 가능하다. 하지만 법령 개정 이전처럼 가목에서 유독 '단란주점'만은 이들 용도로 쓰이는 바닥면적을 모두 합산하여 산정하고 있다.

이는 단란주점이 인근 지역 등에 영향을 미치기 쉽기 때문에 예외를 두는 것이다. 예외 규정이 없다면 한 건물 내에 복도를 중심으로 각각의 소유자가 다른 단위 구획(150㎡ 미만)에 단란주점들이 들어선다면 이 건물은 근린생활시설의 취지에 맞지 않게 집단화된 유흥시설로 전락할 수 있기 때문에 이를 미연에 방지하겠다는 취지이다.

나. 동일인이 둘 이상의 구분된 건축물을 같은 세부 용도로 사용하는 경우에는 연접되어 있지 않더라도 이를 모두 합산하여 산정한다.

나목의 내용은 한 건물에 각각 분리된 동일한 용도의 영업장이 있는 경우라 할지라도 그 소유가 동일인이라면 그 영업장의 면적을 각각으로 보지 않는다는 것이다. 그 이유는 다음과 같다.

첫째, 위에서 설명한 '소유자별 총량제'로의 개정 취지가 신규 창업자의 불이익을 없애기 위한 것으로 동일 소유자 영업장의 개별 면적 산정은 개정 취지에 맞지 않다는 것이다.

둘째, 면적 산정 관련 개정된 내용을 악용하는 것을 사전에 차단하겠다는 것이다. 동일 소유자가 기존 영업장의 매출 증대를 위해 영업장의 규모를 늘리고 싶지만, 면적 제한에 걸려 확장을 하지 못하는 경우 동일 건물에 같은 소유자의 영업장을 추가로 늘리는 꼼수를 부리지 못하게 하는 것이다.

다. 구분 소유자(임차인을 포함한다)가 다른 경우에도 구분된 건축물을 같은 세부 용도로 연계하여 함께 사용하는 경우(통로, 창고 등을 공동으로 활용하는 경우 또는 명칭의 일부를 동일하게 사용하여 홍보하거나 관리하는 경우 등을 말한다)에는 연접되어 있지 않더라도 연계하여 함께 사용하는 바닥면적을 모두 합산하여 산정한다.

다목은 나목의 조건을 감안한 사업자가 명의만 다르게 하고 동일 점포 형태로 사용하는 경우를 감안해 만든 조항이다. 영업장 사용자가 동일인이 아니더라도 일부 시설을 공동으로 사용하거나 상호명이나 운영을 동일 영업장처럼 운영하는 것은 같은 영업장으로 보고 면적을 합산해야 한다는 것이다.

법망을 피하기 위한 업주의 편법, 꼼수를 다목의 예시만으로 방지할 수는 없다. 하지만 이런 단서를 만들어 최소한으로 법령 개정 취지와 근린생활시설로서의 기능과 그에 걸맞은 규모를 유지하려는 취지이다.

3. 「청소년 보호법」 제2조제5호가목 8) 및 9)에 따라 여성가족부장관이 고시하는 청소년 출입·고용금지업의 영업을 위한 시설은 제1종 근린생활시설 및 제2종 근린생활시설에서 제외하되, 위 표에 따른 다른 용도의 시설로 분류되지 않는 경우에는 제16호에 따른 위락시설로 분류한다.

앞서 언급했듯이 근생시설은 주거지역과 아주 밀접한 관계를 가지고 있고 더욱이 청소년들이 쉽게 접하는 시설들이기도 하다. 따라서 3호에서는 아래와 같이 「청소년 보호법」에 따라 금지된 시설에 대해서는 근린생활시설에 분류되는 것을 금지하고 있다. 보통 이들 시설은 근린생활시설 이외의 여느 시설에도 분류되어 있지 않는 자유업종으로 분류되는 경우가 많아 사각지대에 놓여있다. 따라서 다른 용도의 시설로 분류되지 않는 경우에는 모두 유흥시설로 분류하도록 함으로써 청소년을 위한 유해 업소가 근생시설에 설치되는 것을 차단하는 내용으로 아래 「청소년 보호법」 제2조제5호가목 8)과 9)의 내용을 참고하기 바란다.

> 「청소년 보호법」 제2조 제5호 가목
>
> 8) 불특정한 사람 사이의 신체적인 접촉 또는 은밀한 부분의 노출 등 성적 행위가 이루어지거나 이와 유사한 행위가 이루어질 우려가 있는 서비스를 제공하는 영업으로서 청소년보호위원회가 결정하고 *여성가족부장관이 고시한 것
>
> 9) 청소년유해매체물 및 청소년유해약물등을 제작·생산·유통하는 영업 등 청소년의 출입과 고용이 청소년에게 유해하다고 인정되는 영업으로서 대통령령으로 정하는 기준에 따라 청소년보호위원회가 결정하고 *여성가족부장관이 고시한 것
>
> *:「청소년유해물건(성기구) 및 청소년 출입·고용금지업소 결정 고시」

4. 국토교통부장관은 별표 1 각 호의 용도별 건축물의 종류에 관한 구체적인 범위를 정하여 고시할 수 있다.

일선 공무원들이 용도 변경이나 사업자 등록 등의 업무를 보면서 가장 어려운 부분이 신종 업종이라고 한다. 신종 업종은 어떤 근거나 사례가 없고 당연히 관련 근거 법령도 없기 때문에 대부분 '자유업종'으로 쉽게 분류된다. 하지만 모든 업종이 다 그렇지는 않지만 서서히 실체가 들어나면서(특히 퇴폐·유흥시설) 사회적 문제를 야기하는 경우도 많기 때문에 관련 인허가를 처리하면서 조심스러운 것이다.

또한 각 지자체마다 해당 업종에 대한 해석을 다르게 내 놓는 경우가 많아 행정상의 허점을 드러내기도 한다. 이에 관련 부처인 국토교통부는 별표1 용도별 건축물의 종류에 대한 보다 구체적인 범위를 정한다는 취지이다. 하지만 이 항목이 2014년 개정된 후 아직까지 고시 내용이 없다는 것은 그 만큼 건축물의 용도가 복잡하고 쉽게 접근할 수 있는 부분이 아님을 보여주고 있다. 자유업종에 관해서는 다음 장인 부록에서 자세히 설명하도록 하겠다.

부록. 기타

1. 자유업종이란

경기도 변화가 주상복합 아파트 1층에는 '무인 성인용품점'이 영업을 하고 있어 언론에 보도된 적이 있었다. 이 매장이 초등학교로부터 300m도 채 떨어지지 않은 거리에 위치하고 있기 때문이다. 「교육환경 보호에 관한 법률」에서는 200m 이내 청소년 유해물건 판매시설이 들어설 수 없도록 제한하고 있다. 하지만 이 업소는 '자유업종'으로 분류되어 용도변경이 필요 없고, 세무서에 사업자등록만 하면 영업을 할 수 있어 법적으로 제재가 어렵다고 한다.

모든 건축물은 각각의 용도를 가지고 있다고 했는데 '자유업종'은 또 무엇일까?

보통 새로 영업을 시작하기 위해서는 업종과 관련된 법령에 따라 기준이 충족된 후에 신고·허가를 득해야 가능하다. 하지만 자유업종은 이런 영업 허가 관련 서류 없이 사업자등록증만 있으면 영업이 가능한 업종을 말한다. 그리고 이렇게 별도의 신고·허가 절차가 없다 보니 굳이 건축법 등에서 정하는 용도에 맞추어 시설 조건을 충족할 필요가 없고 또한 용도지역에 관계 없이도 영업을 할 수 있는 것이다.

※ 그럼 주로 어떤 업종이 이런 혜택(?)을 받으며, 왜 이런 업종이 발생할까?

자유업종 중 가장 많은 비율을 차지하는 것은 소매점이다. 우리가 주위에서 흔히 볼 수 있는 의류점, 슈퍼, 편의점, 철물점, 가구점 등이 대표적 예로서 거의 대부분 완제품을 판매하는 곳은 거의 모두 여기에 해당한다.

다음으로 자유업종의 대표적인 예가 신종 업종이다. 리얼돌 체험방, 음악연습실, 방탈출카페, 실내양궁장 등으로 생소한 업종들이다. 새로운 업종이 일본 등에서 유행을 타고 우리나라로 넘어오는 경우가 많고, 이외에도 기존 업종들이 변형, 혼합 발전되는 방식이다.

소매점과 신종업종 그리고 기타 자유업종에 해당하는 모든 업종의 공통점은 모두 관련 법령이 없다는 것이다. 소매점은 신고·허가 및 등록이 필요할 만큼 제재 사항이 없는 완제품 판매 위주이고, 그 범위도 방대하기 때문에 관련 법령이 없는 것이다.

신종 업종의 경우에는 이들 신종 업종에 대한 정보가 전혀 없거나 우후죽순 생겨나는 업종들을 모두 관련 법을 신설·개정하여 관리하기에는 현실적으로 무리가 있기 때문이다.

위의 업종 이외에도 기존에는 적용되는 법령이 있었으나, 해당 개별 법령이 시대적, 행정적차원에서 불필요하다고 느껴져 폐지되면서 자유업종으로 분류되는 경우도 있다. 대표적인 사례가 '예식장'인데 건축물의 용도 분류에서는 5. 문화 및 집회시설 중 나목의 집회장에 속한다. 하지만 예식장 등록 허가와 관련된 「가정의례에 관한 법률」이 폐지되고 자유업종으로 분류되면서 별도의 용도변경 절차 없이 신고만으로 업종 변경이 되면서 사회적 문제를 야기하기도 한다.

2. 기타 법령에 따른 용도 분류

※ 개별법령마다 다른 용도 분류

건축물의 건축이나 용도변경을 하기 위해서는 건축법 시행령 별표1의 '건축물의 종류에 따른 용도 분류'에 따라 건축법에서 정하는 구조, 설비, 피난·방화 등의 기준을 충족하도록 하고 있다. 건축법뿐만 아니라 소방, 교통, 교육 등과 관련된 법령에서 정하는 세부 기준을 충족해야 하는데 개별 법령에서는 건축법시행령 별표1에서의 분류와 조금 다르게 건축물의 용도를 분류하고 있다. 각 개별 법령의 입법 취지와 목적이 건축법과는 다르기 때문에 그 분류와 방법이 다른 것이다.

업계에서는 건축법을 기준으로 건축물 용도의 일관성 있는 분류 체계가 필요하다는 목소리와 관련 연구자료도 발표되기도 하였다. 하지만 개별 법령의 특수성과 전문성이 반영되어 있는 만큼 이 차이를 당장 없애기는 힘들어 보이지만 지속적인 상호 보완이 필요하다. 이 장에서는 건축법에서의 용도 분류와 달리 몇 가지 개별법을 통해 어떻게 용도분류 체계가 다르게 적용되는지 알아보겠다.

1) 화재예방 소방시설 설치·유지 및 안전관리에 관한 법률

「화재예방 소방시설설치·유지 및 안전관리에 관한 법률」(이하 "이 법")에서는 '특정소방대상물'로서 소방시설을 설치하여야 하는 소방대상물로 정하고 있다. 이 법에서 특정소방 대상물은 소방시설 설치 여부나 수용인원 산정 등의 근거가 되는 것으로 30개의 용도 및 형태로 분류하고 있다.

용도의 기본 분류체계는 건축법의 〈용도별 건축물의 종류〉에 근거하고 있지만, 용도의 분류 및 추가 시설 등의 내용이 아래와 같이 상이하다.

첫째, 용도의 대분류 차이로서, 다소 규모가 작은 단독주택의 용도가 빠져있으며, 근린생활시설도 1,2종으로 분리하고 있지 않다. 또한 기존 화재사고에 취약하거나, 대형 화재사고가 있었던 시설들인 지하가, 지하구, 문화재, 복합건축물을 추가 시설로 구분하고 있는 것이 특징이다.

둘째, 각 용도에 대한 소분류에서도 차이를 볼 수 있다. 공동주택에서는 규모가 작은 다세대, 연립주택이 삭제되었다. 또한 건축법과 다르게 소분류 시설의 이동이 있는데 교육연구시설인 유치원이 노유자시설로, 근생시설인 주민자치센터, 마을회관, 변전소 등은 업무시설로 분류되고 있다. 또한 이 법에서는 화재발생 시 피해가 클 수 있는 정신의료 및 장애인 관련 시설과 유치장 등의 개별 시설이 보다 구체적으로 분류되어 있다.

화재예방, 소방시설 설치·유지 및 안전관리에 관한 법률 시행령 별표2

■ 특정소방대상물

구 분	내 용
1. 공동주택	가. 아파트 등(5층 이상 주택) 나. 기숙사
2. 근린생활시설	가. 슈퍼마켓과 일용품 등의 소매점으로서 바닥면적의 합계가 1천㎡ 미만인 것 나. 휴게음식점, 제과점, 일반음식점, 기원(棋院), 노래연습장 및 단란주점(150㎡ 미만) 다. 이용원, 미용원, 목욕장 및 세탁소(공장이 부설된 것과 배출시설의 설치 허가 또는 신고 대상 제외) 라. 의원, 치과의원, 한의원, 침술원, 접골원, 조산원, 산후조리원 및 안마원(안마시술소 포함) 마. 탁구장, 테니스장, 체육도장, 체력단련장, 에어로빅장, 볼링장, 당구장, 실내낚시터, 골프연습장, 물놀이형 시설(「관광진흥법」 안전성검사의 대상) 등으로 바닥면적의 합계가 500㎡ 미만인 것 바. 공연장(극장, 영화상영관, 연예장, 음악당, 서커스장, 비디오물감상실업, 비디오물소극장업 등) 또는 종교집회장[교회, 성당, 사찰, 기도원, 수도원, 수녀원, 제실, 사당 등으로 바닥면적의 합계가 300㎡ 미만인 것 사. 금융업소, 사무소, 부동산중개사무소, 결혼상담소 등 소개업소, 출판사, 서점, 등으로 바닥면적의 합계가 500㎡ 미만인 것 아. 제조업소, 수리점 등 바닥면적의 합계가 500㎡ 미만이고, 배출시설의 설치 허가 또는 신고의 대상이 아닌 것 자. 청소년게임제공업 및 일반게임제공업, 인터넷컴퓨터게임시설제공업 및 복합유통게임제공업으로 바닥면적의 합계가 500㎡ 미만인 것 차. 사진관, 표구점, 학원(바닥면적의 합계가 500㎡ 미만, 자동차학원 및 무도학원 제외), 독서실, 고시원(바닥면적의 합계가 500㎡ 미만), 장의사, 동물병원, 총포판매사 등 카. 의약품 판매소, 의료기기 판매소 및 자동차영업소로서 바닥면적의 합계가 1천㎡ 미만인 것
3. 문화 및 집회 시설	가. 공연장으로 근린생활시설에 해당하지 않는 것 나. 집회장: 예식장, 공회당, 회의장, 마권 장외 발매소, 마권 전화투표소 등으로 근린생활시설에 해당하지 않는 것 다. 관람장: 경마장, 경륜장, 경정장, 자동차 경기장 등과 체육관 및 운동장으로서 관람석의 바닥면적의 합계가 1천㎡ 이상인 것 라. 전시장: 박물관, 미술관, 과학관, 문화관, 체험관, 기념관, 산업전시장, 박람회장, 견본주택 등 마. 동·식물원: 동물원, 식물원, 수족관 등
4. 종교시설	가. 종교집회장으로서 근린생활시설에 해당하지 않는 것 나. 가목의 종교집회장에 설치하는 봉안당
5. 판매시설	가. 도매시장: 농수산물도매시장, 농수산물공판장등 (그 안에 있는 근린생활시설 포함) 나. 소매시장: 시장, 대규모점포 등(그 안에 있는 근린생활시설 포함) 다. 전통시장: 전통시장(그 안에 있는 근린생활시설 포함, 노점형시장은 제외) 라. 상점: 다음의 어느 하나에 해당하는 것(그 안에 있는 근린생활시설 포함) 1) 제2호가목에 해당하는 용도로서 바닥면적 합계가 1천㎡ 이상인 것 2) 제2호자목에 해당하는 용도로서 바닥면적 합계가 500㎡ 이상인 것

구 분	내 용
6. 운수시설	가. 여객자동차터미널 나. 철도 및 도시철도 시설(정비창 등 관련 시설을 포함) 다. 공항시설(항공관제탑 포함) 라. 항만시설 및 종합여객시설
7. 의료시설	가. 병원: 종합병원, 병원, 치과병원, 한방병원, 요양병원 나. 격리병원: 전염병원, 마약진료소 등 다. 정신의료기관 라. 장애인 의료재활시설
8. 교육연구시설	가. 학교 1) 초등학교, 중학교, 고등학교, 특수학교, 그 밖에 이에 준하는 학교: 교사(校舍)(병설유치원 제외), 체육관, 급식시설, 합숙소) 2) 대학, 대학교, 그 밖에 이에 준하는 각종 학교: 교사 및 합숙소 나. 교육원(연수원 등) 다. 직업훈련소 라. 학원(근린생활시설에 해당하는 것과 자동차운전학원·정비학원 및 무도학원 제외) 마. 연구소(연구소에 준하는 시험소와 계량계측소 포함) 바. 도서관
9. 노유자시설	가. 노인 관련 시설: 노인주거복지시설, 노인의료복지시설, 노인여가복지시설, 재가노인복지시설(재가장기요양기관 포함), 노인보호전문기관, 노인일자리지원기관, 학대피해노인 전용쉼터 등 나. 아동 관련 시설: 아동복지시설, 어린이집, 유치원[학교 병설유치원 포함] 등 다. 장애인 관련 시설: 장애인 거주시설, 장애인 지역사회재활시설(장애인 심부름센터, 한국수어통역센터, 점자도서 및 녹음서 출판시설 등 제외), 장애인 직업재활시설 등 라. 정신질환자 관련 시설: 정신재활시설(생산품판매시설 제외), 정신요양시설 등 마. 노숙인 관련 시설: 노숙인복지시설, 노숙인종합지원센터 등 바. 사회복지시설 중 결핵환자 또는 한센인 요양시설 등 다른 용도로 분류되지 않는 것
10. 수련시설	가. 생활권 수련시설: 청소년수련관, 청소년문화의집, 청소년특화시설 등 나. 자연권 수련시설: 청소년수련원, 청소년야영장 등 다. 유스호스텔
11. 운동시설	가. 탁구장, 체육도장, 테니스장, 체력단련장, 에어로빅장, 볼링장, 당구장, 실내낚시터, 골프연습장, 물놀이형 시설 등으로 근린생활시설에 해당하지 않는 것 나. 체육관으로서 관람석이 없거나 관람석의 바닥면적이 1천㎡ 미만인 것 다. 운동장: 육상장, 구기장, 볼링장, 수영장, 스케이트장, 롤러스케이트장, 승마장, 사격장, 궁도장, 골프장 등과 이에 딸린 건축물로서 관람석이 없거나 관람석의 바닥면적이 1천㎡ 미만인 것
12. 업무시설	가. 공공업무시설: 청사와 외국공관의 건축물로서 근린생활시설에 해당하지 않는 것 나. 일반업무시설: 금융업소, 사무소, 신문사, 오피스텔 등으로서 근린생활시설에 해당하지 않는 것 다. 주민자치센터(동사무소), 경찰서, 지구대, 파출소, 소방서, 119안전센터, 우체국, 보건소, 공공도서관, 국민건강보험공단 등 라. 마을회관, 마을공동작업소, 마을공동구판장 등 마. 변전소, 양수장, 정수장, 대피소, 공중화장실 등

구 분	내 용
13. 숙박시설	가. 일반형 숙박시설 나. 생활형 숙박시설 다. 고시원(근린생활시설에 해당하지 않는 것) 라. 그 밖에 가목부터 다목까지의 시설과 비슷한 것
14. 위락시설	가. 단란주점으로서 근린생활시설에 해당하지 않는 것 나. 유흥주점, 그 밖에 이와 비슷한 것 다. 「관광진흥법」에 따른 유원시설업의 시설 등 (근린생활시설에 해당하는 것은 제외) 라. 무도장 및 무도학원 마. 카지노영업소
15. 공장	물품의 제조·가공[세탁·염색·도장(塗裝)·표백·재봉·건조·인쇄 등을 포함] 또는 수리에 계속적으로 이용되는 건축물로서 근린생활시설, 위험물 저장 및 처리 시설, 항공기 및 자동차 관련 시설, 분뇨 및 쓰레기 처리시설, 묘지 관련 시설 등으로 따로 분류되지 않는 것
16. 창고시설 (위험물 저장 및 처리 시설 또는 그 부속용도 제외)	가. 창고(물품저장시설로서 냉장·냉동 창고를 포함) 나. 하역장 다. 물류터미널 라. 집배송시설
17. 위험물 저장 및 처리시설	가. 위험물 제조소 등 나. 가스시설: 지상에 노출된 산소 또는 가연성 가스 탱크의 저장용량의 합계가 100톤 이상이거나 저장용량이 30톤 이상인 탱크가 있는 가스시설로서 다음의 어느 하나에 해당하는 것 1) 가스 제조시설 가) 고압가스의 제조허가를 받아야 하는 시설 나) 도시가스사업허가를 받아야 하는 시설 2) 가스 저장시설 가) 고압가스 저장소의 설치 허가를 받아야 하는 시설 나) 액화석유가스 저장소의 설치 허가를 받아야 하는 시설 3) 가스 취급시설 액화석유가스 충전사업 또는 액화석유가스 집단공급사업의 허가를 받아야 하는 시설
18. 항공기 및 자동차 관련 시설 (건설기계 포함)	가. 항공기격납고 나. 차고, 주차용 건축물, 철골 조립식 주차시설(조립식 바닥이 아닌 것 포함) 및 기계장치에 의한 주차시설 다. 세차장 라. 폐차장 마. 자동차 검사장 바. 자동차 매매장 사. 자동차 정비공장 아. 운전학원·정비학원 자. 다음의 건축물을 제외한 건축물의 내부에 설치된 주차장 1) 단독주택 2) 공동주택 중 50세대 미만인 연립주택 또는 50세대 미만인 다세대주택 차. 차고 및 주기장

구 분	내 용
19. 동물 및 식물 관련 시설	가. 축사[부화장 포함] 나. 가축시설: 가축용 운동시설, 인공수정센터, 관리사, 가축용 창고, 가축시장, 동물검역소, 실험동물 사육시설 등 다. 도축장 라. 도계장 마. 작물 재배사 바. 종묘배양시설 사. 화초 및 분재 등의 온실 아. 식물과 관련된 마목부터 사목까지의 시설과 비슷한 것(동·식물원은 제외)
20. 자원순환 관련 시설	가. 하수 등 처리시설 나. 고물상 다. 폐기물재활용시설 라. 폐기물처분시설 마. 폐기물감량화시설
21. 교정 및 군사시설	가. 보호감호소, 교도소, 구치소 및 그 지소 나. 보호관찰소, 갱생보호시설, 그 밖에 범죄자의 갱생·보호·교육·보건 등의 용도로 쓰는 시설 다. 치료감호시설 라. 소년원 및 소년분류심사원 마. 「출입국관리법」에 따른 보호시설 바. 유치장 사. 국방·군사시설(「국방·군사시설 사업에 관한 법률」 제2조제1호가목부터 마목까지의 시설)
22. 방송 통신시설	가. 방송국(방송프로그램 제작시설 및 송신·수신·중계시설 포함) 나. 전신전화국 다. 촬영소 라. 통신용 시설 마. 그 밖에 가목부터 라목까지의 시설과 비슷한 것
23. 발전시설	가. 원자력발전소 나. 화력발전소 다. 수력발전소(조력발전소 포함) 라. 풍력발전소 마. 전기저장시설 바. 그 밖에 가목부터 라목까지의 시설과 비슷한 것(집단에너지 공급시설 포함)
24. 묘지 관련 시설	가. 화장시설 나. 봉안당(제4호나목의 봉안당은 제외) 다. 묘지와 자연장지에 부수되는 건축물 라. 동물화장시설, 동물건조장시설 및 동물 전용의 납골시설
25. 관광 휴게시설	가. 야외음악당 나. 야외극장 다. 어린이회관 라. 관망탑 마. 휴게소 바. 공원·유원지 또는 관광지에 부수되는 건축물

구 분	내 용
26. 장례시설	가. 장례식장[의료시설의 부수시설은 제외] 나. 동물 전용의 장례식장
27. 지하가	지하의 인공구조물 안에 설치되어 있는 상점, 사무실, 그 밖에 이와 비슷한 시설이 연속하여 지하도에 면하여 설치된 것과 그 지하도를 합한 것 가. 지하상가 나. 터널: 차량(궤도차량용은 제외) 등의 통행을 목적으로 지하, 해저 또는 산을 뚫어서 만든 것
28. 지하구	가. 전력·통신용의 전선이나 가스·냉난방용의 배관 등을 집합수용하기 위하여 설치한 지하 인공구조물로서 사람이 점검 또는 보수를 하기 위하여 출입이 가능한 것 중 다음 하나의 것 1) 전력 또는 통신사업용 지하 인공구조물로서 전력구 또는 통신구 방식으로 설치된 것 2) 1)이외에 지하 인공구조물로서 폭 1.8m이상, 높이 2m 이상이며 길이가 50m 이상인 것 나. 공동구
29. 문화재	「문화재보호법」에 따라 문화재로 지정된 건축물
30. 복합건축물	가. 하나의 건축물이 제1호부터 제27호까지의 것 중 둘 이상의 용도로 사용되는 것. 다만, 다음의 어느 하나에 해당하는 경우에는 복합건축물로 보지 않는다. 1) 관계 법령에서 주된 용도의 부수시설로서 그 설치를 의무화하고 있는 용도 또는 시설 2) 주택 안에 부대시설 또는 복리시설이 설치되는 특정소방대상물 3) 건축물의 주된 용도의 기능에 필수적인 용도로서 다음의 어느 하나에 해당하는 용도 가) 건축물의 설비, 대피 또는 위생을 위한 용도, 그 밖에 이와 비슷한 용도 나) 사무, 작업, 집회, 물품저장 또는 주차를 위한 용도, 그 밖에 이와 비슷한 용도 다) 구내식당, 구내세탁소, 구내운동시설 등 종업원후생복리시설(기숙사 제외) 또는 구내소각시설의 용도, 그 밖에 이와 비슷한 용도 나. 하나의 건축물이 근린생활시설, 판매시설, 업무시설, 숙박시설 또는 위락시설의 용도와 주택의 용도로 함께 사용되는 것

2) 도시교통정비 촉진법

「도시교통정비 촉진법」(이하 "이 법")은 교통시설의 정비를 촉진하고 교통수단과 교통체계를 효율적으로 운영·관리하여 도시교통의 원활한 소통과 교통편의 증진에 이바지함을 목적으로 하는 법령이다. 그리고 이 법에서는 각종 개발 사업 및 건축물의 신축에 따라 기존 교통량에 비해 많은 변화가 생기는데 이런 교통량·교통흐름의 변화 및 교통안전에 미치는 영향을 검토하는 '교통영향평가' 제도를 운영하고 있다.

모든 건축물이 대상이 되는 것은 아니며, 평가를 받아야 하는 건축물의 용도 및 규모를 표와 같이 따로 정하고 있다. 소방관련 법령과 마찬가지로 건축법의 <용도별 건축물의 종류>에 근거하고 있지만 건축법의 용도 분류와 가장 큰 차이점은 용도별 대분류 안의 소분류에서도 면적별로 용도를 세분화하고 있다는 것이다.

같은 대분류 안에 속한다 하더라도 이 법령의 목제에 맞게 그 대상을 각각 따로 보고 대상 여부를 결정한다는 것이다. 예를 들어 문화 및 집회시설의 경우에도 소분류의 용도인 공연장과 예식장의 대상 면적이 확연히 차이가 나는 것을 볼 수 있다. 예식장의 경우 그 규모가 작다 하더라도 시설의 특성상 한꺼번에 차량이 많이 몰리는 특성을 감안한 것이다.

도시교통정비 촉진법 시행령 [별표 1]

■ 교통영향평가 대상 건축물

주용도	세부용도	도시교통정비지역 (건축 연면적)	교통권역 (건축 연면적)
1) 공동주택	아파트	60,000㎡ 이상	90,000㎡ 이상
2) 제1종 근린생활시설	의원, 한의원	25,000㎡ 이상	37,500㎡ 이상
	기타(대피소 및 무인변전소는 제외)	12,000㎡ 이상	18,000㎡ 이상
3) 제2종 근린생활시설		15,000㎡ 이상	22,500㎡ 이상
4) 문화 및 집회시설	공연장(극장·영화관 등) 집회장(공회당, 회의장, 마권 장외발매소 등) 관람장(경마장, 자동차경기장 등)	15,000㎡ 이상	22,500㎡ 이상
	예식장	3,000㎡ 이상	4,500㎡ 이상
	전시장(박물관, 미술관, 과학관, 기념관 등)	15,000㎡ 이상	22,500㎡ 이상
	동·식물원	부지면적 20,000㎡ 이상	부지면적 30,000㎡ 이상
5) 종교시설	종교집회장(교회, 성당, 사찰, 기도원)	15,000㎡ 이상	22,500㎡ 이상
6) 판매시설	도매시장	13,000㎡ 이상	19,500㎡ 이상
	상점	11,000㎡ 이상	16,500㎡ 이상
	할인점, 전문점, 백화점, 쇼핑센터	6,000㎡ 이상	9,000㎡ 이상
7) 운수시설	여객자동차터미널, 철도시설, 공항시설, 항만시설	11,000㎡ 이상	16,500㎡ 이상
8) 의료시설	병원(종합병원, 병원, 치과병원, 한방병원, 정신병원 및 요양병원)	25,000㎡ 이상	37,500㎡ 이상
9) 교육연구시설	대학, 대학교	100,000㎡ 이상	150,000㎡ 이상
	교육원, 직업훈련소, 학원, 연구소, 도서관	37,000㎡ 이상	55,500㎡ 이상
10) 운동시설 (근린생활시설 제외)	탁구장 등, 체육관, 운동장(운동장 부속 건축물 포함)	10,000㎡ 이상 또는 관람석 2천석 이상	15,000㎡ 이상 또는 관람석 3천석 이상

주용도	세부용도	도시교통정비지역 (건축 연면적)	교통권역 (건축 연면적)
11) 업무시설	공공업무시설	7,000㎡ 이상	10,500㎡ 이상
	일반업무시설	25,000㎡ 이상	37,500㎡ 이상
12) 숙박시설	호텔, 여관, 관광호텔 등 숙박시설	40,000㎡ 이상	60,000㎡ 이상
13) 위락시설 (근린생활시설과 운동시설에 해당하는 것 제외)	주점영업, 단란주점, 「관광진흥법」에 따른 유원시설업의 시설, 그 밖에 이와 유사한 것	11,000㎡ 이상	16,500㎡ 이상
	투전기업소 및 카지노업소, 무도장, 무도학원	6,000㎡ 이상	9,000㎡ 이상
14) 공장		75,000㎡ 이상	112,500㎡ 이상
15) 창고시설	창고, 물류터미널, 집배송시설	55,000㎡ 이상	82,500㎡ 이상
	하역장	부지면적 55,000㎡ 이상	부지면적 82,500㎡ 이상
16) 자동차 관련 시설 (건설기계 관련 시설 포함)	주차장, 검사장, 정비공장	13,000㎡ 이상	19,500㎡ 이상
	매매장	건축 연면적 또는 부지 25,000㎡ 이상	건축 연면적 또는 부지 37,500㎡ 이상
17) 방송통신시설	방송국, 전신전화국, 촬영소 등, 통신용 시설	43,000㎡ 이상	64,500㎡ 이상
18) 묘지 관련 시설	화장시설, 봉안당, 묘지와 자연장지에 부수되는 건축물, 동물화장시설, 동물건조장시설, 동물 전용의 납골시설	12,000㎡ 이상	18,000㎡ 이상
19) 관광휴게시설	야외음악당, 야외극장	10,000㎡ 이상	15,000㎡ 이상
	어린이회관, 관망탑, 휴게소, 공원·유원지 또는 관광지에 딸린 시설	30,000㎡ 이상	45,000㎡ 이상
20) 장례시설	장례식장, 동물 전용의 장례식장	6,000㎡ 이상	9,000㎡ 이상

3) 다중이용업소의 안전관리에 관한 특별법

'다중이용업'이란 불특정 다수인이 이용하는 영업장 중에서 화재 등이 발생할 경우 그 피해가 높을 것으로 우려되는 시설들을 말한다. 주로 한정되거나 밀폐된 공간에 많은 인원이 한꺼번에 머무는 시설이다 보니 화재가 발생할 경우 한꺼번에 많은 인명 피해가 발생할 수 있기 때문이다.

이에 별도의 「다중이용업소의 안전관리에 관한 특별법」을 만들어 적용 대상을 정하고 해당 시설 요건 및 안전시설 등의 적용을 정하고 있다. '다중이용업'의 용도 분류는 역시 건축법의 〈용도별 건축물의 종류〉에 근거하고 있지만, 조금 생소한 시설들이 추가되었다는 것이 특징이다.

■ 다중이용업

용 도	적 용 대 상	비 고
휴게음식점 제과점영업 일반음식점	- 지상층 바닥면적합계 100㎡ 이상 - 지하층 바닥면적 합계 66㎡이상 - 피난층과 면해 설치되는 영업점(내부 복층구조 제외) 제외	「식품위생법 시행령」
단란주점 유흥주점	모두 적용	
영화상영관 비디오물감상실업 비디오물소극장업 복합영상물제공업	모두 적용	「영화 및 비디오물의 진흥에 관한 법률」
학원	- 수용인원300인 이상 - 수용인원 100명 이상 300명 미만으로서 1)한 건축물에 학원과 기숙사가 함께 있는 학원 2)한 건축물에 학원이 둘 이상으로서 수용인원이 300명 이상인 학원 3)한 건축물에 다중이용업 중 어느 하나 이상이 함께 있는 경우	「학원의 설립·운영 및 과외교습에 관한 법률」
목욕장	- 물로 목욕할 수 있는 목욕장에서 땀 배출시설 수용인원 100명 이상(욕조 시설 수용인원 제외) - 열기 또는 원적외선 이용 시설(찜질방)	「공중위생관리법」
게임 제공업(오락실) 인터넷컴퓨터게임 시설 제공업(pc방) 복합유통게임제공업	모두 적용 다만, 게임제공업,인터넷컴퓨터게임시설제공업: 피난층에 연결된 영업장(내부 복층구조제외)제외	「게임산업진흥에 관한 법률」
노래연습장	모두 적용	「음악산업진흥에 관한 법률」
산후조리업 고시원업 실내권총사격장 (종합사격장 포함) 실내 스크린골프 안마시술소	모두 적용	산후조리업: 「모자보건법」 실내사격장:사격 및 사격장 안전관리에 관한 법률 시행령」 골프연습장:「체육시설의 설치·이용에 관한 법률」
전화방 화상대화방 수면방 콜라텍업	모두적용	자유업종 (관계법령 없음)

여기서 전화방, 화상대화방, 수면방, 콜라텍업은 '자유업종'으로 분류되어 상대적으로 별다른 제한 없이 영업이 가능한 시설들이다. 건축법의 용도 분류와 관련 법령에 따른 별도의 시설 및 등록 기준이 없기 때문인데 화재 등의 사고로부터 취약할 수 밖에 없다. 따라서 이 법을 통해 이들 업종을 '다중이용업'으로 지정해 별도로 관리하고 있는 것이다.

4) 하수도법

「하수도법」(이하 "이 법")은 하수도의 설치 및 관리의 기준 등을 정함으로써 지역 사회의 건전한 발전, 공중위생의 향상, 공공수역의 수질을 보전함을 목적으로 하고 있다. 오수를 배출하는 건물·시설 등을 설치하는 자는 단독 또는 공동으로 처리시설을 설치하여야 하는데, 건축물의 용도에 따라 그 설치 용량을 별도로 고시하고 있다.

환경부 고시 「건축물의 용도별 오수발생량 및 정화조 처리대상인원 산정방법」에서는 건축물의 용도를 건축법의 〈용도별 건축물의 종류〉와는 조금은 다르게 분류하여 정하고 있다. 먼저 용도의 대분류를 주거시설, 판매 및 영업시설, 교육연구 및 복지시설, 공업시설, 공공용시설로 건축법에서의 2가지 이상의 대분류 용도를 통합하여 적용하고 있다.

둘째, 정화조의 용량은 기본적으로 그 건축물을 사용하는 사람 수를 기준으로 정해지기 때문에 건축법에서 정하는 용도분류 기준보다는 인원 산정에 초점을 두고 있다. 따라서 산정기준에서는 공동주택의 범주에 건축법과는 다르게 다가구주택, 다중주택, 고시원이 포함되어 있다.

셋째, 조리나, 세탁·목욕 등 사용성에 대한 여부를 용도별 중·소 분류에서 보다 세부적으로 나누어 관리함으로써 이 법의 특수성을 반영한 별도의 분류 체계를 갖고 있다.

■ 건축물의 용도별 오수발생량 및 정화조 처리대상인원 산정기준

건축물의 용도		
대분류	중분류	소분류
주거시설	단독주택	단독주택, 농업인 주택, 공관
	공동주택공동주택	아파트, 연립주택, 다세대, 다가구 주택
		기숙사, 고시원(제2종근린생활시설), 다중주택
문화 및 집회시설	공연장	공연장, 극장, 영화관, 연예장, 음악당, 서커스장, 비디오물감상실, 비디오물소극장
	집회장집회장	예식장, 공회당, 회의장, 장례식장
		마권장외발매소, 마권전화투표소
	종교집회장종교집회장	교회, 성당, 사찰, 제실(祭室), 사당
		기도원, 수도원, 수녀원

<table>
<tr><th colspan="3">건축물의 용도</th></tr>
<tr><th>대분류</th><th>중분류</th><th>소분류</th></tr>
<tr><td rowspan="3">문화 및 집회시설</td><td>관람장</td><td>경마장, 경륜장, 경정장, 자동차 경기장, 그 밖에 이와 비슷한 것과 체육관 및 운동장</td></tr>
<tr><td>전시장</td><td>박물관, 미술관, 과학관, 문화관, 체험관, 기념관, 산업전시장, 박람회장, 모델하우스</td></tr>
<tr><td>동·식물원</td><td>동물원, 식물원, 수족관</td></tr>
<tr><td rowspan="17">판매 및 영업시설</td><td rowspan="3">시장·상점</td><td>도매시장, 마을공동구판장, 소매시장, 표구점, 소매점, 사진관, 의약품판매소, 도료류판매소, 서점, 장의사, 총포판매소, 애완동물점, 가축시장, 자동차영업소, 의료기기판매소</td></tr>
<tr><td>노래연습장</td></tr>
<tr><td>기원</td></tr>
<tr><td rowspan="5">위생을 관리하거나 의류 등을 세탁·수선하는 시설</td><td>이용원, 미용원, 동물미용실</td></tr>
<tr><td>세탁소</td></tr>
<tr><td>목욕장</td></tr>
<tr><td>안마시술소, 안마원</td></tr>
<tr><td>찜질방</td></tr>
<tr><td>게임관련 시설</td><td>청소년게임제공업소, 복합유통게임제공업소,
인터넷컴퓨터게임시설제공업소</td></tr>
<tr><td colspan="2">백화점, 쇼핑센터, 대형점</td></tr>
<tr><td colspan="2">여객자동차터미널, 철도시설, 공항시설, 항만시설</td></tr>
<tr><td rowspan="2">음료·차(茶)·음식·빵·떡·과자 등을 조리하거나 제조하여 판매하는 시설</td><td>즉석판매제조·가공식품점</td></tr>
<tr><td>휴게음식점 등</td></tr>
<tr><td rowspan="2">음식점음식점</td><td>일반음식점</td></tr>
<tr><td>부대급식시설</td></tr>
<tr><td colspan="2" style="display:none"></td></tr>
<tr><td colspan="2" style="display:none"></td></tr>
<tr><td rowspan="6">의료시설의료시설</td><td colspan="2">종합병원</td></tr>
<tr><td rowspan="2">병원, 치과병원, 한방병원, 정신병원, 요양병원, 격리병원, 전염병원, 마약진료소</td><td>급식시설 있음</td></tr>
<tr><td>급식시설 없음</td></tr>
<tr><td rowspan="2">주민의 진료·치료 등을 위한 시설</td><td>의원, 치과의원, 한의원, 침술원, 접골원(接骨院), 조산원</td></tr>
<tr><td>산후조리원</td></tr>
<tr><td colspan="2">동물병원, 인공수정센터</td></tr>
</table>

<table>
<tr><th colspan="3">건축물의 용도</th></tr>
<tr><th>대분류</th><th>중분류</th><th>소분류</th></tr>
<tr><td rowspan="8">교육연구 및 복지시설</td><td colspan="2">초등학교, 유치원, 보육시설, 아동복지시설, 어린이집</td></tr>
<tr><td rowspan="2">중학교, 고등학교, 대학, 대학교, 교육원, 전문대학, 직업훈련소</td><td>주간</td></tr>
<tr><td>주·야간 병설</td></tr>
<tr><td colspan="2">연구소, 시험소, 동물검역소, 계측계량소</td></tr>
<tr><td colspan="2">공공도서관, 독서실, 도서관, 학원, 교습소</td></tr>
<tr><td colspan="2">고아원, 일시보호시설, 보호치료시설, 자립지원시설, 노인복지시설, 연수원, 청소년 수련원, 사회복지시설, 근로복지 시설</td></tr>
<tr><td colspan="2">유스호스텔</td></tr>
<tr><td rowspan="7">운동시설</td><td colspan="2">탁구장, 당구장, 체육도장, 헬스장, 체력단련장, 에어로빅장, 볼링장, 사격장, 라켓볼장, 스쿼시장, 실내낚시터, 스케이트장, 롤러스케이트장, 썰매장, 수영장, 놀이형 시설, 골프연습장, 스크린 골프연습장</td></tr>
<tr><td colspan="2">골프장</td></tr>
<tr><td colspan="2">물놀이형 시설</td></tr>
<tr><td rowspan="2">테니스장테니스장</td><td>야간조명시설 있음</td></tr>
<tr><td>야간조명시설 없음</td></tr>
<tr><td rowspan="2">게이트볼장게이트볼장</td><td>야간조명시설 있음</td></tr>
<tr><td>야간조명시설 없음</td></tr>
<tr><td rowspan="5">업무시설</td><td rowspan="3">일반 업무시설</td><td>사무소, 결혼상담소 등 소개업소, 출판사, 신문사</td></tr>
<tr><td>금융업소</td></tr>
<tr><td>오피스텔</td></tr>
<tr><td rowspan="2">공공 업무시설</td><td>외국공관, 공공청사, 지역자치센터, 파출소, 지구대, 소방서, 우체국, 방송국,전신전화국, 건강보험공단사무소</td></tr>
<tr><td>보건소</td></tr>
<tr><td rowspan="5">숙박시설</td><td colspan="2">일반숙박시설, 관광숙박시설, 생활숙박시설, 고시원(숙박시설 중 다중생활시설)</td></tr>
<tr><td colspan="2">관광펜션</td></tr>
<tr><td colspan="2">농어촌민박시설</td></tr>
<tr><td colspan="2">일반야영장, 자동차야영장</td></tr>
<tr><td colspan="2">글램핑장 등 고정숙영시설</td></tr>
<tr><td rowspan="2">위락시설</td><td colspan="2">단란주점, 유흥주점</td></tr>
<tr><td colspan="2">「관광진흥법」에 따른 유원시설업의 시설</td></tr>
</table>

<table>
<tr><th colspan="3">건축물의 용도</th></tr>
<tr><th>대분류</th><th>중분류</th><th>소분류</th></tr>
<tr><td rowspan="2">위락시설</td><td colspan="2">투전기업소, 카지노영업소,</td></tr>
<tr><td colspan="2">무도장, 무도학원</td></tr>
<tr><td rowspan="6">공업시설</td><td colspan="2">공장, 정비공장(카센터 포함)</td></tr>
<tr><td colspan="2">양식장(양어장)</td></tr>
<tr><td colspan="2">식품제조가공업</td></tr>
<tr><td colspan="2">제조업소, 수리점</td></tr>
<tr><td colspan="2">자원순환 관련 시설(하수 등 처리시설, 고물상, 폐기물 재활용시설,
폐기물 처분시설, 폐기물 감량화 시설)</td></tr>
<tr><td colspan="2">위험물 저장 및 처리 시설 (주유소, 액화석유가스 충전소 등)</td></tr>
<tr><td rowspan="2">자동차관련시설</td><td colspan="2">주차장, 주기장</td></tr>
<tr><td colspan="2">(자동차)매매장</td></tr>
<tr><td rowspan="10">공공용시설</td><td colspan="2">교정시설(보호감호소, 구치소, 교도소), 갱생보호시설,
소년원 및 소년분류심사원, 국방·군사시설</td></tr>
<tr><td colspan="2">촬영소</td></tr>
<tr><td colspan="2">군대숙소</td></tr>
<tr><td colspan="2">공중화장실</td></tr>
<tr><td rowspan="5">주민공동이용시설</td><td>마을회관</td></tr>
<tr><td>마을공동작업소, 대피소</td></tr>
<tr><td>마을공동구판장</td></tr>
<tr><td>공중화장실</td></tr>
<tr><td>지역아동센터</td></tr>
<tr><td>에너지 공급·통신 서비스 제공
이나 급수·배수와 관련된 시설</td><td>발전소, 변전소, 도시가스배관시설,
통신용시설, 정수장, 양수장 등</td></tr>
<tr><td>묘지관련시설</td><td colspan="2">화장시설, 봉안당</td></tr>
<tr><td rowspan="4">관광휴게시설</td><td colspan="2">야외음악당, 야외극장</td></tr>
<tr><td colspan="2">어린이회관</td></tr>
<tr><td colspan="2">관망탑</td></tr>
<tr><td colspan="2">휴게소</td></tr>
<tr><td>기타시설</td><td colspan="2">농막</td></tr>
</table>

5) 교육환경 보호에 관한 법률

「교육환경 보호에 관한 법률」(이하 "이 법")은 학생이 건강하고 쾌적한 환경에서 교육 받을 수 있게 하는 것을 목적으로 하며, 학교 경계 또는 학교 설립 예정지 경계로부터 직선거리 200미터의 범위 안을 '절대보호구역'과 '상대보호구역'으로 구분하고 있다. 이 구역 내에서는 위험·유해물질 배출 등으로부터 안전하고 쾌적한 학교 생활에 지장을 줄 수 있는 시설들과 성인 이용 시설 등 유해한 업소로부터 청소년을 보호하기 위해 아래 용도 및 시설 설치를 금지하고 있거나 심의를 거쳐 설치를 인정하고 있다.

이 금지 용도의 분류는 다음과 같이 건축법의 〈용도별 건축물의 종류〉에 따른 분류와 차이점을 보인다.

첫째, 용도별 대분류가 없이 해당 용도 및 시설들을 구분되어 있는데, 이 법령의 특성상 금지 업종이 공장, 위험물 저장 및 처리시설, 위락시설, 숙박시설 등에 주로 국한되어 있기 때문이다.

둘째, 청소년 관련 금지 업종을 다루어야 하기 때문에 보다 구체적으로 업종을 선별해서 관리하고 있다. 따라서 모든 업종과 시설이 관련 법령에 근거한 구체적인 업종 및 시설들로 나열하고 있다.

셋째, 다른 법령의 건축물 용도 분류와는 좀 다르게 업종이 아닌 '기기'가 포함되어 있다. 바로 '담배자판기'이다. 무인 판매이다보니 청소년에게 그대로 노출되는 점과 국민 건강 증진을 감안해 「국민건강증진법령」에서 성인 인증 장치가 부착된 담배자동판매기를 일정한 장소에서만 설치가 가능하도록 정하고 있어 아래의 분류에 포함된 것이다.

■ 교육환경보호구역에서의 금지 행위 및 시설

<table>
<tr><th>구 분</th><th colspan="6">내 용</th><th>비 고</th></tr>
<tr><td rowspan="2">교육 환경 보호 구역</td><td>절대보호구역</td><td colspan="5">학교출입문으로부터 직선거리로 50미터까지인 지역
(학교설립예정지의 경우 학교경계로부터 직선거리 50미터까지인 지역)</td><td></td></tr>
<tr><td>상대보호구역</td><td colspan="5">학교경계 등으로부터 직선거리로 200미터까지인 지역 중 절대보호구역을 제외한 지역</td><td></td></tr>
<tr><td rowspan="7">금지 업종</td><td colspan="2" rowspan="2">행위 또는 시설
〈법률 제9조 참조〉</td><td colspan="2">절대보호구역</td><td colspan="2">상대보호구역</td><td rowspan="2"></td></tr>
<tr><td>초·중·고</td><td>유치원 대학</td><td>초·중·고</td><td>유치원 대학</td></tr>
<tr><td colspan="2">대기오염물질 배출시설/ 수질오염물질 배출시설
폐수종말처리시설/ 가축분뇨 배출, 처리 및 공공처리 시설
분뇨처리시설/ 악취 배출시설/ 소음·진동 배출시설
폐기물 처리시설(일부 시설 제외)
가축 사체, 가축전염병 오염물건 및 수입금지 지정검역물 등의 소각·매몰지
화장시설 및 봉안시설, 자연장지(종중·문중 자연장지제외)
도축업 시설/ 가축시장
제한상영관
전화방, 화상대화방, 키스방, 대딸방, 유리방, 전립선마사지, 성인PC방, 휴게텔, 인형체험방 등
화상채팅방 등 청소년유해매체물 및 청소년유해약물등 제작·생산·유통하는 영업</td><td>X</td><td>X</td><td>X</td><td>X</td><td></td></tr>
<tr><td colspan="2">고압가스, 도시가스, 액화석유가스 제조·충전·저장시설
폐기물 수집·보관·처분 장소
총포·화약류 제조소 및 저장소
격리소·요양소·진료소
경마장 및 장외발매소,/ 경륜·경정 경주장 및 장외매장
사행행위업소
단란주점영업 및 유흥주점영업
숙박업 및 호텔업(국제회의시설부속 제외)
사고대비물질 중 지정고시된 시설</td><td>X</td><td>X</td><td>△</td><td>△</td><td></td></tr>
<tr><td colspan="2">담배자동판매기
게임제공업, 인터넷컴퓨터게임시설제공업 및 복합유통게임제공업
노래연습장/ 비디오물감상실업 및 복합영상물제공업
만화대여업</td><td>X</td><td>O</td><td>△</td><td>O</td><td></td></tr>
<tr><td colspan="2">게임 제공업소 등이 아닌 업소의 게임물 시설</td><td>X</td><td>X</td><td>△</td><td>△</td><td>대학 제외</td></tr>
<tr><td colspan="2">당구장, 무도학원 및 무도장</td><td>X</td><td>O</td><td>△</td><td>O</td><td>초등학교·(초등과정) 대안학교 제외</td></tr>
</table>

X: 영업금지업종 O: 영업가능업종 △:지역위원회의 심의를 거쳐 인정되는 행위 및 시설 제외

알기 쉬운 건축물의 용도

초판 1쇄 인쇄 2022년 1월 20일

지은이 문성훈
발행인 김기현

발행처 시공문화사
등　록 1993년 3월 12일
주　소 서울특별시 서대문구 독립문공원길 13 (극동프라자 5층)
전　화 02) 3147~1212, 2323
전　송 02) 3147~2626
http://www.spacetime.co.kr　spacetime@korea.com

편　집 디자인·현
인　쇄 예림인쇄
제　본 (주)서정바인텍
용　지 (주)대림지업사

정가 22,000원
＊파본은 구입한 곳에서 교환해 드립니다.